爱博欣 1 号　　　　　爱神玫瑰　　　　　　白玫康　　　　　　　百瑞早

宝光　　　　　　　　碧香无核　　　　　　碧玉　　　　　　　　碧玉香

波尔莱特　　　　　　嫦娥指　　　　　　　超宝　　　　　　　　超康美

超康早　　　　　　　朝霞无核　　　　　　晨香　　　　　　　　春光

春蜜　　　　春香无核　　　　丛林玫瑰　　　　脆光

脆红　　　　脆红宝　　　　翠香宝　　　　翠玉

大粒六月紫　　　　大粒山东早红　　　　大紫王葡萄　　　　东方玻璃翠

东方金珠　　　　东方绿巨人　　　　绯脆　　　　翡翠玫瑰

丰宝 丰香 峰光 峰后

峰早 凤凰 12 号 凤凰 51 号 富通紫里红

黑美人 光辉 瑰宝 瑰香怡

贵妃玫瑰 贵妃指 贵园 桂葡 3 号

桂葡 4 号　　　　桂葡 7 号　　　　黑瑰香　　　　黑香蕉

红标无核　　　　红翠　　　　红峰无核　　　　红莲子

红玫香　　　　红美　　　　红蜜香　　　　红旗特早玫瑰

红乳　　　　红十月　　　　红双味　　　　红双星

红太阳　　　　　　　红香蕉　　　　　　　红亚历山大　　　　　　红艳无核

红艳香　　　　　　　红玉霓　　　　　　　户太 10 号　　　　　　户太 8 号

户太 9 号　　　　　　沪培 1 号　　　　　　沪培 2 号　　　　　　沪培 3 号

华葡翠玉　　　　　　华葡瑰香　　　　　　华葡黄玉　　　　　　华葡玫瑰

华葡早玉

华葡紫峰

黄金蜜

惠良刺葡萄

金龙珠

金田 0608

金田翡翠

金田红

金田蓝宝石

金田玫瑰

金田美指

金田蜜

金田无核

金香蜜

金之星

锦红

晋葡萄 1 号　　　　　京超　　　　　京翠　　　　　京大晶

京丰　　　　　京可晶　　　　　京蜜　　　　　京香玉

京秀　　　　　京亚　　　　　京艳　　　　　京优

京玉　　　　　京早晶　　　　　京紫晶　　　　　晶红宝

巨玫　　　　　巨玫瑰　　　　　巨星　　　　　巨紫香

康太　　　　　昆香无核　　　　礼泉超红　　　　丽红宝

丽珠玫瑰　　　辽峰　　　　　六月紫　　　　　洛浦早生

绿宝石葡萄　　　绿翠　　　　　绿玫瑰　　　　绿色 1 号　　　　绿香宝

玫瑰红　　　　玫瑰玉　　　　玫瑰早　　　　玫瑰紫

玫香宝　　　　玫野黑　　　　美红　　　　蜜光

蜜红　　　　牡丹紫　　　　南抗葡萄　　　　南太湖特早

内醇丰　　　　内京香　　　　葡之梦　　　　秦龙大穗

秦秀　　　　　　　　庆丰　　　　　　　　秋黑宝　　　　　　　秋红宝

日光红无核　　　　　　瑞都脆霞　　　　　　瑞都红玫　　　　　瑞都科美

瑞都摩指　　　　　　瑞都晚红　　　　　　瑞都无核怡　　　　　瑞都香玉

瑞都早红　　　　　　瑞峰　　　　　　　瑞峰无核　　　　　　山东早红

申爱　　　　　　　　申宝　　　　　　　　申丰　　　　　　　　申华

申秀　　　　　　　　申玉　　　　　　神农金皇后　　　　　　神州红

沈87-1　　　　　　沈农脆峰　　　　　　沈农硕丰　　　　　　沈农香丰

沈香无核　　　　　　寿王玫瑰　　　　　　蜀葡1号　　　　　　水晶红

水源 11 号　　　　水源 1 号　　　　藤玉　　　　天工翠玉

天工翡翠　　　　天工丽人　　　　天工蜜　　　　天工墨玉

天工玉液　　　　天工玉柱　　　　甜峰 1 号　　　　晚黑宝

晚红宝　　　无核 8612　　　无核翠宝　　　无核早红　　　夕阳红

霞光　　　　　　　夏至红　　　　　　夏紫葡萄　　　　　香妃

香悦　　　　　　　小辣椒　　　　　　新葡1号　　　　　新葡7号

新雅葡萄　　　　　新郁　　　　　　　学优红　　　　　　学苑红

烟葡1号　　　　　嫣红　　　　　　　艳红　　　　　　　阳光之星

鄞红　　　　　　　　甬优1号　　　　　　　甬早红　　　　　　　宇选1号

玉波二号　　　　　　玉波一号　　　　　　　玉手指　　　　　　　园脆香

园红玫　　　　　　　园红指　　　　　　　　园金香　　　　　　　园巨人

园绿指　　　　　　　园香妃　　　　　　　　园野香　　　　　　　园意红

园玉　　　　　月光无核　　　　　岳红无核　　　　　岳霞香峰

岳秀无核　　　　　早黑宝　　　　　早红珍珠　　　　　早玛瑙

早玫瑰　　早玫瑰香　　早莎巴珍珠　　早熟玫瑰香 88 号　　早甜　　早甜玫瑰香

早霞玫瑰　　　　　早夏无核　　　　　早夏香　　　　　早香玫瑰

泽香 长青玫瑰 长穗无核白 着色香

郑佳 郑美 郑葡 1 号 郑葡 2 号

郑葡 6 号 郑艳无核 郑州早红 郑州早玉

志昌紫丰 中葡萄 10 号 中葡萄 12 号 中秋

钟山翠　　　　　　钟山红　　　　　　仲夏紫　　　　　　竹峰

状元红　　　　　　卓越公主　　　　　卓越皇后　　　　　卓越玫瑰

紫脆无核　　　　　紫地球　　　　　　紫丰　　　　　　　紫丰

紫金红霞　　　　　紫金秋浓　　　　　紫金早　　　　　　紫金早生

紫龙珠 　　　　　紫提 988 　　　　　紫甜无核 　　　　　紫香无核

紫珍香 　　　　　紫珍珠 　　　　　醉金香 　　　　　醉美 1 号

醉人香 　　　　　628 　　　　　　趵突红 　　　　　北冰红

北醇 　　　　　北国红 　　　　　北国蓝 　　　　　北红

北玫　　　　　北全　　　　　北玺　　　　　北馨

公酿1号　　　公酿2号　　　公主白　　　桂葡2号

桂葡5号　　　桂葡6号　　　黑佳酿　　　黑山

黑仔　　　　　红汁露　　　　凌丰　　　　　凌丰红

凌优葡萄

梅醇

梅浓葡萄

梅郁

媚丽

泉白

泉醇

泉丰

泉晶

泉龙珠葡萄

泉莹

泉玉

山玫瑰

双丰

双红

双锦山葡萄

双庆

双优

宿晓红

特优 1 号

湘酿 1 号

新北醇

雪兰红

烟 73 号

烟 74 号

野酿 2 号

云葡 1 号

紫晶甘露

左红一

左山二

左山一　　　　　　左优红　　　　　　华佳 8 号　　　　　抗砧 3 号

抗砧 5 号　　　　　云葡 2 号　　　　　郑寒 1 号　　　　　北丰

北香　　　　　　　　北紫　　　　　　　　大无核白

公主红　　　　　　华葡 1 号　　　　　吉香　　　　　　　牡山 1 号

水晶无核

卓越黑香蜜

紫玫康

超康早

VvmybA1a		NO		1559 bp
VvmybA1^{BEN}		YES		2187 bp
VvmybA1b		YES		1675 bp
VvmybA1c		YES		846 bp
VvmybA1^{SUB}		YES		1035 bp
VlmybA1-3		YES		999 bp
VlmybA1-2		YES		251 bp
VlmybA2		YES		161 bp
VvmybA2r		YES		1446 bp
VvmybA2w		NO		1444 bp

图 6-3 *MYBA1* 和 *MYBA2* 基因位点等位基因结构图（引自 Jiu，2021）

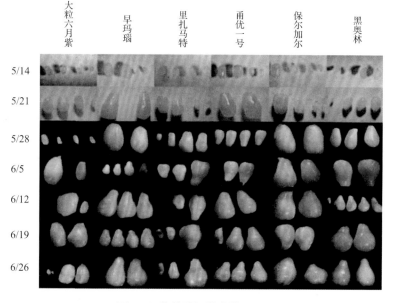

图 7-1 葡萄种胚发育情况（徐鹏程等，2016）

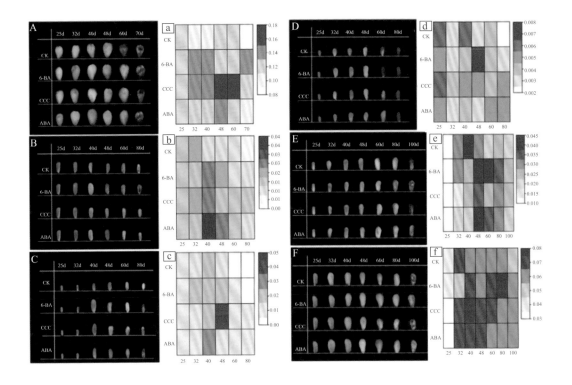

图 7-2 不同处理种子外观形态及五粒重变化（查紫仙，2023）

图 7-3 胚挽救育种程序

中国
葡萄
育种

房经贵
刘崇怀
吴伟民

主编

化学工业出版社

·北京·

内容简介

我国一直重视葡萄育种工作，育种队伍不断壮大，育种手段多样，育种成效显著。自 1949 年以来，我国先后共有 160 多家育种主体的 260 多位育种工作者选育出了 420 多个葡萄品种，已经发展成为世界葡萄产业大国。本书内容主要包括我国葡萄育种概况、我国 400 余个自育葡萄品种的介绍、葡萄主要性状的遗传、胚挽救技术在葡萄育种中的应用等。

本书适合农业院校、其他院校植物专业、生物相关专业师生及植物、农业科研院所研究人员、葡萄育种研发人员、葡萄培育及品种推广人员参考阅读。

图书在版编目（CIP）数据

中国葡萄育种/房经贵，刘崇怀，吴伟民主编.—北京：
化学工业出版社，2023.8
ISBN 978-7-122-43950-5

Ⅰ.①中… Ⅱ.①房… ②刘… ③吴… Ⅲ.①葡萄-育种-
中国 Ⅳ.①S663.102.4

中国国家版本馆 CIP 数据核字（2023）第 145899 号

责任编辑：李　丽　　　　　　　　　　文字编辑：李　雪
责任校对：王　静　　　　　　　　　　装帧设计：韩　飞

出版发行：化学工业出版社（北京市东城区青年湖南街 13 号　邮政编码 100011）
印　　装：三河市延风印装有限公司
787mm×1092mm　1/16　印张 17½　彩插 12　字数 430 千字　2023 年 10 月北京第 1 版第 1 次印刷

购书咨询：010-64518888　　　　　　售后服务：010-64518899
网　　址：http://www.cip.com.cn
凡购买本书，如有缺损质量问题，本社销售中心负责调换。

定　　价：98.00 元

版权所有　违者必究

《中国葡萄育种》
编写人员名单

主　编：	房经贵　刘崇怀　吴伟民
副 主 编：	徐海英　钱东南　张志昌　金联宇　徐卫东
	李绍星　童洪升　唐美玲　徐文清　姜建福
	宣旭娴　上官凌飞

其他编写人员（按姓氏笔画）：

王西成　王壮伟　王　晨　王建萍　王鹏飞

毛　娟　叶　青　付广青　师守国　任怡然

任艳华　刘　文　刘　新　许吉泽　牟德生

纪　薇　孙　磊　杜远鹏　李小璐　肖慧琳

冷翔鹏　张华清　张军翔　张克坤　张晓雯

范培格　季兴龙　郑　焕　郑　婷　郑伟蔚

赵鹏程　俞丹萍　徐　炎　徐伟荣　郭印山

诸葛雅贤　曹志毅　葛孟清　董天宇　韩玉波

程建辉　傅佩宁　解振强　慕　茜　樊秀彩

前言

PREFACE

我国葡萄栽培历史悠久，早在宋代，葡萄种植已遍布全国，并出现不同色泽、果形、风味等具有地方特色的葡萄品种。当前，我国葡萄产量居世界第一，栽培面积居世界第三，鲜食葡萄约占世界产量的 50%，连续多年居世界首位。中国幅员辽阔，气候和土壤类型复杂多样，全国各地葡萄生产中面临的问题不尽相同，这些对新品种选育提出了更高的要求。葡萄育种成效也决定了葡萄产业发展的走向及市场竞争力的强弱。选育优良的葡萄品种是葡萄产业持续发展的重要保障。选育出具有自主知识产权的、适应性强的、品质优的葡萄品种，对于提升我国葡萄产业的国际竞争力同样具有重要意义。

自 20 世纪 50 年代，我国开展了有目的的葡萄品种选育工作，育种成效显著。完成了从以鲜食葡萄品种选育为主，到重视加工和砧木葡萄品种培育的转变，育种目标性状也更加多样化，早熟、多抗、耐储运、无核、具有玫瑰香味等都是育种实践中考量的重要性状。尤其是 2000 年以来，我国葡萄新品种数量快速增长，品种审定速度加快，育种队伍壮大，愈来愈多的科研单位、高校以及葡萄生产企业大力开展葡萄育种工作。据不完全统计，迄今为止，我国已选育出 400 余个具有自主知识产权且品质性状优良的葡萄品种。根据有关资料报道，有 260 多位育种工作者参与到了这些新品种的选育工作中。

为使国内外同行对中国选育葡萄品种有所了解，本书编写人员对《中国葡萄志》《中国葡萄品种》《园艺学报》《果树学报》《中国果树》和《中外葡萄与葡萄酒》等权威性的著作和期刊中记载与报道的葡萄品种进行整理，结合对中国农业科学院郑州果树研究所国家葡萄种质资源圃等地收集与保存的相关葡萄品种重要资料进行收集，撰写了《中国葡萄育种》一书。本书对中国葡萄育种成果进行了阶段性总结，较全面地介绍了葡萄性状的遗传特点。同时，鉴于生物技术育种的重要性，本书也对葡萄分子设计育种的研究进展及技术进行了介绍。此书的出版将为我国广大葡萄科研工作者提供第一手参考资料，对我国葡萄遗传学研究以及新品种的选育与推广等工作的开展有着积极的意义。

本书共分九章，第一章记述了我国葡萄育种概况，具体描述了我国葡萄育种工作发展史和成效、育种主体和育种贡献以及重要葡萄育种系谱等；第二章简要介绍了我国 400 余个自育葡萄品种的特征，包括亲本来源、主要特征特性及栽培技术要点；第三章介绍我国自育葡萄品种的遗传多样性及 308 个自育葡萄品种的品种鉴定图（CID），并提供了部分葡萄品种的染色体倍性；第四章对我国 51 个葡萄地方品种进行了介绍；第五章介绍了葡萄主要性状的遗传；第六章介绍了葡萄分子设计育种；第七章介绍了胚挽救技术在葡萄育种中的应用；第八章介绍了葡萄育种中的实效技术；第九章主要介绍了葡萄新品种知识产权的发展史、DUS 测试指南概况、DUS 判定方法研究等。最后，附录中提供了我国目前最新的葡萄新品种审定流程、新品种权申请流程，本书中所介绍的自育和地方葡萄品种索引目录以及基于葡萄色泽性状的多性状分子设计育种的技术流程。需要说明的是 2023 年部分新育成的品种还在申请新品种登记，因此在本书中并未介绍。

本书的出版是在多方面专家共同努力的情况下完成的，在此深表谢意。但是，由于时间仓促以及受所掌握资料的限制，本书中难免存在疏漏和不足之处，敬请读者不吝指正。

编者
2023 年 5 月

目录

CONTENTS

中国葡萄育种概况

葡萄为葡萄科（Vitaceae）葡萄属（*Vitis* L.）落叶藤本植物，葡萄属又分为圆叶葡萄亚属（*Muscadinia* Planch）和真葡萄亚属（*Euvitis* Planch）。葡萄属植物主要分布在欧洲-西亚地区、东亚地区和北美地区，北纬30°附近。在亚洲的分布范围是以俄罗斯远东为起点，直到印度北部；美洲分布区的范围是北起加拿大南部，南至委内瑞拉北部。葡萄按其原产地的不同，大体分为三个种群，即欧亚种群、北美种群和东亚种群。不同属种的葡萄其起源中心不同。真葡萄亚属植物有西亚、北美和东亚三个起源中心，即"欧洲-西亚中心"、"北美中心"和"东亚中心"。圆叶葡萄亚属植物起源于美国东南部、墨西哥南部和巴哈马群岛。据考古资料，最早栽培葡萄的地区是小亚细亚里海和黑海之间及其南岸地区。学术界中对葡萄的起源也一直存在争议。2023年董扬等团队根据汇集全球约5000份葡萄遗传资源的基因组分析，完成了迄今为止植物领域最大的基因组分析工作，提出栽培葡萄起源的时间大约在距今11000年前，远比此前认知的7500年要早，表明葡萄是最早驯化的水果。同时发现栽培葡萄驯化中心有两个，为双起源中心模式，鲜食葡萄起源于西亚地区，酿酒葡萄起源于高加索地区，两地相隔1000多公里，而且酿酒葡萄和鲜食葡萄在不同区域同时起源，并且起源初期遗传背景就具有重大的差异。

葡萄属中有70多个葡萄种，按照地理分布和生态特点，70多个葡萄种被分为四大种群，即欧亚种群、美洲种群、东亚种群和杂交种群。欧亚种群的葡萄现仅存一个种，主要起源于地中海、里海和黑海沿岸，世界上著名的鲜食、酿造和加工用的品种多属本种。欧亚种群葡萄所属的品种按地理起源分为东方品种群、西欧品种群和黑海品种群。东方品种群分布在中亚、中东地区，我国一些古老的品种如'龙眼''牛奶''黑鸡心''无核白''瓶儿葡萄'等均属此品种群，这些品种长期在华北、西北驯化栽培，适于在大陆性干旱气候下栽培，在江淮流域栽培容易徒长、病虫害严重；西欧品种群原产于法国、意大利、西班牙等国，分布在西欧各国；黑海品种群分布于黑海沿岸及巴尔干半岛各国，为上述两个品种群的中间类型。在我国，西欧品种群和黑海品种群的品种主要适于在淮北及其以北的地区栽培。美洲种群大多分布在北美洲的东部，主要包括有价值的美洲葡萄、河岸葡萄和沙地葡萄等；东亚种群包括了39个种，主要生长在亚洲东部，其中最重要的种是山葡萄（*Vitis amurensis*），分布在东北、华北、朝鲜半岛及俄罗斯远东地区，具有极强的抗寒能力，是葡萄属中

抗寒能力最强的种；杂交种群是葡萄种间杂交培养成的后代，主要是美洲种和欧洲种杂交的欧美杂种，欧洲种与山葡萄杂交的欧山杂种。生产上常见栽培的葡萄，主要为欧洲葡萄和欧美杂交种葡萄，少数为山欧杂交种葡萄。

世界葡萄种质资源分布不均，北纬 30°～50°至南纬 30°～50°均有分布。在我国，葡萄种质资源地理分布广，共有 700 多种。而且，我国每个省份都有葡萄种质，其中黄河流域是我国葡萄最早种植的地区，也是酿酒葡萄的最适产区。随着鲜食葡萄的迅速推广，设施栽培的应用和栽培技术的提高，形成了全国各地均有葡萄种植的局面。但是我国幅员辽阔，气候、土壤类型多样，不同葡萄资源分布范围差异较大，干旱、高温、多湿、盐碱、病虫害等不利因素在不同程度上制约着葡萄产业的持续健康发展，全国各地面临的问题也不尽相同，这对葡萄品种的适应性以及品质提出了更高的要求，葡萄新品种的选育与创新越来越受到重视。

第一节　我国葡萄育种概况

一、葡萄育种工作发展史

我国从 20 世纪 50 年代开始有目的地进行葡萄育种，根据统计按照培育时间划分了 8 个主要时期，从中大致看出我国在葡萄育种中的发展轨迹（图 1-1）。在 1950～1959 年期间，育种目标以培育抗逆性强的酿酒、制汁品种为主，并开展了欧亚种与我国野生山葡萄、蒌薁葡萄选作亲本进行杂交育种的研究工作，例如吉林省农业科学院果树研究所首先于 1951 年培育出'公酿一号'，中国科学院植物所于 1954 年先后培育出了'北醇''北红''北玫''北紫'等一系列品种；在 1960～1969 年期间，开始加大对鲜食葡萄的培育工作，早熟、优质的鲜食品种是育种的主要目标，其中的'京早晶''山东早红'，在 20 世纪 60 年代后期到 20 世纪 80 年代初是主栽的早熟品种，曾发挥过重要的作用；在 1970～1979 年期间，育种目标从主要培育鲜食葡萄品种转向培育有玫瑰香味、大粒优质鲜食品种的同时，充分利用我国选育出的优质野生山葡萄资源为主要亲本材料培育酿酒葡萄以及利用无核或少籽的品种资源培育制干和制汁葡萄新品种；在 1980～1989 年期间，除了广泛利用欧美杂种'巨峰'进行鲜食葡萄选育外，我国也开始重视对砧木的培育，如'华佳 8 号'；在 1990～1999 年期间，鲜食葡萄的培育成效显著，主要目标是选育大粒、无核、有香味、耐贮运、早熟、适于设施栽培的品种，如'沪培 2 号''京蜜''京香玉'；由于根瘤蚜和根结线虫开始在我国蔓延，砧木品种的育种愈加针对高抗病虫性展开，如育成的'抗砧 3 号'和'抗砧 5 号'；在 2000 年以后，选育的葡萄新品种数量增长快速，育种目标更加多样化，且伴随着葡萄全国范围内的快速推广以及设施高效栽培的发展，培育多抗优质以及宜于设施栽培的鲜食品种成为重要的育种目标。

因此，在引进品种的基础上，开展葡萄育种创新，选育优良且适合中国各地土壤、气候条件并具有抗逆性的葡萄品种成为重要挑战。令人鼓舞的是，国家不断投入大量资金，支持和鼓励组建葡萄育种创新团队。特别是 2008 年国家现代农业葡萄产业体系成立以后，对葡萄育种岗位按照不同方向进行详细分工，制定明确的目标，并在资金上给予稳定的支持，这使我国的葡萄育种科研团队不断完善，科研能力得到极大提升。比如在产业体系的支持下，北京林果研究所徐海英团队培育出了'瑞都'系列品种；山西果树研究所唐晓萍团队培育出'宝'系列品种；河北昌黎研究所赵胜建团队培育出'光'系列品种；沈阳农大郭修武团队

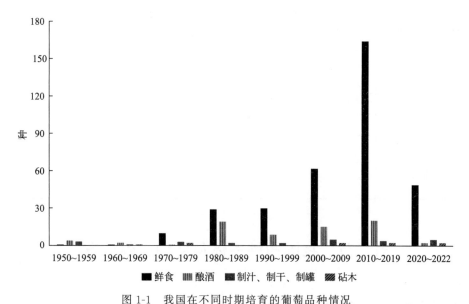

图 1-1　我国在不同时期培育的葡萄品种情况

因制汁、制干、制罐品种数量较少，且多为兼用型品种，故在统计中同归于加工品种

培育出'沈农'系列品种等。同时，一些企业或合作社等也在根据推广或生产需要，自发选育或在实际生产中发现一些优异变异植株进而培育成新品种，如张家港市神园葡萄科技有限公司培育出'园红玫''园红指'等品种，芜湖南农园艺研究所有限公司培育出'春香无核'品种，昌黎县李绍星葡萄育种研究所培育出'紫脆无核''紫甜无核'等金田系列品种。

我国葡萄新品种选育从数量上来看成果辉煌，并呈现出以下特点：完成了从以鲜食品种选育为主，到重视加工和砧木品种培育的转变，品种选育审定速度加快，育种队伍壮大、育种规模明显扩大，新品种数量增长快速，分子设计高效育种得到重视等（崔腾飞等，2018）。随着人们对香味葡萄的青睐，玫瑰香型葡萄的选育越来越受重视，和以往相比，近些年葡萄中出现了许多具有玫瑰香味的阳光玫瑰后代，如'阳光之星''园金香''东方金珠''金之星'，葡萄新品种的色泽仍然以红色至紫红色为主。但因育、繁、推体系不够完善，配套的栽培技术研发缓慢，多数品种尚未获得果农或企业的广泛认可和应用，在葡萄产业没有发挥应有的作用，还需要进一步开发配套的栽培技术和加强知识产权保护力度，加速示范和推广，促成育种成果转化。

二、葡萄育种成效

据不完全统计，截至 2022 年，全国共选育 421 个葡萄品种。选育的葡萄主要用途可分为 6 大类：鲜食、酿酒、砧木、制汁、制干、制罐。其中，制汁、制干、制罐品种数量较少，在统计中同归于加工品种。在育成的 421 个品种中，鲜食品种 334 个，占 79.3%；酿酒品种 67 个，占 15.9%；砧木品种 7 个，占 1.7%；加工品种 13 个，占 3.1%（表 1-1）。从选育的葡萄新品种数量上也可以看出，选育的品种仍以鲜食葡萄为主，酿酒和砧木品种的培育开始得到相应重视，对加工品种的需求与利用也不断增加。特别是近 20 年来，伴随对加工葡萄品种、砧木品种等选育的重视，葡萄育种更加多元化，育种选育的效率提高、新品种的数量上升快速。根据不完全统计，这二十多年，共育成了 282 个葡萄新品种，占我国历年总育成品种的 67.0%（表 1-1）。

表 1-1 1950～2022 年我国育成的葡萄品种数量及用途

品种用途	育成年代								不详
	1950～1959	1960～1969	1970～1979	1980～1989	1990～1999	2000～2009	2010～2019	2020～2022	
鲜食	0	2	15	26	33	71	131	34	22
酿酒	3	3	5	13	12	5	17	7	2
加工	0	0	2	1	0	6	4	0	0
砧木	0	0	0	0	0	3	2	2	0
总计	3	5	22	40	45	85	154	43	24

第二节 我国育种主体及育种贡献情况

一、我国葡萄育种主体情况

根据从 1953～2022 年国家组织开展葡萄育种工作的 70 年间，全国共有 174 家单位参与葡萄育种工作。按照高校，农场，公司及个人，科研单位，以农业局、果树站等为代表的行业管理部门 5 大类单位的育种数据看，科研单位是葡萄育种的主要群体（图 1-2），共有 62 家研究所参与 291 个葡萄新品种的育种工作（诸葛雅贤等，2023）。中国农业科学院郑州果树研究所、中国科学院植物研究所、山东省酿酒葡萄科学研究所、北京市农林科学院林业果树研究所、河北省农林科学院昌黎果树研究所这 5 家科研单位育成品种数量位居前五，分别为 29 个、26 个、24 个、19 个、18 个。公司及个人育成葡萄品种数居第二位，50 家育种的公司及个人共育成 90 个品种，其中张家港市神园葡萄科技有限公司育成 17 个品种，主要是'园金香''园红玫''园绿指'等早熟大粒鲜食品种。河北昌黎农民育种家李绍星自主选育了'紫脆无核''紫甜无核'等大粒无核晚熟系列葡萄品种以及金田系列 8 个优质品种。在 25 所高校育种单位中，沈阳农业大学、河北科技师范学院育成品种最多，分别为 11 个、8 个。29 家行业管理部门育种情况比较平均，每家单位育成品种数 1～3 个。

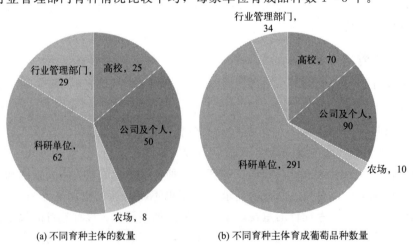

(a) 不同育种主体的数量   (b) 不同育种主体育成葡萄品种数量

图 1-2 不同类型育种主体育种情况

不同年代育种主体的育种成效不同。按 10 年为一阶段，在自 1950~2022 年的 7 个时间段里，我国葡萄育种主体数量从 3 家增加到 174 家（图 1-3）。育种主体的类别明显增加，1950~1969 年间，育种主体仅有 2 家科研单位，从 1970 年开始，高校、公司、农场、行业管理部门等单位及个人相继开展葡萄育种研究工作，1980 年沈阳市东陵区浑河站公社王士大队发现优良芽变品种'7601'，是关于个人选育出葡萄新品种的最早报道。1970 年至今，除农场外其他各类育种单位数量均在快速增加，科研单位无论是在参与数量还是在育成品种数量上均排名第一；2010 年至今，公司及个人的参与数量和育成品种的数量所占比重明显上升，位居第二；2000 年至今，高校参与育种的单位数量虽然不多，但成效很大。随着产业的发展与科技的进步，公司及农户个人充分利用各自的优势，开展了卓有成效的葡萄育种工作，从 1980 年至今 40 多年间，共选育了 90 个品种。

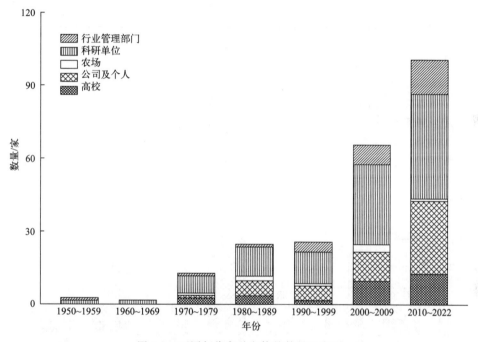

图 1-3　不同年代育种主体的数量及类型

二、不同年代各地区育种主体情况

从全国东北、华北、西北、华东、华南、华中、西南 7 个区域（表 1-2）育种统计情况来看，东北和华东是最先开展葡萄育种工作的地区，华北、西北和华中地区相继加入葡萄的育种工作。2002 年云南省昆明市农业学校育成优良芽变品种'华变'，是西南地区首次报道育成的葡萄新品种；2005 年，广西农业科学院杂交育成酿酒新品种'凌丰''凌优'，是华南地区首次报道育成的葡萄新品种。如图 1-4，在全国划分的 7 个区域中，华东地区的育种主体数量最多，有 74 家，东北、华北地区的育种单位数量次之，分别为 30 家、25 家。在不同地区，育种主体的构成各不相同。由图 1-4 可知，华东和华中地区早期还存在着农场这一类型的育种主体。华北地区以公司及个人这一类型的育种主体为主，其余 6 个地区均是科研单位类型的育种主体数量最多。华东地区科研单位和公司及个人这两类育种主体数量最多，均为 22 家，在西南地区的育种主体数量较少，共 7 家。

表 1-2　不同年代不同地区育种主体数量

年代	育种主体数量/个						
	东北	华北	西北	华东	华南	华中	西南
1950～1959	2			1			
1960～1969	1	1					
1970～1979	4	1	2	4		2	
1980～1989	12	5		4		4	
1990～1999	6	8	1	11			
2000～2009	12	13	6	25	1	8	1
2010～2022	13	15	9	39	9	10	6

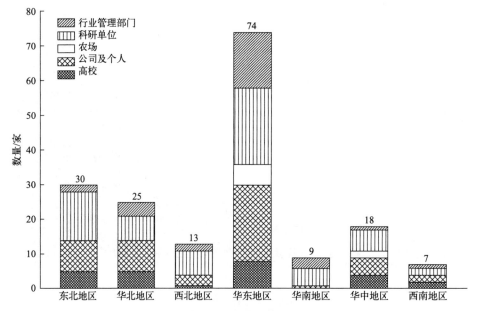

图 1-4　不同地区的育种主体数量及其分类

不同地区葡萄育种的主要单位也有差异。据统计（表 1-3），华东地区育成的葡萄品种数目最多，共计 142 个；其次为华北地区，选育了 105 个新品种；而西南地区葡萄育种的历史较短，迄今选育了 5 个。各地区不同类别育种主体育成品种数量排名前 5 的有华北地区的科研单位、华东地区的科研单位、东北地区的科研单位、华东地区公司及个人和华中地区的科研单位，其参与育成品种数量分别为 84、77、62、45、34。由此可见，各地区葡萄育种的主要力量为科研单位，华东地区的公司及个人也是葡萄新品种的重要贡献者，这与当地尤其是江浙等东南省份近几十年来葡萄产业快速发展、育种研究得到重视有关。山东、河北、河南、广西等葡萄种植大省的葡萄育种单位相对较多。可以自行育种的农户个人多出自山东、河北等传统的栽培大省，品种意识的增强和多年的葡萄栽培经验多使农户个人育种成为新的育种形势。随着葡萄栽培技术的普及和与高校的密切合作，育种公司异军突起，逐渐发展成为葡萄育种的又一主力军。

表 1-3 不同地区不同类型育种主体的育成品种数量

地区	各单位育成品种的数量/个				
	高校	公司及个人	农场	科研单位	行业管理单位
东北地区	16	13		61	1
华北地区	19	18		83	5
西北地区	3	3		20	2
华东地区	18	44	9	77	21
华南地区		4		12	3
华中地区	11	6	1	34	1
西南地区	3	2		4	1

第三节 主要育种技术

一、不同育种技术的应用情况

我国葡萄育种主要以传统的育种技术为主，包括杂交育种、芽变育种、实生选育和诱变育种 4 大类，而且在不同年代的主要育种技术是有时代特点的，随着时间推移，育种技术从主要以实生育种到如今以杂交育种为主，其他技术育种也有较好的成效。育种技术的发展也是相关科技发展的结果。

据统计，1950～1969 年 20 年间，我国只有杂交育种和实生选育两种育种手段（表 1-4）。自 1974 年新疆农业科学院育成优良芽变品种'大粒无核白''长穗无核白'，我国才开始有关于芽变育种的报道。2003 年河北爱博欣农业有限公司诱变育种培育出'红乳'品种，是首次报道我国通过诱变进行葡萄育种。从近 70 年来的具体情况看，杂交育种一直是我国培育葡萄新品种的主要手段，有 282 个新品种通过杂交育成，占 67.0%（图 1-5）；芽变育种自 20 世纪 70 年代以来快速上升，选育数量逐渐增多，共选育出 60 个新品种，占 14.3%（图 1-5），我国主要以'夏黑''巨峰''玫瑰香'和'无核白'等品种为亲本进行芽变选种，因其具有优中选优，即可对优良品种的个别缺点进行修缮，同时保持其原有综合优良性状的突出特点，而在近年育种方法中凸显；葡萄实生选种一直是常用的育种技术，选育出 44 个品种；而诱变育种的报道较少，有 5 个品种。

表 1-4 不同年代不同育种手段育成品种数量及占比

年代	杂交育种 /(个/%)	芽变选育 /(个/%)	实生选育 /(个/%)	诱变育种 /(个/%)	不详/个	合计/个
1950～1959	2 (67)				1(33)	3
1960～1969	4 (80)		1 (20)			5
1970～1979	17(77)	4 (18)			1(5)	22
1980～1989	27(68)	6 (15)	2 (5)		5(12)	40
1990～1999	27(60)	10 (22)	4(9)		4(9)	45
2000～2009	55(65)	14(16)	8(9)		8(9)	85

续表

年代	杂交育种 /(个/%)	芽变选育 /(个/%)	实生选育 /(个/%)	诱变育种 /(个/%)	不详/个	合计/个
2010～2022	136(69)	24(12)	23(12)	5(3)	9(5)	197
不详	14(58)	2(8)	6(25)		2(8)	24
合计	282(67)	60(14)	44(10)	5(1)	30(7)	421

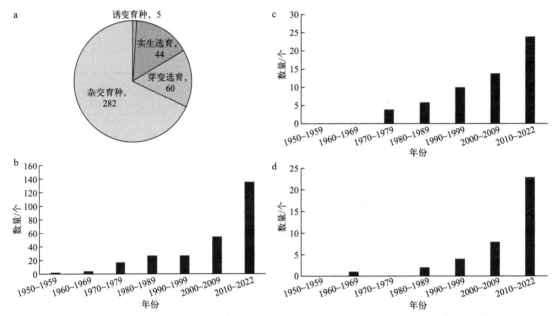

图 1-5　我国不同方法育成葡萄品种数及不同年代主要育种手段育成品种数量

a—我国不同方法育种葡萄品种数；b—杂交育种不同年代育成品种数量；
c—芽变选育不同年代育成品种数量；d—实生选育不同年代育成品种数量

从育种主体看，高校和科研单位主要育种手段为杂交育种，育成的葡萄新品种数量快速上升（图1-6）。公司及个人在2010年之前所育成品种数量不多，多为芽变育种和实生选育，2010年之后，随着公司、个人、高校及科研单位合作的加强，科研水平提高，育成品种数量迅速增加，育种手段是以杂交育种为主，芽变育种、实生选育常用的情况。行业行政管理部门主要育种手段为芽变育种，育成的葡萄新品种数量较多，共34个。可以看出20世纪70年代以来我国开始重视芽变育种，这期间葡萄的大面积推广种植也为芽变育种提供了有利条件。

二、不同地区主要育种技术的比较

由表1-5看出，在全国7个地区的育种工作中，华北、华东、华中三个地区的育种手段全面，而西南地区的葡萄育种技术仅有杂交和芽变育种2种。除华南地区的主要育种手段为芽变选育外，其他6个地区均是通过杂交育种，育成品种最多。东北、西北和华中地区，实生选育是运用第二多的育种技术；而华北、华东、华南地区，芽变选育是运用第二多的育种技术。华东地区的主要育种手段为杂交、芽变和实生育种，通过杂交和芽变这两种育种技术育成的品种数占其所育品种的83.1%。该地区葡萄产业发展快，种植面积大，公司注重调

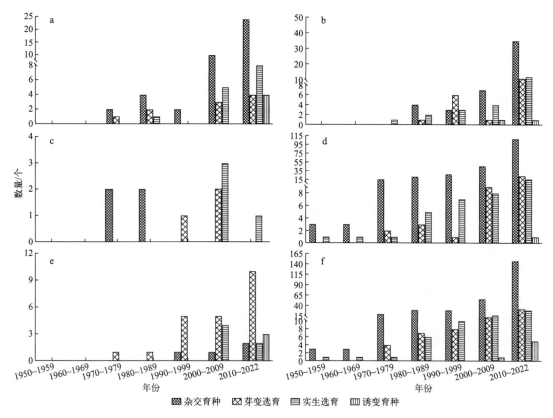

图 1-6 不同年代不同类型育种主体的育种手段所育成品种数量

a、b、c、d、e、f 分别为高校、公司及个人、农场、科研单位、行业行政管理部门、
所有类型育种主体，7 个时期不同育种手段育成的葡萄品种数量

查与鉴定，通过芽变育成的品种约占全国芽变育成品种的 56.7%。华北地区杂交选育的品种最多，约 88.6% 的新品种通过杂交手段育成。

表 1-5 不同地区不同育种手段育成品种数量　　　　　　　　　　单位：个

地区	杂交育种	芽变选育	实生选育	诱变育种	合计
东北地区	58	7	18		83
华北地区	93	6	5	1	105
西北地区	16	5	6		27
华东地区	83	35	20	4	142
华南地区	3	7	5		15
华中地区	31	3	11	1	46
西南地区	3	2			5

三、我国葡萄杂交育种情况

常规杂交育种是我国葡萄育种中应用最多、最广泛和最有效的育种方法之一。通过有目的地选择亲本进行杂交或回交，对实生后代进行观察、筛选，从而得到所需要的品种。杂交育种可以将同一物种里两个或多个优良性状集中在一个新品种中，还可以产生杂种优势，获

得比亲本品种更强或表现更好的新品种。葡萄每一次更新的换栽品种都由杂交育种而来，如'巨峰'（'石原早生'×'森田尼'）'夏黑'（'巨峰'×'无核白'）'阳光玫瑰'（'安芸津21号'×'白南'）等。

1. 我国葡萄杂交育种亲本分析

从我国自育品种的亲本利用情况分析（图1-7），我国育成葡萄品种的直接亲本分4大类：野生种、引进品种、育成品种和亲本来源不详的品种。1950～2022年，我国通过常规杂交育成的282个葡萄品种共涉及直接亲本187个，其中我国育成品种69个，占36.90%；野生种9个，占4.81%。按种群分为5大类：欧亚种群、北美种群、东亚种群、杂交种群和来源不详，欧亚种数量最多，占60.96%，北美种占2.14%，东亚种占5.88%，杂交种群中欧美杂种占20.32%，欧山杂种占3.21%，另有7.49%的亲本所属种群不详。按亲本杂交组合（父本×母本）可分为16类，发现母本为欧亚种时的杂交组合最多，占71.14%，包括欧亚×欧亚组合134个，欧美×欧亚组合30个，东亚×欧亚组合10个，山欧×欧亚组合1个；母本为欧美种的杂交组合有48个（欧亚×欧美组合29个，欧美×欧美18个，北美×欧美1个），占19.51%。和母本相同，以欧亚种作为父本时的杂交组合最多，占70.73%；以欧美种作为父本的杂交组合有51个，占20.73%。随着育种工作的开展，杂交育种亲本选择的范围越来越广。

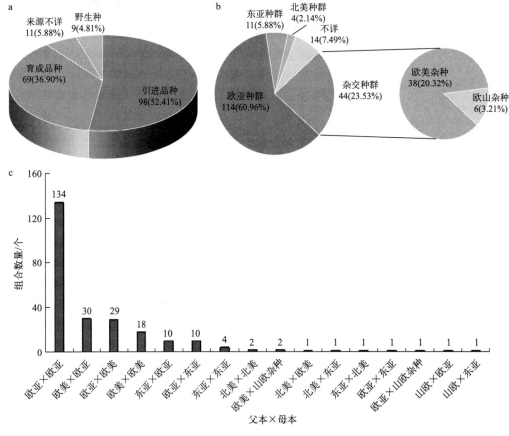

图1-7 1950～2022年我国葡萄杂交育种亲本分析

a—直接亲本类型；b—直接亲本种群；c—直接亲本组合

统计不同时期我国杂交育种的直接亲本（图 1-8），发现 20 世纪 70 年代前，我国葡萄杂交育种工作刚刚起步，仅有'玫瑰香''山葡萄''沙巴珍珠''黑汉'4 个品种用于杂交育种；20 世纪 70 年代后，随着育种单位的增加，直接亲本数量快速上升；2000 年以后，早期的育成品种和新的引进资源作为亲本材料应用于杂交选育。进一步对 197 个直接亲本的分析中得出，'玫瑰香'使用频数最多，为 52 次（父本 16 次，母本 36 次）；'巨峰'次之，使用频数 27 次（父本 14 次，母本 13 次）；'红地球'使用频数也比较多，平均 20 次以上；'京秀''葡萄园皇后''香妃'使用频数在 10 次以上（图 1-9）。'玫瑰香''红地球''京秀'作为母本的频率远高于父本，'巨峰'和'葡萄园皇后'作为母本和父本的频率相当，而'香妃'和'莎巴珍珠'在杂交育种中往往作为父本。在我国育成的优良品种中，直接利用'玫瑰香''巨峰'和'莎巴珍珠'做亲本及其衍生品种做亲本育成的品种分别占所育成品种总数的 25.89%（109 个），13.54%（57 个）和 12.59%（53 个）。

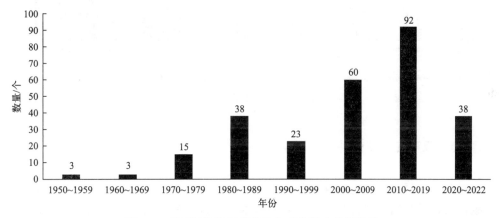

图 1-8　不同年代我国葡萄杂交育种育成品种数量

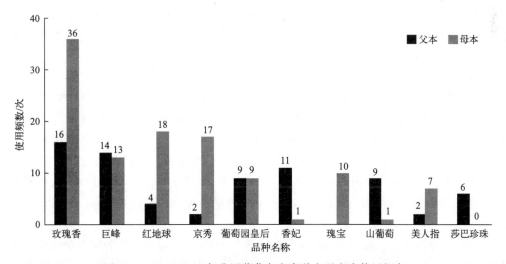

图 1-9　1959～2022 年我国葡萄杂交育种主要亲本使用频率

根据不同年代我国杂交育种的主要直接亲本，发现 20 世纪 80 年代前，'玫瑰香'和'山葡萄'是杂交育种的主要亲本；20 世纪 80 年代后（1970～2009 年），'葡萄园皇后'被广泛应用于杂交育种；20 世纪 80 年代中期，我国开始以'巨峰'为亲本进行杂交育种，2000 年后在全国快速发展，广泛用于大粒葡萄的选育；21 世纪后，'玫瑰香'和'巨峰'仍

是葡萄杂交育种的骨干亲本，同时'京秀''红地球''莎巴珍珠'等的使用频率也显著增加（图 1-10），扩宽了葡萄的种质基础，选育出越来越多的葡萄新品种。

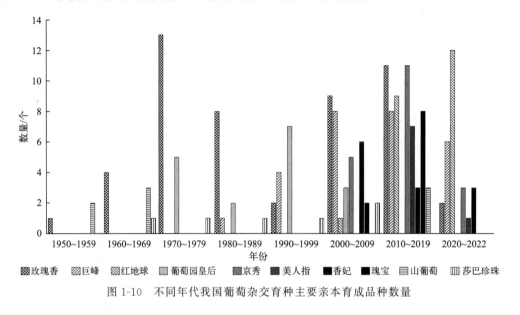

图 1-10　不同年代我国葡萄杂交育种主要亲本育成品种数量

2. 重要葡萄品种在杂交育种中的应用

通过对葡萄品种亲本的统计和分析，发现'玫瑰香''巨峰'和'莎巴珍珠'作为亲本，遗传贡献最大，是我国葡萄育种中最主要的亲本。通过分析'玫瑰香''巨峰'和'莎巴珍珠'衍生品种（品系）的选育途径和亲子代关系，绘制了三个品种的系谱图（图 1-11、图 1-12、图 1-13）。在我国育成的优良品种中，以'玫瑰香''巨峰'和'莎巴珍珠'3 个品种做亲本材料的利用率居前 3 位，直接利用它们做亲本或其衍生品种做亲本育成的品种数分别为 109 个、57 个和 53 个。

'玫瑰香'是英国斯诺（Snow）于 1860 年用'黑汉'与'白玫瑰'（'亚历山大'）杂交育成的甜香型优质葡萄品种，1892 年引入中国（杨治元，2006）。20 世纪 50 年代，我国就开始了'玫瑰香'系葡萄的选育，育出了'山玫瑰''北醇''爱神玫瑰'等品种；2000 年以后杂交育出了'巨玫瑰''京蜜''园红玫'等优良品种；截至目前，'玫瑰香'仍是我国葡萄杂交育种的重要亲本（图 1-10）。我国选育的'玫瑰香'系包括杂交、芽变、实生和诱变育种 4 种育种技术，分别选育品种 82 个、10 个、5 个和 2 个（图 1-11）。这些育成品种中有 24 个品种的果色呈黄绿色-绿黄色，46 个品种果色表现为粉红色-紫红色，24 个品种呈紫黑色-蓝黑色（图 1-14）。

'巨峰'是日本大井上康以'大粒康拜尔早生'为母本，'森田尼'为父本杂交培育的四倍体品种，1959 年引入中国（李怀福，2003）。1984 年，中国科学院植物研究所首次通过'巨峰'实生选种育成葡萄新品种'京超'，随后我国共衍生育成了 59 个'巨峰'系品种（图 1-12），包括'京优''天工丽人''爱博欣 1 号'等共 11 个实生种，'辽峰''峰早'等共 15 个芽变种，'宝光''醉金香''月光无核'等 33 个杂交种。这些育成品种中有 4 个品种的果色呈黄绿色-绿黄色，25 个品种果色表现为粉红色-紫红色，29 个品种呈紫黑色-蓝黑色（图 1-14）。

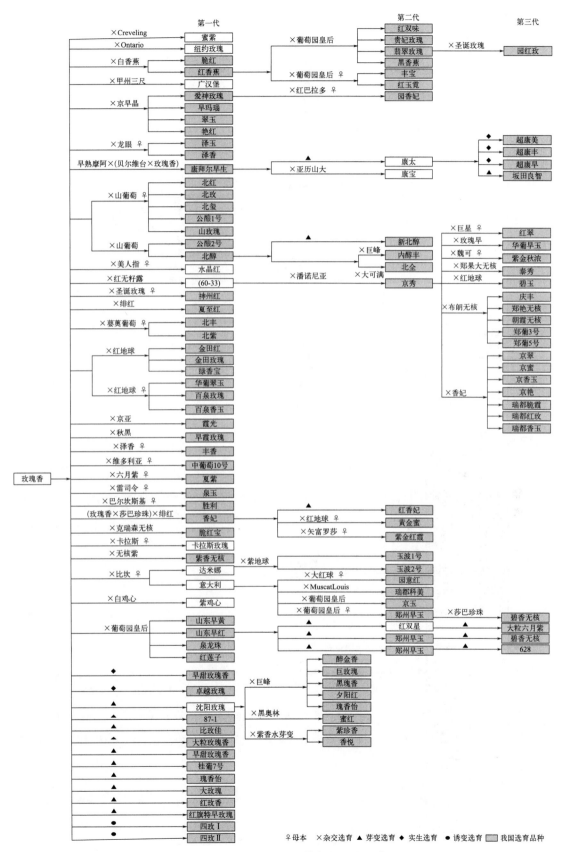

图 1-11 '玫瑰香'及其育成品种系谱

中国葡萄育种

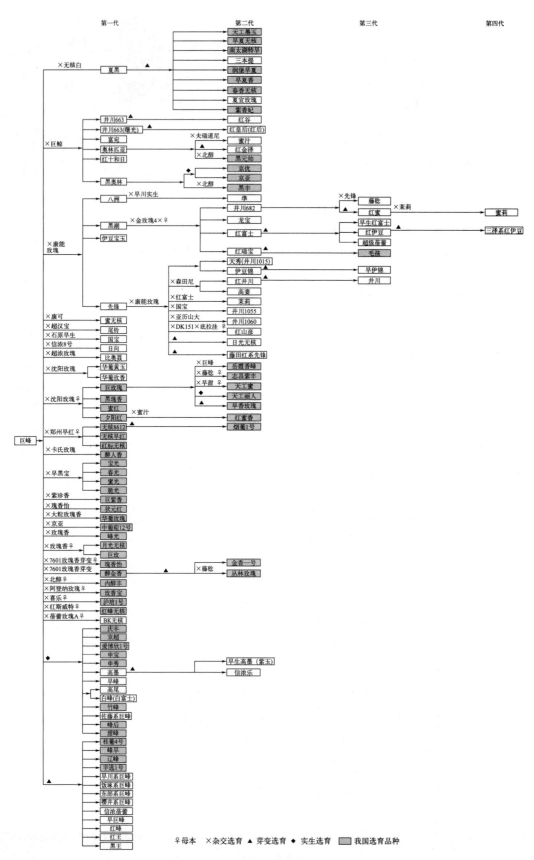

图 1-12 '巨峰'及其育成品种系谱

14

　　莎巴珍珠（Pearl of Csaba），欧亚种，1904 年匈牙利人斯塔克用'匈牙利玫瑰'（Muskatellier d'Hongrie）×'奥托涅玫瑰'（Muscat Ottonel）杂交育成，1951 年引入中国（樊秀彩，2010）。果穗圆锥形，重 200～500g，黄绿色，充分成熟时浅黄色；果皮薄，肉质稍脆，多汁，具有玫瑰香味，成熟期极早，被广泛用于早熟葡萄育种。20 世纪 70 年代，我国开始以'莎巴珍珠'为亲本进行杂交育种。到 2022 年，我国直接利用'莎巴珍珠'为亲本或其衍生品种做亲本育成葡萄品种 53 个（图 1-13）。育种技术仅有杂交育种和芽变育种，分别有 47 个和 6 个葡萄品种。其中，17 个葡萄品种果皮变现为黄绿色-绿黄色，26 个品种的果色呈粉红色-紫红色，10 个品种为紫黑色（图 1-14）。

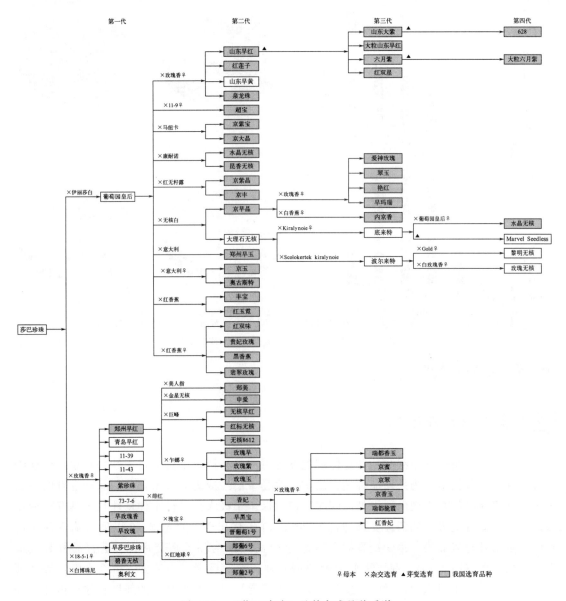

图 1-13　'莎巴珍珠'及其育成品种系谱

15

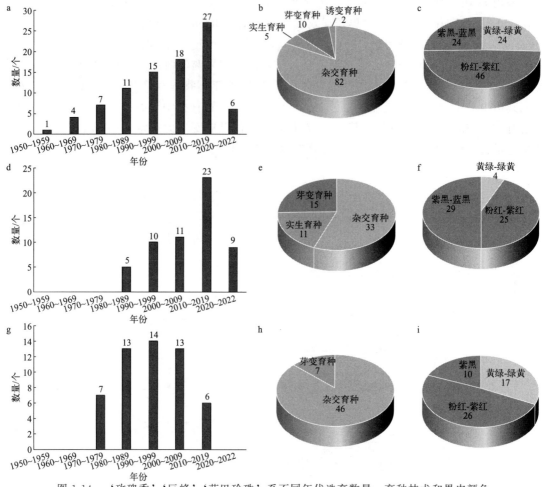

图1-14 '玫瑰香''巨峰''莎巴珍珠'系不同年代选育数量、育种技术和果皮颜色
a,b,c—玫瑰香；d,e,f—巨峰；g,h,i—莎巴珍珠

四、芽变选种的成效

1. 我国芽变育种概况

芽变通常是由一个单细胞的稳定体细胞突变引起的，该突变可通过无性繁殖稳定传递给后代。芽变选种技术作为果树品种选育的重要途径，已经成为近年来葡萄新品种选育的主要来源。芽变新品种在表现出新表型的同时，通常保留了极大部分母本优良性状，具有育种年限短、费用低等优势。葡萄芽变选种自20世纪70年代出现，直至2010以后，葡萄芽变选种的数量上升趋势加快，芽变选育的品种高达32种，成为除了杂交育种外选育品种数量最多的一项技术（图1-15）。我国重要葡萄栽培品种，如'巨峰''夏黑'和'藤稔'等，其栽培区域广、种植面积大、时间跨度长，易发生芽变，且芽变新品种的新性状往往更佳或特殊。据统计，迄今采用芽变育种培育出的葡萄新品种高达50余种，如'洛浦早生''六月紫''康太'等。受栽培品种的遗传基础、栽培面积、栽培区域和栽培时期等因素的影响，主栽品种的芽变数量和芽变性状等存在差异。

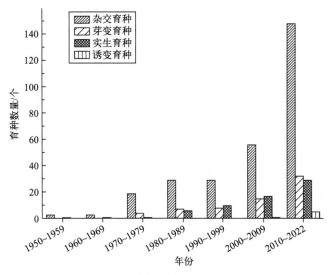

图 1-15 不同育种技术育成品种数

2. 主要品种的芽变性状特点

迄今，通过对葡萄芽变类型及品种的统计，采用芽变育种培育出的葡萄新品种高达 60 余种，如'洛浦早生''六月紫''康太'等。据报道，芽变亲本品种共有 35 种左右，包括'莎巴珍珠''京亚''绯红'和'龙眼'等，其中 44％左右芽变品种的亲本来源于'夏黑''巨峰''藤稔''玫瑰香''无核白'和'红地球'等我国主栽品种，这些品种栽培区域广、种植面积大、时间跨度长，芽变发生的概率大，且芽变品种的新性状往往更佳，主要表现为大果芽变、早熟芽变、红色芽变和无核芽变等。

'夏黑'芽变品种主要为早熟芽变。芽变株表现出早熟特性，比'夏黑'成熟期早 7～30d。据报道，截至 2022 年'夏黑'已选育出的芽变品种有'早夏无核''天工墨玉''南太湖特早''三本提''润堡早夏''早夏香''春香无核''夏宜玫瑰'。与'夏黑'相比，不同芽变新品种的成熟时间具有不同程度的优化。例如'天工墨玉'在浙江地区比相同栽培条件下的'夏黑'成熟期提前 7～10d；'早夏香'在江苏省地区比同地区'夏黑'早 15d；而'夏宜玫瑰'在浙东地区比'夏黑'早成熟 30d。因此，根据芽变新品种成熟的时间，可以将'夏黑'芽变品种分为特早熟和极早熟品种。大部分芽变品种属于极早熟芽变品种，包括'早夏无核''春香无核''天工墨玉''早夏香''南太湖特早''紫香妃''夏宜玫瑰'和'润堡早夏'等。在华东地区避雨栽培条件下，其果实在 6 月下旬左右成熟，若是促成技术得当也可更早上市。

'巨峰'芽变品种主要有早熟芽变、大果芽变和红色芽变。其中早熟芽变有'宇选 1 号'和'峰早'。'宇选 1 号'表现为成熟期比'巨峰'提前 1 周；'峰早'于 7 月上旬果实成熟，成熟期比'巨峰'提前 30d 左右，挂果时间长，成熟后可挂在树上近 1 个月。大果芽变品种有'辽峰'，果穗重量为 600.00g，单粒重比'巨峰'重 3.00～5.00g，单粒重可达 20.00g。红色芽变品种有'桂葡 4 号'，果皮颜色与'巨峰'不同，表现出果皮颜色变浅，呈粉红色，果粉均匀，色泽亮丽。

'红地球'芽变品种主要为大果芽变和无核芽变。大果芽变品种有'紫提 988'和'红

太阳'。'紫提 988'芽变性状表现为果穗和果粒特大，果穗平均重 1000.00g，最大 3540.00g，整体上比'红地球'大；'红太阳'主要表现为果粒巨大，果穗重 1250.00g，最大可达 3000.00g。无核芽变品种有'蜀葡 1 号'，芽变后该品种自然果实无核，因此果型与母本有所差别，'蜀葡 1 号'果粒呈长椭圆形，而'红地球'果粒呈扁圆形。

'玫瑰香'的芽变品种主要有早熟芽变和大果芽变。其中早熟芽变品种有'红旗特早玫瑰'，在山东省平度市地区，6 月下旬至 7 月上旬果实即可成熟，比'玫瑰香'提前 40d 成熟。大果芽变有'大玫瑰香'，果粒巨大，单粒重 7.00g 左右，果粒近圆形，而同地区'玫瑰香'单粒重 3.96g，果粒呈椭圆形。'沈阳玫瑰'同时具备大果和早熟的特性，繁殖器官和营养器官相比普通'玫瑰香'显著增大，果实成熟于 8 月中下旬至 9 月初，比'玫瑰香'葡萄提早 7~10d。

'藤稔'芽变品种包括大果芽变和晚熟芽变。其中大果芽变品种最多，包括'超藤'和'金峰'。'超藤'表现为大果，果穗重 1500.00g，单粒重达 22.00g。'金峰'是'藤稔'大果芽变品种，主要芽变性状表现为大穗大粒，果穗极大，平均穗重 550.00g，最大穗重超过 2300.00g，果穗圆锥形；单粒重 18.50g 左右，最大可达 22.50g 左右，呈椭圆形。晚熟芽变有'鄞红'，果实成熟期在 7 月底至 8 月初，比'藤稔'晚 7~10d。

'无核白'芽变品种主要为大果芽变。主要包括'大无核白葡萄''大粒无核白''长穗无核白'和'长粒无核白'。'大无核白葡萄'植株果穗巨大，平均果穗重 660.00g，最大可达 1400.00g，单粒重 4.23g，比母本'无核白'重 3~4 倍。'大粒无核白'单粒重 3.40g，果粒近圆形，相较于母本主要的区别在于芽变后的植株果粒更大。'长穗无核白'突出性状为果穗特长，呈分歧形，果穗平均重 556.00g，最大可达 1400.00g，果实呈长椭圆形。'长粒无核白'大果特点主要表现为果粒长、穗梗长和果粒长。

第四节　不同时期自育葡萄品种性状的特点

分析 1970 年至今国内选育出的部分鲜食葡萄的穗长、穗宽、果粒纵横径及糖酸含量（图 1-16、图 1-17），发现在可溶性固形物和酸含量方面，自育葡萄的可溶性固形物含量总

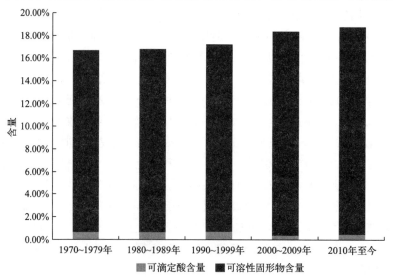

图 1-16　不同年代鲜食葡萄可溶性固形物和酸含量变化

体呈现升高的趋势，在 2010 年至今这一时期达到了最大值，与此同时，鲜食葡萄的酸含量总体呈下降的趋势。自育葡萄的穗长、穗宽和果粒的纵横径总体均呈上升的趋势，但穗长变化幅度较大，在 2000～2009 年选育品种的穗长最大。果粒纵径的变化显著大于横径，在 1990～1999 年时期选育的鲜食葡萄新品种的纵径最大，表明果实长度增大，呈椭圆形的品种较多，例如'京秀''京亚''京玉'等。

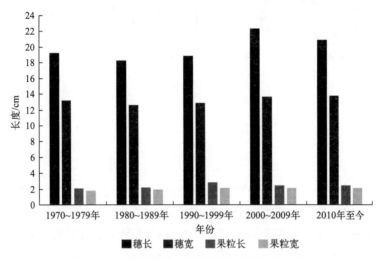

图 1-17　不同年代鲜食葡萄果穗和果粒性状变化

第二章 中国自育品种

为更好地促进我国对自主育成葡萄新品种的利用与推广，以及为今后葡萄育种目标的制定和优良亲本的选配提供参考依据。本书在参考与整理《中国葡萄志》与《园艺学报》《果树学报》《中国果树》《中外葡萄与葡萄酒》等权威性期刊曾报道的有关葡萄品种的基础上，对我国自育的大量葡萄品种进行简要介绍。尽管做不到对所有育成品种的完全整理，但也基本上反映了我国培育葡萄品种的情况。

第一节　鲜食品种

1. 郑佳 Zhengjia

亲本来源：欧亚种。别名'郑果大无核'，亲本不详，由中国农业科学院郑州果树研究所育成，早中熟鲜食品种。

主要特征：果穗双歧肩圆锥形，平均穗重 650.0g，最大穗重达 900.0g 以上。果粒着生紧密，果粒椭圆形或近圆形，绿黄色或金黄色，平均单粒重 5.4g，最大粒重可达 9.0g 以上。果粉和果皮均薄，果肉脆，汁液中等多，味甜爽口，种子不发育。可溶性固形物含量为 15% 左右，可滴定酸含量为 0.18%～0.35%，品质优。嫩梢浅绿色，幼叶光滑，有光泽，茸毛。成龄叶近圆形，中等大，绿色，中等厚，略卷缩。叶片 5 裂，上裂刻深，下裂刻浅。二倍体，生长势强。

2. 水晶红 Shuijinghong

亲本来源：由'美人指'与'玫瑰香'杂交而成，中国农业科学院郑州果树研究所在 2015 年培育而成，晚熟品种。

主要特征：果穗圆锥形，果穗大，穗长 18～23cm，宽 15～18cm，平均穗重 820g，最大穗重 1000g。果穗大小整齐，果粒着生中等紧密。果实成熟度一致，果实成熟后，不脱粒。果粒尖卵形，果粉中等厚，鲜红色，果粒整齐，着色一致，成熟一致。平均单粒重 8.3g，最大可达 10.1g，纵径 2.9～3.3cm，横径 1.5～1.7cm。每果粒中有 1～3 粒种子，平均为 1.4 粒，种子充分发育。果皮薄，果皮无涩味，果汁无色，汁液中等多，肉较脆，细腻，无肉囊。风味甜，品质上。可溶性固形物含量 15.4％，总糖含量 13.20％，可滴定酸含量 0.28％。

　　树势中庸偏强，萌芽率 8％以上。第一花序一般着生枝条的 3～4 节，每新梢着生 1～2 个花序。坐果率 40％以上。每结果母枝结 1.8 个穗果。副芽萌发力强，结实力较强。隐芽萌发力中等，结实力中等。副梢萌发力、生长力中等偏强。副梢结实力弱。在郑州地区，一般 4 月上旬萌芽，5 月上中旬开花，8 月上旬果实着色，9 月上中旬果实成熟。果实整个发育期为 114d 左右。

3. 超宝 Chaobao

　　亲本来源：由 '11-9' 与 '葡萄园皇后' 杂交而成，中国农业科学院郑州果树研究所于 2005 年培育而成，极早熟品种。

　　主要特征：果穗圆锥形，中等大，单歧肩，穗长 20cm，宽 13cm，平均穗重 520g。果穗整齐，果粒着生中等紧密，果粒大，果粒椭圆形，黄绿色，纵径 2.3cm，横径 1.7cm，平均粒重 7.1g，最大粒重 9.5g。果粉厚，果皮中等厚，较脆，无涩味，可食；果肉较脆，汁中多，味酸甜，略有玫瑰香味，每果粒含种子 3～4 粒，种子与果肉易分离，种子小。可溶性固形物含量为 13％～22％，鲜食品质上等。含糖量 14.67％，含酸量 0.47％。

　　植株生长势中等。隐芽萌发率中等，芽眼萌发率为 50％～60％，枝条生长中庸，成熟度好，结果枝占芽眼总数 37.82％，每果枝平均着生果穗数为 1.8 个，副梢结实力中等。'超宝' 在郑州地区 4 月初萌芽，5 月中旬开花，果实 7 月上旬成熟。从萌芽到果实成熟需 100d 左右。

4. 贵园 Guiyuan

　　亲本来源：该品种为 '巨峰' 的实生后代，由中国农业科学院郑州果树研究所于 2014 年育成，早熟品种。

　　主要特征：果穗圆锥形，带副穗，中等大或大，穗长 17.0cm，穗宽 11.0cm，平均穗重 438.7g，最大穗重 472.5g。果穗大小整齐，果粒着生中等紧密。果粒椭圆形，紫黑色，大，纵径 2.3cm，横径 2.2cm。平均粒重 9.2g，最大粒重 12.7g。果粉厚。果皮较厚，韧，有涩味。果肉软，有肉囊，汁多，绿黄色，味酸甜，有草莓香味。每果粒含种子 1～3 粒，多为 1 粒。种子梨形，大，棕褐色，种子与果肉易分离。可溶性固形物含量 16％以上，可滴定酸含量为 0.66％～0.71％。鲜食品质中上等。

　　植株生长势强。隐芽萌发力中等，副芽萌发力强。芽眼萌发率为 70.6％。结果枝占芽眼总数的 44.5％。每果枝平均着生果穗数为 1.37 个。隐芽萌发的新梢结实力中等，夏芽副梢结实力强。早果性强。在河南郑州地区一般 3 月下旬萌芽，5 月中、下旬开花，7 月中、下旬果实成熟。

5. 红美 Hongmei

亲本来源： 由'美人指'与'红亚历山大'杂交而成，中国农业科学院郑州果树研究所在 2015 年培育而成，晚熟品种。

主要特征： 果穗圆锥形，带副穗，无歧肩，穗长 14.0～20.0cm，穗宽 13.0～14.7cm，平均果穗重 527.8g，最大果穗重 601.1g，果粒着生紧，成熟一致；果粒长椭圆形，紫红色，纵径 2.84cm、横径 1.90cm，平均单果粒重 6.7g；果粒与果柄难分离，果粉中等厚，果皮微涩味，果肉有弱玫瑰香味，可溶性固形物含量约 19.0%，每果粒含种子 2～3 粒；果实 8 月下旬成熟。

6. 庆丰 Qingfeng

亲本来源： 由'京秀'与'布朗无核'杂交而成，中国农业科学院郑州果树研究所在 2018 年培育而成，早熟品种。

主要特征： 果穗圆柱形，带副穗，无歧肩，穗长 12.7～20.0cm，穗宽 8.6～14.7cm，平均单穗重 937.7g，最大穗重 1378.0g。果粒着生极紧。果粒倒卵形，紫红色，纵径 2.96cm，横径 1.81cm，平均果粒重 5.76g。果粒与果柄难分离。果粉薄，果皮无涩味，皮下色素中等。果肉硬度中等，果汁中等，有草莓香味。果粒成熟一致。种子充分发育，每果粒含种子 1～4 粒，多为 2 粒。种子长度 0.7cm。可溶性固形物含量约为 16.8%。

植株生长势中等。隐芽萌发力中等，副芽萌发力中等，芽眼萌发率为 50%～70%，结果枝占芽眼总数的 70%，每果枝着生果穗数为 1.45～1.96 个。在河南郑州地区露地栽培，4 月上旬萌芽，5 月上旬始花，6 月下旬果实始熟，7 月中下旬果实充分成熟。从萌芽至果实充分成熟需 101～111d，早熟品种。

7. 神州红 Shenzhouhong

亲本来源： 由'圣诞玫瑰'与'玫瑰香'杂交而成，中国农业科学院郑州果树研究所在 2018 年培育而成，中熟品种。

主要特征： 果穗圆锥形，无副穗，果穗大，穗长 15～25cm，宽 10～13cm，平均单穗重 870g，最大可达 1500g 以上，果穗上果粒着生中等，果穗大小整齐。果粒长椭圆形，鲜红色，着色一致，成熟一致。果粒大，纵径 1.8～2.3cm，横径 1.3～1.5cm，平均单粒重 8.9g，最大可达 13.4g，果粒整齐，皮薄，果粉中等厚，肉脆，硬度大，无肉囊，果汁无色，汁液中等多，果皮无涩味。该品种可溶性固形物含量为 18.6%，总糖 15.98%，总酸为 0.29%，糖酸比达到 55∶1，单宁含量为 718mg/kg。风味甜香，具有别致的复合香型，品质极上。

树势中庸偏强，新梢生长势中庸，副梢萌发力、生长力中等偏强。芽眼萌发率高，达到 80% 以上，结果性好，每结果母枝 1.8 个穗果，平均结果系数为 1.6。坐果率高，达到 40% 以上。副芽萌发率高，结实率较强。隐芽萌发率中强，结实率中等。副梢结实率低。在河南省郑州地区，'神州红'4 月 2 日～6 日萌芽，5 月 11 日～15 日开花，花后果实开始生长膨大迅速，果实 8 月上旬开始着色，果实开始成熟在 8 月 15 日～25 日。果实整个发育期为 97d。

8. 夏至红 Xiazhihong

亲本来源： 由'绯红'与'玫瑰香'杂交而成，中国农业科学院郑州果树研究所在 2009 年培育而成，极早熟品种。

主要特征： 果穗圆锥形，无副穗，果穗大，穗长 15～25cm，宽 10～13cm，平均单穗重 750g，最大超过 1300g，果穗上果粒着生紧密，果穗大小整齐。果粒圆形，紫红色，着色一致，成熟一致。果粒大，纵径 1.5～2.3cm，横径 1.3～1.5cm，平均单粒重 8.5g，最大可达 15g，果粒整齐，皮中等厚，果粉多，肉脆，硬度中，无肉囊，果汁绿色，汁液中等，果实充分成熟时为紫红色到紫黑色，果肉绿色，果皮无涩味，果梗短，抗拉力强，不脱粒，不裂果。风味清甜可口，具轻微玫瑰香味，品质极上。该品种可溶性固形物含量为 16.0%～17.4%，总糖 14.50%，总酸为 0.25%～0.28%，糖酸比达到 56：1，维生素 C 含量达到 15.0mg/kg，氨基酸含量达到 384.6mg/kg，单宁含量为 604mg/kg。

植株生长势中庸，副梢萌发力、生长力中等偏强。芽眼萌发率高，超过 80%，结果性好，每结果母枝 2.3 个穗果，平均结果系数为 2.0，坐果率高，超过 40%，副芽萌发率高，结实率较强。隐芽萌发率中强，结实率中等。副梢结实率低，在河南省郑州地区，'夏至红' 4 月 2 日～5 日萌芽，5 月 18 日～23 日开花，花后果实开始生长膨大迅速，果实 6 月 24 日开始着色，果实开始成熟在 6 月 28 日～30 日，充分成熟为 7 月 5 日，果实成熟期极早。果实整个发育期为 47d。新梢开始成熟为 7 月 15 日，11 月上旬落叶。

9. 早莎巴珍珠 Zaoshabazhenzhu

亲本来源： '莎巴珍珠'的芽变品种，由中国农业科学院郑州果树研究所在 1986 年培育而成，极早熟品种。

主要特征： 果穗圆锥形，有的带副穗，中等大，穗长 14.3cm，穗宽 11.4 cm，平均穗重 265.5g。果穗大小较整齐，果粒着生较紧密，果粒近圆形，绿黄色，充分成熟为淡黄色，果粒小，纵、横径均为 1.5cm，平均粒重 2.5g，最大粒重 5g。果粉中等厚。果皮薄，果肉柔软多汁，味酸甜，有玫瑰香味。每果粒含种子多为 2 粒，果肉与种子易分离。可溶性固形物含量为 15% 左右，总糖含量为 13.6%，可滴定酸含量为 0.55%，鲜食品质上等。

植株生长势中等。芽眼萌发率高，多年生枝蔓上的隐芽萌发力极强，结果枝占芽眼总数的 60.8%，每果枝平均着生果穗数为 1.2 个。副梢结实力中等。产量中等。在河南郑州地区，4 月上旬萌芽，5 月中旬开花，6 月底至 7 月初果实成熟，多数年份的果实成熟期在 6 月底。从萌芽至果实成熟需 83d，此期间活动积温为 1832.7℃，果实发育期仅有 48d 左右。果实极早熟。一般情况下，果实病害极少发生。成熟期遇雨，易感白腐病和发生裂果。果实成熟易受鸟害，过熟，易在近果梗处裂果。嫩梢黄绿色，略带紫褐色，茸毛少。幼叶黄绿带棕色，厚，上表面茸毛稀少，下表面茸毛中等密，叶表稍有光泽。成龄叶片近圆形，较小，上表面无茸毛，下表面密生茸毛，叶片 5 裂，上裂刻浅或中等深，下裂刻浅，锯齿三角形，顶部尖，叶柄洼多窄拱形。两性花，二倍体。

10. 郑美 Zhengmei

亲本来源：由'美人指'与'郑州早红'杂交而成。中国农业科学院郑州果树研究所在2014年培育而成，早熟品种。

主要特征：果穗圆锥形，带副穗，单歧肩，穗长20.4cm，穗宽15.8cm，平均穗重808.5g，最大穗重1029.8g。果粒成熟一致，果粒着生中等到极密，果粒长椭圆形，紫黑色，平均粒重5.3g，最大粒重6.7g。果粒与果柄难分离，果粉厚，果皮有涩味，皮下色素深。果肉硬度中，汁中等多，有淡玫瑰香味。可溶性固形物15.4%，可滴定酸含量0.58%。植株生长势强。在河南郑州地区，4月上旬萌芽，5月上旬开花，6月下旬果实开始着色，7月中下旬果实充分成熟。

11. 郑葡1号 Zhengpu1hao

亲本来源：由'红地球'与'早玫瑰'杂交而成。中国农业科学院郑州果树研究所在2015年培育而成，中熟品种。

主要特征：果穗圆柱形，穗长20.0~25.0cm，穗宽12.0~15.0cm，平均穗重685.0g，最大穗重910.0g。果粒着生极紧，成熟一致，着色一致，果粒近圆形，红色，纵径2.65cm，横径2.60cm，平均粒重10.3g。果粒与果柄较难分离。果粉中等厚，果皮无涩味，皮下色素中等多。果肉较脆，硬度适中，无香味。种子充分发育，每果粒含种子2~4粒，多为2粒。可溶性固形物含量为17.0%。

植株生长势中庸。萌芽率为98%，结果枝率为90%以上。第一花序着生位置为第四节，每结果枝结果1~2穗，2穗居多。在郑州地区4月上旬萌芽，5月上旬开花，7月上旬果实始熟，8月上中旬果实充分成熟，从萌芽到果实成熟需130d左右。

12. 郑葡2号 Zhengpu2hao

亲本来源：由'红地球'与'早玫瑰'杂交而成。中国农业科学院郑州果树研究所在2015年培育而成，中熟品种。

主要特征：果穗圆锥形，双歧肩，平均穗重918g。果粒着生紧密，成熟一致，着色一致，果粒圆形，紫黑色，平均粒重12g。果粒与果柄较难分离，果皮无涩味，皮下色素中。果肉较脆，硬度中，无香味。每果粒含种子2~5粒，多为3粒。可溶性固形物含量为17.0%。

植株生长势中庸，进入结果期早，正常结果树一般产果3000kg/亩（1亩=667m²）以上。'郑葡2号'葡萄品种在河南郑州地区，4月上旬萌芽，5月上旬开花，7月中旬果实始熟，8月上中旬果实成熟。

植株嫩梢梢尖半开张，无颜色，无花青素，匍匐茸毛疏，无直立茸毛。节上匍匐茸毛无或极疏，无直立茸毛。幼叶表面颜色为绿带红斑，有光泽，花青素深。下表面主脉上有极密直立茸毛，叶脉间无匍匐茸毛，有极密直立茸毛。成龄叶叶片五角形，五裂，上裂刻度深，轻度重叠，基部形状为"V"形。上表面颜色为绿色，主脉花青素着色中，下表面主脉花青素着色中，叶脉上有极密直立茸毛，叶脉间无匍匐茸毛，直立茸毛密。叶柄洼基部形状

"V"形，半开张，不受叶脉限制。成龄叶锯齿形状两侧直两侧凸皆有。二倍体，两性花。

13. 郑艳无核 Zhengyanwuhe

亲本来源： 由'京秀'与'布朗无核'杂交而成。中国农业科学院郑州果树研究所在 2014 年培育而成，早熟品种。

主要特征： 果穗圆锥形，带副穗，无歧肩，穗长 19.2cm，穗宽 14.7cm，平均穗重 618.3g，最大穗重 988.6g。果粒成熟一致，果粒着生中等，果粒椭圆形，粉红色，纵径 1.62cm，横径 1.40cm，平均粒重 3.1g，最大粒重 4.6g。果粒与果柄难分离，果粉薄，果皮无涩味，皮下无色素，果肉硬度中，汁中等多，有草莓香味。无核。可溶性固形物含量约为 19.9%。植株生长势中等，隐芽和副芽萌发力中等。在河南郑州地区一般 4 月上旬萌芽，5 月上旬开花，6 月下旬果实始熟，7 月中、下旬果实充分成熟。

14. 郑州早红 Zhengzhouzaohong

亲本来源： 由'玫瑰香'与'莎巴珍珠'杂交而成。中国农业科学院郑州果树研究所在 1978 年培育而成，极早熟品种。

主要特征： 果穗双歧肩圆锥形，有时带副穗，中等大或大，穗长 25.1cm，穗宽 14.7cm，平均穗重 629.5g，最大穗重 785g。果穗大小整齐，果粒着生中等紧密或疏松。果粒近圆形，红紫色，中等偏大，纵径 1.8cm，横径 1.7cm，平均粒重 5g，最大粒重 7g。果粉中等厚，果皮厚。果肉柔软多汁，味酸甜，无香味或稍有玫瑰香味。每果粒含种子 1~3 粒，果肉与种子易分离。可溶性固形物含量为 16%左右，总糖含量为 14.2%，可滴定酸含量为 0.65%，鲜食品质上等。

植株生长势中等。芽眼萌发率高，隐芽萌发力强，结果枝占芽眼的 86.0%，每果枝平均着生果穗数为 1.8 个，通常每果枝着生 2 个穗果，隐芽结实力强，夏芽副梢结实力中等。早果性好，丰产性好。在河南郑州地区，4 月初萌芽，5 月上、中旬开花，7 月上、中旬果实成熟。从萌芽至果实成熟需 105d，此期间活动积温为 2477.3℃，果实发育期为 70d 左右，极早熟。一般情况下，果实病害极少发生，抗霜霉病力中等，抗炭疽病力较弱。

嫩梢绿色，带紫红色，茸毛中等密。幼叶黄绿色，带紫红色，茸毛密；成龄叶片近圆形，较大，呈扭曲状，上表面有网状皱纹，下表面着生中等密混合毛，叶缘略上折。叶片 3 或 5 裂，上、下裂刻均浅，锯齿较锐，叶柄洼拱形。两性花，二倍体。

15. 郑州早玉 Zhengzhouzaoyu

亲本来源： 由'葡萄园皇后'与'意大利'杂交而成。中国农业科学院郑州果树研究所在 1982 年培育而成，早熟品种。

主要特征： 果穗圆锥形，较大，穗长 17.6cm，穗宽 13.5cm，平均穗重 436.5g，最大穗重 1050g。果穗大小整齐，果粒着生中等紧密。果粒长椭圆形，绿黄色或黄白色，大，纵径 3.1cm，横径 2.4cm，平均粒重 7.0g，最大粒重 13g。果粉薄，果皮较薄，果肉脆，爽口，汁多，味甜，稍有玫瑰香味。每果粒含种子 1~4 粒，多为 2 粒，平均 1.4 粒。可溶性

固形物含量为 15.5%～16.5%，可滴定酸含量为 0.47%，鲜食品质上等。

植株生长势中等。芽眼萌发率为 90% 以上，结果枝占芽眼总数的 70.5%。每果枝平均果穗数为 1.24 个，副芽结实力强。早果性较好，产量高。在郑州地区，4 月上、中旬萌芽，5 月中、上旬开花，7 月上、中旬果实成熟。从萌芽至果实成熟需 95d，此期间活动积温为 2200.3℃。

嫩梢紫红色，茸毛极稀。幼叶紫红，上表面有光泽，下表面有稀疏茸毛，叶片近圆形，中等大，绿色，较平展，叶缘略上卷，上表面略有网状皱纹，下表面有中等密直立茸毛。叶片 5 裂，上、下裂刻均深。叶柄洼宽拱形。卷须分布不连续，枝条褐色。两性花，二倍体。

16. 朝霞无核 Zhaoxiawuhe

亲本来源： 由'京秀'与'布朗无核'杂交而成。中国农业科学院郑州果树研究所在 2014 年培育而成，早熟品种。

主要特征： 该品种果穗分枝形，无副穗，无歧肩，自然状态下穗长 15.0～22.3cm，穗宽 12.0～14.5cm，平均单穗重 580.0g，最大穗可达 1120.9g。果粒成熟一致，但着色不一致。果粒着生紧密度中。果粒圆形，粉红色，果粒纵径 1.72cm，横径 1.53cm，平均单粒重 2.28g。果粉薄。果皮略有涩味，皮下色素浅。果肉中等硬，汁中等多，有淡玫瑰香味。无核果率 98.15%。可溶性固形物含量约为 16.9%。

植株生长势中等，丰产性强。隐芽萌发力中等，副芽萌发力中等，芽眼萌发率为 50%～70%。结果枝率 70%，每果枝平均着生果穗数为 1.2 个。在河南焦作地区，3 月下旬萌芽，5 月上旬开花，7 月上旬果实始熟，7 月中旬果实充分成熟。

17. 早香玫瑰 Zaoxiangmeigui

亲本来源： 欧美杂种。'巨玫瑰'葡萄芽变，由合肥市农业科学研究院等在 2017 年育成，早熟品种。

主要特征： 果穗圆锥形带副穗，平均穗重 710g，最大穗重 1025g。果穗大小整齐，果粒着生密度中等。果粒近圆形，紫黑色，纵径 2.6cm，横径 2.5cm，平均粒重 11.3g。果粉厚，果皮易剥离，果肉脆，有玫瑰香味。可溶性固形物含量 20.0%，果粒含种子 1～3 粒。与'巨玫瑰'相比具有着色早、成熟早、成熟后不落粒、挂果期长、耐储运等优点。花芽的分化情况良好，结果系数为 1.5，结果枝率为 62%，双穗率为 51.2%。'早香玫瑰'3 月 26 日前后萌芽，5 月初开花，花期 5～7 天，7 月下旬果实成熟，比'巨玫瑰'成熟期早 10d 左右，从萌芽到果实成熟 120d 左右，11 月中下旬落叶。

嫩梢绿色，梢尖稍开张，嫩梢和幼叶密被白色茸毛。幼叶浅红色，叶缘钝锯齿，成龄叶片心脏形，深绿色。叶片 3 裂，下裂刻浅，开张，基部"V"形。叶柄中等长，浅红色。枝条横截面呈圆形，枝条表面光滑，红褐色。卷须分布不连续，花序着生在 3～4 节。

18. 学优红 Xueyouhong

亲本来源： 欧亚种。由'罗萨卡'与'艾多米尼克'杂交而成，中国农业大学在 2018

年培育而成，中熟品种。

主要特征：该品种丰产性中等，冬芽成花能力强，果穗大小中等，平均 500g，果穗紧实度中等。果粒大，平均粒重 8.9g，果粒椭圆形，果皮蓝紫色，皮薄；果肉脆硬，味香甜，多汁，可溶性固形物含量 20.1%，品质上等，具有较好的树上挂果和延迟采收能力。在北京地区萌芽期为 3 月下旬，开花期为 5 月中下旬，花为雌能花，需配置授粉品种，果实成熟期为 8 月中旬。

19. 京超 Jingchao

亲本来源：欧美杂种。选自'巨峰'实生苗，中国科学院植物研究所在 1984 年培育而成。

主要特征：果穗圆锥形，有副穗，大，穗长 18.2cm，穗宽 13.3cm，平均穗重 466.7g，最大穗重 760g。果穗大小整齐，果粒着生中等紧密，果粒椭圆形，紫黑色，大，纵径 2.9cm，横径 2.7cm，平均粒重 13g，最大粒重 20g。果粉厚，果皮厚，韧，果肉较硬，汁多，味酸甜，有草莓香味。每果粒含种子 1～2 粒，多为 2 粒，种子椭圆形，大，褐色，外表有沟痕，种脐不突出，喙短粗，种子与果肉易分离。可溶性固形物含量为 16%～19%，可滴定酸含量为 0.58%，鲜食品质中上等。

植株生长势较强。隐芽萌发力中等，副芽萌发力强，芽眼萌发率为 70.39%，结果枝占芽眼总数的 54.4%，每果枝平均着生果穗数为 1.68 个，隐芽萌发的新梢和夏芽副梢结实力均强。早果性好，一年生苗定植后第 2 年可结果，正常结果树产果 22500kg/hm²。在北京地区，4 月上、中旬萌芽，5 月中、下旬开花，8 月下旬果实成熟。从萌芽至果实成熟需 129～137d，此期间活动积温为 2850.2℃。果实中熟，比'巨峰'早熟 5d 左右。抗寒性、抗旱性和抗涝性均强，抗白腐病、霜霉病、炭疽病力强，抗二星叶蝉能力中等。

嫩梢绿色，带紫红色，茸毛中等密。幼叶黄绿色，带紫红色晕，上表面稍有光泽，下表面有浓密灰白色茸毛。成龄叶片圆形，大或中等大，深绿色；上表面无皱褶，主要叶脉绿色；下表面有黄白色弯曲茸毛，主要叶脉浅绿色。叶片 5 裂，上裂刻浅，基部椭圆形；下裂刻浅，基部矢形或窄缝形。锯齿为基部宽的三角形。叶柄洼开张矢形，基部扁平或尖底椭圆形，叶柄短于中脉，微带紫红色。新梢生长直立。卷须分布不连续，中等长，2 分叉。新梢节间背、腹侧均红褐色。冬芽红褐色，着色一致。枝条横截面呈近圆形或椭圆形，表面有条纹，红褐色，着生极疏茸毛，无刺。节间中等长，中等粗。两性花，四倍体。

20. 京翠 Jingcui

亲本来源：欧亚种。由'京秀'与'香妃'杂交而成，由中国科学院植物研究所在 2007 年培育而成，早熟品种。

主要特征：果穗圆锥形，平均穗重 447.4g。果粒椭圆形，黄绿色，成熟一致，平均粒重 7.0g，最大 12.0g。果粉薄，皮薄，果肉脆，肉质细腻，汁中、味甜，可溶性固形物含量为 16.0%～18.2%，可滴定酸含量为 0.34%，品质上等。每果粒含种子 1～2 粒。

生长势中等，早果性好，极丰产，从萌芽至果实成熟需 95～115d。嫩梢黄绿，梢尖开张，密被白色茸毛。幼叶黄绿色，上表面有光泽，下表面茸毛密；成龄叶心脏形，中等大

小，上表面无皱褶，下表面被有中等密度的茸毛，叶片 5 裂，上裂刻深，闭合，基部呈"U"形，下裂刻浅，开张，基部呈"V"形。锯齿两侧凸，叶柄洼开张椭圆形，基部"U"形。冬芽暗褐色，着色一致；枝条黄褐色，无刺。两性花。

21. 京大晶 Jingdajing

亲本来源：欧亚种。由'葡萄园皇后'与'马纽卡'杂交而成，中国科学院植物研究所在 1977 年育成，晚中熟品种。

主要特征：果穗圆锥形，大，穗长 21.5cm，穗宽 14.7cm，平均穗重 436g，最大穗重 850g。果穗大小较整齐，果粒着生中等紧密，果粒椭圆形，红紫色或紫黑色，大，纵径 2.1cm，横径 1.6cm，平均粒重 3.0g，最大粒重 5g。果粉厚，果皮薄，果肉脆，汁中等多，味甜，风味极佳。无种子，少有不发育的种子。可溶性固形物含量为 15.6%～19.8%，可滴定酸含量为 0.59%～0.80%。

植株生长势较强。隐芽萌发力中等，副芽萌发力强，芽眼萌发率为 70.2%，枝条成熟度良。结果枝占芽眼总数的 32.2%，每果枝平均着生果穗数为 1.08 个，隐芽萌发的新梢和夏芽副梢结实力均弱。早果性好，正常结果树一般产果 15000kg/hm² 为好（2.5m×2m，篱架）。在北京地区 4 月中旬萌芽，5 月下旬开花，8 月上旬果实成熟。从萌芽至果实成熟需 117～134d，此期间活动积温为 2566.6～3073.1℃。果实晚中熟。抗寒、抗旱力较强，易感炭疽病。

嫩梢绿色，梢尖开张，浅紫色。幼叶绿色，带浅紫红色晕，上表面有光泽，下表面无茸毛。成龄叶片心脏形，中等大，绿色，无皱褶，上翘。叶片 5 裂，上裂刻深，基部椭圆形，下裂刻浅到中等深，基部矢形或成一窄缝。锯齿大而锐，两边凸的三角形，叶柄洼闭合椭圆形或开张矢形，叶柄绿色有红晕。新梢生长直立，卷须分布不连续，长，尖端 2 分叉，新梢节间背、腹侧均灰褐色。冬芽暗褐色，着色一致。枝条横截面呈椭圆形，表面有条纹，褐色有灰色斑纹，着生极疏茸毛，无刺。节间中等长，中等粗。两性花，二倍体。

22. 京丰 Jingfeng

亲本来源：欧亚种。由'葡萄园皇后'与'红无籽露'杂交而成，中国科学院植物研究所在 1977 年育成，晚中熟品种。

主要特征：果穗长圆锥形，大，穗长 21.6～27.2cm，穗宽 15.5～17.3cm，平均穗重 758.6g，最大穗重 1400g。果穗大小整齐，果粒着生极紧，果粒椭圆形或近圆形，红紫色，大，纵径 2.5cm，横径 2.2cm，平均粒重 6.8g，最大粒重 10g。果粉中等厚，果皮中等厚，较脆，果肉较脆，汁多，味酸甜，无香味。每果粒含种子 1～3 粒，多为 2 粒，种子椭圆形，较大，红褐色，外表有较深沟痕，种脐突出，喙中等长，果肉与种子易分离。可溶性固形物含量为 14%～17%，可滴定酸含量为 0.84%，鲜食品质中上等。

植株生长势较强。隐芽萌发力中等，副芽萌发力强。结果枝占芽眼总数的 45.5%。每果枝平均着生果穗数为 1.36 个。隐芽萌发的新梢和夏芽副梢结实力均弱。早果性较好。正常结果树产果 22500kg/hm² [2.5m×（1～2）m，篱架]。在北京地区，4 月下旬萌芽，5 月下旬开花，8 月下旬果实成熟。从萌芽至果实成熟需 123～139d，此期间活动积温为

2969℃。果实晚中熟。抗寒性、抗旱性强。较抗霜霉病、炭疽病。易受蜂、蚁为害。

嫩梢黄绿色，有稀疏茸毛。幼叶黄绿色，带橙红色晕，上表面有光泽，下表面有稀疏茸毛。成龄叶片心脏形，中等大，绿色；上表面光滑无皱褶，平展，主要叶脉绿色；下表面无茸毛。叶片5裂，上裂刻深，基部椭圆形；下裂刻深，基部圆形。锯齿大，钝三角形。新梢生长直立。卷须分布不连续，2分叉。新梢节间背、腹侧均黄褐色。冬芽暗褐色，着色一致。枝条横截面呈近圆形，表面黄褐色，有条纹，着生极疏茸毛，节间中等长，粗。两性花，二倍体。

23. 京可晶 Jingkejing

亲本来源：欧亚种，亲本为'法国兰'与'玛纽卡'，由中国科学院植物研究所在1984年育成，早熟品种。

主要特征：果穗圆锥形，有副穗，较大，穗长21.1cm，穗宽13.37cm，平均穗重385.2g，最大穗重675g。果穗大小整齐，果粒着生紧密。果粒卵圆形或椭圆形，紫黑色，较小，纵径1.8cm，横径1.5cm，平均粒重2.2g，最大粒重4g。果粉厚，果皮薄，脆，无涩味，果肉较脆，汁中等多，味甜，有玫瑰香味。无种子，少有瘪籽。可溶性固形物含量为15.2%～19.0%，可滴定酸含量为0.58%～0.72%，鲜食品质上等。

植株生长势较强。隐芽和副芽萌发力均强，芽眼萌发率为72.2%。结果枝占芽眼总数的54.3%，每果枝平均着生果穗数为1.39个，隐芽萌发的新梢结实力强，夏芽副梢结实力中等。早果性好，一年生苗定植第2年即可结果，正常结果树产果15000～18750kg/hm^2。在北京地区，4月中旬萌芽，5月下旬开花，7月中、下旬果实成熟。从萌芽至果实成熟需92～103d，此期间活动积温为2158.8℃，果实极早熟。抗寒性和抗旱性中等，抗霜霉病力中等，抗白腐病和炭疽病力弱，抗二星叶蝉能力中等。

嫩梢黄绿色，梢尖开张，暗红色，有稀疏茸毛。幼叶黄绿色，带紫红色晕，上表面有光泽，下表面茸毛少。成龄叶片多为圆形，少数心脏形，较大，浓绿色，叶缘上翘；上表面无皱褶，主要叶脉绿色；下表面有稀疏茸毛，主要叶脉浅绿色。叶片5裂，上裂刻深，基部矢形或椭圆形；下裂刻浅，基部矢形。锯齿大而锐，三角形。叶柄洼闭合，近无空隙，叶柄短于中脉，紫红色。新梢生长直立，卷须分布不连续，中等长，2分叉，新梢节间浅黄色。冬芽黄褐色，着色一致。枝条横截面呈近圆形，表面黄白色，有条纹，有极疏茸毛，节间中等长，较细。两性花，二倍体。

24. 京蜜 Jingmi

亲本来源：欧亚种。亲本为'京秀'与'香妃'，由中国科学院植物研究所在2007年育成，早熟品种。

主要特征：果穗圆锥形，平均穗重373.7g。果粒着生紧密，果穗大小整齐。果粒扁圆形或近圆形，大部分果粒有3条浅沟，黄绿色，成熟一致，平均粒重7.0g。果粉薄，皮薄，果肉脆，肉质细腻，汁中等多，味甜，玫瑰香味。可溶性固形物含量为17.0%～20.2%，可滴定酸含量为0.31%，品质上等。每果粒含种子多为3粒。

生长势中等，早果性好，丰产。早熟，从萌芽至果实成熟需95～110d。嫩梢黄绿，梢

尖开张，无茸毛。幼叶黄绿色，上表面有光泽，下表面无茸毛；成龄叶心脏形，小，上表面无皱褶，下表面无茸毛；叶片5裂，上裂刻较深，上裂片闭合，基部呈"U"形，下裂刻浅，开张，基部呈"V"形。锯齿两侧凸，叶柄洼开张椭圆形，基部"U"形。叶柄绿色有红晕，叶柄短于中脉。两性花。

25. 京香玉 Jingxiangyu

亲本来源： 欧亚种。亲本为'京秀'与'香妃'，由中国科学院植物研究所在2007年育成，早熟品种。

主要特征： 果穗圆锥形或圆柱形，双歧肩，平均穗重463.2g。果粒着生中等紧密，果穗大小整齐。果粒椭圆形，黄绿色，平均粒重8.2g。果粉薄，果皮中等厚，果肉脆，汁中等多，甜酸适口，有玫瑰香味，可溶性固形物含量为14.5%～15.8%，可滴定酸含量为0.61%，品质上等。每果粒含种子1～3粒，多为2粒。

生长势中等，抗病性较强。早果性好，丰产，早熟，从萌芽至果实成熟需110～120d。耐贮运，果实不掉粒、不裂果。嫩梢黄绿色，梢尖开张，无茸毛。幼叶黄绿色，上表面有光泽，下表面无茸毛；成龄叶心脏形，中等大，上表面无皱褶，下表面无茸毛，叶片5裂，上裂刻深，开张，基部呈"U"形，下裂刻较深，开张，基部呈"V"形。两性花，二倍体。

26. 京秀 Jingxiu

亲本来源： 欧亚种。亲本为'潘诺尼亚'与'60-33'（'玫瑰香'×'红无籽露'），由中国科学院植物研究所在1994年育成，早熟品种。

主要特征： 果穗圆锥形，有副穗，大，穗长20.2cm，穗宽12.5cm，平均穗重512.6g，最大穗重1250g。果穗大小整齐，果粒着生紧密或极紧密，果粒椭圆形，玫瑰红或鲜紫红色，大，纵径2.5cm，横径2.0cm，平均粒重6.3g，最大粒重12g。果粉中等厚，果皮中等厚，较脆，无涩味，能食，果肉特脆，果汁中等多，味甜，低酸。每果粒含种子1～4粒，多为1～2粒，种子椭圆形，中等大，褐色发亮，外表有明显沟痕，种脐突出，喙细长而尖，种子与果肉易分离。可溶性固形物含量为14.0%～17.6%，可滴定酸含量为0.39%～0.47%，鲜食品质上等。

植株生长势中等或较强。隐芽和副芽萌发力均强，芽眼萌发率为63.8%，枝条成熟度好，结果枝占芽眼总数的37.5%，每果枝平均着生果穗数为1.21个。隐芽萌发的新梢结实力强，夏芽副梢结实力弱。早果性好，产量高，一年生苗定植第2年即可结果，正常结果树产果15000～18750kg/hm² （2.5m×1m，篱架）。在北京地区，4月中旬萌芽，5月下旬开花，7月下旬果实成熟。从萌芽至果实成熟需106～112d，此期间活动积温为2209.7℃。抗旱和抗寒力较强，叶片抗褐斑病和毛毡病力较强，果穗抗炭疽病和白腐病力较弱，不裂果，不脱粒，无日灼，抗二星叶蝉力较强，易遭蚧虫危害。

嫩梢绿色，有稀疏绵毛，梢尖开张，光滑无茸毛。幼叶绿色，带橙黄色晕，上表面有光泽，下表面茸毛少。成龄叶片近圆形，中等大，绿色，主要叶脉绿色，叶片稍上翘，上表面较光滑无皱褶，下表面无茸毛。叶片5裂，上裂刻深，基部椭圆或矢形；下裂刻浅，基部窄缝形或矢形。锯齿大而锐，三角形。叶柄洼开张，矢形或拱形，基部尖底或扁平，叶柄短于中脉，绿色，有紫红晕。新梢生长直立。卷须分布不连续，中等长，2 分叉。新梢节间背、腹侧均呈黄褐色。冬芽暗褐色。枝条横截面呈椭圆形，表面黄褐色，有条纹，着生极疏的茸毛。节间中等长，中等粗。两性花，二倍体。

27. 京亚 Jingya

亲本来源：欧美杂种，'黑奥林'葡萄实生。由中国科学院植物研究所在 1992 年育成，早熟品种。

主要特征：果穗圆锥形或圆柱形，有副穗，较大，穗长 18.7cm，穗宽 12cm，平均穗重 478g，最大穗重 1070g。果粒大小较整齐，果粒着生紧密或中等紧密，果粒椭圆形，紫黑色或蓝黑色，大，纵径 2.9cm，横径 2.6cm，平均粒重 10.8g，最大粒重 20g。果粉厚，果皮中等厚，较韧，果肉硬度中等或较软，汁多，味酸甜，有草莓香味。每果粒含种子 1～3 粒，多为 2 粒，种子中等大，椭圆形，黄褐色，外表有沟痕，种脐不突出，喙较短，种子与果肉易分离。可溶性固形物含量为 13.5％～18.0％，可滴定酸含量为 0.65％～0.90％，鲜食品质中上等。

植株生长势中等，隐芽和副芽萌发力均中等。芽眼萌发率为 79.85％，结果枝占芽眼总数的 55.17％。每果枝平均着生果穗数为 1.55 个。隐芽萌发的新梢结实力强，夏芽副梢结实力弱。早果性好，一年生苗定植第 2 年即可结果，正常结果树产果 18750～22500kg/hm²。在北京地区，4 月上旬萌芽，5 月中、下旬开花，8 月上旬果实成熟。从萌芽至果实成熟需 114～128d，此期间活动积温为 2412.2℃。果实早熟，比'巨峰'早 20d 左右。抗寒性、抗旱性和抗涝性均强。极抗白腐病、炭疽病和黑痘病，对叶蝉有一定抗性。

嫩梢绿色，梢尖开张，紫红色，有稀疏白色茸毛。幼叶绿色，带浅紫红色晕，上表面有光泽，下表面有浅红色茸毛。成龄叶片心脏形或近圆形，中等大，深绿色，主要叶脉绿色，叶缘上翘，上表面无皱褶，下表面密布灰白色茸毛。叶片 3 或 5 裂，上裂刻深，基部椭圆；下裂刻浅，基部楔形或窄缝形。锯齿小而锐，三角形。叶柄洼开张矢形，基部扁平或矢形。叶柄短于中脉，紫红色。新梢较细，生长直立。卷须分布不连续，中等长，2～3 分叉。新梢节间背、腹侧均褐色。冬芽褐色。枝条横截面呈近圆形，表面有条纹，红褐色，有稀疏茸毛。节间中等长，中等粗或较细。两性花，四倍体。

28. 京艳 Jingyan

亲本来源：欧亚种。亲本为'京秀'与'香妃'，由中国科学院植物研究所在 2010 年育成，早熟品种。

主要特征：果穗圆锥形，平均穗重 420g。果粒着生密度中等，椭圆形，玫瑰红或紫红色，果粒重 6.5～7.8g，最大 10.5g，果皮中等厚，肉脆。种子多为 3 粒。可溶性固形物 15.0％～17.2％，可滴定酸 0.59％，味酸甜，肉质细腻，品质上等。果实着色对光照条件要求低，易着色；果实具有玫瑰香香味，果穗松散。

嫩梢黄绿，梢尖开张，有中等密度白色茸毛。幼叶黄绿色，叶背被白色茸毛。成龄叶心形，较小。叶片 5 裂，上裂刻较深，闭合，基部呈"U"形；下裂刻浅，开张，基部呈"U"形。叶柄洼半开张。叶片锯齿两侧凸。芽眼萌发率 89.6％，果枝百分率 58.5％，结果

系数 0.96，每果枝果穗数 1.67 个，早果性、丰产性能强，成年树产量宜控制在 2.3kg/m² 左右。在北京地区露地 4 月上旬萌芽，5 月下旬开花，8 月上旬果实充分成熟，早熟。果穗、果粒成熟一致，抗病性强。

29. 京优 Jingyou

亲本来源：欧美杂种。选自'黑奥林'葡萄实生苗，由中国科学院植物研究所在 1994 年育成，早熟品种。

主要特征：果穗圆锥形，有副穗，平均穗重 543.7g。果粒着生紧密或中等紧密，果粒椭圆或近圆形，红紫色或紫黑色，平均粒重 11.0g。果粉中等厚。果皮厚，与果肉易分离，果肉厚而脆，味甜，酸低，微有草莓香味，可溶性固形物含量为 14.0%～19.0%，可滴定酸含量为 0.55%～0.73%，鲜食品质上等。每果粒含种子 1～4 粒。

生长势较强，早果，果实早熟，嫩梢绿色，梢尖开张，带紫红色，有稀疏茸毛。幼叶绿色，带紫红色晕，上表面有光泽，下表面有稀疏茸毛；成龄叶近圆形或心脏形，大，下表面有稀疏黄白色茸毛，叶片 5 裂，上、下裂刻均深，叶柄绿色，短于中脉。两性花，四倍体。

30. 京玉 Jingyu

亲本来源：欧亚种。亲本为'意大利'与'葡萄园皇后'，由中国科学院植物研究所在 1992 年育成，早熟品种。

主要特征：果穗圆锥形，有副穗，大，穗长 21.1cm，穗宽 16.2cm，平均穗重 684.7g，最大穗重 1400g。果穗大小整齐，果粒着生中等紧密。果粒椭圆形，绿黄色，大，纵径 2.6cm，横径 2.1cm。平均粒重 6.5g，最大粒重 16g。果粉中等厚，果皮中等厚，脆，干旱年份稍有涩味，果肉脆，果汁多，味酸甜，无香味。每果粒含种子 1～2 粒，种子少，种子椭圆形，中等大，褐色，外表皮有明显沟痕，种脐突出，喙短，种子与果肉易分离。可溶性固形物含量为 13%～16%，可滴定酸含量为 0.48%～0.55%，鲜食品质上等。

植株生长势中等或较强。隐芽萌发力中等，副芽萌发力强。芽眼萌发率为 62.7%，枝条成熟度好，结果枝占芽眼总数的 30.7%，每果枝平均着生果穗数为 1.18 个。隐芽萌发的新梢结实力弱，夏芽副梢结实力强。早果性好，一年生苗定植第 2 年即可结果，正常结果树产果 22500kg/hm² 左右。在北京地区，4 月中、下旬萌芽，5 月下旬开花，8 月上旬果实成熟。从萌芽至果实成熟需 97～115d，此期间活动积温为 2321.3℃。果实早熟。抗湿性强，抗旱性较差，较抗黑痘病、白腐病和霜霉病，易感炭疽病，抗二星叶蝉能力较强。

嫩梢黄绿，附带紫红色，梢尖开张，有稀疏茸毛。幼叶黄绿色，密布紫红色，上表面光滑无茸毛，有光泽，下表面有稀疏茸毛。成龄叶片心脏形，较小或中等大，绿色，薄；上表面光滑无茸毛，主要叶脉绿色；下表面无茸毛，主要叶脉绿色，基部暗紫红色。叶片 5 裂，上裂刻深，基部矢形或椭圆形；下裂刻浅，基部窄缝形。锯齿大而锐，三角形。叶柄洼拱形或矢形，基部尖底矢形。叶柄与叶脉等长。叶柄紫红色。新梢生长较直立。卷须分布不连续，长，2 分叉。新梢节间背、腹侧均褐色。冬芽褐色，着色一致。枝条横截面呈椭圆形，表面有细条纹，暗褐色。节间长度和粗度均中等。两性花，二倍体。

31. 京早晶 Jingzaojing

亲本来源：欧亚种。亲本为'葡萄园皇后'与'无核白'，由中国科学院植物研究所在1984年育成，早熟无核品种。

主要特征：果穗圆锥形，有副穗，大，穗长22.1cm，穗宽14.7cm，平均穗重427.6g，最大穗重1250g。果穗大小整齐，果粒着生中等紧密，果粒椭圆形或卵圆形，绿黄色，中等大，纵径2.0cm，横径1.5cm。粒重2.5～3g，最大粒重5g。果粉中等厚或薄，果皮薄，脆，果肉脆，汁多，味酸甜。无种子，少有瘪籽。可溶性固形物含量为16.4%～20.3%，可滴定酸含量为0.47%～0.62%，鲜食品质上等，制干、制罐质量上等。

植株生长势强。隐芽萌发力中等，副芽萌发力强。芽眼萌发率为71.3%，结果枝占芽眼总数的29.2%，每果枝平均着生果穗数为1.08个。隐芽和夏芽萌发的新梢结实力均弱。早果性好，一年生苗定植第2年即可结果。正常结果树产果15000～18700kg/hm²。在北京地区，4月中旬萌芽，5月下旬开花，7月下旬果实成熟。从萌芽至果实成熟需91～111d，此期间的活动积温为2418.6℃。抗寒和抗旱性较强，易感白腐病和霜霉病。

嫩梢黄绿色。梢尖开张，光滑无茸毛。幼叶黄绿色，带浅紫红色晕，上表面有光泽，上、下表面均无茸毛。成龄叶片近圆形或心脏形，中等大或较大，暗绿色；上表面光滑发亮，主要叶脉绿色，基部紫红色；下表面无茸毛，主要叶脉浅绿色。叶片5裂，上、下裂刻均深，基部拱形、矢形或椭圆形。锯齿大而锐，三角形。叶柄洼矢形或拱形，基部扁平或尖底矢形。叶柄红褐色，短于中脉。卷须分布不连续，长，2分叉。新梢节间背、腹侧黄色。冬芽褐色，着色一致。枝条横截面呈近圆形，表面黄色，有条纹，节间长，粗。两性花，二倍体。

32. 京紫晶 Jingzijing

亲本来源：欧亚种。亲本为'葡萄园皇后'×'马纽卡'，由中国科学院植物研究所育成，早熟品种。

主要特征：果穗圆锥形带副穗，中等大或较大，穗长20.3cm，穗宽12.8cm，平均穗重316.1g，最大穗重700g。果粒着生紧密或中等紧密，果穗大小整齐。果粒椭圆或卵圆形，红紫至紫黑色，中等大，纵径2.2cm，横径1.6cm，粒重2.6～3.0g，最大粒重4g。果皮薄，稍有涩味，果粉中等厚，果肉较脆或中等脆，汁中等多，酸甜适口，有玫瑰香味。无种子，有残核。可溶性固形物含量为15.2%～19.0%，含酸量为0.57%～0.80%，品质中上等，着色一致，成熟一致。

植株生长势中等。隐芽萌发力强。副芽萌发力中等。芽眼萌发率为65.9%，枝条成熟度好，结果枝占芽眼总数的35%，每果枝平均着生果穗数为1.21个。隐芽萌发的新梢和夏芽副梢结实力均弱。早果性好。正常结果树一般产果15000kg/hm²（2.5m×2m，篱架）。在北京地区，4月中旬萌芽，5月下旬开花，8月上旬果实成熟。从萌芽至果实成熟需103～118d，此期间活动积温为2344.2～2591.6℃。抗寒、抗旱力较强，易感霜霉病和炭疽病。

嫩梢绿色。梢尖开张，暗红色，具稀疏茸毛。幼叶黄绿色，带浅紫红色晕，上表面有光泽，下表面茸毛少。成龄叶片圆形，较小，浓绿色，有皱褶。叶片5裂，上裂刻深，基部椭

圆或矢形；下裂刻浅，基部矢形。锯齿大而锐，三角形。叶柄短，暗红褐色。新梢生长直立。卷须分布不连续，长，尖端2分叉。新梢节间背、腹侧均黄褐色，冬芽褐色，着色一致。新梢上无刺。枝条横截面呈近圆形或椭圆形，枝条表面有细条纹，黄色，着生极疏茸毛，无刺，枝条节间中等长，中等粗。两性花，二倍体。

33. 百瑞早 Bairuizao

亲本来源：'无核早红'葡萄植株芽变。由南京农业大学在2014年培育而成，极早熟品种。

主要特征：果穗圆锥形，大小整齐，穗长23cm，穗宽13cm，平均穗重1400g，果粒着生紧凑。果粒红色圆形、无核，纵径2.5cm，横径2.3cm，平均粒重9.2g，最大粒重13g。果粉少、果皮薄、果肉软，可溶性固形物为14.5%。

植株生长势强，隐芽萌发力中等，芽眼萌发率95%，成枝率90%，枝条成熟度高，每果枝平均着生果穗数1.7个，隐芽萌发的新梢结实力一般。在江苏徐州地区，一般为3月下旬萌芽，5月中旬开花，7月上旬左右果实成熟。

34. 钟山红 Zhongshanhong

亲本来源：欧亚种。由南京农业大学从欧亚种'魏可'的实生单株选育而成，晚熟品种。

主要特征：果穗圆锥形或圆锥形带副穗，果粒椭圆至卵圆形，果顶略有凹陷，果粒着生中等紧密。果粉均厚，可剥皮，果肉肥厚而脆，汁较多，味酸甜，风味浓。可滴定酸含量为0.44%～0.65%，可溶性固形物含量22%～23%。

植株生长势强，芽眼萌发率为80%～95%。结果枝占芽眼总数80%以上。每果枝平均着生果穗数为1.8个。结实力强，丰产。副芽结实力较强，副梢结实力强，二次果能正常成熟。在江苏4月上旬萌芽，5月中旬开花，9月中旬～10月上旬果实成熟，晚熟可至10月下旬。

35. 钟山翠 Zhongshancui

亲本来源：欧亚种。由南京农业大学从'翠峰'的实生单株选育而成，晚熟品种。

主要特征：果穗圆锥形，平均穗重600～900g。果粒椭圆形，单重25.6g，着生紧密。果皮薄而翠，黄绿色，果粉均厚，果肉较硬，味酸甜。可溶性固形物含量16%～18%。无核，风味佳，鲜食品质上等。

36. 小辣椒 Xiaolajiao

亲本来源：欧亚种。亲本为'美人指'与'大独角兽'，由张家港市神园葡萄科技有限公司在2013年育成，中熟品种。

主要特征：果穗圆锥形，平均穗重450g。果粒中大，粒重7～8g。果粒弯束腰形，呈小辣椒状，果穗似由一个个红色的小辣椒挂成一串，美观。果粒着生紧凑。果粒鲜红色，果粉薄，果皮中等厚，无涩味，肉脆多汁，可溶性固形物含量为17.5%~20%，纯甜爽口。

植株生长势强，隐芽萌发力中等。芽眼萌发率95%，成枝率90%，枝条成熟度中等。每果枝平均着生果穗数量1.9个。隐芽萌发的新梢结实力中等。在江苏张家港地区，3月27日至4月3日萌芽，5月13日~20日开花，8月20日果实开始成熟。

37. 东方玻璃脆 Dongfangbolicui

亲本来源：欧亚种。张家港市神园葡萄科技有限公司在2018年杂交培育，天然无核，中熟品种。

主要特征：果穗中等大，果粒大小均匀着生紧密，自然粒重6~7g，处理后12~15g，无种子，果粒圆形，粉红色，色泽艳丽，果粉较厚，果肉硬脆，有清香味，果皮，不易剥离，可溶性固形物含量20%~23%，风味甜。在张家港地区8月中旬开始成熟。无核，果肉硬，汁液多，有香味，色泽鲜艳，耐储运，果皮稍有涩味。

38. 东方绿巨人 Dongfanglǜjuren

亲本来源：欧亚种。2018年张家港市神园葡萄科技有限公司杂交培育而成，天然无核，中晚熟品种。

主要特征：果穗大，穗重600~800g，果粒大，着生中等，果粒极大，平均粒重15g以上，最大25g，黄绿色，果肉较脆，可溶性固形物含量17%~19%，风味清甜。在张家港地区8月中下旬成熟。果粒特大，丰产、耐储运、果实甜、多汁，无香味，糖度偏低。

39. 园金香 Yuanjinxiang

亲本来源：欧美杂种。亲本为'阳光玫瑰'与'蜜而脆'。2018年张家港市神园葡萄科技有限公司育成，早熟品种。

主要特性：果穗中大，穗重500~650g，果粒大小均匀，着生中等紧密，平均粒重11.8g，无核处理后粒重12~15g，最大超过20g。果粒近圆形，黄绿色，有点透明。果粉中厚，果肉较硬，有玫瑰香味，果皮薄，无涩味，可溶性固形物含量19%~23%。果梗与果粒难分离，不掉粒，不裂果。风味浓郁，品质上等。在张家港地区，7月下旬开始成熟，同比阳光玫瑰早25d。成熟早，果粒大，无果锈，耐储运，管理简单。果实有种子，需要无核处理。

40. 园红玫 Yuanhongmei

亲本来源：欧亚种。亲本为'圣诞玫瑰'与'贵妃玫瑰'，2018年张家港市神园葡萄科技有限公司育成，早熟品种。

主要特征：果穗较大，穗重600~750g，果粒大小均匀，着生中等紧密，平均粒重

11.3g，最大 15g，种子 2～3 粒。果粒卵圆形，鲜红色到亮红色，色泽鲜艳，果粉较厚，果肉硬度中等，有清香味，果皮中厚易剥离，可溶性固形物含量 18%～20%，风味甜。在张家港地区 7 月底开始成熟。果粒大，色泽鲜艳，穗形美观，有清香味。果实有种子。

41. 园绿指 Yuanlüzhi

亲本来源： 欧亚种。亲本为'美人指'与'7-7'（'美人指'实生后代），张家港市神园葡萄科技有限公司 2018 年育成，早熟品种。

主要特征： 果穗大，穗重 650～850g，果粒大小较均匀，着生中等紧密，平均粒重 7.9g，最大 12g，种子 1～2 粒。果粒长圆形，黄绿色，果粉浅，果肉硬度中等，多汁，无香味，果皮中厚，风味清淡，可溶性固形物含量 17%～19%，品质上等。在张家港地区 7 月底开始成熟。丰产、稳产，外观美，成熟早。糖度偏低，果实没有香味。

42. 园脆香 Yuancuixiang

亲本来源： 欧亚种。亲本不详。2016 年张家港市神园葡萄科技有限公司选育，早熟品种。

主要特征： 果穗大，穗重 700～1000g，果粒大，圆形，平均果粒重 11.08g，最大粒重超过 13g。果粒大小均匀一致，外形美观；果实深红色，色泽美观，整穗着色均匀一致，果粉厚，皮薄水多，有香味；可溶性固形物含量达 19% 以上，最高达 24%。在张家港地区 7 月下旬成熟。极丰产，抗病抗逆、有香味，皮薄肉，口感极佳。充分成熟后有轻微裂果。

43. 园红指 Yuanhongzhi

亲本来源： 欧亚种。亲本为'美人指'与'亚历山大'，由张家港市神园葡萄科技有限公司 2016 年选育，早熟品种。

主要特征： 果穗中大，穗重 500～700g。果粒长，长椭圆形，近似手指，平均果粒重 6.2g，最大粒重 9g。果粒大小均匀一致，外形美观；果实红色，色泽美观，整穗着色均匀一致果粉较薄，果皮薄汁多；果肉软，风味甜，品质佳，可溶性固形物含量达 19% 以上，最高达 24%。在张家港地区 7 月下旬成熟。外观奇特，口感细嫩，风味佳。有轻微的日烧现象。

44. 黑美人 Heimeiren

亲本来源： 欧亚种。'美人指'实生苗选育，由张家港市神园葡萄科技有限公司在 2013 年育成，中熟品种。

主要特征： 果长圆锥形，大小整齐，平均穗重 850g。果粒长椭圆形，蓝黑色，大，平均粒重为 9.5g，果粒着生紧凑。果粉薄，果皮薄。果肉较软。每果粒含种子 1～3 粒。可溶性固形物含量为 16%～17.5%。

植株生长势强，枝条成熟度中等。每果枝平均着生果穗数 1.7 个。隐芽萌发的新梢结实力中等。在张家港地区 8 月中下旬成熟。'黑美人'是为数不多的被国际认可的我国自主选育的优质葡萄品种。该品种目前已在日本开始推广栽培，该品种信息收录于世界知名葡萄育种专家植原宏（日本）的著作中。

45. 藤玉 Tengyu

亲本来源：欧美杂种。亲本为'藤稔'与'紫玉'，由张家港市神园葡萄科技有限公司在 2015 年育成，中熟品种。

主要特征：果穗圆柱形，无副穗。果粒近圆形，平均粒重 15.3g，果粒着生紧密。果色紫红-紫黑色，果粉厚，果皮厚，有涩味。果肉中等脆，汁多，无肉囊，味酸甜，有淡玫瑰香味。可溶性固形物含量 17%～20%。

植株生长势强。芽眼萌发率为 83.3%，结果枝占芽眼总数的 66.7%，每果枝平均着生果穗数 1.25 个。在张家港地区 3 月下旬萌芽，5 月上旬开花，8 月上旬果实成熟，从萌芽至果实成熟需 120～130d。

46. 园巨人 Yuanjuren

亲本来源：欧亚种。亲本为'维多利亚'与'紫地球'。张家港市神园葡萄科技有限公司 2015 年选育，中熟品种。

主要特征：果穗松散形，大小整齐，穗重 700～900g。果粒着生松散，果粒大，平均粒重 20g，最大自然粒重超过 25g，果粒长圆形，果粉较厚，紫黑色，皮极薄，无裂果。可溶性固形物含量 15%。在张家港地区 8 月上旬开始成熟。

47. 园野香 Yuanyexiang

亲本来源：欧亚种。亲本为'矢富萝莎'与'高千穗'，由张家港市神园葡萄科技有限公司 2010 年育成，中熟品种。

主要特征：果穗圆锥形，中等大，大小整齐，平均穗重 450g。果粒着生较松，果粒椭圆形，中等大小，平均粒重 6.5g，最大粒重 9g，果肉脆硬，有浓郁的玫瑰香味。果粒着生牢固，不裂果，不落粒。果粉薄，果皮厚，果色鲜红到紫红色。可溶性固形物含量为 18%～19%。

植株生长势强。隐芽萌发力中等，芽眼萌发率 95%，成枝率 90%，枝条成熟度中等，每果枝平均着生果穗数 1.9 个，隐芽萌发的新梢结实力中等。在张家港地区 8 月中下旬开始成熟。

48. 园意红 Yuanyihong

亲本来源：欧亚种。亲本为'大红球'与'意大利'，由张家港市神园葡萄科技有限公

司在 2010 年育成，中熟品种。

主要特征：果穗大，分枝形，平均穗重 650g。果粒着生较松散，果粒近圆形，鲜红到紫红色，平均粒重 8.9g，最大粒重 12g，可溶性固形物含量为 17%～18%。果粉薄，果皮中，无涩味，果肉脆，果汁浅黄色，味甜，鲜食品质上等。

植株生长势中庸。隐芽萌发力中等，芽眼萌发率 90%，成枝率 60%，枝条成熟度好，每果枝平均着生果穗数 0.7 个，隐芽萌发的新梢结实力弱。在张家港地区 8 月中旬开始成熟。

49. 园玉 Yuanyu

亲本来源：欧亚种。亲本为'白罗莎'与'高千穗'，由张家港市神园葡萄科技有限公司在 2013 年育成，中熟品种。

主要特征：果穗分枝形，穗大，果穗均重 650g，最大超过 200g，果粒着生紧密，椭圆形，黄绿色，果粉中等，果皮薄，果肉软汁多，味甜，有玫瑰香味，果粒整齐，粒重 9～12g，可溶性固形物含量为 17%～18%，品质优异，外观光洁亮丽，耐储运。

植株长势中庸，枝条成熟度好。每果枝平均着生果穗数 0.7 个。在张家港地区 8 月上中旬开始成熟，比'白罗莎'早 15～20d，无核处理还要早一周。

50. 早夏香 Zaoxiaxiang

亲本来源：欧美杂种。'夏黑'葡萄芽变。由张家港市神园葡萄科技有限公司 2015 年 7 月育成，极早熟无核品种。

主要特征：果粒近圆形，自然粒重 3.5g 左右，果色紫红偏紫黑色。果皮较厚，果粉厚，无涩味，果皮与果肉易分离。肉质较硬，无籽，浓郁草莓香，味酸甜，汁少。可溶性固形物为 17.7%～22.0%。

植株生长势中庸偏旺。芽眼萌发率 95%，成枝率 98%。每果枝平均着生果穗数 1.5 个。在张家港地区 3 月下旬萌芽，5 月中旬开花，6 月下旬果实成熟，果实生育期 90～95d。

51. 园香妃 Yuanxiangfei

亲本来源：欧亚种，亲本为'红巴拉多'与'爱神玫瑰'。由张家港市神园葡萄科技有限公司育成，早熟品种。

主要特征：果穗中大，450～600g，中等紧密，果粒卵圆形，红色到暗红色，平均粒重 8.9g，有玫瑰香味，果皮中等厚，果肉脆，果粉薄，可溶性固形物含量 18%～23%。

52. 东方金珠 Dongfangjinzhu

亲本来源：欧美杂种，'阳光玫瑰'实生。由张家港市神园葡萄科技有限公司育成。

主要特征：果穗小，粒重 250～400g，果粒着生中等紧密，果粒大小均匀，平均粒重 2.7g，有浓郁玫瑰香味，果皮薄，果肉脆，果粉中等厚，可溶性固形物含量 18%～23%。

53. 紫金早生 Zijinzaosheng

亲本来源：欧美杂种。由江苏省农业科学院园艺研究所以'金星无核'葡萄的新梢单芽茎段秋水仙素诱变处理后筛选获得的早熟葡萄新品种。2015 年通过鉴定。

主要特征：果穗圆锥形，较整齐，平均穗重 317.4g。果粒圆形或短椭圆形，平均果粒重 5.2g。果皮紫黑色，果粉厚，有光泽。果肉较软，瘪籽。不裂果。果实平均可溶性固形物含量 17.2%。可滴定酸含量 0.66%。多汁，有玫瑰香味。植株生长势中等，结果母枝短梢修剪时，芽眼萌发率 95%～100%，结果枝率 90%～95%，每个结果枝平均着生果穗 1.7个，亩产量 1100kg 左右。3 月 22 日左右萌芽，5 月 3 日左右开花，6 月 20 日左右果实转色，7 月 12 日左右果实成熟期，两性花。

54. 紫金早 Zijinzao

亲本来源：欧美杂种。为'京亚'实生后代，由江苏省农业科学院园艺研究所育成，中熟品种。

主要特征：果穗圆柱形，无副穗，穗重 350.0～500.0g。果粒着生中等紧密，果粒大，倒卵形，平均粒重 9.5～11.0g。果皮紫黑色，中等厚，果粉中等多，果肉黄绿色，肉质较脆多汁，可溶性固形物含量为 12.5%～14.8%，甜酸适口，品质优于'京亚'。种子 1～2 粒。

树势生长健壮，结实性好，丰产性好。新梢黄绿色，茸毛白色稀少。幼叶黄绿色，叶面有光泽，下表面茸毛中等密；成龄叶心脏形；大，3～5 裂，锯齿中等锐。两性花，四倍体。从萌芽至果实充分成熟需 110d 左右。

55. 瑞都科美 Ruidukemei

亲本来源：亲本为'意大利'与'MuscatLouis'，由北京市林业果树科学研究院等在 2016 年育成，中熟品种。

主要特征：果穗圆锥形，有副穗，单或双歧肩，全穗果粒大小较整齐一致。果粒均重 9.0g，果皮黄绿色，中等厚，果粉中，果皮较脆，无或稍有涩味。果肉具有玫瑰香味，香味程度中或浓，果肉质地中或较脆，硬度中等，风味酸甜，可溶性固形物含量 17.20%，可滴定酸含量 0.50%。

该品种树势中庸或稍旺，结果系数 1.74，平均每亩产量 1500kg。在北京地区，4 月中下旬萌芽，5 月下旬开花，8 月中下旬果实成熟。新梢 8 月上中旬开始成熟，从萌芽至果实成熟需要 120d 左右。

56. 爱神玫瑰 Aishenmeigui

亲本来源：欧亚种。亲本为'玫瑰香'与'京早晶'，由北京市农林科学院林业果树研究所在 1994 年育成，极早熟品种。

主要特征：果穗圆锥形，带副穗，平均穗重 220.3g。果粒椭圆形，平均粒重 2.3g，汁中等多，味酸甜，有玫瑰香味，可溶性固形物含量为 17.0%～19.0%，可滴定酸含量为 0.71%。果色红紫色或紫黑色，果皮中等厚，果肉中等脆，鲜食品质上等。

植株生长势较强。隐芽萌发力强。芽眼萌发率为 81.75%，枝条成熟度好，结果枝占芽眼总数的 59.8%，每果枝平均着生果穗数为 1.48 个。隐芽萌发的新梢结实力和夏芽副梢结实力均中等。早果性好。正常结果树一般产果 17088kg/hm²。在北京地区，4 月 13 日～19 日萌芽，5 月 25 日～31 日开花，7 月 26 日～28 日果实成熟。从萌芽至果实成熟需 103d，此期间活动积温为 2219.6℃。

57. 翠玉 Cuiyu

亲本来源：欧亚种。亲本为'玫瑰香'与'京早晶'，由北京市农林科学院林业果树研究所在 1986 年育成，早熟品种。

主要特征：果穗圆锥形带副穗，平均穗重 633.0g，最大穗重 1350g。果穗大小整齐。果粒近圆形，中等大，平均粒重 3.8g，果粒着生中等紧密，可溶性固形物含量为 14.4%，总糖含量为 12.99%，可滴定酸含量为 0.61%。果粉薄，果色黄绿色，果皮较厚，有涩味。果肉脆，汁中等多，味酸甜，略有玫瑰香味，鲜食品质中上等。

58. 峰后 Fenghou

亲本来源：欧美杂种。'巨峰'的实生后代，由北京市农林科学院林业果树研究所在 1999 年育成，晚熟品种。

主要特征：果穗圆锥形或圆柱形，带副穗，中等大，平均穗重 418.1g，最大穗重 687g。果粒短椭圆形或倒卵形，平均粒重 12.8g，最大粒重 19.5g，着生中等紧密，可溶性固形物含量为 17.87%，总糖含量为 15.96%，可滴定酸含量为 0.58%。果色紫红色，果粉中等厚，果皮厚，较脆，略有涩味。果肉硬脆，汁中等多，味甜，略有草莓香味。鲜食品质上等。

植株生长势极强。隐芽萌发率弱，芽眼萌发率为 75.38%。成枝率为 90%，枝条成熟度中等。结果枝占芽眼总数的 50.83%。每果枝平均着生果穗数为 1.52 个。隐芽萌发的新梢结实力弱，夏芽副梢结实力中等。早果性中等。在北京地区，4 月 12 日～23 日萌芽，5 月 18 日～28 日开花，9 月 7 日～19 日果实成熟。从萌芽至果实成熟需 147d，此期间活动积温为 3632.3℃。

59. 瑞都脆霞 Ruiducuixia

亲本来源：欧亚种。亲本为'京秀'与'香妃'，由北京市农林科学院林业果树研究所在 2007 年育成，中熟品种。

主要特征：果穗圆锥形，无副穗和歧肩，平均穗重 408.0g。果粒椭圆形或近圆形，紫红色，色泽一致，平均粒重 6.7g。果粉薄，果皮薄较脆，稍有涩味，果肉脆，硬，酸甜多汁，可溶性固形物含量为 16.0%。树势中庸或稍旺，丰产性强。果实中熟，生长期为 110～120d。

60. 瑞都红玫 Ruiduhongmei

亲本来源：欧亚种。亲本为'京秀'与'香妃'，由北京市农林科学院林业果树研究所在 2013 年育成，早熟品种。

主要特征：果穗圆锥形，有副穗，单歧肩较多，平均单穗重 430.0g。果粒椭圆形或圆形，平均单粒重 6.6g，最大单粒重 9g；果粒大小较整齐一致，着生密度中或紧。果皮紫红或红紫色，色泽较一致，果皮中等厚，果粉中，果皮较脆，无或稍有涩味；果肉有中等香味程度的玫瑰香味，果肉质地较脆，硬度中，酸甜多汁；可溶性固形物 17.2%；在北京地区一般 4 月中下旬萌芽，5 月下旬开花，8 月中或下旬果实成熟。新梢 8 月中下旬开始成熟。果实生长发育期为 75～80d。

61. 瑞都红玉 Ruiduhongyu

亲本来源：欧亚种。'瑞都香玉'葡萄的红色芽变，由北京市农林科学院林业果树研究所在 2014 年育成，早中熟鲜食品种。

主要特征：果穗圆锥形，个别有副穗，单或双歧肩，平均单穗重 404.71g。果粒长椭圆形或卵圆形，平均单粒重 5.52g，最大单粒重 7g，果粒大小较整齐一致，果粒着生密度松散。果皮紫红或红紫色，色泽较一致。果皮薄至中等厚，果粉中，果皮较脆，无或稍有涩味。果肉具有淡或中等香味程度的玫瑰香味，果肉质地较脆，硬度中等，酸甜多汁，肉无色，可溶性固形物 18.2%。

树势中庸或稍旺，节间中等长度，丰产性强，产量构成要素与对照品种基本相当。多年平均萌芽率 53.16%，结果枝率为 70.30%，结果系数为 1.70。较丰产，在北京地区 4 月中旬萌芽，5 月下旬开花，8 月上中旬果实成熟。

62. 瑞都香玉 Ruiduxiangyu

亲本来源：欧亚种。亲本为'京秀'与'香妃'，由北京市农林科学院林业果树研究所在 2007 年育成，早中熟鲜食品种。

主要特征：果穗长圆锥形，有副穗或歧肩，平均单穗重 432g。果粒椭圆形或卵圆形，平均单粒重 6.3g，最大单粒重 8g，可溶性固形物 16.2%，果粒着生较松。果皮薄黄绿色，较脆，稍有涩味。果粉薄，果肉质地较脆，硬度中等，酸甜多汁，有玫瑰香味，香味中等。果梗抗拉力中等，横断面为圆形。在北京地区一般 4 月中旬萌芽，5 月下旬开花，8 月中旬果实成熟。

63. 瑞都无核怡 Ruiduwuheyi

亲本来源：欧亚种。亲本为'香妃'与'红宝石无核'，由北京市农林科学院林业果树研究所在 2009 年育成。中晚熟鲜食品种。

主要特征：果穗圆锥形，有副穗，单歧肩较多，平均单穗重 459.0g。果粒椭圆形或近

圆形，色泽一致，大小较整齐一致，平均单粒重 6.2g。果粉薄。果色红紫色，果皮薄，较脆，无涩味。果肉质地较脆，硬度中，酸甜多汁，肉无色，无香味，可溶性固形物含量为 16.2%。生长期为 110d 左右。

64. 瑞都早红 Ruiduzaohong

亲本来源：欧亚种。亲本为'京秀'与'香妃'，由北京市农林科学院林业果树研究所在 2014 年育成，早熟鲜食品种。

主要特征：果穗圆锥形，基本无副穗，单或双歧肩，穗长 20.24cm，宽 13.02cm，平均单穗重 432.79g，穗梗长 4.69cm，果梗长 1.01cm，果粒着生密度中或紧。果粒椭圆形或卵圆形，长 25.57mm，宽 22.10mm，平均单粒重 6.9g，最大单粒重 13g。果粒大小较整齐一致，果皮紫红或红紫色，色泽较一致。果皮薄至中等厚，果粉中，果皮较脆，无或稍有涩味。果实成熟中后期果肉具有中等香味程度的清香味。果肉质地较脆，硬度中等，酸甜多汁，肉无色。果梗抗拉力中或难等，横断面为圆形。可溶性固形物 16.5%。

树势中庸或稍旺，节间中等长度，丰产性强，多年平均结果枝率可达 48.43%，结果系数为 1.23，花序结果位置多在新梢的第 2～7 节间，在北京地区，在合理栽培密度和连年稳产优质栽培条件下，亩产控制在 1500～2000kg 较为合理。在北京地区一般 4 月中下旬萌芽，5 月下旬开花，7 月上中旬果实开始着色，8 月上中旬果实成熟。果实生长发育期为 70～80d。

65. 瑞锋无核 Ruifengwuhe

亲本来源：欧美杂种。'先锋'葡萄芽变，由北京市农林科学院林业果树研究所在 2004 年育成，中晚熟鲜食品种。

主要特征：果穗圆锥形，自然状态下果穗松，穗重 200.0～300.0g。果粒近圆形，蓝黑色，平均粒重 4.9g。果肉软，可溶性固形物含量为 17.9%，可滴定酸含量为 0.62%。无核率 98.08%，用赤霉素处理后坐果率明显提高。果穗紧，平均穗重 753.27g；果粒紫红色，平均粒重 11.2g；果粉厚，果皮韧，中等厚，无涩味；果肉较硬，较脆，多汁；风味酸甜，略有草莓香味，可溶性固形物含量为 16%～18%，无籽率 100%。

树势较强。丰产性强。中晚熟，从萌芽至果实成熟大约 150d。抗病力强，抗旱、抗寒能力中等，栽培容易。不裂果。嫩梢开张，花青素着色强，茸毛极密。幼叶黄色，厚，花青素着色程度强，上表面无光泽，茸毛极密。成龄叶心脏形，厚，5 裂，裂片重叠多，叶缘锯齿双侧直，叶柄洼宽拱形，叶下表面密被毡毛，成叶基本无花青素着色。两性花。

66. 香妃 Xiangfei

亲本来源：欧亚种。亲本为'73-7-6'（'玫瑰香'×'莎巴珍珠'）与'绯红'，由北京市农林科学院林业果树研究所在 2000 年育成，早熟鲜食品种。

主要特征：果穗圆锥形带副穗，中等大，穗长 15.1cm，穗宽 10.8cm，平均穗重 322.5g，最大穗重 503.4g。果穗大小整齐，果粒着生中等紧密。果粒近圆形，绿黄色或金黄色，大，纵径 2.4cm，横径 2.4cm，平均粒重 7.6g，最大粒重 9.7g。果粉中等厚。果皮薄，脆，有涩味，果肉硬脆，汁中等多，味酸甜，有浓郁玫瑰香味。每果粒含种子 3～4 粒，多为 3 粒，种子卵圆形，中等大，黄褐色，外表无横沟，种子与果肉易分离。有小青粒。可溶性固形物含量为 15.03％，总糖含量为 14.25％，可滴定酸含量为 0.58％，鲜食品质上等。

植株生长势较强。隐芽萌发力强，芽眼萌发率为 75.4％，枝条成熟度良好，结果枝占芽眼总数的 65.55％，每果枝平均着生果穗数为 1.82 个。隐芽萌发的新梢和夏芽副梢结实力均强。早果性好。正常结果树一般产果 22200kg/hm^2（3m×2m，单壁篱架）。在北京地区，4 月 17 日萌芽，5 月 27 日开花，8 月 10 日果实成熟。从萌芽至果实成熟需 116d。果实早熟。抗逆性中等。抗葡萄灰霉病、穗轴褐枯病力较强，抗白腐病、霜霉病、炭疽病、黑痘病和白粉病力中等，常年无大量虫害发生。

嫩梢绿黄色。梢尖半开张，绿黄色，密被茸毛。幼叶橙黄色，上表面有光泽，下表面茸毛密。成龄叶片心脏形，中等大，绿色，叶缘上卷；上表面无皱褶，主要叶脉花青素着色极浅；下表面有中等密丝毛或腺毛，主要叶脉无花青素着色。叶片 5 裂，上裂刻深，基部"U"形；下裂刻浅，基部"U"形。锯齿双侧凸形。叶柄洼窄拱形，基部"U"形。叶柄与主脉基本等长，绿色。新梢生长半直立，有中等密或稀疏茸毛。卷须分布不连续，中等长，3 分叉。新梢节间背侧和腹侧均绿色具红色条纹。冬芽花青素着色中等。枝条横截面呈椭圆形，表面黄褐或暗褐色，有细槽状条纹。节间短，中等粗。两性花，二倍体。

67. 艳红 Yanhong

亲本来源：欧亚种。亲本为'玫瑰香'与'京早晶'，由北京市农林科学院林业果树研究所在 1986 年育成，晚中熟鲜食品种。

主要特征：果穗圆锥形带副穗，中等偏大，穗长 18.9cm，穗宽 12.5cm，平均穗重 415.3g，最大穗重 800g。果穗大小整齐，果粒着生中等紧密。果粒椭圆形，紫红色，较大，纵径 2.5cm，横径 1.7cm，平均粒重 5.2g，最大粒重 7.5g。果粉薄。果皮薄，脆。果肉较脆，汁多，味甜。每果粒含种子 1～3 粒，多为 3 粒，种子卵圆形，中等大，暗褐色，外表无横沟。种子与果肉易分离。偶有小青粒。可溶性固形物含量为 15.1％，总糖含量为 13.78％，可滴定酸含量为 0.94％，鲜食品质中上等。

植株生长势中等，隐芽萌发率强。结果枝占芽眼总数的 36.3％～48.3％，每果枝平均着生果穗数为 1.42～1.5 个。隐芽萌发的新梢结实力中等，夏芽副梢结实力强。早果性好。正常结果树一般产果 15000～25000kg/hm^2（3.0m×1.5m，单壁篱架）。在北京地区，4 月 16 日萌芽，5 月 27 日开花，9 月 5 日～9 日果实成熟。从萌芽至果实成熟需 143d，此期间活动积温为 3260.8℃。果实晚中熟。抗逆性中等。抗灰霉病、穗轴褐枯病力较强，抗白腐病、霜霉病、炭疽病、黑痘病和白粉病力中等，常年无虫害大量发生。

嫩梢绿色。梢尖绿色，有稀疏茸毛。幼叶绿色，带浅褐色晕，上表面有光泽，下表面无茸毛。成龄叶片心脏形，中等大，绿色；上表面无皱褶，主要叶脉花青素着色浅；下表面无茸毛，主要叶脉绿色。叶片 5 裂，上裂刻深，基部"U"形；下裂刻深，基部"U"形。锯齿双侧凸形。叶柄洼闭合椭圆形，基部"U"形。叶柄短，红绿色。新梢生长半直立，无茸毛。卷须分布不连续，短，3 分叉。新梢节间背侧绿色具红条纹，腹侧绿色。冬芽花青素着色深。节间中等长，中等粗。两性花，二倍体。

68. 早玛瑙 Zaomanao

亲本来源：欧亚种。亲本为'玫瑰香'与'京早晶'，由北京市农林科学院林业果树研究所在1986年育成，早熟鲜食品种。

主要特征：果穗圆锥形，较大，穗长15.6cm，穗宽10.9cm，平均穗重388.1g，最大穗重500g。果穗大小整齐，果粒着生较紧密，果粒椭圆形，紫红色，较大，纵径2.3cm，横径1.8cm。平均粒重4.2g，最大粒重9g。果粉中等厚，果皮薄，脆，果肉脆，汁多，味酸甜。每果粒含种子2～4粒，多为3粒。可溶性固形物含量为16.3%，总糖含量为15.98%，可滴定酸含量为0.52%，鲜食品质上等。

植株生长势中等偏弱，隐芽萌发力较强。结果枝占芽眼总数的45.4%～52.5%，每果枝平均着生果穗数为1.5～1.7个。隐芽萌发的新梢和夏芽副梢结实力均强。早果性好。正常结果树一般产果2930.4kg/hm²（3.0m×1.5m，单壁篱架）。在北京地区，4月11日～18日萌芽，5月23日～29日开花，8月4日～6日果实成熟。从萌芽至果实成熟需113d左右，此期间活动积温为2522.2℃左右。果实早熟。抗寒性较强，抗旱、抗涝和抗高温力中等。抗灰霉病、穗轴褐枯病力较强，抗白腐病、霜霉病、炭疽病、黑痘病、白粉病力中等，常年未见虫害发生。

嫩梢绿色，带浅褐色，无茸毛。幼叶绿色，带浅褐色，上表面有光泽，下表面无茸毛。成龄叶片心脏形，中等大，绿色；上表面无皱褶，主要叶脉花青素着色深；下表面无茸毛，主要叶脉花青素着色弱。叶片5裂，上裂刻深，基部"U"形；下裂刻较深，基部"U"形。锯齿双侧直形，较锐。叶柄洼开张椭圆形，基部"U"形。叶柄短，红色。新梢生长半直立。卷须分布不连续，中等长，2分叉。新梢节间背侧绿色具红色条纹，腹侧绿色。冬芽花青素着色浅。节间中等长，中等粗。两性花，二倍体。

69. 早玫瑰香 Zaomeiguixiang

亲本来源：欧亚种。亲本为'玫瑰香'与'莎巴珍珠'，由北京市农林科学院林业果树研究所在1994年育成，早熟鲜食品种。

主要特征：果穗短圆锥形，中等大，穗长14.9cm，穗宽11.1cm，平均穗重271.7g，最大穗重450g。果穗大小整齐，果粒着生中等紧密，果粒近圆形，玫瑰红色或紫红色，中等大，纵径1.9cm，横径1.8cm，平均粒重3.8g。果粉薄。果皮薄，脆，略有涩味，果肉中等脆，汁中等多，味酸甜，有浓郁玫瑰香味。每果粒含种子1～3粒，种子与果肉易分离。有小青粒。可溶性固形物含量为15.5%，总糖含量为13.92%，可滴定酸含量为0.65%，鲜食品质上等。

植株生长势较强，隐芽萌发率强。结果枝占芽眼总数的56.2%，每果枝平均着生果穗数为1.3个。隐芽萌发的新梢结实力强，夏芽副梢结实力中等。早果性好。正常结果树一般产果26307kg/hm²（3m×1.5m，单壁篱架）。在北京地区，4月12日～24日萌芽，5月24日～30日开花，8月4日～11日果实成熟。从开花至果实成熟需114d，此期间活动积温为2543.1℃。果穗抗白腐病力中等。

嫩梢绿色，带淡红褐色。梢尖有稀疏茸毛。幼叶绿色，带淡红褐色，上表面无光泽，下表面茸毛稀。成龄叶片心脏形，中等大，绿色；上表面无皱褶，无光泽，主要叶脉花青素着色深；下表面有稀疏刺毛，主要叶脉花青素着色浅。叶片 3 或 5 裂，上裂刻深，基部"U"形；下裂刻深，基部"U"形。锯齿双侧直形。叶柄洼开张椭圆形，基部"U"形。叶柄中等长，红色。新梢生长半直立。卷须分布不连续，短，2 分叉。新梢节间背侧和腹侧红色。冬芽花青素着色深。两性花，二倍体。

70. 紫珍珠 Zizhenzhu

亲本来源： 欧亚种。亲本为'玫瑰香'与'莎巴珍珠'，由北京市农林科学院林业果树研究所在 1986 年育成，早熟鲜食品种。

主要特征： 果穗圆锥形，中等大或较大，穗长 16.95cm，穗宽 11.02cm，平均穗重 412.5g，最大穗重 600g。果穗大小整齐，果粒着生紧密。果粒椭圆形，紫红色，中等大，纵径 2.0cm，横径 1.8cm，平均粒重 4.1g。果粉中等厚，果皮中等厚，脆，略有涩味，果肉中等脆，汁中等多，味酸甜，有玫瑰香味。每果粒含种子 2～3 粒，种子与果肉易分离。可溶性固形物含量为 14.3%，总糖含量为 13.68%，可滴定酸含量为 0.82%，鲜食品质中上等。

植株生长势强，隐芽萌发率强。结果枝占芽眼总数的 44.73%～68.34%。每果枝着生果穗数为 1.5～1.8 个。隐芽萌发的新梢结实力强，夏芽副梢结实力中等。早果性好。正常结果树一般产果 36186kg/hm² (3m×1.5m，单壁篱架)。在北京地区，4 月 11 日～18 日萌芽，5 月 23 日～28 日开花，8 月 6 日～7 日果实成熟。从开花至果实成熟需 114d，此期间活动积温为 2545.5℃。果穗抗白腐病力中等。

嫩梢绿色，带紫红色。梢尖有稀疏茸毛。幼叶绿色，带紫红色晕，上表面无光泽，下表面茸毛稀。成龄叶片心脏形，较大，绿色；上表面有皱褶，主要叶脉花青素着色深；下表面有稀疏丝毛，主要叶脉花青素着色浅。叶片 5 裂，上裂刻深，基部"U"形；下裂刻较深，基部"U"形。锯齿双侧直形。叶柄洼闭合椭圆形，基部"U"形。叶柄中等长，红绿色。新梢生长半直立，无茸毛。卷须分布不连续，短，3 分叉。新梢节间背侧和腹侧均绿色具红色条纹。冬芽花青素着色深。两性花，二倍体。

71. 惠良刺葡萄 Huiliangciputao

亲本来源： '刺葡萄'。由福安市经济作物站在 2015 年培育而成，晚熟鲜食加工兼用品种。

主要特征： 果穗圆锥形，穗重 50～230g，长度 15～28cm，每果穗有果实 20～60 粒，最多的可达 100 粒，自然生长果穗紧密度稀。果粒长圆形，纵横径比为 1.1：1，重 2.2～3.5g，整齐，蓝黑色，果粉厚；果肉颜色中，果皮与果肉可分离，具肉囊，肉质软，果肉与种子不易分离，果汁颜色深，多汁味甜，香气淡。种子 2～4 粒，倒卵椭圆形，棕褐色，种脐明显，耐贮运。

植株生长势强，萌芽率高，新梢生长量大。2 月下旬至 3 月初开始出现伤流，3 月中旬最重。鳞片松动期 3 月下旬，4 月初发芽，5 月初始花，5 月中旬盛花，花期 8d 左右。生理落果在花后 20d 左右 (5 月下旬)。6 月中旬新梢开始成熟，7 月底果实着色，8 月下旬果实

完全成熟，果实发育期 130d 左右。成熟果可留树延迟 30d 采收，11 月中下旬落叶，全年生长期 180d。

72. 美红 Meihong

亲本来源：亲本为'红地球'与'6-12'，由甘肃省农业科学院在 2016 年育成，中熟品种。

主要特征：果穗圆锥形，穗形整齐、紧凑，果穗长，平均穗重 716g；果粒长圆形，大小均匀，平均单粒重 9.1g，着生中等紧密。果皮紫红色，果肉脆、硬，汁液多，酸甜爽口；可溶性固形物含量为 17.9%，总糖为 13.8%，总酸为 0.30%，维生素 C 含量 1.7%。

植株生长势较强，平均萌芽率 88.0%，结果枝率 79.0%，果枝平均果穗数 1.5 个；成熟枝条红褐色；节间平均长度 13.8cm；成花容易，第 1 花序一般着生在第 3～5 节，果实挂树时间长。早果，丰产，适宜中、短梢修剪。在兰州地区，4 月下旬萌芽，6 月初始花，7 月中旬开始着色，8 月下旬果实成熟，从萌芽到果实成熟为 123d 左右。

73. 醉人香 Zuirenxiang

亲本来源：欧美杂种。亲本为'巨峰'与'卡氏玫瑰'，由甘肃省农业科学院果树研究所在 2000 年育成，中熟品种。

主要特征：果穗圆锥形。果粒卵圆形，平均粒重 9.0g，着生中等紧密。果色淡玫瑰红色，果皮中厚，易剥离。果肉软，肉囊黄绿色，多汁，浓甜爽口，可溶性固形物含量 18.0%～23.0%，具有浓郁的玫瑰香、草莓香兼酒香味，品质极佳。从萌芽至成熟需 129d 左右。

74. 水源 1 号 Shuiyuan1hao

亲本来源：从野生'毛葡萄'芽变单株中选育的植物，由广西罗城仫佬族自治县水果生产管理局在 2012 年选育而成，晚熟鲜食品种。

主要特征：果穗近圆柱形，平均穗长 13.6cm，宽 8.4cm，果粒着生密度中等，穗中等大，最大穗重 209g，平均穗重 163g。果粒紫黑色，果面无果粉。果粒近圆形，果平均长 1.52cm，宽 1.48cm，平均单粒重 1.81g。果肉白色，果汁极淡粉红色，每粒果实有种子 1～4 粒，果实含可溶性固形物为 15.3%。有少量草莓香味。含总糖 11.2g/100g，含总酸 8.56g/kg，含维生素 C10.4mg/100g，含钾 126mg/100g。6 月上旬开花，9 月下旬成熟。

树势中等。一年生茎浅绿色，有细茸毛，徒长枝基部常有稀疏淡红色毛。多年生枝黄褐色，徒长枝基部常有软刺。结果母枝茎粗平均 9.5mm；结果枝节间平均长 4.3cm，结果枝茎粗平均 8.1mm。叶心脏形，无缺刻，单叶互生，叶片平展。叶片长平均 13.9cm，叶宽平均 11.4cm。叶柄长平均 7.8cm。复总状花序，白色，雌能单性花，雄蕊退化，第 1 花序多着生于结果枝的第 2、3 节上，每穗有花蕾 710～980 朵，平均 855 朵。

75. 水源 11 号 Shuiyuan11hao

亲本来源：从野生'毛葡萄'芽变单株中选育的植物，由广西壮族自治区水果生产技术指导总站在 2012 年选育而成，晚熟鲜食品种。

主要特征：果穗近长圆柱形，穗长 15.3cm，宽 8.4cm，果粒紫黑色，果面无果粉。果粒近圆形，果平均长 1.76cm，宽 1.71cm，最大单粒重 2.8g，平均单粒重 2.2g。果肉淡白色，果汁极淡粉红色。含总糖 5.31g%，含总酸 1.18%，含维生素 C 9.5mg/100g，可溶性固形物 11.5%。每果粒平均含种子 3.19 粒。6 月上旬开花，9 月下旬成熟。

树势中等。一年生茎浅绿色，有稀疏淡黄色细茸毛。多年生枝黄褐色，徒长枝基部常有软刺。结果母枝茎粗平均 9.6mm；结果枝节长平均 4.26cm，结果枝茎粗平均 5.9mm。叶心脏形，无缺刻，单叶互生，叶片平展。叶片长平均 10.72cm。叶宽平均 8.19cm。叶柄长平均 7.5cm。复总状花序，白色，单性雌花，雄蕊退化，每穗有花蕾 450～1200 朵，平均 913 朵。

76. 甜峰 1 号 Tianfeng1hao

亲本来源：'巨峰'葡萄。由宜州区水果生产管理局在 2011 年育成，鲜食品种。

主要特征：果粒椭圆形，百粒果重 980g。果肉质地较硬，较爽脆，风味清甜，微具草莓香味。植株生长势中等，幼叶绿色，边缘紫红色，背面密披白色茸毛。成龄叶片中，心脏形，较厚，4～6 裂，4 深 2 浅，平展，叶背，叶面具短茸毛。主侧蔓灰褐色，新梢黄褐色，卷须间隔性，花穗中等大，两性花。

嫩梢黄绿色，无茸毛，幼叶表面紫红色带黄绿色，有光泽，背面灰紫色，茸毛较少或无茸毛。叶片为肾形，厚度中等，平展叶稍向上，3 裂，裂刻浅，锯齿钝，叶面平滑，有光泽，叶片绿色，叶脉黄绿色，叶背茸毛中等多为毡毛，老熟叶片叶柄黄绿色，长 12.8cm。一年生老熟枝节间颜色为青绿色带些褐色，节间最短为 2cm，最长为 14cm，当年新梢长 8m 左右，卷须 2 叉状分枝，以着生两节间歇一节者为主。

77. 桂葡 3 号 Guipu3hao

亲本来源：欧美杂种。'金香'葡萄芽变，由广西农业科学院在 2014 年育成，中熟鲜食品种。

主要特征：果穗圆锥形，果粒为椭圆形，平均穗重 430.0g，粒重 5.5g，成熟时果皮为黄色。果肉可溶性固形物为 17%～21%。嫩梢黄绿色，有茸毛，一年生成熟枝条黄褐色。幼叶黄绿色，有茸毛；成叶心脏形，绿色，叶片中等大小，薄而平整，叶片 3 裂或 5 裂，锯齿两侧凸，叶柄洼开张，叶背有茸毛。第 1 花序着生在结果枝的第 2～5 节。第一茬果 4 月上旬开花，6 月中旬成熟，第二茬果 10 月上旬开花，12 月下旬成熟。

78. 桂葡 4 号 Guipu4hao

亲本来源：欧美杂种。'巨峰'葡萄的粉红色果皮芽变单株，由广西农业科学院在 2014

年育成，早熟鲜食品种。

主要特征：果穗圆锥形，果粒为椭圆形，平均穗重 350.0g，粒重 8.5g，成熟时果皮为粉红色，果粉中等厚。果肉质细，皮薄肉软，汁多，有浓郁的草莓香味，果肉可溶性固形物为 16%～21%，每果粒含种子 1～3 粒，多为 1 粒，大，棕褐色，种子与果肉易分离。4 月上旬开花，6 月上旬至 7 月上旬成熟。嫩梢黄绿色，有茸毛，一年生成熟枝条黄褐色。幼叶浅绿色，有茸毛；成叶近圆形，绿色，叶片中等大小，叶片 5 裂，裂刻浅，开张，上表面较光滑，下表面有黄白色绵毛，锯齿两侧凸，叶柄洼开张，为宽广拱形。两性花。

79. 桂葡 7 号 Guipu 7hao

亲本来源：'玫瑰香'葡萄芽变，由广西农业科学院在 2014 年育成，早中熟鲜食品种。

主要特征：果穗为圆锥形，果粒着生中等紧密，果粒形状为椭圆，果皮中厚，玫红色，有果粉，成熟期一致，不裂果，不落粒。果肉脆甜多汁，有浓郁的草莓香味，果肉可溶性固形物一茬果为 18%～20%，二茬果为 20%～22%，每果粒含种子 1.7 粒，种子与果肉易分离，具有浓郁的玫瑰香味。嫩梢黄绿色，有茸毛，一年生成熟枝条黄褐色。

幼叶浅绿色，有茸毛；成叶近圆形，绿色，叶片中等大小，叶片 5 裂，裂刻浅，开张，上表面较光滑，下表面有黄白色绵毛，锯齿两侧凸，叶柄洼开张，为宽广拱形。两性花，第 1 花序主要着生在结果枝的第 2～5 节。在正常管理的条件下一茬果粒重 3.0g，二茬果粒重 2.8g。

80. 金田红 Jintianhong

亲本来源：欧亚种。亲本为'玫瑰香'与'红地球'，由河北科技师范学院和昌黎金田苗木有限公司合作在 2011 年育成，晚熟鲜食品种。

主要特征：果穗圆锥形，单歧肩，有副穗，平均穗重 799.0g。果粒卵圆形，紫红色，平均粒重 10.1g，果粉中等厚。果皮中等厚，韧，无涩味。果肉脆，有中等玫瑰香味，可溶性固形物含量为 20.0%。

植株生长势中庸。果穗及果粒成熟表现一致，成熟后无落粒现象。从萌芽到果实成熟需 157d。新梢半直立，茸毛极疏，节间背侧红色，腹侧绿带红色。幼叶上表面紫红色，有光泽；成龄叶心脏形，锯齿形状双侧凸，5 裂，上裂片重叠多，基部"V"形，下裂片开张，基部"V"形。叶柄中短。两性花。

81. 金田蜜 Jintianmi

亲本来源：欧亚种。其母本'9603'是'里扎马特'和'红双味'杂交后代中选育出的中熟品系，父本'9411'由'凤凰51'和'紫珍珠'杂交后代中选育出。由河北科技师范学院和昌黎金田苗木有限公司在 2007 年合作育成，极早熟鲜食品种。

主要特征：果穗圆锥形，平均穗重 616.0g。果粒近圆形，绿黄色，平均粒重 7.8g。果粉中等厚。果皮薄、脆。果肉较脆，有香味，可溶性固形物含量为 14.5%，品质上等。每果粒含 1～3 粒种子。幼叶上表面紫红色，有光泽，茸毛极疏；成龄叶近圆形，叶缘下卷，锯齿双侧直；叶片 5 裂，上、下裂刻基部均为"U"形。两性花。生长势中庸，萌芽率高。

丰产性强。极早熟，从萌芽到果实成熟需 100d 左右。果穗及果粒成熟一致，成熟时不落粒。

82. 宝光 Baoguang

亲本来源：由'巨峰'与'早黑宝'杂交而成，由河北省农林科学院昌黎果树研究所在 2013 年培育而成，中熟品种。

主要特征：嫩梢梢尖半开张，茸毛着色中；叶大 5 裂，五角形。成熟枝条光滑，红褐色。果穗大、较紧，平均穗重 716.9g；果粒极大，平均单粒重 13.7g；果实紫黑色，容易着色；果粉较厚；果肉较脆，果皮较薄，果实香味独特，同时具有玫瑰和草莓 2 种香味；风味甜，可溶性固形物含量达 18.0％以上，可滴定酸含量为 0.47％，固酸比 38.3，品质极佳；结实力强，丰产稳产，3～5 年平均产量 2062.7kg/亩。在着色、肉质、香气、品质、产量等性状上均超过其母本'巨峰'。

83. 超康丰 Chaokangfeng

亲本来源：由'大粒康拜尔'杂交而成，由河北省农林科学院昌黎果树研究所在 1987 年培育而成，早熟酿酒兼鲜食品种。

主要特征：果穗圆锥形，大小整齐，穗长 23cm，穗宽 13cm，平均穗重 1400g，果粒着生紧凑。果粒红色圆形、无核，纵径 2.5cm，横径 2.3cm，平均粒重 9.2g，最大粒重 13g。果粉少、果皮薄、果肉软，可溶性固形物为 14.5％。

植株生长势强，隐芽萌发力中等，芽眼萌发率 95％，成枝率 90％，枝条成熟度高，每果枝平均着生果穗数 1.7 个，隐芽萌发的新梢结实力一般。在江苏徐州地区，一般为 3 月 20 日～28 日期间萌芽，5 月 13 日～17 日期间开花，7 月 3 日左右果实成熟。

84. 超康美 Chaokangmei

亲本来源：由'大粒康拜尔'杂交而成，由河北省农林科学院昌黎果树研究所在 1987 年培育而成，早熟品种。

主要特征：果穗圆柱形或圆锥形，中等或大，穗长 16～18cm，穗宽 11～14cm，平均穗重 308.8g，最大穗重 691g。果粒着生紧密。果粒近圆形，蓝黑色，极大，纵径 2.4～2.7cm，横径 2.3～2.8cm，平均粒重 9.7g，最大粒重 13.5g。果粉和果皮均厚，皮与果肉较难分离。果肉软，汁多，味甜酸，有浓草莓香味。每果粒含种子 1～4 粒，多为 1 粒。可溶性固形物含量为 14.6％，可滴定酸含量为 0.66％。

植株生长势中等偏强。芽眼萌发率为 71.3％。结果母枝占芽眼总数的 53.7％。每果枝平均着生果穗数为 1.49 个。产量高。在河北昌黎 4 月 11 日～20 日萌芽，5 月 22 日～26 日开花，8 月 7 日～12 日果实成熟。

85. 春光 Chunguang

亲本来源：欧美杂种，由'巨峰'与'早黑宝'杂交而成，由河北省农林科学院昌黎果

树研究所在 2013 年培育而成，早熟鲜食品种。

主要特征：果穗大，果粒大，果实紫黑色；果粉较厚，果皮较厚；具悦人的草莓香味；果肉较脆，风味甜；结果早，结实力强，每结果枝平均 1.32 个穗。嫩梢黄绿带紫红色，有稀疏茸毛，幼叶浅紫红色，成龄叶片中等大，心脏形，5 裂，叶柄洼"U"字形，一年生成熟枝条暗红色。在昌黎地区果实 8 月上中旬成熟。

86. 峰光 Fengguang

亲本来源：欧美杂种，由'巨峰'与'玫瑰香'杂交而成，由河北省农林科学院昌黎果树研究所在 2013 年培育而成，中熟品种。

主要特征：果穗较大、较紧，平均穗重 635.6g；果粒极大，平均粒重 14.2g；果实紫黑色，色泽美观；果粉较厚；果肉较脆，果皮中厚，具悦人的草莓香味；风味甜；结实力强，在昌黎地区 8 月底果实成熟。幼叶绿色带黄色斑，叶背具葡匐茸毛；成龄叶大，下表面茸毛中等。叶片 5 裂；叶柄洼半开张；成熟枝条光滑，红褐色。

87. 红标无核 Hongbiaowuhe

亲本来源：别名'8612'。由'郑州早红'与'巨峰'杂交而成。由河北省农林科学院昌黎果树研究所在 2003 年培育而成，早熟品种。

主要特征：果穗中大，圆锥形，平均果穗重 210g。果粒着生中等紧密，近圆形，平均果粒重 4.0g。果皮紫黑色，果粉及果皮中厚，果肉肥厚、较脆。品质优良，酸甜适口，可溶性固形物含量 15.4%。在河北昌黎地区 4 月 16 日～17 日萌芽，5 月 25 日左右开花，6 月底开始着色，7 月 25 日左右果实成熟。植株生长势强。萌芽率 68.8%，结果枝占新梢总数的 84.8%，每结果枝平均果穗数 2.1 个，副梢和副芽结实力强。

88. 蜜光 Miguang

亲本来源：欧美杂种，由'巨峰'与'早黑宝'杂交而成，由河北省农林科学院昌黎果树研究所在 2013 年培育而成，早熟品种。

主要特征：果实肉脆、具浓郁玫瑰香味，紫红色，充分成熟紫黑色；果肉硬而脆，风味极甜；耐贮运。穗大粒大，平均穗重 720.6g；果粒大；结果早，丰产稳产，每结果枝平均 1.35 个穗；成熟期早，8 月上旬果实成熟。幼叶紫红色，成龄叶大，叶片绿色，叶片 5 裂；叶柄洼开张；成熟枝条红褐色。

89. 无核 8612 Wuhe8612

亲本来源：由'郑州早红'与'巨峰'杂交而成，河北省农林科学院昌黎果树研究所在 1988 年培育而成，早熟品种。

主要特征：果穗圆锥形。穗重 200～300g。果粒着生较紧。果粒椭圆形，紫黑色，平均粒重 4g。果粉中等厚。果肉较脆，味甜。可溶性固形物含量为 15%。鲜食品质优。在河北省昌黎地区，4月中旬萌芽，5月下旬开花，7月下旬果实成熟。果实早熟。抗病性强。此品种为早熟鲜食品种。植株生长势较强。结实力强，每果枝平均着生果穗数为2个。

90. 无核早红 Wuhezaohong

亲本来源：由'郑州早红'与'巨峰'杂交而成，河北省农林科学院昌黎果树研究所在2000年培育而成，早熟品种。

主要特征：果穗圆锥形，平均穗重190g。果粒近圆形，鲜红色或紫红色，中等大，平均粒重4.5g。果皮和果粉均中等厚。果肉较脆，酸甜适口。可溶性固形物含量为14.5%。在河北省昌黎地区，4月中旬萌芽，5月下旬开花，7月下旬果实成熟。适应性强，抗旱，耐盐碱。抗病力强，对白腐病、霜霉病、黑痘病的抗性与'巨峰'相似。此品种为早鲜食品种。植株生长势强。结实力强，每果枝平均着生果穗数为2.23个。夏芽副梢结实力强，易结2次果。

91. 霞光 Xiaguang

亲本来源：由'玫瑰香'与'京亚'杂交而成，河北省农林科学院昌黎果树研究所在2009年培育而成，中熟品种。

主要特征：果穗圆锥形，穗重500.0～800.0g。果粒着生疏松，果穗整齐度高。果粒近圆形，紫黑色，平均粒重12.5g。果肉较脆，口感甜，具有中等草莓香味，可溶性固形物含量17.8%。在河北昌黎地区8月下旬成熟。此品种为中熟鲜食品种。生长势强；萌芽率高，果枝率为81.9%；结实力强，结果系数高，每结果枝平均1.59个穗；副梢结实力极强，易结二次果；果实坐果率高。

92. 月光无核 Yueguangwuhe

亲本来源：由'玫瑰香'与'巨峰'杂交而成，河北省农林科学院昌黎果树研究所在2009年培育而成，中熟鲜食品种。

主要特征：果穗整齐，穗重500.0～800.0g。果粒近圆形，紫黑色，色泽美观，经膨大素处理后平均单粒重9.0g。果肉较脆，口感甜至极甜，具有中等草莓香味，可溶性固形物含量为19.5%。无种子。生长势强，结实力极强，结果系数极高。副梢的结实力强，容易结二次果。丰产。抗逆性强，抗旱性较强。在河北昌黎8月下旬成熟。

93. 金田0608 Jintian0608

亲本来源：由'秋黑'与'牛奶'杂交而成，河北科技师范学院在2007年培育而成，早熟品种。

主要特征：果穗圆锥形，有歧肩，有副穗；平均穗重为1029.6g，果穗21.8cm×16.4cm，穗梗长4.2cm，果粒着生中等紧密。果粒卵圆形，平均粒重9.3g，果皮蓝黑色，着色一致。果粉中等多，果梗短，果梗抗拉力中等。果皮中等厚、韧，无涩味。果肉紫红

色，肉质较脆，汁液多，有清香味，香味中等，风味酸甜，可溶性固形物含量平均为 21.30％。

94. 金田翡翠 Jintianfeicui

亲本来源：由'凤凰51'与'维多利亚'杂交而成，河北科技师范学院在 2010 年培育而成，晚熟品种。

主要特征：果穗圆锥形，双歧肩，有副穗。平均单穗重 920g，果穗大小为 16.3cm× 15.2cm，穗梗长 9.6cm，果穗较紧密。果粒近圆形，平均单粒重 10.6g，平均大小为 2.7cm×2.4cm，整齐。果皮黄绿色，着色一致，中等厚、脆、果粉薄。果肉白色，肉质脆，多汁，可溶性固形物含量 17.5％，味甜。果汁 pH3.8。全株果穗及果粒成熟一致，不落粒。在冀东地区 4 月 13 日～16 日开始萌芽，6 月 1 日～2 日为始花期，9 月上中旬成熟，从萌芽到果实成熟需 155d 左右。此品种为晚熟鲜食品种。植株生长势中庸，萌芽率高，副芽结实力强。

95. 金田无核 Jintianwuhe

亲本来源：由'牛奶'与'皇家秋天'杂交而成，河北科技师范学院在 2011 年培育而成，极晚熟品种。

主要特征：果穗圆锥形，平均穗重 915.0g。果粒着生紧密。果粒长椭圆形，无核，紫红色，平均粒重 7.4g。果粉中等厚，果皮厚度中等，脆，果肉较脆，有清香味，味酸甜，可溶性固形物含量为 18.0％，品质上等。从萌芽到果实成熟需 164～169d。成熟后无落粒现象。在冀东地区 4 月 16 日～17 日开始萌芽，6 月 2 日为始花期，9 月 30 日～10 月 3 日成熟。生长势较强，萌芽率高，结实力弱。

96. 金田蓝宝石 Jintianlanbaoshi

亲本来源：由'秋黑'与'牛奶'杂交而成，河北科技师范学院在 2010 年培育而成，晚熟酿酒/鲜食品种。

主要特征：果穗大小整齐，平均穗长 15.4cm，平均穗宽 14.1cm，平均穗重 743g，果粒着生紧凑。果粒蓝色圆形、无核，纵径 2.6cm，横径 2.2cm，平均粒重 8.2g，可溶性固形物为 15.0％。在河北秦皇岛地区，一般为 4 月 16 日左右萌芽，6 月 2 日左右开花，9 月 13 日左右果实成熟。植株生长势强，隐芽萌发力中等，芽眼萌发率 95％，成枝率 90％，枝条成熟度高，每果枝平均着生果穗数 1.8 个，隐芽萌发的新梢结实力一般。

97. 金田玫瑰 Jintianmeigui

亲本来源：由'玫瑰香'与'红地球'杂交而成，河北科技师范学院在 2007 年培育而成，中早熟品种。

主要特征：果穗圆锥形，中等紧密，平均穗重 608.0g。果粒圆形，紫红到暗紫红色，平均粒重 7.9g。果粉中等厚，果皮中等厚、韧，果肉中等脆，多汁，含糖量高，有浓郁玫瑰香味，可溶性固形物含量为 20.5%，味甜，品质上等。含种子 3～4 粒。在冀东地区，4月 13 日～15 日萌芽，5 月 26 日～31 日开花，8 月 14 日～22 日成熟，从萌芽到果实成熟需124～131d。此品种为熟/鲜食品种。植株生长势中庸，萌芽率高，副芽萌发力强。

98. 金田美指 Jintianmeizhi

亲本来源：由'牛奶'与'美人指'杂交而成，由河北科技师范学院在 2010 年培育而成，晚熟品种。

主要特征：果穗圆锥形，无歧肩、无副穗，平均穗重 500.0g 左右。果粒长椭圆形，鲜红色，平均粒重 8.6g。果粉中等，果皮厚度中等，脆，无涩味，果肉脆，多汁，有香味，可溶性固形物含量为 20.2%。果梗短，抗拉力强。从萌芽到果实成熟需 165d。在冀东地区4 月 13 日～16 日开始萌芽，6 月 1 日～2 日为始花期，9 月下旬至 10 月上旬果实成熟。植株生长势强，隐芽萌发力中等，芽眼萌发率 95%，成枝率 90%，枝条成熟度高，每果枝平均着生果穗数 1.7 个，隐芽萌发的新梢结实力一般。

99. 秦龙大穗 Qinlongdasui

亲本来源：由'里扎马特'杂交而成，河北科技师范学院在 1995 年培育而成，早熟品种。

主要特征：果穗长圆锥形，极大，穗长 30～35cm，穗宽 15～20cm，平均穗重 2500g，最大穗重 7350g。果穗大小较整齐，果粒着生较紧密。果粒长圆形或长圆柱形，玫瑰红色，极大，纵径 3～4cm，横径 1.5～2.0cm，平均粒重 17g，最大粒重 29g。果粉中等厚，果皮薄，较脆，无涩味，果肉硬，脆，汁少，淡绿色，有清香味。每果粒含种子 1～2 粒，或无种子，或软核，种子梨形，有较浅的横沟，种脐凹，喙较长，种子与果肉易分离。可溶性固形物含量为 11%～14%。在河北昌黎地区，4 月上、中旬萌芽，5 月下旬开花，7 月下旬至8 月上旬果实成熟。此品种为早熟鲜食品种。植株生长势较强。隐芽萌发力较强，副芽萌发力强。芽眼萌发率为 63.7%，成枝率为 80%，枝条成熟度中等，结果枝占芽眼总数的33.3%，每果枝平均着生果穗数为 1.3 个。夏芽副梢结实力较弱。

100. 紫脆无核 Zicuiwuhe

亲本来源：由'皇家秋天'与'牛奶'杂交而成，河北省林业技术推广总站在 2010 年培育而成，中熟品种。

主要特征：果穗长圆锥形，紧密度中等，平均穗重 425.6g，最大穗重 1500g；果粒长椭圆形，整齐度一致，平均单粒重 7.5g。经奇宝处理后，果粒大小均匀。果实自然无核；果实自然生长状态下紫黑色，套袋后果粒为紫红色，果穗果粒着色均匀一致，色泽美观；果粉较薄，果皮厚度中等，较脆，与果肉不分离；果肉质地脆，颜色淡青色，淡牛奶香味，极甜；果汁量中等，出汁率 91%，可溶性固形物含量 21%～26.5%，含酸量 3.72‰，鲜食品质极佳。果实附着力较强，不落果。植株生长势强，隐芽萌发力中等，芽眼萌发率 95%，

成枝率90%，枝条成熟度高，每果枝平均着生果穗数1.7个，隐芽萌发的新梢结实力一般。在河北省昌黎地区，'紫脆无核'4月15日～18日萌芽，5月30日左右开花，7月8日～10日果实开始上色，8月15日左右成熟，从萌芽至成熟需122d。

101. 紫甜无核 Zitianwuhe

亲本来源：由'皇家秋天'与'牛奶'杂交而成，河北省林业技术推广总站在2010年培育而成，晚熟品种。

主要特征：果穗长圆锥形，紧密度中等，平均单穗重500g，果粒长椭圆形，无核，整齐度一致，平均单粒重5.6g。经处理后，平均单穗重918.9g，最大单穗重1200g，平均穗长21.5cm，果粒大小均匀，平均单粒重10g，果实自然无核，自然生长状态下呈紫黑至蓝黑色，套袋果实呈紫红色，果穗、果粒着色均匀一致，色泽美观；果粉较薄，果皮厚度中等，较脆，与果肉不分离；果肉质地脆，颜色淡青色，淡牛奶香味，风味极甜；果汁含量中等，出汁率85%，可溶性固形物含量20%～24%，果实含酸量3.84‰。果实附着力较强，不落果。在河北省昌黎地区，一般在4月16日～18日萌芽，6月1日～2日开花，7月底果实开始上色，9月12日左右成熟，从萌芽至成熟需148d。此品种为晚熟鲜食品种。长势中庸，早果性好，丰产，抗病性和适应性较强，在我国北方栽培可以顺利防寒越冬。

102. 中秋 Zhongqiu

亲本来源：由'巨峰玫瑰'杂交而成，河北农业大学在2006年培育而成，晚熟鲜食品种。

主要特征：果穗双歧肩圆锥形，平均穗重500g，最大穗重1300g。果粒着生中等紧密，果粒圆形，平均单粒重12g，最大粒重16g。果皮中厚，深紫色，果肉较硬，适口性好，具玫瑰香味，可溶性固形物含量17.2%，余味香甜，风味品质极佳。果刷粗而长，着生极牢固，不落粒，耐贮运。在张家口地区果实9月底成熟，成熟后可留树保鲜至深秋下霜再摘，不坏果，而且品质更佳。耐旱，耐瘠薄，抗霜霉病、白腐病能力强于'巨峰'。

103. 巨玫 Jumei

亲本来源：由'玫瑰香'与'巨峰'杂交而成，由河北农业大学在2009年培育而成，中晚熟品种。

主要特征：果穗中等大，平均穗重480g，果粒紧密适中；平均粒重9.0g，最大粒重14g以上。可溶性固形物含量18%，最高达23%。果实近圆形，深紫色，果皮薄，果霜厚，果肉多汁，皮肉易分离，甜而爽口，玫瑰香味浓郁、绵柔，并微有'巨峰'的清香味，口感好，风味品质极佳。该品种兼具'玫瑰香'与'巨峰'的优点，抗病性近于'巨峰'，适应性优于'玫瑰香'。

植株生长强壮，萌芽率高，葡萄早果性好，坐果能力强，果粒均匀，无裂果。丰产性强，枝条成熟度好，综合抗性强。扦插苗第二年见果，第四年进入盛果期，盛果期每亩产

2000kg 左右。葡萄树挂时间长，商品性好。果实成熟期为 9 月中下旬，成熟后可在树上挂 2 个月以上。

104. 爱博欣 1 号 Aiboxin1hao

亲本来源：从'巨峰'自然杂种实生苗中选育，由河北爱博欣农业有限公司在 2012 年培育而成，极早熟品种。

主要特征：果穗双歧肩圆柱形，平均穗重 850g，最大穗重 2100g。果粒着生紧密，果粒大，粒重 10～12.8g，近圆形，紫黑色，全着色。果皮较厚，果肉较硬，果肉淡绿色，汁多，味酸甜，有浓郁的草莓香味；可溶性固形物含量 17.5%～19%，最高可达 21%。每果粒含种子 1～2 粒，与果肉易分离。在河北保定一般年份 3 月 26 日～30 日（气温 12～22℃，15cm 地温 9～10℃）出现伤流，4 月 10 日～15 日伤流停止；4 月 9 日～13 日（气温 11～31℃，15cm 地温 13～18℃）萌芽；5 月 11 日～15 日初花，5 月 13 日～17 日盛花期（气温 13～27℃，15cm 地温 16～21℃），5 月 18 日～20 日盛花末期；6 月 22 日左右果粒开始着色，7 月上旬果实成熟。萌芽到成熟需 95～100d。植株长势旺盛，枝条生长容易控制。

105. 红乳 Hongru

亲本来源：由'红指'枝条扦插育成，由河北爱博欣农业有限公司在 2003 年培育而成，晚熟品种。

主要特征：果穗圆锥形，中等大，整齐，单穗重 500～700g，最大 1100g；果粒肾形，大小均匀，鲜红色，果肉白色，肉脆极甜，可溶性固形物含量 21%～23%，最高达 25%；果实生长期 160d 以上，较'红指'晚熟 15～20d，鲜食品质极佳。附着力较强，不裂果，耐贮运，抗逆性强。3 月 31 日出现伤流，4 月 14 日停止，比'红指'葡萄早开始 7d，结束时间基本一致。4 月 5 日芽膨大、开裂，4 月 11 日进入绒球期，4 月 10 日萌芽，4 月 16 日开绽，萌芽较整齐；5 月 18 日进入初花期，5 月 19 日～20 日进入盛花期，5 月 26 日为盛花末期；7 月 23 日果粒开始着色，9 月底果实逐渐成熟。

106. 早红珍珠 Zaohongzhenzhu

亲本来源：由'绯红'杂交而成，冀鲁果业发展合作会社在 2003 年培育而成，极早熟品种。

主要特征：该品种果实紫红色，均匀一致，酸甜可口，含可溶性固形物 16.5%，平均单粒重 10g，平均果穗重 750g，松紧适度，无脱粒裂果现象。该品种在河北廊坊地区 6 月 20 日自然上色，6 月 28 日自然成熟，7 月 10 日左右采摘上市结束。

107. 仲夏紫 Zhongxiazi

亲本来源：由'红旗特早玫瑰'株变而成，由焦作市农林科学研究院在 2008 年培育而成，极早熟品种。

主要特征：果穗为圆锥形，个别果穗有歧肩，果粒着生紧密，果穗整齐度较一致。果穗平均单穗重 725.0g，最大单穗重 1380.0g。果粒近圆形，其纵径 1.99～2.63cm，横径 1.90～2.49cm，平均单粒重 8.8g，最大单粒重 13.6g，果粒大小均匀。充分成熟的'仲夏紫'葡萄为紫红色至紫黑色，果粉多，果皮中厚。多数果粒有种子 2～3 粒，极少数为 4 粒。果肉淡绿色，肉质稍脆，硬度中等偏小，无肉囊，汁液中多、淡红色，初熟期无明显酸涩味，完熟后玫瑰香味浓郁，风味甜，品质极上等。可溶性固形物含量为 16.00％左右，总糖含量 14.50％。葡萄成熟后不落粒，不易裂果，极耐粗放采摘、装运和贮藏销售。

植株生长势中等，结果枝抽生节位低，一般从第 2 节开始抽生结果枝，结果枝节间长 8.1～12.3cm、粗 0.5～1.0cm。平均结果系数为 1.5，坐果率高，自然坐果率 42.00％～48.00％，副梢结实能力中强。在河南省商丘市，4 月上旬萌芽，5 月中旬开花，果实膨大期 6 月下旬，6 月下旬葡萄开始着色，7 月上旬果实成熟，果实发育期为 45～50d，7 月中旬新梢开始成熟，11 月中旬落叶。

108. 峰早 Fengzao

亲本来源：'巨峰'芽变。由河南省濮阳市林业科学院在 2014 年培育而成，早熟品种。

主要特征：果穗圆锥形，果粒着生稍疏松或紧凑；穗形中等大，平均穗重 500g；果粒平均纵径 2.66cm，横径 2.50cm，粒重 9～12g；果皮厚、紫红色，果粉厚；果肉较硬，有草莓香味，平均可溶性固形物 15.0％，种子与果肉、果皮与果肉易分离；果实 7 月上旬成熟。

109. 洛浦早生 Luopuzaosheng

亲本来源：'京亚'芽变而来，由河南科技大学在 2004 年培育而成，极早熟品种。

主要特征：果穗圆锥形、紧凑，有的带有副穗，穗形中大，果粒着生紧密；果粒椭圆形，紫红色，充分成熟时紫黑色；果粒平均纵径 2.6cm，平均横径 2.5cm，平均粒重 11g；果皮厚；肉质软，多汁，略有草莓香味；种子与果肉、果皮与果肉易分离，平均可溶性固形物 14.7％；果实 7 月中下旬成熟。

110. 玫瑰红 Meiguihong

亲本来源：亲本为'罗也尔玫瑰'与（'玫瑰香'×'山葡萄'），由黑龙江省齐齐哈尔市园艺研究所在 1993 年育成，属抗寒鲜食品种。

主要特征：果穗圆锥形，少数有副穗，平均穗重 187.52g。果粒紫红色，近圆形，着生中等紧密，平均粒重 3.54g，果实风味甜，微有草莓香。可溶性固形物含量 17.67％～21.00％，可滴定酸含量 1.13％。品质中上。丰产，5 年生树每平方米产量 2.6～3.2kg，抗寒力强，在齐齐哈尔市下架埋土 10cm 即可安全越冬。防寒埋土量比同样条件下栽培的'红香水'品种减少 50％～70％。较抗黑痘病和白腐病。生长势强，萌芽率高，结实力强。雌能花。

111. 公主白 Gongzhubai

亲本来源：欧美杂种。由'公酿二号'与'白香蕉'杂交而来，吉林省农业科学院果树研究所在 1992 年培育而成，中熟品种。

主要特征：果穗圆锥形或圆柱形，穗长 15cm，穗宽 11cm，平均穗重 190g，最大穗重 300g；果粒着生紧密，果粒近圆形，平均粒重 2.1g；果皮黄绿色，易与果肉分离，果粉薄；果肉软而多汁，味甜，可溶性固形物含量 16%～18%。每果粒含种子 3～4 粒，种子与果肉不易分离。植株生长势较强，萌芽率高，结果枝占总芽眼数的 57%，平均每结果枝着生果穗 1.4～1.6 个。在公主岭地区 5 月初萌芽，6 月上旬开花，9 月中旬果实成熟。

112. 公主红 Gongzhuhong

亲本来源：欧美杂种。由'康太'与'早生高墨'杂交而来，由吉林省农业科学院果树研究所在 2004 年培育而成，中熟品种。

主要特征：果穗圆锥形，穗长 23cm，穗宽 13cm，平均穗重为 326.0g。果粒紫黑色圆形，纵径 2.5cm，横径 2.3cm，平均粒重 9.0g，最大粒重 13g。果皮较厚，有肉囊，种子 1～2 粒，汁多，玫瑰红色，具有草莓香味，出汁率 75%，品质中上，可溶性固形物含量为 16.0%，含酸量为 0.45%。植株生长势中庸，隐芽萌发力中等，芽眼萌发率 95%，成枝率 90%，枝条成熟度高，每果枝平均着生果穗数 1.7 个，隐芽萌发的新梢结实力一般。在江苏徐州地区，一般为 3 月 20 日～28 日期间萌芽，5 月 13 日～17 日期间开花，7 月 3 日左右果实成熟。

113. 碧香无核 Bixiangwuhe

亲本来源：欧亚种。由'郑州早玉'与'莎巴珍珠'杂交而成，由吉林农业科技学院在 2004 年培育而成，早熟品种。

主要特征：果穗圆锥形，带歧肩，平均穗重 600.0g，果粒着生紧凑。果粒黄绿色圆形，无核，平均粒重 4.0g，果肉脆、无肉囊，具玫瑰香味，可溶性固形物含量 22.0%～28.0%，含酸量低。采用单干立架，短梢修剪；夏剪采用不留梢"一遍净"措施。密植栽培，单株营养面积 0.5～0.75m²，单株负载量为 5～6kg。保护地优质栽培需采取摘穗肩、掐穗尖和套袋等果穗整形措施，加强根外钾肥的追施，注意防治绿盲蝽。露地早熟栽培注意防治黑痘病。

114. 绿玫瑰 Lümeigui

亲本来源：由'秦龙大穗'与'莎巴珍珠'杂交而成。由吉林农业科技学院在 2004 年培育而成，早熟品种。

主要特征：果穗圆锥形带歧肩，大而整齐，平均单穗重 1.0kg。果粒圆形，黄绿色，平均单粒重 6g；果实不落粒，不裂果，不回软，挂架期和货架期长；果皮薄、脆、香，具弹

性，皮肉不分离；自然无核，具浓郁的玫瑰香味，无肉囊，可切片，口感好；可溶性固形物含量 18%～22%，维生素 C 0.628mg/g，总糖 23.89%，总酸 0.30%，转色即可食用。萌芽率 70%～75%，结果枝率达 75%～80%。花序着生于第 5～6 节，坐果率高，丰产性强。早花早果，定植第 2 年即可直接进入盛果期。植株长势中庸偏上，枝蔓分布均匀。早熟性极好，开花至成熟 50d，萌芽至采收 90d，比亲本早熟 12d。日光温室栽培一般端午节（6 月上旬）前后充分成熟。耐热、耐高温、抗寒、抗旱、抗病性强。

115. 南太湖特早 Nantaihutezao

亲本来源： 欧美杂种。'三本提'芽变，在江苏常州武进区某果园发现。

主要特征： 果穗圆锥形，单穗重 780g 左右，最大 900g 左右。果粒着生中等紧密，果粒处理后重 10～11g，椭圆形，浓黑色，果粉厚，果皮与果肉易分离。果肉硬脆，香甜可口，无涩味，兼有'巨峰'葡萄的草香味，可溶性固形物含量为 18% 以上，品质佳，风味好。在张家港地区，3 月底萌芽，5 月上旬开花，6 月中旬果实开始转色，7 月上旬开始成熟，属特早熟品种，物候期比'巨峰'早 25～30d。早熟，丰产稳产，抗病耐贮，有草香味，皮不涩，口感佳。花前要拉花、要疏花、疏果，果实成熟早，容易引起鸟类虫害的侵袭。管理粗放时会出现坐果不稳、大小果等，影响果穗外观和产量。

116. 宿晓红 Suxiaohong

亲本来源： 欧亚种。别名'小黑葡萄'。亲本不详，由江苏省宿迁市林果站在 1954 年育成。早熟酿酒品种。

主要特征： 果穗圆锥形，有副穗，平均穗重 120.0g。果粒着生疏松。果粒圆形，黑紫色，平均粒重 2.0g。果粉中等厚。果皮中等厚，较脆，无涩味。果肉软，汁中等多，绿色，味酸甜。可溶性固形物含量为 14.0%～17.0%，可滴定酸含量为 0.8%～1.0%，出汁率为 55.0%。每果粒含种子 3～4 粒。

植株生长势强。早果性强。结实力强，丰产。隐芽萌发力强，副芽萌发力中等。芽眼萌发率为 77%。成枝率为 88%，枝条成熟度好。结果枝占芽眼总数的 68%。每果枝平均着生果穗数为 3.7 个。隐芽萌发的新梢结实力强，夏芽副梢结实力中等。早果性强。正常结果树一般产果 10500～15000kg/hm² （1m×4m，小棚架）。在江苏宿迁地区，4 月 8 日萌芽，5 月 5 日开花，7 月 28 日果实成熟。从开花至果实成熟需 80d，此期间活动积温为 1650℃。

嫩梢紫红色，梢尖半开张，红色，有光泽。幼叶红色，上表面有光泽，下表面茸毛少；成龄叶心脏形，中等大或小，平展，有光泽；叶片 3 或 5 裂，上裂刻浅，下裂刻深。两性花。

117. 玫野黑 Meiyehei

亲本来源： 亲本为（'玫瑰香'×'葛藟'）×'黑汗'，由江西农业大学在 1985 年育成，早熟鲜食品种。

主要特征： 果穗圆锥形，或为圆柱形，平均穗重 60g，最大穗重 240g，长 14.2cm，宽

9.3cm。果粒着生紧密，粒较小，平均粒重 1.57g。最大粒重 2.025g，纵径 1.61cm，横径 1.57cm。果粒圆形，紫黑色，果粉较厚，果皮较厚，皮较韧易与果肉分离，果肉淡绿色透明，果汁红色，副梢果果穗长 6.93cm，宽 5.76cm，最大果穗长 8cm，宽 8.5cm，圆锥形，果粒着生紧密，有些带有副穗。果粒纵径（1.19±0.23）cm，横径（1.19±0.15）cm，平均粒重 1.02g，最大果粒重 1.55g，横径 1.27cm，纵径 1.32m，果实长圆形，紫色，果粉较厚。嫩梢紫红色，稀带四棱形，茸毛极少，幼叶紫红色，上表面有光泽，下表面茸毛稀，一年生成熟枝条褐色，平均节长 7.65cm。枝条横断面扁圆，两性花。

118. 白玫康 Baimeikang

亲本来源： 欧美杂种。亲本为'玫瑰香'与'康拜尔早生'，由江西农业大学在 1985 年育成，中熟鲜食品种。

主要特征： 果穗圆锥形，中等大或小，平均穗重 162.5g，最大穗重 350g。果粒着生紧密，果粒椭圆形，黄白色，中等大，平均粒重 2.8g，最大粒重 5.4g。果粉中等厚，果皮较厚，较脆，无涩味，果肉较脆，无肉囊，汁较多，白色，味甜，有玫瑰香味。每果粒含种子 1~3 粒，多为 2 粒，种子与果肉易分离。可溶性固形物含量为 18.2%，总糖含量为 12.33%，可滴定酸含量为 0.63%，鲜食品质中上等。

植株生长势中等。芽眼萌发率为 73.3%，成枝率为 87.3%，结果枝占芽眼总数的 71.35%，每果枝平均着生果穗数为 2.56 个。产量较高。在南昌地区，4 月上旬萌芽，5 月中旬开花，8 月上旬果实成熟。抗病性较强。成龄叶片心脏形，较大，下表面着生中等密毡状茸毛。叶片 3 裂或全缘，裂刻中等深或浅，锯齿锐，叶柄洼窄拱形。两性花。

119. 瑰香怡 Guixiangyi

亲本来源： 欧美杂种。亲本为'玫瑰香芽变'（7601）与'巨峰'。由辽宁省农业科学院园艺研究所在 1994 年育成，中熟鲜食品种。

主要特征： 果穗短圆锥形，平均穗重 804.3g。果粒近圆形，黑紫色，平均粒重 9.4g。果皮中厚，较脆，果粉厚，果肉略硬，汁多，味甜，有浓玫瑰香味，可溶性固形物含量为 15.3%，可滴定酸含量为 0.65%，鲜食品质上等。每果粒含种子多为 2 粒。嫩梢绿色，梢尖开张，绿色，有茸毛，无光泽。幼叶绿色，带紫红色晕，上表面有光泽，下表面茸毛多；成龄叶心脏形，大，上表面较粗糙，下表面多网状茸毛；叶片 3 或 5 裂，上裂刻深，下裂刻浅。两性花，四倍体。生长势强。

120. 巨紫香 Juzixiang

亲本来源： 亲本为'巨峰'与'紫珍香'，由辽宁省农业科学院在 2011 年育成，中熟鲜食品种。

主要特征： 果穗长椭圆形，平均穗重 750.0g，最大穗重 1460.0g。果粒长椭圆形，平均单粒重 11.5g，果实黑色。果皮中厚，果肉细，肉质软硬适中，汁液多，具草莓香味，品质上等。果实含可溶性固形物 18.70%，总糖 17.20%，总酸 0.64%，维生素 C 68.00mg/kg。

耐运输。在辽宁省沈阳地区，5月初萌芽，6月上旬始花期，6月中旬果实开始生长期，果实8月中旬开始成熟，9月中旬充分成熟，果实发育期140d左右。

121. 康太 Kangtai

亲本来源：欧美杂种。'康拜尔葡萄'早生芽变，在辽宁省沈阳市东陵区凌云葡萄园发现，1987年通过鉴定，早熟鲜食品种。

主要特征：果穗圆锥形，有副穗，平均穗重430.0g，最大穗重1208.0g。果粒圆形，黑紫色，平均粒重6.7g。果粉厚，果皮厚，韧，果肉软，有肉囊，汁中等多，味酸甜，有美洲种味，可溶性固形物含量为12.8%，可滴定酸含量为1.3%，出汁率为83.6%，鲜食品质中等。每果粒含种子多为2粒。

嫩梢绿色，梢尖开张，白色，无光泽，茸毛多。幼叶白色，上表面无光泽，下表面茸毛多；成龄叶心脏形，大，上表面有网状皱褶，下表面密生毡状茸毛；叶片全缘或3裂，裂刻浅。两性花，四倍体。生长势极强。早熟，从萌芽至果实成熟需110~115d。

122. 夕阳红 Xiyanghong

亲本来源：欧美杂种。亲本为'沈阳玫瑰'与'巨峰'，辽宁省农业科学院园艺研究所在1993年育成，中晚熟鲜食品种。

主要特征：果穗长圆锥形，无副穗，平均穗重1066.1g。果粒椭圆形，紫红色，平均粒重13.8g。果粉中等厚，果皮中等厚，较脆，果肉较软，汁多，味甜，有浓玫瑰香味，可溶性固形物含量为16.5%，总糖含量为16.2%，可滴定酸含量为0.88%，出汁率为84.7%，品质上等。每果粒含种子多为2粒。

嫩梢绿色，梢尖开张，绿色，有茸毛。幼叶绿色，带紫红色晕，上表面有光泽，下表面有茸毛，中等多；成龄叶心脏形，大，平展，下表面有极少刺状毛；叶片3或5裂，上裂刻深，下裂刻浅。两性花，四倍体。生长势强，早果性好，丰产。从萌芽至果实成熟需127d。

123. 香悦 Xiangyue

亲本来源：欧美杂种。亲本是'沈阳玫瑰'与'紫香水'，辽宁省农业科学院园艺研究所在2004年育成，中熟鲜食品种。

主要特征：果穗圆锥形，平均穗重620.6g。果粒圆形，蓝黑色，大小整齐，平均粒重11.0g。果粉多，果皮厚，果肉细致，软硬适中，无肉囊，汁多，有浓郁桂花香味，可溶性固形物含量为16.0%~17.0%，品质上等。每果粒含种子1~3粒，与果肉易分离。

嫩梢绿色，带紫红色晕，梢尖小叶半开张，白色茸毛极多，无光泽；新梢生长直立，有茸毛，中密，节间背侧紫红色，腹侧绿色带紫红色晕。幼叶厚，白绿色，带紫色晕，上表面无光泽，下表面茸毛多；成龄叶近圆形，大，上表面粗糙，下表面有茸毛网状，叶片无光泽；叶缘呈波浪状，叶片3裂或全缘，裂刻浅，锯齿钝形。两性花，四倍体。生长势强。早果性好。从萌芽至果实充分成熟需127d左右。

124. 状元红 Zhuangyuanhong

亲本来源：欧美杂种。亲本为'巨峰'与'瑰香怡'，辽宁省农业科学院在 2006 年育成，中熟鲜食品种。

主要特征：果穗长圆锥形，紧凑，平均穗重为 1060.0g。果粒长圆形，紫红色，平均粒重 10.7g，大小整齐。果皮中等厚，果粉少，果肉细，无肉囊，软硬适中，汁液多，有玫瑰香味，可溶性固形物含量为 16.0％～18.0％，风味品质比'巨峰'好。每果粒含种子 1～3 粒。

嫩梢绿色，茸毛中多。成龄叶心脏形或漏斗形，叶表面绿色，背面黄色，叶片大，3～5 裂，锯齿锐，上、下裂刻浅，茸毛少。两性花，四倍体。生长势旺，早果性好。果实中熟，从萌芽至果粒充分成熟需 136d 左右。无脱粒、裂果现象，耐运输，无小青粒。

125. 紫珍香 Zizhenxiang

亲本来源：欧美杂种。亲本为'沈阳玫瑰'与'紫香水'，辽宁省农业科学院园艺研究所在 1991 年育成，早熟鲜食品种。

主要特征：果穗圆锥形，无副穗，平均穗重 544.0g。果粒长卵圆形，蓝紫色，平均粒重 10.0g。果粉厚。果皮厚，韧，果肉软，汁多，味甜，有玫瑰香味，可溶性固形物含量为 14.5％～16.0％，可滴定酸含量为 0.69％，出汁率为 78.42％，品质上。每果粒含种子多为 3 粒。

嫩梢绿色，梢尖开张，绿色，向阳面紫红色，茸毛多。幼叶白色，带紫色晕，上表面无光泽，下表面茸毛多；成龄叶心脏形，深绿色，大，平滑，下表面多网状茸毛；叶片 3 或 5 裂，上裂刻浅，下裂刻无或浅。两性花。四倍体。生长势强。早果性强。抗逆性和抗病力均强。

126. 醉金香 Zuijinxiang

亲本来源：欧美杂种。亲本为'7601'（'玫瑰香芽变'）与'巨峰'，辽宁省农业科学院园艺研究所在 1998 年育成，中熟鲜食品种。

主要特征：果穗圆锥形，无副穗，平均穗重 801.6g。果粒倒卵圆形，金黄色，平均粒重 13.0g。果粉中等，果皮中等厚，脆，果肉软，汁多，味极甜，有茉莉香味，可溶性固形物含量为 18.35％，可滴定酸含量为 0.61％，品质优。每果粒含种子多为 2 粒。

嫩梢绿色，梢尖开张，有茸毛；新梢生长直立，有稀疏茸毛。幼叶绿色，带紫红色晕，上表面有光泽，下表面有稀疏茸毛；成龄叶心脏形，特大，上表面粗糙略具小泡状；叶片 3 或 5 裂，上、下裂刻均浅，叶柄长，紫色。两性花，四倍体。生长势强，早果性强。

127. 碧玉香 Biyuxiang

亲本来源：欧美杂种。亲本为'绿山'与'尼加拉'，辽宁省盐碱地利用研究所在 2009

年育成，中熟鲜食品种。

主要特征：果穗平均重 205g，长 13cm，宽 8cm；圆锥形，果粒紧密度中等。果粒平均 4g，无核处理后，可达 6～7g。纵径 18mm，横径 11.5mm，椭圆形；绿色透明，果粉中等厚；稍有肉囊，味极甜，有草莓香味。含糖量 15.88％、出汁率 69％。每果粒含种子 3 粒，种子大，褐色，种子与果肉易分离。可溶性固形物 19％，可滴定酸含量 0.54％。抗病力强，抗黑痘病、白腐病，白粉病，对葡萄霜霉病抗性中等，易感炭疽病。耐盐碱、抗寒性较强，优于'玫瑰香'。第 1 生长周期亩产 1251kg，比对照玫瑰香增产 13.11％；第 2 生长周期亩产 1260kg，比对照玫瑰香增产 12.70％。

128. 着色香 Zhuosexiang

亲本来源：欧美杂种。亲本为'玫瑰露'与'罗也尔玫瑰'，辽宁省盐碱地利用研究所在 2009 年育成，早中熟鲜食品种。

主要特征：果穗圆柱形，有副穗，平均穗重 175.0g。果粒椭圆形，紫红色，平均粒重 5.0g，经无核处理后可达 6.0～7.0g。果粉中等多，果皮薄，果肉软，稍有肉囊，极甜，可溶性固形物含量为 18.0％，可滴定酸含量为 0.55％，有浓郁的草莓香味，出汁率为 78.0％，品质上等。

树势强健，萌芽率高，结果枝率高。早中熟，从萌芽至果实成熟需 120d。耐盐碱，抗寒性较强，抗黑痘病、白腐病和霜霉病，不裂果，有小青粒现象。

嫩梢绿色，有较密茸毛。幼叶黄绿带浅紫色，上、下表面具有浓密茸毛；成龄叶中等大，心脏形，叶面深绿无茸毛，下表面有中等多的黄色毡状毛；3 裂或全缘。雌能花，二倍体。

129. 紫丰 Zifeng

亲本来源：欧美杂种。亲本为'黑汉'与'尼加拉'，辽宁省盐碱地利用研究所在 1985 年育成，晚中熟鲜食品种。

主要特征：果穗圆锥形，有副穗，平均穗重 495.0g。果穗大小整齐，果粒着生较紧密，果粒圆形或卵圆形，紫黑色，平均粒重 4.9g。果粉中等厚，果皮中等厚，较脆，无涩味，果肉软，汁多，淡黄色，味甜，可溶性固形物含量为 15.0％～16.0％，品质中上等。每果粒含种子多为 2 粒。

嫩梢浅绿色。新梢生长直立。幼叶浅绿色，带浅紫红色晕；成龄叶心脏形，大，叶缘下垂，上表面有皱褶呈泡状，下表面有稀疏茸毛；叶片 5 裂，上、下裂刻均深。两性花，二倍体。生长势较强。早果性好。耐寒性、耐盐碱性强。

130. 凤凰 12 号 Fenghuang12hao

亲本来源：欧亚种。亲本为'白玫瑰香'×（'粉红葡萄'×'胜利'），大连市农业科学研究所在 1988 年育成，中熟鲜食品种。

主要特征:果穗圆锥形,平均穗重 388.8g。果穗大小整齐。果粒椭圆形,紫红色,平均粒重 8.7g。果粉薄,果皮薄,脆,果肉硬脆,汁多,味酸甜,可溶性固形物含量为 13.0%,鲜食品质上等。每果粒含种子 3～5 粒,多为 4 粒。

生长势中等,芽眼萌发率为 66.3%。嫩梢黄绿色,带紫红色;新梢节间背侧绿色,带红色条纹,腹侧绿色。幼叶黄绿色,带浅紫红色;成龄叶心脏形,下表面有中等密混合毛,5 裂,上裂刻深,下裂刻较深。两性花,二倍体。

131. 凤凰 51 号 Fenghuang51hao

亲本来源:欧亚种。亲本为'绯红'与'白玫瑰香',大连市农业科学研究所在 1988 年育成,极早熟鲜食品种。

主要特征:果穗圆锥形,平均穗重 347.4g。果粒近圆形或扁圆形,部分果粒有 3～4 条浅沟,紫红色,平均粒重 7.1g。果粉薄,果皮薄,果肉较脆,果汁少,味甜,有较浓玫瑰香味,可溶性固形物含量为 13.0%～18.0%,可滴定酸含量为 0.83%,鲜食品质上等。每果粒含种子 2～3 粒。

生长势中等偏弱,早果性好。从萌芽到果实成熟需 106d。嫩梢绿色,带浅紫褐色,有中等密白色茸毛;新梢生长直立。幼叶深绿色,带浅紫褐色,厚,上表面有光泽,茸毛中等多,下表面密生白色茸毛;成龄叶心脏形,中等大,5～7 裂,上裂刻深,下裂刻浅。两性花,二倍体。

132. 黑瑰香 Heiguixiang

亲本来源:欧美杂种。亲本为'沈阳玫瑰'与'巨峰',大连市农业科学研究院在 1999 年育成,中熟鲜食品种。

主要特征:果穗圆锥形,有副穗,平均穗重 580.0g。果粒短椭圆形,蓝黑色,平均粒重 8.5g。果粉中等厚,果皮中等厚,果肉软,略有玫瑰香味,可溶性固形物含量为 16.0%～18.0%,品质上等。每果粒有种子 1～2 粒,果肉与种子易分离。

嫩梢黄绿色,带紫红色条纹,茸毛稀。幼叶绿色带浅褐色,叶面有光泽,叶背有白色茸毛;成龄叶心脏形,大,深绿色,5 裂。两性花,四倍体。生长势旺盛。果实中熟,从萌芽到果实成熟需 135d,比'巨峰'早成熟 7d 左右。抗病,耐贮运。

133. 晨香 Chenxiang

亲本来源:欧亚种。亲本为'白玫瑰香'与'白罗莎',大连农科院与上海奥德农庄联合在 2013 年育成,极早熟鲜食品种。

主要特征:果穗圆锥形,较大,平均穗重 650g,最大 1200g;平均粒重 10g,最大 12.5g,果皮黄绿色,薄,无涩味,可食;果实椭圆形至长椭圆形,果肉硬度适中,细腻,多汁,有玫瑰香味,充分成熟后香味浓郁。糖酸比高,甘甜爽口,品质极佳。较耐贮运。退酸速度极快,糖酸比高,果实软化后一周即可上市。粒大,种子小而少,甘甜爽口,品质极

佳；玫瑰香味和谐怡人；坐果适中，无需疏果；无果锈；产量高，超产对品质影响不大；二次花极多，可做一年两熟栽培，大连地区露地栽培 6 月 1 日始花，8 月 1 日成熟上市，果实发育期 52d。

134. 辽峰 Liaofeng

亲本来源：欧美杂种。是辽阳市柳条寨镇赵铁英发现的'巨峰'芽变，2007 年通过鉴定，在我国少数地区栽培，中熟鲜食品种。

主要特征：果穗圆锥形，平均穗重 600.0g。果粒呈圆形或椭圆形，紫黑色，单粒重 12.0g，果粉厚。果皮与果肉易分离，果肉较硬，味甜适口，可溶性固形物含量为 18.0%，品质上等。每果粒含种子 2～3 粒。

嫩梢灰白色，有茸毛，中多；成熟枝条为红褐色，枝蔓粗壮。幼叶绿色，茸毛中多，成龄叶，心形，大平展，3～5 裂，锯齿锐，裂刻浅，叶表面深绿色，背面灰绿色，茸毛少。两性花，四倍体。树势强。从萌芽至成熟约需 132d。

135. 蜜红 Mihong

亲本来源：欧美杂种。亲本为'沈阳玫瑰'与'黑奥林'，大连市农业科学研究院育成，晚熟鲜食品种。

主要特征：果穗为圆锥形，有副穗，平均穗重 545.0g。果粒着生紧密，大小整齐均匀，果粒短椭圆形，鲜红色，大。果粉厚，果皮中等厚，果肉软，多汁，甜酸适口，无肉囊，有蜂蜜的清香味，可溶性固形物含量为 17%～20%，品质上等。每果粒有种子 2～3 粒。

嫩梢绿色带有紫色条纹，密生白色茸毛。幼叶黄绿色带褐色，叶面无光泽，上、下表面有极密的白色茸毛，茸毛毯状；成龄叶，心脏形，中等大，叶缘波浪状，叶面网状形、无光泽，叶背着生极密的白色茸毛，茸毛毯状；5 裂刻，上侧裂刻深，下侧裂刻中等。两性花，四倍体。生长势强。从萌芽至果实成熟需 150d 左右，比'巨峰'晚熟 10d 左右。适应性较强。

136. 巨玫瑰 Jumeigui

亲本来源：欧美杂种。亲本为'沈阳玫瑰'与'巨峰'，大连市农业科学研究院在 2002年育成，晚熟鲜食品种。

主要特征：果穗圆锥形带副穗，平均穗重 675.0g。果粒着生中等紧密。果粒椭圆形，紫红色，平均粒重 10.1g。果粉中等多。果皮中等厚。果肉较软，汁中等多，白色，味酸甜，有浓郁玫瑰香味，可溶性固形物含量为 19.0%～25.0%，可滴定酸含量为 0.43%，鲜食品质上等。每果粒含种子 1～2 粒。

嫩梢绿色，带紫红色条纹，有中等密白色茸毛。幼叶绿色，带紫褐色，上表面有光泽，下表面密生白色茸毛，叶缘桃红色；成龄叶心脏形，大，叶缘波浪状，上表面光滑无光泽，下表面有中等密混合茸毛；叶片5裂，上裂刻深，下裂刻中等深。两性花，四倍体。生长势强。果实晚熟，从萌芽至果实成熟需142d。粒大，外观美，成熟期一致，品质优良。抗逆性强。

137. 早霞玫瑰 Zaoxiameigui

亲本来源：欧亚种。亲本为'玫瑰香'与'秋黑'。辽宁省大连市农业科学研究院在2011年育成，早熟鲜食品种。

主要特征：果穗圆锥形，有副穗，平均单穗重650.0g。果粒着生中等紧密，幼果黄豆粒大时有明显沟棱，果粒圆形，粒重6.0～7.0g。着色初期果皮鲜红色，逐渐变为紫红色，光照充分为紫黑色。果粉中多，果皮中等厚，肉质硬脆，无肉囊，汁液中多，具有浓郁的玫瑰香味，可溶性固形物含量为16.1%～19.2%，可滴定酸含量为0.46%，品质极佳。每果粒有种子1～3粒。

嫩梢绿色，略带红晕。幼叶绿色，叶尖略带红褐色，下表面密生白色絮状茸毛；成龄叶心脏形，深绿色，下表面密生灰白色絮状茸毛，叶片边缘向背面卷筒状；5～7裂，上、下裂刻均较深，叶缘锯齿多，锯齿与双亲品种同为锐齿。两性花。生长势中庸。从萌芽至果实充分成熟约需105d。

138. 沈农脆峰 Shennongcuifeng

亲本来源：欧亚种。亲本为'红地球'与'87-1'，沈阳农业大学在2015年育成，早中熟鲜食品种。

主要特征：果穗长圆锥形，穗形整齐，果穗大，穗长23.6cm，穗宽15.1cm，平均单穗重592.4g，最大穗重为879g。果粒着生松紧适中，大小均匀，果粒长椭圆形，紫红色，果粒大，果粒纵径2.40cm，横径2.03cm，平均单粒重9.2g；果皮较薄。果肉硬脆，味甜、具有玫瑰香味，鲜食品质上等，可溶性固形物含量为15.1%，可滴定酸为0.33%，每果粒含种子数1～3粒，一般为1～2粒，种子褐色。

植株生长势较强，嫩梢绿色，幼叶有光泽，绿色附加红褐色，叶背无茸毛。成龄叶片较大，叶片近圆形，绿色，中等厚度，3～5裂，裂刻较深，叶柄洼轻度开张，叶缘锯齿钝，叶表叶背无茸毛。成熟枝条为浅褐色，平均节间长度10.6cm，平均成熟节数大于7节。卷须分布不连续，2分叉。

139. 神农金皇后 Shennongjinhuanghou

亲本来源：欧亚种。'沈87-1'自交实生后代，沈阳农业大学在2009年育成，早熟鲜食品种。

主要特征：果穗圆锥形，穗形整齐，平均穗重856.0g。果粒着生紧密，大小均匀，椭圆形，果皮金黄色，平均粒重7.6g。果皮薄，肉脆，可溶性固形物含量为16.6%，可滴定酸含量为0.37%，味甜，有玫瑰香味，品质上等。每果粒含种子1～2粒。

嫩梢绿色。幼叶绿色带红褐色，上表面无茸毛，有光泽，下表面茸毛中等；成龄叶近圆形，大，上、下表面无茸毛，锯齿钝；3～5裂，裂刻较深，叶柄洼为闭合椭圆形。两性花。生长势中等。早果性好，丰产。从萌芽到果实充分成熟需120d左右，早熟。果穗、果粒成熟一致。抗病性较强。

140. 沈农硕丰 Shennongshuofeng

亲本来源：欧美杂种。从'紫珍香'自交后代中选出的优良中早熟新品种，沈阳农业大学在2009年育成，鲜食品种。

主要特征：果穗圆锥形，穗形整齐，果穗较大，平均单穗重527g，最大719g。果粒大，着生紧密，大小均匀，椭圆形，果皮紫红色，平均单粒重13.3g，比亲本增加5.1g，最大16.6g。果皮中厚，果肉较软，种子1～2粒。可溶性固形物含量为18.1％，可滴定酸含量0.74％，酸甜适口，多汁，香味浓郁，品质上等。芽眼萌发率为72.4％，结果枝占萌发芽眼总数的75.6％，每个结果枝平均着生果穗数为2.0个。早果性好，丰产性强。在沈阳地区露地4月底萌芽，6月上旬开花，8月底至9月初果实成熟，从萌芽到果实充分成熟需125d。果穗、果粒成熟一致。抗病性极强。

植株生长势中等。一年生成熟枝条红褐色，枝条成熟度好，嫩梢黄绿色。幼叶浅绿色略带红褐色，叶面、叶背密披白色茸毛。成龄叶片大，近圆形，绿色，较厚，叶缘锐锯齿，3裂，裂刻浅，叶柄洼为拱形开展。两性花。

141. 沈农香丰 Shennongxiangfeng

亲本来源：欧美杂种。从'紫珍香'自交后代中选出的优良中早熟新品种，沈阳农业大学在2009年育成，鲜食品种。

主要特征：果穗圆柱形，穗形整齐，平均穗重480.0g。果粒着生紧密，大小均匀，倒卵形，果皮紫黑色，平均重9.7g。果皮较厚。果肉较韧，可溶性固形物含量为18.8％，可滴定酸含量为0.58％，味甜，多汁，香味浓郁，品质上等。每果粒含种子1～2粒。

嫩梢浅绿色。幼叶绿色，边缘有红色晕，上、下表面密被白色茸毛；成龄叶近圆形，大，上、下表面茸毛密，叶缘锐锯齿；3裂，裂刻较浅。两性花。生长势中等。早果性好，丰产性强。抗病性强。从萌芽到果实充分成熟需125d，果穗、果粒成熟一致。

142. 沈香无核 Shenxiangwuhe

亲本来源：欧亚种。从'沈87-1'自交后代中选育出的无核新品种，沈阳农业大学在2015年育成，早熟鲜食品种。

主要特征：果穗圆柱形，整齐，中大，长11.9cm，宽6.8cm，平均单穗重193g，最大穗重226g。果粒椭圆形，大小均匀，紫黑色，粒较大，纵径1.81cm，横径1.49cm，平均单粒重3.7g，最大粒4.7g；果皮中等厚。果肉硬度中等，味甜、香味浓郁，无核，鲜食品质上等，可溶性固形物含量20.5％，可溶性糖含量16.4％，可滴定酸含量0.47％。以'贝达’为砧木，采用龙干形树形。进入结果期早，定植第 2 年即可开花结果，4 年生平均每亩产量 1300kg 以上。

143. 光辉 Guanghui

亲本来源：亲本为‘香悦’与‘京亚’，沈阳市林业果树科学研究所在 2010 年育成，早熟鲜食品种。

主要特征：果穗圆锥形，有歧肩，平均果穗长、宽为 16.60cm×12.30cm。果穗大小整齐，平均穗重 560.0g，最大穗重 820.0g。果粒着生中等紧密，果粒近圆形，纵径 2.85cm，横径 2.70cm，果粒大小整齐。平均单粒重 10.2g，最大单粒重 15.0g。果皮色泽紫黑色，果粉厚。穗梗平均长 5.00cm，有利于套袋。果皮较厚，果实含种子 1~3 粒，一般为 1~2 粒。果肉较软；可溶性固形物含量为 16.00%；总糖含量比为 14.10%；可滴定酸含量为 0.50%；糖酸比为 28.20。

植株生长势强，新梢不徒长，枝条易成熟。芽眼萌发率为 68.00%，结果枝占萌发芽眼总数的 70.00%，结果系数 1.8。自然授粉花序坐果率高，自然坐果可满足生产需求，不必用生长调节剂提高坐果率，新梢二次结果能力强，无早期落叶现象。

144. 早甜玫瑰香 Zaotianmeiguixiang

亲本来源：欧亚种。为‘玫瑰香’自然实生后代，中国农业科学院果树研究所在 1963 年育成，早熟鲜食品种。

主要特征：果穗圆锥形或圆球形，平均穗重 216.5g。果穗大小整齐，果粒着生中等紧密。果粒近圆形，浅紫红色，平均粒重 3.6g。果粉薄。果皮中等厚，较脆。果肉较脆，汁中等多，味甜，有浓郁玫瑰香味，可溶性固形物含量为 14.3%，品质上等。每果粒含种子多为 3 粒。嫩梢紫红色；新梢节间背侧红色，腹侧绿色，带红色条纹。幼叶黄绿色，带红褐色；成龄叶心脏形，中等大，下表面有中等多刺毛；叶片 5 裂，上裂刻深，均下裂刻浅。两性花，二倍体。生长势中等。

145. 岳红无核 Yuehongwuhe

亲本来源：欧亚种。亲本为‘晚红’与‘无核白鸡心’，辽宁省果树科学研究所在 2013 年育成，早熟鲜食品种。

主要特征：该品种果穗圆锥形，整齐，大小适中，长、宽分别为 20.0cm 和 12.0cm，平均单穗重 523g，最大穗重 650g；果粒着生中等紧密，大小均匀；果粒为椭圆形，大，纵径 2.3cm，横径 2.0cm，单粒重 5.0g，最大可达 8.0g。果皮紫红色，中等厚，果粉中多，果皮与果肉不易分离，可食。果肉硬脆，汁液较多，味甜，可溶性固形物含量 16.3%，可滴定酸含量 0.49%，品质好。

植株生长势较强。早果性好。在辽宁省熊岳地区，4 月下旬萌芽，6 月初始花，7 月上旬果实开始着色，7 月中旬开始成熟，8 月中旬果实充分成熟。从萌芽至果实充分成熟 110d 左右。

146. 沈 87-1 Shen87-1

亲本来源：欧亚种。别名'鞍山早红'。1987 年在辽宁鞍山郊区葡萄园中发现的极早熟品种，亲本不详，极早熟鲜食品种。

主要特征：果穗圆锥形，平均穗重 600.0g，果穗大小较整齐，果粒着生较紧密。果粒短椭圆形，深紫红色，粒重 5.0～6.0g。果粉中等厚，果皮薄，韧，果肉较脆，汁中等多，味甜，有较浓玫瑰香味，可溶性固形物含量为 14.0%～15.0%，可滴定酸含量为 0.45%～0.50%，品质上等。每果粒含种子多为 2～3 粒，种子中等大，红褐色。

嫩梢紫红色，有稀疏茸毛。幼叶紫红色，薄，上、下表面均光滑无毛，老叶稍向背反卷；成龄叶心脏形，中等大，上、下表面均光滑无毛；叶片 5 裂，上裂刻极深，下裂刻中等深。两性花，生长势中等。丰产性好。

147. 内醇丰 Neichunfeng

亲本来源：亲本为'北醇'与'巨峰'，内蒙古自治区农牧业科学院在 1996 年育成，中熟品种。

主要特征：该品种果穗圆锥形，穗长 18.4cm，平均重 316g，最大穗重 506g。果粒圆形，平均粒重 5.4g，最大粒重 6.7g。果粒紫红色。果皮中厚，果肉与种子易分离，甜酸适口，品质中上。植株生长势强，结果枝比例为 87.3%，成龄树芽眼萌发率 76.5%。

148. 内京香 Neijingxiang

亲本来源：欧美杂种。亲本为'白香蕉'与'京早晶'，内蒙古自治区农业科学院园艺研究所在 1995 年育成，中熟品种鲜食品种。

主要特征：果穗圆锥形，带歧肩，平均穗重 431g，果穗大小整齐。果粒椭圆形，平均粒重 5.0g，最大粒重 7g，果粒着生中等紧密。果粉中等厚。果色绿黄色，果皮中等厚。果肉厚，汁中等多，黄白色，味甜酸，有淡草莓香味，可溶性固形物含量为 18%～20%，可滴定酸含量为 1.3%。

植株生长势强。隐芽和副芽萌发力均强，芽眼萌发率为 64.5%，枝条成熟度良好，结果枝占芽眼总数的 65.0%，每果枝平均着生果穗数为 1.8 个。隐芽萌发的新梢结实力中等，夏芽副梢结实力强。早果性强。在内蒙古呼和浩特地区，5 月 16 日萌芽，6 月 19 日开花，8 月 25 日新梢开始成熟，9 月 15 日果实成熟。从萌芽至果实成熟需 123d，此期间活动积温为 2308℃。

149. 红十月 Hongshiyue

亲本来源：'甲裴露'葡萄实生，青铜峡市森淼园林工程有限责任公司等在 2010 年育成，极晚熟鲜食品种。

主要特征：果穗大或极大，重 937～1150g，长 22cm，宽 15cm，圆锥形，有副穗，果粒着生紧密。果粒大或极大，重 8.1～11g，纵径 21mm，横径 23mm，椭圆形或卵圆形；果粒鲜红色，果粉薄；果皮中等厚、韧，不易与果肉分离；果肉白色，脆而硬，汁中等，无色透明，有清香味，含糖量 18％～22％（还原糖 200g/kg），含酸量 6‰～7.3‰，糖酸比 27.4～30，味甜酸可口。含种子 2～4 粒，平均 2.6 粒，多为 2～3 粒，种子大，卵圆形，深褐色，喙小。

树势中等，结实力极强，结果枝占总枝数的 50％左右。自结果母枝基部第一节起即可抽生结果枝，而第三节以上结实率较高。果穗多着生在第 4～5 节，结果系数 1.8。副梢结实力强，早果性极强，丰产。

嫩梢紫红色，有稀疏茸毛，有光泽，背面无茸毛，叶柄微红，有茸毛。一年生枝条浅黄褐色，节为淡褐色，节间长度中等，平均长度 10.5cm；叶片大，平均长 22cm，宽 18.5cm，心脏形，较厚，绿色，秋叶黄色，五裂，上裂浅，下裂极浅，近全缘。叶面平滑，叶背叶脉上有短茸毛，叶稍向上弯曲；锯齿大，中等尖锐；叶柄洼开张，楔形、广楔形或拱形；叶柄绿色带紫红色，背面浅红色，短于中脉，长 10cm，基部呈锤状是其特点。卷须 2 叉或 3 叉，间歇性。两性花。

150. 巨星 Juxing

亲本来源：亲本为'里扎马特'与'京早晶'，山东省枣庄农业学校育成，早熟鲜食品种。

主要特征：果粒呈长椭圆形，平均粒重 14g，最大达 2g 以上，远大于'巨峰'。果粒极美，品种抗病性强，皮薄鲜红，艳丽美观。果肉透明，具有浓郁的冰糖风味，甘甜爽口，无核，商品价值高。

151. 玉波 1 号 Yubo1hao

亲本来源：欧亚种。亲本为'紫地球'与'达米娜'，山东省江北葡萄研究所韩玉波等人在 2017 年育成，大粒浓香抗病中熟品种。

主要特征：'玉波 1 号'果穗圆锥形，平均穗重 720g，最大穗重 1480g，果粒圆形，着生紧密；平均粒重 13.8g，最大粒重 16.7g，果粒大小整齐，成熟一致；果实成熟后为紫黑色，果粉厚，着色均匀；果皮无涩味，果肉脆，可切薄片，有汁液，具有玫瑰香味，可溶性固形物含量 20.0％；含种子 1～2 粒；结果枝率 70.9％，双穗率 66.8％，结果系数 1.6；果实耐贮藏性优于父、母本。

152. 玉波 2 号 Yubo2hao

亲本来源：欧亚种。亲本为'紫地球'与'达米娜'，山东省江北葡萄研究所韩玉波等人在 2017 年育成，中熟品种。

主要特征：果穗呈分枝形，平均穗重 820g，最大穗重 1789g；果粒圆形，着生松散均匀，无小粒，平均粒重 14.3g，最大粒重 15.9g，大小整齐，成熟一致；果实成熟后黄色，无果锈，果粉稍少，果皮无涩味，果肉脆，可切片，有汁液，具有浓郁玫瑰香味，可溶性固

形物含量 24.3%，最高可达 25.6%；果粒含种子多为 2 粒，结果枝率 67.5%，双穗率 56.8%，结果系数 1.5；果实耐贮藏性优于父、母本。

153. 丰香 Fengxiang

亲本来源：亲本为'泽香'与'玫瑰香'，平度市葡萄研究所在 2000 年育成，晚熟品种。

主要特征：'丰香'结实力特强，中短梢修剪，萌芽率为 71%，结果枝率为 78%，结果系数 1.67，山东平度大泽山 4 月上旬萌芽，5 月下旬开花，8 月中旬上色，9 月中旬充分成熟，生育期 145d 左右，需有效积温 3700℃。

154. 紫地球 Zidiqiu

亲本来源：欧亚种，别名'江北紫地球'。'秋黑'芽变。山东省平度市江北葡萄研究所在 2009 年育成，晚熟葡萄品种。

主要特征：果穗分枝形，平均穗重 1512.2g。果粒圆形，紫黑色，大小整齐，成熟一致，平均粒重 16.3g。果粉厚，果肉脆，味酸甜，略带玫瑰香味，可溶性固形物含量为 15.0%～17.3%，果皮无涩酸感，口感佳。果实耐贮藏性与'秋黑'基本一致。该品种在胶东地区 5 月中下旬开花，8 月上旬开始着色，9 月上中旬成熟采收，可延迟采收到 10 月中下旬，较'秋黑'早熟 20～25d。

155. 大粒六月紫 Daliliuyuezi

亲本来源：欧亚种，别名'山东大紫'。为'六月紫'葡萄的自然芽变，济南市历城区果树管理服务总站在 1999 年培育而成，早熟品种。

主要特征：果穗圆锥形，有歧肩、副穗，果穗紧凑，平均穗重 510.0g。果粒长椭圆形，紫黑色，平均单粒重 6.0g。果粉中等厚。果皮较厚。果肉软，多汁，有玫瑰香味。每果粒含种子 1～2 粒。

嫩梢黄绿色，有绿色条纹。幼叶有光泽，有少量茸毛；成龄叶心脏形，3～5 裂，裂刻较浅，叶缘多反卷，锯齿钝，叶表面光滑，叶背有少量茸毛。两性花。从萌芽至果实成熟需 83～87d。耐运输。

156. 六月紫 Liuyuezi

亲本来源：欧亚种。为'山东早红葡萄'自然芽变，济南市历城区果树管理服务总站在 1990 年育成，早熟品种。

主要特征：果穗圆锥形，有歧肩，有小副穗，果穗紧密，整齐均匀。果穗中大，平均穗长 17cm，宽 13.5cm，穗重 378g。百粒重 396g，果粒圆形，整齐，紫红色，有玫瑰香味，果皮厚，果肉软，皮略涩，果实多汁，含糖 13.5%～14.5%，平均每粒有 1～2 颗种子，果蒂短。

树势中庸，副梢萌发率中高。芽眼萌发率高，结实力强。枝条粗壮、节间短。在济南历城条件下，4月上旬萌芽，5月中旬开花，6月中旬果实开始着色，7月上旬成熟，成熟期比山东'早红'提前10～15d。从萌芽到果实成熟生长天数为84～87d。

157. 红翠 Hongcui

亲本来源：亲本为'巨星'与'京秀'，齐鲁工业大学在2013年育成，中早熟品种。

主要特征：果穗大，圆锥形，穗长17.7cm，宽15.3cm，单穗重690g，果粒着生中密。粒大，圆柱形，鲜红色，纵径2.29cm，横径2.27cm，单粒重8.59g；皮薄，果粉中多。果肉硬脆，硬度1.3kg/cm^2，汁中等，味香甜；含可溶性固形物15%，含酸4.4g/L；每果有种子1～2粒，种子少。

植株生长势较强，结果枝率82.9%，结果系数1.03，产量中等，平均产量27000kg/hm^2。抗病力强，不裂果，不落粒，成熟后树上挂果期长。在山东平度，4月初萌芽，5月下旬开花，7月中下旬成熟。

158. 红玫香 Hongmeixiang

亲本来源：'玫瑰香'芽变品种，山东省果树研究所在2015年育成，中熟品种。

主要特征：果穗圆锥形，平均单穗重350g，单粒重6.8g，稍大于'玫瑰香'，果粒椭圆形，紫红色，果肉黄绿色，柔软多汁，有浓郁的玫瑰香味，可溶性固形物含量18%，含酸量0.5%；果粉较厚，果皮与果肉易剥离；果肉黄绿色，稍软，多汁，含味香甜。每果粒含种子1～3粒，以2粒者居多，种子中等大，浅褐色。树势中庸，成花力强，早实丰产，适应范围广；果实发育期100d左右。'红玫香'在青岛平度露地栽培4月上旬萌芽，5月下旬盛花期，8月底果实成熟，果实发育期100d左右。

159. 金龙珠 Jinlongzhu

亲本来源：'维多利亚'芽变品种，山东省果树研究所在2015年育成，早熟品种。

主要特征：果穗圆锥形，平均单穗重504.7g，比对照品种'维多利亚'高18.0%。果粒近圆形，中等紧密，平均单粒重17.7g，比'维多利亚'高78.5%。果皮绿黄色，中厚，果粉少。果肉绿黄色，细脆，多汁，清甜，无涩味，可溶性固形物13.5%，比'维多利亚'高1.9%，可滴定酸0.22%，维生素C含量3.27mg/100g鲜果肉。果实发育期70d左右，在青岛地区7月底成熟。第3年平均亩产量2430.9kg，比'维多利亚'高5.8%。

160. 绿宝石 Lübaoshi

亲本来源：'汤姆逊无核'葡萄品种的优良芽变，潍坊市农业科学院在2009年育成。

主要特征：果穗为双歧肩圆锥形，穗大，平均穗重669g。抗旱性好，蒸腾速率比对照降低14.3%。果粒椭圆形，果粒着生中等紧密，成熟时绿黄色，果皮薄、肉脆。可溶性固形物含量19.2%；含酸量为0.36%。成花容易，成花节位低，平均为1.26节。结果枝率高，结果枝占新梢总数的68.5%。

161. 夏紫 Xiazi

亲本来源： 亲本为'玫瑰香'与'六月紫'，潍坊市农业科学院在2012年育成，极早熟品种。

主要特征： 果穗圆锥形，无副穗，中大，大小整齐。穗长15～25cm，平均单穗重750g，果粒着生中等紧密。果粒椭圆形，成熟时果皮紫红色，着色均匀，成熟一致。果粒大，纵径2.1～3.0cm，横径1.7～2.5cm，平均单粒重7.02g，果粒整齐。果皮中厚，果粉多，硬度中等，无肉囊，汁液中多。果梗短，抗拉力强，不脱粒，不裂果。风味香甜可口，具浓郁的玫瑰香味，品质极上。可溶性固形物含量15.6%～17.5%，总糖14.50%，总酸为0.25%～0.28%，糖酸比达到56∶1。芽眼萌发率高，达到80%以上；结果性好，每结果母枝平均结果系数为1.6。自花坐果率高，达到40%以上。植株生长发育快，枝条成熟早，具有早果丰产特性。在潍坊地区4月7日～10日萌芽，5月23日～28日开花，果实6月25日开始着色，果实开始成熟在7月8日～10日，充分成熟为7月15日。

162. 红双星 Hongshuangxing

亲本来源： 欧亚种。'山东早红'葡萄芽变，济南建中葡萄新品种研究所在2004年育成，极早熟品种。

主要特征： 果穗圆锥形，穗形紧凑，平均穗重430g，最大1500g。果粒圆形，平均粒重6.7g，最大粒达15g以上。果面光滑，成熟果实紫红色，着色迅速整齐，外形美观。果粉中等厚，果皮厚，易剥离，较耐贮运。果肉多汁，有玫瑰香味，五年测定平均含可溶性固形物13.8%，酸甜适口，品质佳；每果粒有种子2～3粒。久旱遇雨无裂果现象。成熟极早：在山东济南地区6月10日后果实开始着色，6月28日左右为最佳成熟期，成熟期较为一致，果实生育期45d左右。品质优良，果面光滑，成熟果实紫红色。

163. 红旗特早玫瑰 Hongqitezaomeigui

亲本来源： '玫瑰香'芽变，平度市红旗园艺场在2001年育成。

主要特征： 果穗圆锥形，有副穗，穗重500.0～600.0g，果粒着生较紧密。果粒圆形，平均粒重7.5g，紫红色，果粉薄。顶部有3～4条微棱，玫瑰香味，酸甜，可溶性固形物含量17.0%以上，总糖含量12.2%～13.0%，总酸含量0.40%～0.50%，每100g鲜重维生素C含量14.9～15.54mg，品质极佳。

果实发育期38～40d。新梢黄绿色略带紫红色，成熟枝条红褐色。成龄叶心脏形，中等大，光滑无毛，3～5裂，叶缘具钝锯齿。生长势中庸偏强，丰产。较耐干旱、耐瘠薄，抗寒性较强。

164. 泽香 Zexiang

亲本来源： 欧亚种。亲本为'玫瑰香'与'龙眼'，山东省平度市洪山园艺场在1979年育成，中晚熟品种。

主要特征：果穗圆锥形，大小较整齐，果粒着生紧密。果粒卵圆形至圆形，黄色，纵径2.3～2.5cm，横径1.8～2.1cm，平均粒重6g，最大粒重10g。果粉中等厚，果皮薄，肉质脆，酸甜适度，清爽可口，有较浓玫瑰香味，每果粒含种子多为3粒。可溶性固形物含量为19％～21％，最高可达22％～23％，总糖含量为18.44％，可滴定酸含量为0.39％，出汁率为78％～81％。鲜食品质上等。适合在活动积温不少于3400℃的地区种植。棚架、篱架栽培均可，宜中梢为主，长、中、短混合修剪。抗寒、抗旱、抗高温、抗盐碱力均强，抗涝力中等。抗病性强，抗白腐病、黑痘病、灰霉病、穗轴褐枯病力均强，抗霜霉病、白粉病力均弱，尤其不抗炭疽病，抗虫性中等。

165. 烟葡 1 号 Yanpu1hao

亲本来源：‘8612’葡萄芽变，山东省烟台市农业科学研究院在2013年育成，中早熟品种。

主要特征：果穗多为圆锥形，平均穗重300g；果粒近圆形，着生较松散，平均粒重3.1g；果皮着色整齐，紫红色至紫黑色，果粉中厚；肉软多汁，有淡草莓香味，可溶性固形物14.2％，可滴定酸0.50％；无核率100％；不脱粒，裂果轻；抗性较强。果实发育期60d左右，保护地栽培条件下，一般6月25日左右成熟。

166. 脆红 Cuihong

亲本来源：欧美杂种。亲本为‘玫瑰香’与‘白香蕉’，山东省酿酒葡萄科学研究所在1978年育成。中熟品种。

主要特征：果穗圆锥形，带歧肩，平均穗重207.0g。果粒椭圆形，着生中等紧密，紫红色。果肉特脆，味甜，具特殊果香，平均粒重3.4g。果粉中等厚，果皮厚。可溶性固形物含量为15.0％～18.0％。每果粒含种子2～4粒。

植株生长势较强。芽眼萌发率为74.1％，结果枝占芽眼总数的62.1％，每果枝平均着生果穗数为1.4个。早果性好。正常结果树产果30000kg/hm²。在山东济南地区，4月初萌芽，5月上、中旬开花，8月中旬果实成熟，从萌芽至果实成熟所需天数为130d左右，此期间活动积温为2900～3200℃。

167. 翡翠玫瑰 Feicuimeigui

亲本来源：欧美杂种。亲本为‘红香蕉’与‘葡萄园皇后’，山东省酿酒葡萄科学研究所在1994年育成，早熟品种。

主要特征：果穗圆锥形，带歧肩和副穗，平均穗重491.6g。果粒椭圆形，黄绿色，平均粒重6.2g，果肉脆，汁多，具浓玫瑰香味，可溶性固形物含量为15.0％～17.0％，鲜食品质优良。果粒着生中等紧密。果粉中等厚，果皮薄。

植株生长势中等。芽眼萌发率为76.32％。每果枝平均着生果穗数为2个。丰产。在山东济南地区，4月初萌芽，5月上、中旬开花，7月上、中旬成熟，从萌芽至果实成熟所需

天数为 102～111d，此期间活动积温为 2298.4～2482.3℃。

168. 丰宝 Fengbao

亲本来源：欧美杂种。亲本为'葡萄园皇后'与'红香蕉'，山东省酿酒葡萄科学研究所在 1994 年育成，早熟品种。

主要特征：果穗歧肩圆锥形，带副穗，平均穗重 539.0g。果粒椭圆形，紫黑色，平均粒重 5.9g。果肉稍脆，汁多，有淡玫瑰香味，可溶性固形物含量为 15.5%～17.0%，果粒着生中等紧密或紧密，果粉中等厚，果皮厚。

植株生长势中等。芽眼萌发率为 75.61%，每果枝着生果穗数为 1～2 个。夏芽副梢结实力中等。丰产。在山东济南地区，4 月初萌芽，5 月上、中旬开花，7 月上旬成熟，从萌芽至果实成熟所需天数为 101～112d，此期间活动积温为 2283.7～2495.2℃。

169. 贵妃玫瑰 Guifeimeigui

亲本来源：欧美杂种。亲本为'红香蕉'与'葡萄园皇后'，山东省酿酒葡萄科学研究所在 1994 年育成，早熟品种。

主要特征：果穗圆锥形，带副穗和歧肩，果穗中等大，平均穗重 600.0g。果粒圆形，黄绿色，粒重 8.0～10.0g。果粒着生紧密，果皮薄，果肉脆，味甜，有浓玫瑰香味。含可溶性固形物 15%～20%，含酸量 0.6%～0.7%。品质极佳。从萌芽至果实成熟需 105～110d。

树势中偏强，芽眼萌发率 77.7%，每果枝挂果 1～2 穗，多数为 2 穗，丰产，稳产，结果期早，栽植第二年亩产可达 500～800kg，抗病能力强，适应范围广。

170. 黑香蕉 Heixiangjiao

亲本来源：欧美杂种。亲本为'红香蕉'与'葡萄园皇后'，山东省酿酒葡萄科学研究所在 1994 年育成，早熟品种。

主要特征：果穗圆锥形，带歧肩和副穗，平均穗重 498.0g。果粒椭圆形，平均粒重 5.1g，可溶性固形物含量为 15%～17%。果皮厚，紫红色或紫黑色，果粉中等厚，果肉软，汁多，味甜，具浓香蕉味。

植株生长势中等。芽眼萌发率为 79.31%～83.56%，每果枝平均着生果穗数多为 2 个。丰产性强。在山东济南地区，4 月初萌芽，5 月上、中旬开花，7 月上、中旬果实成熟。从萌芽至果实成熟需 104～107d，此期间活动积温为 2290～2410℃。果实早熟。极抗真菌性病害。

171. 红莲子 Honglianzi

亲本来源：欧亚种。亲本为'玫瑰香'与'葡萄园皇后'，山东省酿酒葡萄科学研究所在 1978 年育成，中熟品种。

　　主要特征：果穗圆锥形，带歧肩，平均穗重 486.5g。果粒长椭圆形，红紫色，平均粒重 4.8g，着生中等紧密。果粉中等厚，果皮厚，稍涩，果肉稍脆，无香味，可溶性固形物含量为 13.0%～15.0%。

　　植株生长势较强，芽眼萌发力中等。每果枝平均着生果穗数为 1.3 个。夏芽副梢结实力强，正常结果树可产果 30000kg/hm²。在山东济南地区，4 月初萌芽，5 月上、中旬开花，8 月中、下旬果实成熟。从萌芽至果实成熟需 130d，此期间活动积温为 3000～3300℃。

172. 红双味 Hongshuangwei

　　亲本来源：欧美杂种。亲本为'葡萄园皇后'与'红香蕉'，山东省酿酒葡萄科学研究所在 1994 年育成，早熟品种。

　　主要特征：果穗圆锥形，带副穗和歧肩，平均穗重 706.0g。果粒椭圆形，平均粒重 7.5g，果粒着生中等紧密。果皮中等厚，紫红色至紫黑色，果肉软，汁多，兼有香蕉味和玫瑰香味，可溶性固形物含量 17.5%～21.0%，果粉中等厚，鲜食品质优。

　　植株生长势中等。芽眼萌发率为 70.31%～75.57%。每果枝着生果穗数为 1.67～2.06 个。夏芽副梢结实力强。产量中等。在山东济南地区，4 月初萌芽，5 月上、中旬开花，7 月上、中旬果实成熟。从萌芽至果实成熟需 100～111d，此期间活动积温为 2204.5～2482.3℃。

173. 红香蕉 Hongxiangjiao

　　亲本来源：欧美杂种。亲本为'玫瑰香'与'白香蕉'，山东省酿酒葡萄科学研究所在 1978 年育成，中熟品种。

　　主要特征：果穗圆锥形，带副穗，穗重 270.0～320.0g。果粒椭圆形，紫红色，平均粒重 4.1g，果粒着生中等紧密。果粉和果皮均中等厚。果肉较脆，汁多，味甜，有浓香蕉味，可溶性固形物含量为 14.0%～19.0%，出汁率为 72.7%。

　　植株生长势强。芽眼萌发率较高。每果枝平均着生果穗数 1.7 个。在山东济南地区，4 月初萌芽，5 月上、中旬开花，8 月下旬果实成熟。从萌芽至果实成熟需 120d，此期间活动积温为 2700～3000℃。

174. 红玉霓 Hongyuni

　　亲本来源：欧美杂种。亲本为'红香蕉'与'葡萄园皇后'，山东省酿酒葡萄科学研究所在 1994 年育成。早熟品种。

　　主要特征：果穗圆锥形或歧肩，中等偏大，穗重 471.9～632.2g，最大穗重 764g。果粒椭圆形，平均粒重 5.3g，可溶性固形物含量为 15.0%～17.5%，果粒着生紧密。果肉柔软，汁多，味甜，有淡玫瑰香味。果粉和果皮均薄，果色呈紫红色带彩条。

　　植株生长势中等。芽眼萌发率为 70.78%。每果枝平均着生果穗数为 1.2 个。夏芽副梢结实力中等。丰产性强。在山东济南地区，4 月初萌芽，5 月上、中旬开花，7 月上、中旬果实成熟。从萌芽至果实成熟需 97～103d，此期间活动积温为 2136.6～2283.7℃。

175. 山东早红 Shandongzaohong

亲本来源：欧亚种。亲本为'玫瑰香'与'葡萄园皇后'，山东省酿酒葡萄科学研究所在 1976 年育成，极早熟品种。

主要特征：果穗圆锥形，带歧肩或副穗，平均穗重 356.4g。果粒近圆形，平均粒重 3.4g，着生中等紧密。果粉中等厚，果色紫红色，果皮厚，略涩，果肉软，汁多，有淡玫瑰香味，可溶性固形物含量为 13.0%～14.0%，鲜食品质中上等。

植株生长势中等。结果枝占芽眼总数的 90% 以上，每果枝平均着生果穗数 1.7 个。隐芽结实力高。早果性好，较丰产。在山东济南地区，4 月初萌芽，5 月上、中旬开花，7 月中旬果实成熟。从萌芽至果实成熟需 110d 左右，此期间活动积温为 2300～2500℃。

176. 莒葡 1 号（6-12） Jupu1hao（6-12）

亲本来源：欧亚种。'绯红'葡萄的极早熟芽变，山东省志昌葡萄研究所张志昌等人在 2006 年培育而成，极早熟品种。

主要特征：果穗圆锥形，紧凑，果穗中大，穗长 18.40cm，宽 16.80cm，平均穗重为 426.0g，最大穗重为 760.0g，果穗一般着生在枝蔓的 3～4 节，副梢结实能力中等。果粒近圆形，平均单粒重 6.5g，最大粒重 9.8g。果肉硬脆，丰产性强，可溶性固形物 15.6%，完熟果皮紫红色，有淡玫瑰香味，刚着色即可食用，品质上等，极耐储运。植株生长势中庸，隐芽萌发力中等，芽眼萌发率 68.30%，成枝率 80.20%。在山东莒县地区，一般为 4 月上旬萌芽，5 月中旬开花，6 月下旬至 7 月初果实成熟，果实发育期 46d，适合保护地促成栽培。

177. 瑰宝 Guibao

亲本来源：欧亚种。亲本为'依斯比沙里'与'维拉玫瑰'，山西省农业科学院果树研究所 1988 年育成，晚熟鲜食品种。

主要特征：果穗双或单歧肩圆锥形，大，穗长 20.0cm，穗宽 13.2cm，平均穗重 450g 左右，最大穗重 1700g。果穗大小整齐，果粒着生紧密。果粒椭圆形或近圆形，紫红色，较大，纵径 2.1cm，横径 2.0cm，平均粒重 5.4g，最大粒重 8.5g。果皮中等厚，较韧，果肉脆，味甜，有浓玫瑰香味。每果粒含种子 2～5 粒，多为 4 粒，种子中等大，与果肉易分离。可溶性固形物含量为 17.5%～19.9%，高的可达 21%。鲜食品质上等。

植株生长势中等。芽眼萌发率为 59.7%，枝条成熟度较好，结果枝占芽眼总数的 48.3%。每果枝平均着生果穗数为 1.7 个。副芽结实力中等，副梢结实力较弱。早果性好，一般定植后第 2 年即可结果。正常结果树产果 22500～30000kg/hm²。在山西晋中地区，4 月中下旬萌芽，5 月底至 6 月初开花，9 月中下旬果实成熟。从萌芽至果实成熟需 148d，此期间活动积温为 3007.8℃。抗病力中等，抗裂果，易感日灼病。

嫩梢黄绿色，带紫红色，中部着生少量刺状毛。顶部幼叶浅紫红色，上表面稍有光泽，下表面着生稀疏茸毛。成龄叶片近圆形，较小，黄绿色；上表面平滑，有光泽；下表面叶脉有刺状毛，叶脉近叶片基部处为粉红色。叶片 5 裂，上裂刻中等深，下裂刻浅。叶柄洼窄拱形。两性花，二倍体。

178. 晶红宝 Jinghongbao

亲本来源：欧亚种。亲本为‘瑰宝’与‘无核白鸡心’，山西省农业科学院果树研究所在 2012 年育成，中熟鲜食品种。

主要特征：果穗圆锥形，双歧肩，平均穗重 282.0g。果粒着生较疏松，果粒鸡心形，紫红色，平均粒重 3.8g。果皮薄，果肉脆，汁中等，味甜，品质上等。无种子。

嫩梢黄绿带紫红，梢尖开张，光滑无茸毛。幼叶浅紫红，有光泽，叶面茸毛稀，叶背具有稀疏直立茸毛；成龄叶近圆形，大，叶上表面无茸毛、光滑，叶下表面具有稀疏的刚状茸毛，叶片深 5 裂。两性花，二倍体。早果性差。从萌芽至果实成熟需 135d，是无核葡萄育种的优良亲本材料。

179. 丽红宝 Lihongbao

亲本来源：欧亚种。亲本为‘瑰宝’与‘无核白鸡心’，山西省农业科学院果树研究所在 2010 年育成，中熟鲜食品种。

主要特征：果穗圆锥形，穗形整齐，平均穗重 300.0g。果粒着生中等紧密，大小均匀，鸡心形，紫红色，果粒大，平均粒重 3.9g。果皮薄。果肉脆，味甜，无核，具玫瑰香味，可溶性固形物含量为 19.4%，总酸为 0.47%，品质上等。

嫩梢黄绿色，梢尖开张。幼叶黄绿色带紫红，有光泽，叶面无茸毛，叶背具有稀疏直立茸毛；成龄叶心脏形，中等大小，厚，5 裂，上下裂刻极深，叶缘向上，叶缘锯齿锐，叶柄洼呈宽拱形，叶表面无茸毛、粗糙，叶背面有中等程度的刚状茸毛，叶脉花青素着色程度中等。两性花，二倍体。植株生长势中庸。中熟，从萌芽到果实充分成熟需 130d 左右。

180. 玫香宝 Meixiangbao

亲本来源：欧美杂种。亲本为‘阿登纳玫瑰’与‘巨峰’，山西省农业科学院果树研究所在 2015 年育成，早熟鲜食品种。

主要特征：果穗圆柱形或圆锥形，果穗中大，平均穗重 230g，最大穗重 460g，平均果穗长 16.5cm、宽 10.5cm。果粒着生紧密，大小均匀，为短椭圆形或近圆形，平均纵径 2.22cm，横径 2.00cm，平均粒重 7g，最大 9g；果皮紫红色，较厚、韧，果皮与果肉不分离；果肉较软，味甜，具玫瑰香味和草莓香味，品质上；可溶性固形物含量 21.1%，总糖 17.28%，总酸 0.44%；每果粒含种子 2～3 粒。

长势中庸，萌芽率 60.4%，结果枝占萌发芽眼总数的 45.1%。每果枝平均花序数量为 1.37 个。自然授粉花序平均坐果率为 31.2%。2014 年进行营养袋苗定植，共 159 株，2015 年平均株产 0.96kg。在山西晋中地区 4 月下旬萌芽，5 月下旬开花，7 月上旬果实开始着色，8 月中旬果实完全成熟，从萌芽到果实充分成熟需 111d 左右，早熟品种。

181. 秋黑宝 Qiuheibao

亲本来源：欧亚种。亲本为'瑰宝'与'秋红'，山西省农业科学院果树研究所在2010年育成，中熟鲜食品种。

主要特征：果穗圆锥形，平均穗重437.0g。果粒着生中等紧密，大小均匀。果粒为短椭圆形或近圆形，紫黑色，平均粒重7.1g。果皮较厚、韧，果皮与果肉不分离；果肉较软，味甜、具玫瑰香味，可溶性固形物含量为23.4%，总酸含量为0.40%，品质上等。每果粒含种子数2～3粒，种子大。

嫩梢黄绿色带紫红，具稀疏茸毛。幼叶浅紫红色，有光泽，叶背具有中等密度的直立茸毛，叶面具稀疏茸毛；叶片近圆形，中等大小，平展，中等厚，5裂，上下裂刻深。叶柄洼为宽拱形，叶缘锯齿锐；成龄叶上表面无茸毛、光滑，下表面有稀疏刚状茸毛，叶脉花青素着色程度较深。长势中庸。中熟，从萌芽到果实充分成熟需130d左右。

182. 秋红宝 Qiuhongbao

亲本来源：欧亚种。亲本为'瑰宝'与'粉红太妃'，山西省农业科学院果树研究所在2007年育成，中晚熟鲜食品种。

主要特征：果穗圆锥形，双歧肩，穗重508.0g。果粒为短椭圆形，紫红色，平均粒重7.1g。果皮薄、脆，果皮与果肉不分离。果肉致密硬脆，味甜、爽口、具荔枝香味，风味独特，可溶性固形物含量为21.8%，总酸为0.25%，品质上等。每果粒含种子2～3粒。

生长势强。嫩梢黄绿色带紫红，具稀疏茸毛。幼叶浅紫红色，有光泽，叶背具有稀疏直立茸毛，叶面具稀疏茸毛；叶片近圆形，中等大小，5裂，上下裂刻中等深，叶柄洼为闭合椭圆形，叶缘锯齿锐，叶上、下表面无茸毛，叶面光滑，叶脉具玫瑰色。两性花。中晚熟，从萌芽到果实充分成熟需150d左右。

183. 晚黑宝 Wanheibao

亲本来源：欧亚种。亲本为'瑰宝'与'秋红'，山西省农业科学院果树研究所在2013年育成，晚熟鲜食品种。

主要特征：果穗圆锥形，疏松，平均穗重850.0g。果粒短椭圆形或圆形，紫黑色，平均粒重8.5g。果皮厚，韧。果肉较软，汁多，味甜，具有玫瑰香味，品质上等。每果粒含种子1～2粒。

嫩梢黄绿色带紫红，具有稀疏茸毛。幼叶浅紫红色，有光泽，上表面具有稀疏茸毛、下表面具稀疏刚状茸毛；成龄叶片近圆形，中等大小，深5裂。节间长。两性花，四倍体。晚熟品种，从萌芽至果实成熟需165d。是四倍体玫瑰香味葡萄育种的优良亲本材料。

184. 无核翠宝 Wuhecuibao

亲本来源：欧亚种。亲本为'瑰宝'与'无核白鸡心'，山西省农业科学院果树研究所

2011 年育成，早熟鲜食品种。

主要特征：果穗圆锥形，平均穗重 345.0g。果粒鸡心形，黄绿色，平均粒重 3.6g。果皮薄，韧，果肉脆，汁少，味甜，具有玫瑰香味，品质上等。有残核。嫩梢黄绿色带紫红，具有稀疏茸毛。幼叶浅紫红色，有光泽，上表面具有稀疏茸毛，下表面具有稀疏直立茸毛；成龄叶近圆形，中等大小，上表面无茸毛、光滑，下表面有稀疏刚状茸毛，叶片 5 裂。节间长，早果性好。早熟，从萌芽至果实成熟需 115d。两性花，二倍体。

185. 早黑宝 Zaoheibao

亲本来源：欧亚种。亲本为'瑰宝'与'早玫瑰'，山西省农业科学院果树研究所在 2001 年育成，早熟鲜食品种。

主要特征：果穗圆锥形，带歧肩，平均 426.0g。果粒短椭圆形或圆形，紫黑色，平均粒重 8.0g。果皮中厚，较韧，果肉较软，汁多，味甜，具有浓郁的玫瑰香味，品质上等。每果粒含种子 1～2 粒。在山西晋中地区 4 月中旬萌芽；5 月 27 日左右开花，花期 1 周左右；7 月 7 日果实开始着色，7 月 28 日果实完全成熟，果实发育期 63d。

树势中庸，节间中等长，平均 9.68cm，平均萌芽率 66.7%，平均果枝率 56.0%，每果枝上平均花序数为 1.37，花序多着生在结果枝的第 3～5 节。具活力花粉比率平均为 47.58%，坐果率平均为 31.2%。副梢结实力中等。丰产性强。栽植营养袋苗，第 2 年即可结果，结果株率达 96.3%，株产 1.5～2.0kg；嫁接树在留条合理的情况下，第 2 年株产可达 6～8kg。

嫩梢黄绿带紫红色，有稀疏茸毛。幼叶浅紫红色，表面有光泽，上、下表面具稀疏茸毛；成龄叶心脏形，小，5 裂，裂刻浅，叶缘向上，叶厚，叶缘锯齿中等锐，叶柄洼呈"U"形，叶面绿色，较粗糙，叶下表面有稀疏刚状茸毛。两性花，四倍体。树势中庸。

186. 晚红宝 Wanhongbao

亲本来源：欧亚种，亲本为'瑰宝'与'秋红'，山西省农业科学院果树研究所在 2013 年育成，晚熟鲜食品种。

主要特征：果穗双歧肩圆锥形，穗尖多为 2 叉或 3 叉，果穗大，平均穗重 594.3g，最大穗重 1162g；果粒着生中等紧密，为短椭圆形或近圆形；平均粒重 8.5g，最大粒重 17g；果皮紫黑色，较厚、韧，与果肉不分离；果肉较软，味甜、具玫瑰香味。可溶性固形物含量 17%～20%。在山西省晋中地区，4 月 15 日左右萌芽，5 月下旬开花，9 月下旬果实成熟，从萌芽到果实充分成熟需 166d 左右，晚熟品种。适宜山西省太原以南气候干燥地区种植。

187. 礼泉超红 Liquanchaohong

亲本来源：'红地球'葡萄的变异株系，咸阳恒艺果业科技有限公司在 2016 年育成，晚熟鲜食品种。

主要特征：果穗紧密度中等，比'红地球'松散。果粒呈椭圆形，粉红色，果粉厚，散射光着色品种类；果粒平均重 13g，最大 24g，果粒大小均匀，成熟度一致。果实中有种子 4 粒，含可溶性固形物 13.8%、含糖量 12%，每 100g 鲜果肉维生素 C 含量 0.64mg；平均单穗重 1000g，最大 3580g。果刷长 5mm，不易落粒，耐贮运；果肉硬脆，可切片，味甜。

丰产稳产性强。萌芽率 70%，果枝率 95%，结果系数 1.8；栽后第 2 年即可开花结果，株产量可达 5kg，亩控产达 1000kg；第 4 年进入成龄期，株产 12kg；成龄期亩产量连续 3 年控产在 2500kg 以上，丰产性理想。一年生枝暗褐色，成熟枝表面比'红地球'光滑，截面形状近圆形；成熟枝条节间长度 7.5cm、粗度 1.6cm，较'红地球'分别短 1.9cm、粗 0.3cm。嫩梢的梢尖形态与梢尖茸毛着色与'红地球'相同，新梢姿态直立。多年生枝黑褐色，皮层翘起开裂。叶一般多具 5 个裂片，有裂刻 5 裂；其成龄叶的叶型、形状、叶柄长度、上裂刻深度、上裂刻开叠类型、叶柄洼开叠类型、叶柄洼基部形状、叶柄洼锯齿等形态与'红地球'相同。

188. 紫提 988 Ziti988

亲本来源：'红地球'葡萄的变异株系，礼泉县鲜食葡萄专业合作社 2011 年育成，中熟鲜食品种。

主要特征：果穗圆锥形，有 3 级分枝，长 24cm，宽 18cm，平均单穗重 1000g，最大 3540g。果粒椭圆形，红紫色，果粉厚，有种子 4 粒。果刷长，不易落粒。果肉硬脆，可切片，味甜，适于鲜食，可溶性固形物 13.9%，最高可达 20%。

树势强，长势旺。在陕西乾县 3 月中旬出现伤流，4 月初萌芽，5 月中旬始花，7 月中旬果实转色，9 月初果实成熟，果实生育期 100d 左右，11 月中旬落叶，全生育期约 218d。

叶片多具 5 裂，叶柄呈红色。新梢顶部幼叶呈白绿色，成龄叶面深绿色，叶片长 17cm，宽 20cm，叶脉红色。冬芽饱满，花芽分化最低节位在新梢第 1 节，适于短梢修剪。冬芽成熟快，一个芽眼常萌发双生枝，每芽眼萌枝量 1.5～1.7 个，萌芽率 98%，果枝率 95%，结果系数 1.7。夏芽副梢抽生二次果能力强。花序着生在新梢第 3～4 节上，卷须间歇着生；花序属圆锥花序，有 3 级分枝，呈单轴生长，2000～3000 个花蕾。两性花，自花授粉可正常受精坐果。

189. 户太 8 号 Hutai8hao

亲本来源：欧美杂种。从'巨峰'系品种中选出，西安市葡萄研究所在 1996 年育成，早熟鲜食品种。

主要特征：果穗圆锥形带副穗，果穗大，穗长 30cm，穗宽 18cm，平均穗重 600g 以上，最大 1000g 以上。果粒着生中等紧密或较紧密，果穗大小较整齐。果粒近圆形，紫红至紫黑色，果粒大，平均粒重 10.4g，最大粒重 18g，果皮厚，稍有涩味。果粉厚，果肉较软，肉囊不明显，果皮与果肉易分离，果汁较多，有淡草莓香味。每果粒含种子 1～4 粒，多数为 1～2 粒。可溶性固形物含量为 17%～21%，含酸量为 0.5%，维生素 C 含量为 2.98mg/100g。鲜食品质中上等，制汁品质较好。

植株生长势强。结实力强，每果枝着生 1～2 个果穗。副梢结实力强，2～4 次副梢均可结实，在陕西鄠邑区产地，2 次副梢果可以正常成熟。正常结果树一般产果 2000～2500kg/亩。在鄠邑区地区，4 月 3 日左右萌芽，5 月 15 日左右开花，8 月上、中旬一次果成熟，9 月上旬二次果成熟，为中早熟品种。抗逆性强，耐高温，在 38℃高温下，新梢仍缓慢生长；抗寒性强，−13℃左右低温下无需任何特殊管理即可安全越冬。对黑痘病、白腐病、灰霉病和霜霉病的抗病力较强。

嫩梢绿色，梢尖半开张微带紫红色，茸毛中等密。幼叶浅绿色，叶缘带紫红色，下表面有中等密白色茸毛。成龄叶片近圆形，大，深绿色，上表面有网状皱褶，主脉绿色，下表面茸毛中等密。叶片多为 5 裂。锯齿中等锐。叶柄洼宽广拱形。卷须分布不连续，2 分叉。冬芽大，短卵圆形、红色。枝条表面光滑，红褐色。节间中等长。两性花。

190. 早玫瑰 Zaomeigui

亲本来源：欧亚种。亲本为'玫瑰香'与'莎巴珍珠'，西北农林科技大学在 1974 年育成，早熟鲜食品种。

主要特征：果穗长圆锥形，平均穗重 850.0g。果粒着生疏松。果粒椭圆形，紫红色，平均粒重 9.6g。果皮较厚，果肉硬脆，味甜，有浓玫瑰香味。两性花，二倍体。早果性好，一般定植第二年开始结果。

树势生长中庸偏弱，枝条节间短，副梢萌发力强，结果枝占芽眼总量的 43.4%，副梢结实力强，产量中等。果穗中大，平均重 290g，最大穗重 365g，圆锥形，果粒着生紧密、整齐。果粒中大，重 3～4g，短圆锥形，红紫色，果皮薄，肉质软，有浓郁的玫瑰香味。可溶性固形物含量 15%，品质上等。露地果实 7 月中下旬成熟。从萌芽到果实成熟需 110d，活动积温 2100℃左右。耐贮运。

191. 沪培 1 号 Hupei1hao

亲本来源：欧美杂种。亲本为'喜乐'与'巨峰'，上海市农业科学院林木果树研究所在 2006 年育成，中熟鲜食品种。

主要特征：果穗圆锥形，平均穗重 400.0g。果穗和果粒大小整齐，果粒着生中等紧密。果粒椭圆形，淡绿色，平均粒重 5.0g，果肉软，肉质致密，汁多，味酸甜，可溶性固形物含量为 15.0%～18.0%，品质优。果皮中厚，果粉中等多。无核。

生长势强。幼叶浅紫红色，下表面白色茸毛密；成龄叶心脏形或近圆形，大，深 5 裂，上裂刻中等深，裂刻开张，基部"U"形，叶面较平滑，叶缘略下卷，叶片下表面茸毛中等。两性花，三倍体。果实中熟，从萌芽至果实成熟需 125～130d。

192. 沪培 2 号 Hupei2hao

亲本来源：欧美杂种。亲本为'杨格尔'与'紫珍香'，上海市农业科学院林木果树研究所在 2007 年育成，早熟鲜食品种。

主要特征：果穗圆锥形，平均穗重 350.0g。果粒着生中等紧密。果粒椭圆形或鸡心形，

紫红色，平均粒重 5.3g，果肉软，味酸甜，可溶性固形物含量为 15.0%～17.0%，果粉多，果皮中厚，品质中上。无核。

嫩梢浅红色。幼叶浅紫红色，叶片下表面白色茸毛中密。成龄叶心脏形，大，平展，叶面平滑，5 裂，上裂刻中深，下裂刻浅，叶片下表面有稀少茸毛。两性花，三倍体。树势强旺，早果性好。早熟，从萌芽到果实成熟 125d 左右。

193. 沪培 3 号 Hupei3hao

亲本来源：欧美杂种。亲本为'喜乐'与'藤稔'，上海市农业科学院林木果树研究所在 2014 年育成，中熟鲜食品种。

主要特征：果穗圆柱形，穗重 400～460g，果穗中等紧密。果粒椭圆形，平均单粒重 6.7g；果皮紫红色，果肉软，质地细腻，可溶性固形物含量 16%～19%，可滴定酸含量为 0.55%～0.59%。

嫩梢黄绿色，幼叶浅绿色略带红晕，上表面光泽，下表面茸毛少。成龄叶片大，绿色，心脏形，3～5 裂，裂刻较深；叶面平，叶缘向下卷，叶缘锯齿锐。叶柄绿色，微带红晕，叶柄洼开展。枝条节间中等长，成熟枝为红褐色。花穗中等大，两性花。适合长江流域及'巨峰'系葡萄种植区。

194. 申爱 Shenai

亲本来源：欧美杂种。亲本为'金星无核'与'郑州早红'，上海市农业科学院园艺研究所在 2013 年育成，早熟鲜食品种。

主要特征：果穗圆锥形，平均粒重 228g，果粒着生中等紧密；果粒鸡心形，平均粒重 3.5g；果皮中厚，玫瑰红色，果粉中等；果肉中软，肉质致密，每果粒含种子 1 粒，种子不完全发育。可溶性固形物含量 16%～22%，含酸量为 0.7%；风味浓郁，品质极上；挂果期长，不裂果。避雨栽培条件下 3 月下旬萌芽，5 月上旬开花，6 月上旬果实软化，7 月上中旬果实成熟。

嫩梢绿色，有明显的紫红色条纹；幼叶呈紫色条纹，背面密披白色茸毛。成龄叶片中等大、色泽淡，心脏形，浅 3 裂；叶面平，叶缘略向上，背面茸毛中等，叶缘锯齿锐。叶柄浅红色，叶柄洼拱形开展。成熟枝条为红褐色，节间中等长度。卷须间隔性，花穗小，两性花。

195. 申宝 Shenbao

亲本来源：欧美杂种。'巨峰'葡萄实生，上海市农业科学院林木果树研究所在 2008 年育成，早熟鲜食品种。

主要特征：果穗长圆锥形或圆柱形，平均穗重 476.0g；果粒着生中等紧密，果穗与果粒大小整齐；果粒长椭圆形，绿黄色，平均粒重 9.0g；果皮中厚，果粉中等；果肉软，可溶性固形物含量为 15.0%～17.0%，可滴定酸为 0.70%～0.80%，风味浓郁，品质上等；无核率 100%。

长势中庸。嫩梢绿色，茸毛中等。幼叶绿色，边缘紫红色，下表面密被白色茸毛；成龄叶心脏形，大 3～5 浅裂，平展，上表面平滑，下表面茸毛中等，叶缘锯齿锐。两性花。早熟，成熟期比'先锋'早 15d 左右。不裂果。

196. 申丰 Shenfeng

亲本来源：欧美杂种。亲本为'京亚'与'紫珍香'，上海市农业科学院林木果树研究所在 2006 年育成，中熟鲜食品种。

主要特征：果穗圆柱形，平均穗重 400.0g。果粒着生中等紧密。果粒椭圆形，紫黑色，着色均匀，平均粒重 8.0g。果粉中等多，果皮中等厚，果肉软，肉质致密，可溶性固形物含量为 14.0％～16.0％，品质优。

嫩梢紫红色，茸毛疏，新梢直立。幼叶浅紫色，上表面无茸毛，下表面密被白色茸毛；成龄叶心脏形，大，较厚，下表面茸毛密，浅 5 裂，叶缘锯齿钝。两性花，四倍体。树势中庸，丰产性强，早果性强。中熟，从萌芽到果实成熟期需要 135～145d。抗病性与'巨峰'相似，成熟期略早。

197. 申华 Shenhua

亲本来源：欧美杂种。亲本为'京亚'与'86-179'，上海市农业科学院林木果树研究所在 2010 年育成，早熟鲜食品种。

主要特征：经过无核化栽培后，果穗圆锥形，穗重 420.0～520.0g。果粒中等紧密；果粒长椭圆形，紫红色，粒重 9.0～13.0g。果肉中软，肉质致密，可溶性固形物含量为 15.0％～17.0％，无核率 100％，风味浓郁，品质优良，不裂果，外形美观。嫩梢红色，茸毛中等，成熟枝条为红褐色，节间中等长。幼叶呈红色，下表面有稀少的白色茸毛；成龄叶片中等大、心脏形，浅 5 裂，平展，上表面平滑，下表面茸毛少，叶缘锯齿锐。两性花，四倍体。生长势中庸。早熟，从萌芽到充分成熟期需要 140d 左右，成熟期比'先锋'早 15d 左右。

198. 申秀 Shenxiu

亲本来源：欧美杂种。上海市农业科学院园艺研究所 1996 年从'巨峰'实生苗中选出，早熟鲜食品种。

主要特征：果穗圆锥形，带副穗，穗重 242.0～335.0g。果粒着生中等紧密。果粒短椭圆形至卵圆形，紫黑色，平均粒重 6.7g。果粉中等厚。果皮中等厚，韧。果肉中等脆，汁中等多，味酸甜，有草莓香味，可溶性固形物含量为 13.6％～15.0％，品质中上等。每果粒含种子多为 2 粒。

嫩梢绿色，梢尖半开张，茸毛稀。幼叶绿色，下表面黄白色，茸毛中等密；成龄叶近圆形，中等大，上表面平展，主要叶脉绿色；叶片 3 或 5 裂，上裂刻深，下裂刻浅。叶柄中等长，淡红色。两性花，四倍体。生长势中等，早果性好，丰产，稳产。果实早熟。适合我国南方地区发展。

199. 申玉 Shenyu

亲本来源：欧美杂种。亲本为'藤稔'与'红后'，上海市农业科学院在 2011 年育成，中晚熟鲜食品种。

主要特征：果穗圆柱形，平均穗重 272.0g。果粒着生中等紧密。果粒椭圆形，绿黄色，平均粒重 9.1g。果皮中厚，果粉中等多。果肉软，肉质致密，风味浓郁，可溶性固形物含量为 17.5%，含酸量为 0.6%，品质优良。种子 1~2 粒。

树势中庸，萌芽与结果枝率较高，早果性中等，产量稳定。中晚熟，从萌芽到果实成熟为 150~155d，成熟期比'巨峰'晚 10d 左右。

嫩梢浅红色，茸毛稀，幼叶呈浅紫色，下表面密被白色茸毛，叶面无茸毛。成龄叶心脏形，中等大，5 裂，裂刻较深，平展，叶面光滑，下表面茸毛密，叶缘锯齿钝。叶柄洼为宽拱形开展。两性花，四倍体。

200. 红亚历山大 Hongyalishanda

亲本来源：'亚历山大'葡萄的红色芽变品系。上海交通大学在 2006 年育成，鲜食品种。

主要特征：果粒椭圆形，粒重 6~7g，果皮中等厚，果粉覆盖后呈粉红色。肉脆而多汁，可溶性固形物含量 16%~21%，含酸量为 0.3%~0.4%，出汁率 85%。每果粒含种子 2~3 粒。萌芽率高。嫩梢绿色带褐色，茸毛稀，一年生成熟枝浅褐色，节部凸出，红褐色。幼叶黄绿色，附加红紫色。成龄叶片中等大，心脏形，5 裂，缺刻较深，锯齿钝。完全花，花穗着生小花 500~2000 朵，穗重在 1kg 以上。树势强旺，花芽着生节位低，分化率高。耐高温，适宜温室栽培。

201. 早夏无核 Zaoxiawuhe

亲本来源：欧美杂种。'夏黑'葡萄芽变，上海奥德农庄在 2012 年育成，属极早熟鲜食品种。

主要特征：果穗大多为圆锥形，部分为双歧肩圆锥形，无副穗。果穗大小整齐，穗长 15~20cm，穗宽 7~9cm，平均穗重 315g。粒重 3~3.5g，赤霉素处理后，平均粒重 7.5g，最大 12g，平均穗重 608g，最大 940 克。果粒近圆形，着生紧密或极紧密，紫黑色到蓝黑色。容易着色，着色一致，成熟一致。果皮厚而脆，无涩味。果粉厚，果肉硬脆，无肉囊，果汁紫红色，味浓甜，有浓郁的草莓香味。无种子，无小青粒。可溶性固形物含量 20%~22%，总酸 0.44%，维生素 C79.8μg/kg。

植株生长势极强。隐芽萌发力中等。萌芽率为 75%~91%，成枝率 93.4%，结果枝率 88.6%，结果系数为 1.67。隐芽萌发的新梢结实力强。花序多着生在第 4 节上，坐果率高，平均坐果率为 51.1%，枝条成熟度中等。采用"Y"形水平棚架，亩栽 110~150 株，定植第 2 年产量一般在 800kg 以上。

嫩梢黄绿色，带少量茸毛。梢尖黄绿色，有一层茸毛，无光泽。幼叶黄绿色到浅绿色，带淡紫色晕，上表面有光泽，下表面密被一层丝毛。成龄叶片极大，纵径约 32.5cm，横径约 32.5cm，近圆形。成龄叶片背面有一层很稀的丝状茸毛。叶片中间凹，边缘凸起。叶片大多 5 裂刻，部分 4 裂，裂刻不规整，部分叶片裂刻中等深，部分裂刻极浅，叶片近圆形。锯齿顶部稍尖呈三角形。叶柄洼大多为矢形；嫩叶叶柄洼大多为宽拱形。新梢生长直立，节间背侧黄绿色，腹侧淡紫红色。枝条横截面呈圆形，枝条红褐色。两性花，三倍体。

202. 蜀葡 1 号 Shupu1hao

亲本来源：欧亚种。'红地球'葡萄的自然芽变，四川省自然资源科学研究院在 2013 年育成，中熟鲜食品种。

主要特征：果粒长椭圆形，平均粒重 3.5g，最大粒重 5g，平均穗重 740g，最大穗重 1500g。可溶性固形物 15.2%，总糖 12.1%，总酸 0.25%。果粒成熟度一致，果皮亮红色，果肉浅黄色，半透明，肉质较硬，无种子。耐贮运，货架期长。在四川双流 4 月 30 日左右开花，花期 7d 左右，8 月上旬成熟，中熟品种。扦插苗定植后第二年每株可结果 3～5 穗，第三年进入盛果期，叶片大而厚具茸毛、叶脉清晰、叶柄紫红色。新梢生长量大，结果枝占新梢总数的 70% 左右，每一个结果枝上花序 1.8～2 个。

203. 长穗无核白 Changsuiwuhebai

亲本来源：'无核白'葡萄的芽变品种，新疆农业科学院等在 1974 年育成，晚熟鲜食品种。

主要特征：果穗呈分枝形，有 2～4 个分枝。果穗平均重 287.3g，最大穗重 140g，百粒重 105.6g。果粒长椭圆形，纵径 1.36cm，横径 1.16cm；果粉少、果肉脆，果皮薄、味甜、含糖量 21%～23%，无核。'长穗无核白'的嫩梢呈黄绿色，尖端微带红晕，上面有少量灰白色茸毛。一年生主枝呈浅褐色，节间平均长 5.43cm。叶片大，5 裂。两性花，花穗在散穗前有很多白色茸毛，远看绿叶丛中白斑点点。

204. 新葡 7 号 Xinpu7hao

亲本来源：'无核白'大粒芽变，新疆生产建设兵团第十三师农业科学研究所在 2012 年育成，早中熟鲜食品种。

主要特征：果穗双歧肩圆柱形，穗长约 24.5cm，平均穗重 692.0g，果粒着生紧密。果粒近圆形，粒大，平均自然单粒重 3.4g，金黄色。果梗中等长，果皮中等厚，果皮与果肉不易分离，无核。肉质较脆，风味酸甜适口，鲜食、制干品质均属上等。总糖含量 23.00%，贮运性能一般。在新疆哈密市露地栽培，4 月中旬萌芽，5 月中旬开花，8 月上旬成熟，葡萄发育期 110d。

205. 昆香无核 Kunxiangwuhe

亲本来源：亲本为'葡萄园皇后'与'康耐诺'，新疆石河子葡萄研究所在 2000 年育

成，早熟鲜食品种。

主要特征：该品种在石河了地区，7月底8月初成熟。粒大穗大，粒均5.04g，单穗重683g，外观晶莹透亮似水晶，皮薄肉脆，汁多而爽口，适宜鲜食，可溶性固形物含量18%～22%，无核，结果早，产量高，篱架整形稳产后亩产2500kg，棚架稳产后可达4t左右。抗逆性强，病害少，耐瘠薄，较抗寒。

206. 紫香无核 Zixiangwuhe

亲本来源：亲本为'玫瑰香'与'无核紫'，新疆石河子葡萄研究所在2004年育成。中早熟鲜食品种。

主要特征：果穗中大，圆锥形；平均穗重820g，成熟一致。果粒呈紫色，形如吊钟，顶端有明显凹陷，外观美丽。这是区别于其他品种的重要标志。果刷长；果皮厚而脆；果粉厚而均匀。品质佳，汁多味甜。

嫩梢黄绿附加浅紫红色，密被茸毛；幼叶浅紫红色，茸毛密；叶较大，心脏形，五裂，上裂刻深，下裂刻浅；锯齿大而锐，叶缘向上卷；叶片厚；叶面色深，呈泡状皱，较粗糙。叶背具刺毛，极密；叶柄中长，柄洼全闭合。一年生成熟新梢呈紫褐色，节间中长节部隆起，卷须间隔性。可溶性固形物含量22%；有玫瑰香味，无籽或有瘪籽。

207. 绿翠 Lücui

亲本来源：欧亚种。亲本为'白哈利'与'伊斯比沙里'，新疆石河子农业科技开发研究中心葡萄研究所在2011年育成，极早熟鲜食品种。

主要特征：果穗圆锥形，带副穗，单穗重301.0g。果粒着生紧密。果粒鸡心形，黄绿色，平均粒重2.6g。果皮薄，肉脆，风味酸甜适口，可溶性固形物含量为17.6%。每果粒含种子1～2粒，基本上为瘪籽，不易与果肉分离。

嫩梢黄绿带浅红色，有少量茸毛。幼叶中厚，黄绿色带紫红色，有光泽，叶正面稀生茸毛，背面茸毛较密；成龄叶心形，中等大小；5裂或3裂，裂刻深，叶面平展，上表面光滑无毛，下表面稀生丝状毛。两性花。生长势较强。

208. 新雅 Xinya

亲本来源：欧亚种，新疆葡萄瓜果开发研究中心育成，亲本是'红地球'和'里扎马特'，在新疆鄯善地区种植。

主要特征：果实穗重较大，穗重在600g以上，可溶性固形物含量在16%～19.8%之间，糖度较高，在着色方面，着色均匀一致。3月下旬末至4月初萌芽，4月底至5月初始花，花期不规则，花期4～11d，果实成熟期有早晚，从7月下旬至9月上旬，在浙江湿热气候下'新雅'生长势、坐果适中，且果粒均匀，基本不需疏果，副梢留1～2叶摘心后不易旺长，栽后第2年产量丰产，且稳产，无大小年现象。耐贮运。新雅较抗真菌性病害，但易气灼，易遭粉蚧危害。

209. **新郁** Xinyu

亲本来源：欧亚种。亲本为'E42-6'（'红地球'实生）与'里扎马特'，新疆葡萄瓜果开发研究中心在 2005 年育成，晚熟鲜食品种。

主要特征：果穗圆锥形，紧凑，平均穗重 800.0g 以上。果粒椭圆形，紫红色，平均粒重 11.6g。果粉中等。果皮中等厚，较脆，果肉较脆，汁多，味酸甜，无香味，可溶性固形物含量为 16.8%，总酸 0.33%～0.39%，品质中上等。每果粒含种子 2～3 粒，种子与果肉易分离。嫩梢绿色，有稀疏茸毛。幼叶绿带微红，上表面无茸毛，有光泽，下表面有稀疏茸毛；成龄叶中等大，近圆形，中等厚，上、下表面无茸毛，锯齿中锐，5 裂，裂刻中等深，锯齿中锐。两性花，二倍体。生长势强。晚熟，从萌芽至果实完全成熟需 145d。外观好，贮运性能较好，适应性较强。

210. **新葡 1 号** Xinpu1hao

亲本来源：欧亚种。从'偌斯依托'实生苗中选育出，新疆葡萄瓜果开发研究中心育成，在新疆吐鲁番地区和其他地区均有栽培，晚熟鲜食品种。

主要特征：果穗圆锥形或圆柱形，带副穗，平均穗重 550.0g。果粒着生紧密。果粒近圆形，深紫红色，平均粒重 7.0g。果粉中等厚。果皮薄，较韧，果肉肥厚，肉质紧密，汁较多，味酸甜，无香味，可溶性固形物含量为 17.0%～19.0%，品质上等。每果粒含种子 1～3 粒。嫩梢绿色，有稀疏茸毛。幼叶绿带浅紫红色，上表面有光泽，下表面有稀疏茸毛；成龄叶片肾形，中等大，较薄，上、下表面无茸毛；叶片 5 裂，裂刻中等深，锯齿中锐。两性花，二倍体。生长势较强。产量较高。

211. **天工翡翠** Tiangongfeicui

亲本来源：亲本'金手指'与'鄞红'，浙江省农业科学院园艺研究所 2008 年选育，早中熟品种。

主要特征：果穗呈圆柱形，穗重 400～600g，具有较好的紧密度，全穗果粒成熟一致，果梗与果粒分离易。果粒呈椭圆形，果皮黄绿色带粉红色晕，果皮不易剥离，果粒整齐，果粉薄，自然粒重 2.6～3.1g，经赤霉素一次处理平均单粒重为 5.2g，横切面呈圆形，果皮薄，果肉汁液中，质脆，具有淡淡的哈密瓜味，可溶性固形物含量 18.5%，可滴定酸含量 0.40%，维生素 C 含量 71.4mg/kg，基本无种子。

花芽分化和丰产、稳产性均好，成龄结果树萌芽率 81.0%，结果枝率 90.9%，一般结果母枝从基部第 3 节开始发着生花序，每结果枝花序数 1.6 个。田间抗灰霉病、霜霉病能力较强。在浙江海宁设施栽培条件下 3 月中下旬萌芽，5 月初开花，6 月中下旬转熟，7 月底成熟上市。

嫩梢形态半开张，梢尖匍匐茸毛无花青素着色，茸毛极密。幼叶上表面绿色带有红色斑，背面主脉间匍匐茸毛密。成熟叶片叶型单叶，近圆形，绿色，叶面平展，背面主脉间匍匐茸毛疏，锯齿长、形状双侧凸，裂片 5 裂，上裂刻闭合或重叠，下裂刻闭

合，叶柄洼基部半开张、呈窄拱形，无叶脉花青素。新梢生长直立，节间背侧绿具红色条纹。两性花。

212. 天工翠玉 Tiangongcuiyu

亲本来源：欧美杂交种。以'金手指'（二倍体）为母本，'鄞红'（四倍体）为父本杂交得到的无核葡萄新品种。

主要特征：果穗呈圆柱形，穗重 400～600g，具有较好的紧密度，全穗果粒成熟一致。果梗与果粒分离易，果粒呈椭圆形，果皮黄绿色带粉红色晕，果皮不易剥离，果粒整齐，果粉薄，自然粒重 2.6～3.1g，经赤霉素一次处理平均单粒重为 5.2g，横切面呈圆形。果皮薄，果肉汁液中，质脆，具有淡哈密瓜香，可溶性固形物含量 18.5%，可滴定酸含量 0.40%，维生素 C 含量 71.4mg/kg，无种子，鲜食品质上。该品种始果期早，且枝梢生长粗壮，定植第 2 年结果株率可达 90% 以上。在浙江海宁设施栽培条件下，3 月中下旬萌芽，5 月初开花，6 月中下旬转熟，7 月底成熟上市，早中熟品种。

213. 天工玉液 Tiangongyuye

亲本来源：亲本'早甜'与'红富士'，浙江省农业科学院园艺研究所选育。

主要特征：果穗圆锥形，穗中等紧密度，平均穗重 464.6g，穗形较整齐。平均粒重 10.7g，最大果 16g，果梗与果粒分离易、不耐长途贮运，果形为倒卵形，果色粉红到紫红色，成熟度稍不一致，果粉厚，果皮中厚较脆易剥离，肉质较软，汁液多，浓草莓香味，可溶性固形物含量 18%～19.5%，味甜酸，种子数 1～3 粒。

生长势中等。芽眼萌发率 92.0%，结果枝率 88.6%，每结果枝平均着生花穗 1.4 个。在浙江海宁地区设施栽培条件下，3 月中旬萌芽，5 月初开花，8 月初果实成熟。嫩梢形态开张，花青素着色强，茸毛疏。幼叶上表面浅红褐色，背面茸毛疏。新梢节间背侧颜色绿具红条纹，成熟叶片近圆形，3～5 裂，绿色，叶面泡状凸起弱，锯齿两侧直，上裂刻裂片重叠、深度中，下裂刻裂片开张，叶柄洼基部半开张，正面主脉上着花青素弱，叶背主脉上匍匐茸毛密、直立茸毛疏，两性花，第一花序位置 3～4 节。

214. 天工墨玉 Tiangongmoyu

亲本来源：欧美杂交种。'夏黑'实生选育，浙江省农业科学院 2021 年选育，早熟品种。

主要特征：果穗圆锥形或圆柱形，平均穗重 597.3g。果粒近圆形，自然粒重 3～3.5g，经赤霉素处理果粒重 6～8g，疏果后可达 10g。果皮蓝黑色，无涩味，果肉爽脆，风味好，可溶性固形物含量 18%～23.1%，可滴定酸 0.39%，维生素 C 含量 54.3mg/kg，鲜食品质佳；无裂果。无核。亩控产 1250～1500kg。

该品种生长势极强。萌芽率 87.5%，成枝率 95%，结果枝率 86.3%，每果枝平均花穗数 1.6 个。在浙江海宁设施栽培条件下 3 月中旬萌芽，4 月下旬开花，6 月下旬开始采收上市。从萌芽至果实成熟 105d 左右。双膜促早 5 月上中旬上市。在'夏黑'葡萄栽培区均可种植。该品种相比日本育成的早熟品种'夏黑'熟期早 8~10d，上色早、蓝黑，内在品质与'夏黑'相当；与国内同熟期'早夏无核'相比，果皮无涩味易化渣、糖度高。

215. 天工玉柱 Tiangongyuzhu

亲本来源： 欧亚种，亲本为'香蕉'与'红亚历山大'，浙江省农业科学院吴江等人在 2018 年育成。

主要特征： 果穗圆锥形，紧密度松，全穗果粒成熟较一致，果粒呈圆柱形、长椭圆形，果皮颜色黄绿，果粉中厚，硬度适中，汁液多少适中，浓玫瑰香味。单粒重 6.8~8g，质地较脆，皮脆食味好，可溶性固形物含量 18.6%~23.49%。无裂果，不落粒。基本不需整穗疏果保果，管理省力。7 月中至 8 月初成熟，适宜浙江地区设施栽培。

216. 鄞红 Jinhong

亲本来源： 欧美杂种。'藤稔'葡萄芽变，宁波东钱湖旅游度假区野马湾葡萄场、浙江万里学院与宁波市鄞州区林业技术管理服务站在 2010 年育成，中熟品种。

主要特征： 果穗圆柱形，副穗少，平均穗重 650.0g 左右。果粒紧密，整齐。果粒近圆形，果色紫黑色，平均粒重 14.0g，较'藤稔'略小。果皮厚韧。果肉硬，味甜，汁多，可溶性固形物含量为 17%，可滴定酸含量为 0.30%，品质上等。生长势强。早果性好。萌芽至果实成熟需 130~140d，果实发育期 70d 左右。不易裂果。该品种产量稳，品质优，耐贮运，适宜浙江省种植。

217. 早甜 Zaotian

亲本来源：'先锋'变异株，浙江省农业科学院园艺研究所与金华市金东区昌盛葡萄园艺场 2007 年育成。

主要特征： 果穗圆锥形，穗中等大，平均穗重 717g，果粒近圆形或卵圆形，平均单粒重 10.4g，良好栽培单粒重 12g，在保果、疏果条件下的平均粒重 13.9g，果皮中厚，紫红至紫黑色，果粉厚，果肉脆，果汁中多，可溶性固形物含量 16%~18%，含酸量 0.52%，略带香味，每果粒内多为 1 粒种子，品质优。单性结实力强，易诱导形成无核果实。

长势中等。良好管理结果枝比例达 95.5%，每果枝平均有 1.5 个花序，早果性好，副梢结实力弱。设施促成栽培在金华 2 月下旬萌芽，4 月中旬开花，6 月中下旬开始成熟，避雨栽培 7 月下旬成熟，采收期长（7~10 月）。幼叶黄绿色，叶片茸毛较多，叶边缘呈浅紫红色。成龄叶片大，心形或圆形，深绿色，叶片表面光滑平展，下表面有茸毛，浅 5 裂，上裂刻稍有重叠，叶缘锯齿大，稍钝。叶柄洼拱形，叶柄中长，淡红色。一年生枝黄褐色，表面光滑。两性花。

218. 宇选 1 号 Yuxuan1hao

亲本来源： 欧美杂种。'巨峰'芽变，乐清市联宇葡萄研究所、浙江省农业科学院园艺

研究所与乐清市农业局特产站在 2011 年育成，早中熟品种。

主要特征：果穗圆锥形，平均穗重 500.0g。果粒椭圆形，果肉硬脆，汁多，味酸甜，略有草莓香味，品质上等。果色紫黑色，果皮厚而韧，无涩味。每果粒含种子多为 1～2 粒。嫩梢淡紫红色，梢尖开张，茸毛较多。幼叶黄绿色，叶片背面茸毛较密，叶表面有光泽；成龄叶圆形，较大，深绿色，浅 5 裂。两性花，四倍体。早果性好。早中熟，从萌芽至果实成熟需 130d 左右。

219. 玉手指 Yushouzhi

亲本来源：欧美杂种。'金手指'葡萄芽变，浙江省农业科学院园艺研究所在 2012 年育成，中熟品种。

主要特征：果穗长圆锥形，松紧适度，平均穗重 485.6g。果粒长形至弯形，平均粒重 6.2g。果粉厚，果皮黄绿色，充分成熟时金黄色，皮薄不易剥离。果肉质地较软，可溶性固形物含量为 18.2%，总酸含量为 0.34%，冰糖香味浓郁，品质佳。从萌芽至果实成熟需 130d 左右。抗病性较强。不易裂果、不落粒，商品性好。

220. 红艳香 Hongyanxiang

亲本来源：欧亚种。'87-1'的自交后代，沈阳农业大学 2019 年培育而成，早熟品种。

主要特征：果穗圆锥形，松紧适中，无歧肩，长 17.5～23.5cm，宽 12～16cm，平均果穗重 491.6g，平均穗梗长度为 2.1cm；果粒椭圆形，粉红色，果皮薄且有果粉，肉质中等，具有浓郁玫瑰香味，平均单粒重 7.1g，可溶性固形物含量为 18.5%，可滴定酸 0.45%，果粒与果柄分离程度中等，有 1～2 粒种子。较之亲本，果实颜色更鲜艳，糖度和产量更高，且果穗成熟度一致性好。二倍体。

221. 瑞都晚红 Ruiduwanhong

亲本来源：欧亚种。由'京秀'与'香妃'杂交而成，由北京市林业果树科学研究院 2021 年培育而成，晚熟品种。

主要特征：果穗圆锥形，有副穗或单歧肩，穗长 26.5cm，宽 13.15cm，平均单穗重 520.9g；果粒着生密度疏到中，果梗抗拉力中等，果粒椭圆形，长 2.54cm，宽 2.37cm，平均单粒重 8.9g，最大单粒重 14.0g；果皮紫红或红紫色，中等厚，果粉中，果皮较脆；果肉质地较脆，硬度中等，酸甜多汁，可溶性固形物含量 16.5%，果实成熟中后期果肉具有中等程度的玫瑰香味；有 2～4 粒种子。

222. 黄金蜜 Huangjinmi

亲本来源：欧亚种。'红地球'与'香妃'杂交而成，河北省农林科学院昌黎果树研究所 2020 年选育而成，早熟品种。

主要特征：果穗圆锥形，松紧度中等，果穗大，平均单穗重 703.5g，穗梗长度中等。果粒近圆形，粒大，平均单粒重 9.5g。果皮薄，黄绿色至金黄色，无涩味，果肉硬脆，有玫瑰香味，可溶性固形物含量 19.0%，可滴定酸含量 0.58%。有正常发育的种子。耐贮运，不易裂果。

223. 华葡黄玉 Huapuhuangyu

亲本来源：欧美杂种。'巨峰'与'沈阳玫瑰'的杂交而成，中国农业科学院果树研究所 2020 年培育而成，中熟品种。

主要特征：果穗圆锥形，中等大小，穗长 20.8cm，宽 14.9cm，平均单穗重 602.4g，最大穗 1052.2g。果粒着生中等紧密，大小均匀。果粒圆形，横径 2.41cm，纵径 249cm，平均单粒重 10.3g，最大单粒重 11.5g。果皮黄色、中等厚，果粉中等厚。果肉较软，与果皮易分离，有草莓香与玫瑰香混合香味，可溶性固形物含量 18.8%，可滴定酸含量 0.38%，香甜多汁，鲜食品质佳。每果粒种子数 2～4 粒，与果肉易分离。

224. 华葡早玉 Huapuzaoyu

亲本来源：欧亚种。'京秀'与'玫瑰早'杂交而成，中国农业科学院果树研究所 2020 年培育而成，早熟品种。

主要特征：果穗圆锥形，中等大小，穗长 20.9cm，穗宽 17.1cm，平均单穗重 688.7g，最大穗重 1107.3g。果粒着生紧密，大小均匀。果粒圆形，纵径 2.28cm，横径 2.30cm，平均单粒重 7.1g，最大单粒重 10.2g。果皮黄色、薄，果粉中等厚，果皮与果肉不易分离。果肉硬脆，淡玫瑰香味，可溶性固形物含量 16.6%，可滴定酸含量 0.42%，味甜，鲜食品质上等。每果粒含种子 2～4 粒。

225. 红峰无核 Hongfengwuhe

亲本来源：欧美杂交种。'红斯威特'与'巨峰'杂交而成，由中国农业大学 2021 年培育而成，晚熟品种。

主要特征：果穗大，平均单穗重 930.2g。果粒椭圆形，果皮鲜红色，自然单粒重 6.1g，赤霉素处理后单粒重达 12.4g；果肉软，果汁中等；可溶性固形物含量 18.9%，可滴定酸含量 0.5%。果实自然无核率 98.7%。早果性强，丰产，产量一般控制在 30000kg/hm^2。在河北定州 9 月下旬成熟，抗病性与'巨峰'相近。

226. 志昌紫丰 Zhichangzifeng

亲本来源：欧美杂交种。'藤稔'与'巨玫瑰'杂交而成，山东志昌农业科技发展股份有限公司、青岛志昌种业有限公司和莒县志昌果品专业合作社培育而成，中熟品种。

主要特征：果穗圆锥形，单歧肩，自然穗长 20～25cm，穗宽 9～13cm，平均果穗重 600g，最大果穗重 1200g；果粒椭圆形，果粒着生密度中等，平均单粒重 11.5g，最大果粒

重 18.1g，果粒纵径 3.0～3.8cm，横径 2.5～2.9cm；果皮中等厚，果粉中多，果肉中脆，完熟后果皮呈紫黑色，有玫瑰香味，种子 2～3 粒，可溶性固形物含量 18.3％。

227. 紫龙珠 Zilongzhu

亲本来源：'摩尔多瓦'与'天缘奇'杂交而成，由河北省农林科学院石家庄果树研究所选育，晚熟品种。

主要特征：果穗圆柱形，带副穗，平均单穗重 823.6g，果穗大小整齐。果粒着生中等紧密，近圆形，无核，紫黑色，常规处理后平均单粒重 9.8g，最大 12.8g。果粉中等厚。果皮中等厚、韧、不涩。果肉较脆，无肉囊，汁多，味酸甜，具有草莓香味。可溶性固形物含量 19.9％，可滴定酸含量 0.62％，鲜食品质优。

228. 甬早红 Yongzaohong

亲本来源：欧美杂种。'鄞红'葡萄经辐射诱变后得到，由浙江万里学院联合浙江省慈溪市林业特产技术推广中心完成，早熟品种。

主要特征：果穗重为 600～750g，单粒重 12～16g，果实近球形，果皮紫红至紫黑，中厚且与果肉易分离，果粉厚，种子以 2 粒为主，偶有 1 粒。果实果汁多，水分足，果肉呈黄绿色，味甜，可溶性固形物含量可达 15％～19％，爽口，少酸，品质上等。相比于'鄞红'，'甬早红'葡萄的氨基酸含量更为丰富，同时香味更浓。

229. 紫金秋浓 Zijinqiunong

亲本来源：欧亚种。'魏可'与'京秀'杂交而成，江苏省农业科学院果树研究所选育，中熟品种。

主要特征：'紫金秋浓'果穗圆锥形，紧，平均穗长 19.2cm，穗宽 15.5cm，穗梗长度 7.1cm，平均穗重 648.8g。果粒椭圆形，着生较紧密，平均单果粒重 9.1g，果皮紫红色至红紫色，果皮薄，无涩味，果粉中等厚，全穗果粒成熟较一致，果粒与果柄分离难易程度中等，果肉质地脆，汁液较多，无香味，每果粒含种子 2～3 粒。可溶性固形物含量 20.3％，可滴定酸含量 0.48％，酸甜，风味浓郁，鲜食品质中等。

230. 红蜜香 hongmixiang

亲本来源：欧美杂种。以'夕阳红'与'蜜汁'杂交而成，沈阳农业大学选育，中熟品种。

主要特征：果穗平均重 509.8g，果穗长 14～23cm，穗宽 13～15cm，圆锥形，无歧肩，松紧度较紧；穗梗长 4.67cm。自然果果粒平均重 7.8g，圆形。果皮紫红色，厚度中等，无涩味。果肉质地中等，具有浓郁的草莓香味，可溶性固形物含量 18.5％，可滴定酸含量 0.68％，种子发育充分，每果粒含种子 1～2 粒。

231. 碧玉 Biyu

亲本来源：欧亚种。以'京秀'与'红地球'杂交而成，甘肃省农业科学院林果花卉研究所选育，早熟品种。

主要特征：果穗圆锥形、整齐、紧凑，果穗长、宽分别为 16.2cm、12.5cm，自然着果的果穗平均重 278.5g；果粒近圆形，着生紧密，大小均匀，纵径 1.82cm、横径 1.78cm，果粒平均重 3.7g，最大重 4.2g；果皮黄绿色、薄、脆，果肉较软，汁液中，酸甜适口；可溶性固形物含量 20.6％，可溶性糖含量 16.10％，可滴定酸含量 0.52％，维生素 C 含量 3.92mg/100g；无核或残核。

232. 锦红 Jinhong

亲本来源：欧亚种。'乍娜'与'里扎马特'杂交而成，山东省果树研究院选育，早熟品种。

主要特征：果穗圆锥形，穗形紧凑，平均单穗重 752g。果粒长圆形，平均单粒重 7.8g。果皮紫红色，皮薄，果粉中等厚，果皮与果肉不易分离。果肉脆，可溶性固形物含量 18.5％，可滴定酸含量 0.34％，鲜食品质佳。大多数果含种子 2～3 粒，果肉与种子易分离。果实成熟后挂果时间长，不落粒，较耐贮运。

233. 岳秀无核 Yuexiuwuhe

亲本来源：欧亚种。由'红地球'与'无核白鸡心'杂交，辽宁省果树科学研究所选育，中早熟品种。

主要特征：果穗呈圆锥形，整齐，果粒着生松紧适中，果穗平均长 22.6cm，宽 14.5cm，平均单穗重 484.1g，大穗重 697.8g。果粒呈长椭圆形，横径 1.9cm，纵径 2.9cm，平均粒重 4.7g，最大粒重 7.3g。果皮紫红色，中等厚，无涩味，果肉质地硬脆，果汁中等多，呈黄绿色，味甜，爽口，品质上等，无核。可溶性糖含量 17.36％，总酸含量 0.44％，可溶性固形物含量 18.1％，维生素 C 含量 4.33mg/100g。

234. 天工蜜 Tiangongmi

亲本来源：欧美杂交种。由'早甜'与'巨玫瑰'杂交，浙江省农业科学院选育，中熟品种。

主要特征：果穗呈圆锥形，平均穗重 452.5g，紧密度适中，果粒间成熟一致，穗梗长度短；果粒大、椭圆形、蓝黑色、果粉厚，整齐一致，平均单粒重 8.7g，最大粒重 12.5g，果形指数 1.1，横切面呈圆形；果皮厚稍有涩味、剥皮易；果肉质地适中、汁液多、草莓香型；可溶性固形物含量 20.2％，可滴定酸含量 4.35g/kg，维生素 C 含量 87.0mg/kg，每果粒含种子 1～2 粒。

235. 脆光 Cuiguang

亲本来源： 欧美杂交种。以'巨峰'与'早黑宝'杂交而成，河北省农林科学院昌黎果树研究所选育，中熟品种。

主要特征： 果穗圆锥形，中等大，平均单穗重 672.3g，最大穗重 1630g；果粒着生中等紧密，果实紫黑色。果粒椭圆形，平均单粒重 10.9g，最大单粒重 14.4g，果粉中等厚，果皮薄至中等厚。果皮不易剥离。果肉脆，果汁中等。每果粒 1～3 粒种子，多为 2 粒，百粒重 10.6g，种子与果肉易分离。可溶性固形物含量在 19.0% 以上，可滴定酸含量 0.52%，固酸比 38.5，品质上等。

236. 华葡黑峰 Huapuheifeng

亲本来源： 欧美杂交种。以'高妻'为亲本，采用实生选种育成，由中国农业科学院果树研究所选育，中熟品种。

主要特征： 果穗圆锥形，平均单穗重 553.3g，最大 744.6g。果粒着生中密，大小均匀，椭圆形，平均单粒重 10.8g。果皮紫黑色，厚而韧。果肉软，花青苷显色强度中，汁多，草莓香味浓郁，可溶性固形物含量 19.6%，可滴定酸含量 0.46%。

237. 丛林玫瑰 Conglinmeigui

亲本来源： 欧美杂种。'醉金香'与'藤稔'杂交而成，由元谋丛林玫瑰葡萄种植有限公司选育，早熟品种。

主要特征： 果穗圆锥形，有副穗，松紧适度，平均穗重 698g，最大 1585g。粒重 12～14g，最大 21g，整齐一致；果粒短椭圆形，紫红色，着色均匀，果粉较多，果皮较薄，与果肉不易分离。果肉脆，无肉囊，果汁多，无色，具有浓郁的玫瑰、草莓混合香味，可溶性固形物含量 16.80%，可滴定酸含量 0.78%。种子 1～3 粒，易与果肉分离。

238. 脆红宝 Cuihongbao

亲本来源： 欧亚种。'玫瑰香'与'克瑞森无核'杂交而成，由山西省农业科学院果树研究所选育，晚熟品种。

主要特征： 果穗整齐，中大，双歧肩圆锥形，平均穗长 16.1cm、宽 11.7cm，重 292g，最大 520g；果粒大、椭圆形，着生中密，纵径 2.10cm、横径 1.64cm，平均粒重 4.5g，最大 7.0g；果皮紫红色，薄、韧；果肉脆，味甜，无玫瑰香味；可溶性固形物含量 21.20%，总糖含量 18.15%，总酸含量 0.38%，糖酸比 48：1。

239. 嫦娥指 Changezhi

亲本来源： 亲本不详，由河北省农林科学院昌黎果树研究所选育，晚熟品种。

主要特征：果穗松，长圆锥形，平均单穗重 830.5g；果粒大，长椭圆形，平均单粒重 13.7g；果肉脆，硬度 27.4kg/cm^2；果皮鲜红至紫红色，果粉中等厚，果汁中等，味甜，可溶性固形物含量 18.7%，可滴定酸 0.5%，固酸比 33.9；果粒附着力较强，采前不落果不落粒，树挂期长。

240. 华葡翠玉 Huapucuiyu

亲本来源：欧亚种。'红地球'与'玫瑰香'杂交而成，由中国农业科学院果树研究所于 2019 年选育，晚熟品种。

主要特征：果穗圆锥形，穗大，长 24.6cm，宽 22.5cm，平均单穗重 862.4g，最大穗重 1347.5g。果粒着生中等紧密，大小整齐，椭圆形，黄绿色，纵径 2.8cm，横径 2.6cm，平均单粒重 11.3g，最大粒重 13.6g。果粉中厚；果皮中等厚，与果肉不易分离。果肉绿黄色，硬脆，汁液较多，甜，有玫瑰香味，可溶性固形物 18.7%，可滴定酸 0.51%，鲜食品质好。每果粒含种子 3～4 粒。果刷拉力强，成熟后不脱粒，耐贮运。

241. 华葡玫瑰 Huapumeigui

亲本来源：欧美杂交种。'巨峰'与'大粒玫瑰香'杂交而成，由中国农业科学院果树研究所于 2019 年选育，中熟品种。

主要特征：果穗圆锥形，穗大，穗长 21.2cm，穗宽 16.6cm，平均单穗重 532.7g，最大穗重 738.2g。果穗大小整齐，果粒着生中等紧密。果粒椭圆形，紫黑色，粒大，纵径 2.7cm，横径 2.5cm，平均单粒重 10.4g，最大粒重 12.8g。果粉中厚；果皮中等厚，与果肉容易分离。果肉软至硬脆，汁液多，黄绿色，味香甜，有草莓香与玫瑰香混合香味。可溶性固形物含量 19.7%，可滴定酸含量 0.33%，鲜食品质上等。每果粒含种子 1～4 粒。

242. 富通紫里红 Futongzilihong

亲本来源：欧亚种。'红地球'与'CAU1207-5'杂交而成，由中国农业大学于 2021 年选育，中熟品种。

主要特征：果穗圆锥形、中大，穗梗中长，果粒着生疏松。果粒大，椭圆形，平均单粒重 7.9g。果皮薄，暗红色，无涩味。果肉脆，多汁，含可溶性固形物 18%。有正常发育的种子。果实较耐贮藏，运输过程中不容易发生落粒。

243. 金之星 Jinzhixing

亲本来源：欧美杂交种。'阳光玫瑰'与'新郁'杂交而成，由金华市优喜水果专业合作社于 2020 年选育，晚熟品种。

主要特征：果穗圆锥形，大穗，穗重 726.1g，最大穗 4200g，果穗紧密，果粒成熟一致，果梗与果粒难分离，果粒大，粒重 12.1g，无核化栽培最大可达 20.2g，果粒椭圆形，果皮颜色粉红至紫红色，皮薄，无涩味，可带皮食用，果粉少，果肉脆，可溶性固形物

21.0%，种子 1～2 粒，保持有亲本'阳光玫瑰'的口感。

244. 学苑红 Xueyuanhong

亲本来源：欧美种。'罗萨卡'与'艾多米尼克'杂交而成，由中国农业大学于 2019 年选育，晚熟品种。

主要特征：果穗中大，呈椭圆形，无歧肩，穗梗中长，果实着生紧密。果粒椭圆形，极大，平均单粒重 12.9g；果皮呈红色，薄，涩；果肉花色苷显色无或极弱，质地硬，无特殊香气。

245. 翠香宝 Cuixingabo

亲本来源：欧亚种。'瑰宝'与'秋红'杂交而成，由山西省农业科学院果树研究所于 2019 年选育，晚熟品种。

主要特征：果穗双歧肩圆锥形，穗大，平均果穗长 22cm、宽 14cm，平均重 666g，最大 1650g；果粒着生中密，大小均匀，椭圆形，粒大，平均纵径 2.76cm，横径 2.21cm，单粒重 8.5g，最大 12g；果皮绿黄色、薄且韧，皮肉不分离；果肉脆，可溶性固形物含量 20.8%，总糖 17.61%，总酸 0.46%，糖酸比 38：1，有典型玫瑰香味，品质佳，耐贮运。每果粒种子数 2～4 粒，种子中大。

246. 中葡萄 12 号 Zhongputao12hao

亲本来源：欧亚种。'巨峰'与'京亚'杂交而成，由中国农业科学院郑州果树研究所于 2019 年选育，早熟品种。

主要特征：果穗圆锥形，中等大小，生长整齐，穗长 15.0～20.0cm，宽 10.0～13.0cm，平均单穗重 660g，最大穗重 1500g。果粒着生中等紧密，椭圆形，平均纵径 2.4cm，横径 2.3cm，平均单粒重 8.7g，最大粒重 13.0g。果皮紫黑色，较厚有韧性，有涩味，果粉极厚，果肉软，汁液多绿黄色，味道酸甜，有草莓香味。每果粒含种子 1～2 粒，中等大。该品种可溶性固形物含量为 18.0%，可溶性总糖含量 14.5%，总酸含量 0.52%，糖酸比达到 28：1，单宁含量 1180mg/kg，维生素 C 含量 4.42mg/100g，氨基酸含量 5.54g/kg。

247. 华葡紫峰 Huapuzifeng

亲本来源：欧亚种。'87-1'与'绯红'杂交而成，由中国农业科学院果树研究所于 2019 年选育，早熟品种。

主要特征：果穗圆锥形，无歧肩，穗形整齐，中大，穗长 24.9cm，穗宽 15.1cm，平均单穗重 674.3g，最大 1156.4g。果粒着生中密，大小均匀。果粒椭圆形，果皮红至紫红色，平均单粒重 7.4g。果皮中厚，果肉略带红色、硬脆，无香味。可溶性固形物含量 16.3%，可滴定酸含量 0.57%。种子 3～4 粒。

248. 中葡萄 10 号 Zhongputao10hao

亲本来源：欧亚种。'维多利亚'与'玫瑰香'杂交而成，由中国农业科学院果树研究所于 2019 年选育，早熟品种。

主要特征：果穗圆锥形，果穗中等大，大小整齐，穗长 12.0～17.0cm，宽 8.0～11.0cm，平均单穗重 490g。果粒着生中等紧密，果粒椭圆形，纵径 2.3cm，横径 2.2cm，平均单粒重 8.5g，最大粒重 9.4g。果粉较薄，果皮无涩味，较薄，完全成熟时为黄绿色。果肉脆，硬度适中，味甜，爽口，无香味。该品种可溶性固形物含量 17.9%，可溶性总糖含量 16.0%，总酸含量 0.57%，糖酸比达到 28∶1，单宁含量 443mg/kg，维生素 C 含量 5.41mg/100g，氨基酸含量 5.09g/kg。

249. 醉美 1 号 Zuimei1hao

亲本来源：欧美杂交品种。从'夏黑'葡萄的变异中选出，由安徽省滁州市农业农村技术推广中心于 2017 年选育，极早熟品种。

主要特征：平均单穗重 489.8g，果穗中等紧密。平均单粒重 5.73g，果粒近圆形，果粉厚，果皮蓝黑色。果皮厚、脆，无涩味；果肉硬脆，无肉囊，多汁，有草莓香味，浓甜，可溶性固形物含量 18.36%。

250. 秦秀 Qinxiu

亲本来源：欧亚种。'京秀'与'郑果大无核'杂交而成，由西北农林科技大学于 2012 年选育，中早熟品种。

主要特征：果穗中等大，圆锥形，平均单穗重 554g，最大 686g。果粒椭圆形，果梗中等长，平均单粒重 4.9g，最大 9.4g，软核或无核。果皮较薄，红色，果粉中等厚，外观美观；果肉绿白色，肉脆，汁中等多，味甜，品质中上。

251. 瑞峰 Ruifeng

亲本来源：欧美杂交种。'沈阳玫瑰'与'峰后'杂交而成，由大连市现代农业生产发展服务中心于 2018 年选育，晚熟品种。

主要特征：果穗圆锥形，多歧肩，平均穗重 750g；果穗疏松，坐果适中，无大小粒；果粒圆形，平均粒重 11.2g，最大 15.1g；果皮厚、紫色，果粉极厚；果刷长，不易脱粒；种子 1～2 粒，中大。该品种具有浓郁的玫瑰香味，香气宜人，硬度适中，可溶性固形物含量 21.3%，总糖含量 18.6%，总酸含量 0.51%，维生素 C 含量 4.53mg/100g。

252. 竹峰 Zhufeng

亲本来源：欧美杂交种。从"巨峰"葡萄的变异中选出，由洛阳农林科学院于 2017 年

选育，中熟品种。

主要特征：果穗圆锥形，果粒着生较紧密，穗大型，平均穗重 850g，最大 1200g。单粒重 6～7g，果粒圆形，果粉较厚，果肉较硬，无籽（仅个别有 1 粒种子），可溶性固形物含量 17.5％～20.0％，甜酸，有香味。经赤霉素和氯吡苯脲（CPPU）处理果粒大小均匀，无落花落果现象。成熟期稍早于'巨峰'，果实挂树时间长，不易落粒。树体生长势较强，芽眼萌发率 95％，结果枝率 85％以上，副梢结果能力较强。果穗在枝蔓第 2、第 3 节着生，果枝平均结果 1.68 个穗，早产丰产性好。抗病性强，特别抗炭疽病、白腐病和霜霉病。适应性强，在沙壤土、黏土等质地条件下均结果良好。

253. 短枝玉玫瑰 Duanzhiyumeigui

亲本来源：欧亚种。'达米娜'与'紫地球'杂交而成，由韩玉波于 2020 年选育，中早熟品种。

主要特征：果穗圆柱形，平均穗重 720g，最大穗重 1089g，平均纵径 35cm，平均横径 14cm；果粒圆锥形，着生紧凑，平均单粒重 11g，最大粒重 13.9g，果粒有小粒，成熟一致，成熟后紫黑色，果粉少，非常美观；果肉软有韧性，味香甜，带有浓郁玫瑰香味，可溶性固形物 20％～22.6％，果皮在口中无酸涩感觉，口感极佳；果肉有韧性、有汁液；每个果粒平均含种子 1.98 粒，多为 2 粒，结果枝率 89.5％，双穗率 66.8％，结果系数 1.92。

254. 玉波黄地球 Yubohuangdiqiu

亲本来源：欧亚种。'达米娜'与'红地球'杂交而成，由韩玉波于 2020 年选育，晚熟品种。

主要特征：果穗圆柱形，平均穗重 710g，最大穗重 1890g，平均纵径 31.5cm，横径 20cm；果粒大，长圆形，着生松散均匀，平均粒重 10.2g，最大粒重 13.9g，成熟一致，成熟后金黄色，果粉少，较美观；果肉硬脆，味甜，带有浓郁玫瑰香味，可溶性固形物 21％～24.3％，果皮在口中无涩酸感觉，口感佳；果肉脆可切薄片；果实果刷长，成熟后用手捏住其中一粒，可将整穗葡萄提起，耐贮运性极强，比亲本耐储藏。

255. 晋葡萄 1 号 Jinputao1hao

亲本来源：欧亚种。'瑰宝'与'早玫瑰'杂交而成，由山西省农业科学院果树研究所于 2019 年选育，晚熟品种。

主要特征：果穗圆锥形带歧肩，果穗大，平均穗重 426g。果粒大，平均 7.8g，果粉厚，果皮紫黑色，较厚、韧，肉较软，完熟时有浓郁玫瑰香味，味甜。含种子 1～3 粒。可溶性固形物 15.8％，可滴定酸含量 0.36％，果实颜色紫黑色。中抗白腐病，中抗霜霉病。

256. 瑞紫香 Ruizixiang

亲本来源：欧美杂种。'紫珍香'×'利比亚'杂交而成，由沈阳农业大学于 2019 年选育，早熟品种。

主要特征：果穗圆锥形，无歧肩，穗梗长度 3.01cm；果粒较疏，果粒大小 6.75cm²，椭圆形，果肉花青苷显色强度弱，果粒与果柄不易分离；有种子 2～3 粒，成熟枝条黄褐色；沈阳地区露地栽培 4 月 25 日萌芽，果实始熟期约为 9 月 3 日。可溶性固形物 18.5％，可滴定酸含量 0.63％，单粒重 10.2g，味甜，香气浓郁，肉质中等，果皮厚度中等，无涩味。果实颜色紫黑色，香味类型草莓香。抗白粉病、霜霉病，中抗白腐病。抗寒性、抗旱性强，抗盐碱中等。

257. 卓越玫瑰 Zhuoyuemeigui

亲本来源：欧亚种。'玫瑰香'实生选育，由山东省鲜食葡萄研究所于 2019 年选育。

主要特征：果穗中等大，较长，着粒松紧适度，平均穗重 385g，果粒短椭圆形至圆形，自然无核，粒重 5.1g。膨大处理后粒重可达 10～12g，短椭圆形，纵径 2.25～3.26cm，横径 2.16～2.65cm，紫红到紫黑色，果粉厚，果肉硬，玫瑰香味浓郁，可溶性固形物含量 18％～20％，可滴定酸含量 0.45％～0.6％。挂果时间长。抗病性中等，主要病害霜霉病、炭疽病，较抗白腐病、黑痘病，抗逆性中等，与玫瑰香相似，较抗盐碱。

258. 郑葡 3 号 Zhengpu3hao

亲本来源：欧美杂种。'京秀'与'布朗无核'杂交而成，由中国农业科学院郑州果树研究所于 2019 年选育。

主要特征：成龄叶叶片近三角形、三裂，果穗圆锥形，无歧肩，穗长 18.2～19.3cm、穗宽 12.0～14.8cm，平均穗重 477.6g，最大穗重 625.1g。果粒成熟一致、着生松，果粒圆形，暗红色，纵径 2.67cm、横径 2.62cm，平均粒重 9.7g，果皮厚度中、无涩味，果肉软且多汁，无香味，种子充分发育，每果粒含种子 2～4 粒，多为 2 粒。可溶性固形物 19.9％，可滴定酸含量 0.58％，果实颜色暗红色。叶片感霜霉病，果实感白腐病，抗寒性较强。

259. 福园 Fuyuan

亲本来源：欧美杂种，'奥林匹亚'与'奥林匹亚'杂交而成，由中国农业科学院郑州果树研究所于 2019 年选育。

主要特征：鲜食。成龄叶叶片近心形，三裂，果穗圆柱形，无歧肩。果穗成熟度一致，着生松。果粒大，圆形。果皮厚度适中，无涩味。果肉软且多汁，无香味，种子充分发育，每果粒含 2～4 粒种子。可溶性固形物 21.4％，可滴定酸含量 0.48％，单粒重 8.9g，果实颜色紫黑色。叶片感霜霉病，果实感白腐病，抗寒性较强。

260. 郑葡 6 号 Zhengpu6hao

亲本来源：欧亚种。'红地球'与'早玫瑰'杂交而成，由中国农业科学院郑州果树研

究所于 2019 年选育。

主要特征：鲜食。成龄叶形状为近五角形，五裂，果粒成熟度一致，着生紧，果粒中等大小，圆形，果皮中等厚度，无涩味，果肉软且多汁，无香味，种子充分发育，每果粒含种子 2～4 粒。可溶性固形物 17.9%，可滴定酸含量 0.42%，单粒重 4.6g，果实颜色红色。叶片感霜霉病，果实感白腐病，抗寒性较强。

261. 郑葡 5 号 Zhengpu5hao

亲本来源：欧美杂种。'京秀'与'布朗无核'杂交而成，由中国农业科学院郑州果树研究所于 2019 年选育。

主要特征：鲜食。成龄叶叶片为心形，三裂。果穗圆锥形，单歧肩。果粒成熟度一致，着生不紧不松，果粒椭圆形，果粒大小中等，果皮厚，无涩味，果肉软且多汁，无香味，种子充分发育，每果粒含种子 2～4 粒。可溶性固形物 20.6%，可滴定酸含量 0.26%，单粒重 4.9g，果实颜色黄绿色。叶片感霜霉病，果实感白腐病，抗寒性较强。

262. 郑葡 4 号 Zhengpu4hao

亲本来源：欧美杂种。'红地球'与'森田尼无核'杂交而成，由中国农业科学院郑州果树研究所于 2019 年选育。

主要特征：鲜食。成龄叶叶片近五角形，五裂，果穗圆锥形，单歧肩，果粒成熟一致，着生紧，果粒长椭圆形，粉红色，平均粒重 8.6g，果皮厚度薄、无涩味、果肉硬脆，无香味，无种子。可溶性固形物 17.9%，可滴定酸含量 0.21%。叶片感霜霉病，果实感白腐病，抗寒性强。

263. 绯脆 Feicui

亲本来源：欧美杂种。'红芭拉蒂'与'京艳'杂交而成，由洛阳明拓生态农业科技发展有限公司于 2019 年选育，早熟品种。

主要特征：果穗圆锥形，个别有副穗，单或双歧肩，穗长 18.13cm 左右，宽 11.37cm 左右，平均单穗重 485g，穗梗长 5.34cm 左右，果梗长 0.86cm 左右，果粒着生密度中或松。果粒长椭圆形或卵圆形，长 22.45mm 左右，宽 17.14mm 左右，平均单粒重 6.52g，最大单粒重 7g 左右。果粒大小较整齐一致，果皮紫红或红紫色，色泽较一致。果皮薄至中等厚，果粉中，果肉较脆，无或稍有涩味，大多有 2～3 粒种子。可溶性固形物 18.2%，可滴定酸含量 0.5%，果实颜色红，香味类型玫瑰香。抗白腐病，感霜霉病、白粉病，较抗寒，不耐盐碱。

264. 波尔莱特 Boerlaite

亲本来源：欧亚种。'Scolokertek hiralynoje 26'与'Sultanina marble'杂交而成，由新疆农业科学院吐鲁番农业科学研究所于 2019 年选育，晚熟品种。

主要特征：鲜食、制干、制罐。果穗较大，圆锥形，平均穗重 710g，穗长 28cm，穗宽 16cm，果粒着生紧密。果粒黄绿色，短椭圆形，平均粒重 5.1g，纵径 2.3cm，横径 2.05cm。果粉中等，果皮较厚，汁中多，果肉稍脆，味甜，无香味，无核。植株生长势强，萌芽率 69%，果枝率 42.6%，结果系数 1.06，主要结果部位为第 4～6 节，副梢结果能力强。在吐鲁番地区 4 月初开始萌芽，5 月初开始开花，7 月中下旬始熟，果实 9 月上旬成熟。可溶性固形物 18.4%，可滴定酸含量 0.37%，果实颜色黄绿。果实易感染白粉病，耐高温能力较强。

265. 瑞都摩指 Ruidumozhi

亲本来源：欧美杂交种。'摩尔多瓦'与'美人指'杂交而成，由北京市林业果树科学研究院所于 2020 年选育，晚熟品种。

主要特征：果穗圆锥形，有副穗或歧肩，平均果穗长 20.13cm，平均果穗宽 14.2cm，平均穗重 550.8g。平均穗梗长 5.20cm，平均果梗长 1.33cm，果穗紧密度中。果粒长椭圆形或束腰形，果粒纵径 38.25mm、果粒横径 20.50mm，平均单粒重 8.9g，最大单粒重 13.0g，全穗果粒成熟一致，果粒较整齐。果粉薄，果皮紫红或红紫色，果皮厚度中，较脆，无或稍有涩味。果肉颜色无或极浅，质地较脆，硬度中等，无香味，还原糖含量 18.3%，总酸含量 0.44%，维生素 C 含量 3.18mg/100g。有种子，种子数 1～2 粒。可溶性固形物 18.5%，可滴定酸含量 0.48%。高感葡萄白粉病，中抗葡萄霜霉病、葡萄黑痘病、葡萄炭疽病。

266. 华葡瑰香 Huapuguixiang

亲本来源：欧美杂交种。'巨峰'与'沈阳玫瑰'杂交而成，由中国农业科学院果树研究所于 2020 年选育，中熟品种。

主要特征：鲜食。早果性强，丰产。果穗长 25.7cm，宽 16.7cm，平均单穗重 674.9g，最大穗重 1312.1g。果粒椭圆形，横径 2.51cm，纵径 2.75cm。可溶性固形物 18.7%，可滴定酸含量 0.41%，单粒重 11.4g。抗病性与母本'巨峰'相近，抗葡萄白腐病、葡萄霜霉病、葡萄黑痘病和葡萄炭疽病。抗寒性中等，抗盐碱性较强。

267. 润堡早夏 Runbaozaoxia

亲本来源：欧美杂交种。'夏黑'的变异株，由上海润堡生态蔬果专业合作社 2020 年选育，早熟品种。

主要特征：鲜食。果穗圆锥形或有歧肩，大小整齐，平均穗重 420g；果粒着生紧密、近圆形，自然粒重 3.5g 左右。果肉硬脆，无肉囊，果汁紫红色，有较浓的草莓香味，无核，品质优良。果实成熟后不裂果，不落粒。在单膜栽培模式下，3 月初萌芽，4 月下旬开花，6 月中旬果实成熟，比'夏黑'葡萄早熟 15d 左右。可溶性固形物 20%，可滴定酸含量 0.29%，果实颜色紫黑色。感灰霉病，感霜霉病，中抗黑痘病，中抗白腐病，中抗炭疽病。生长势强，抗逆性强。

268. 湘刺1号 Xiangci1hao

亲本来源： 东亚种群。普通刺葡萄变异类型，由湖南农业大学于2020年选育，晚熟鲜食、酿酒品种。

主要特征： 果穗多为圆柱形，松紧适中，每果枝平均结2穗果，平均单穗重为220g，果穗大小152.0cm²，果穗平均长度18.8cm。果粒圆形，果形指数1.0，果粒大小3.8cm²，单粒重为4.4g；果粉中等厚，果皮厚；初始着色浅紫色，成熟后蓝黑色。同'紫秋'相近平均每颗果实中含种子3.9粒，平均百粒重3.81g，平均长6.24mm，宽4.46mm。在湖南3月下旬至4月初萌芽，4月底至5月初开花，7月中下旬开始着色，9月上旬开始成熟，留树挂果时间长。可溶性固形物17.5%，可滴定酸含量0.13%，单粒重4.4g，果实颜色蓝黑色，香味类型无，白藜芦醇34mg/kg。抗黑痘病、白粉病、炭疽病、灰霉病能力强，但不抗霜霉病。抗虫性强，但不抗根瘤蚜。

269. 湘刺2号 Xiangci2hao

亲本来源： 东亚种群。普通刺葡萄变异类型，由湖南农业大学于2020年选育，中熟鲜食、酿酒、制汁品种。

主要特征： 果穗多圆柱形，松紧适中，大多无副穗，平均单穗重136g，果穗大小130.5cm²，果穗平均长度19.1cm。果粒圆形，果皮与果肉易分离，果肉和种子难分离，有肉囊；果形指数1.1，果粒大小2.5cm²，单粒重2.2g；果粉中等厚，果皮厚；初始果实为绿色，渐渐褪绿至成熟时为绿粉色。种子颜色褐色，均无外表横沟，种脐明显；平均百粒重1.93g，平均长5.32mm，宽3.31mm，长宽比1.6。在湖南4月初萌芽，5月上旬开花，8月下旬开始成熟。可溶性固形物18.5%，可滴定酸含量0.20%，单粒重2.2g，果实颜色黄绿色，白藜芦醇24mg/kg。抗黑痘病、白粉病、炭疽病、灰霉病能力强，但不抗霜霉病。抗虫性强，但不抗根瘤蚜。抗旱性强，较抗高温多湿气候。

270. 百泉玫瑰 Baiquanmeigui

亲本来源： 欧亚种。'红地球'与'玫瑰香'杂交而成，由河南科技学院、原阳县龙果农牧专业合作社于2021年选育，中熟鲜食品种。

主要特征： 果穗形状圆锥形，果穗无歧肩，果穗平均长度19.5cm，果穗平均宽度10.5cm，最大穗重618g，平均穗重500g，果粒平均纵径1.8cm，果粒平均横径1.7cm，单果粒最大重量6g，果皮厚度中，果皮涩味无，果肉质地软，果粒与果柄分离难，每果粒含种子4个，两性花，二倍体。可溶性固形物19.4%，可滴定酸含量0.45%，单粒重4.6g，果实颜色粉红，香味类型玫瑰香，可用来酿酒。叶片易感霜霉病，品种高抗寒。

271. 百泉香玉 Baiquanxiangyu

亲本来源： 欧亚种。'红地球'与'玫瑰香'杂交而成，由河南科技学院、原阳县龙果农牧专业合作社于2021年选育，中熟鲜食品种。

主要特征：果穗形状圆锥形，果穗无歧肩，果穗平均长度 18.9cm，果穗平均宽度 10.8cm，最大穗重 653g，平均穗重 500g，果粒平均纵径 1.8cm，果粒平均横径 1.7cm，单果粒最大重量 5g，果皮厚度薄，果皮涩味无，果肉质地软，果粒与果柄分离难，每果粒含种子 4 个，两性花，二倍体。可溶性固形物 21.2％，可滴定酸含量 0.47％，单粒重 4.3g，果实颜色黄绿色，香味类型玫瑰香型，可用作酿酒，叶片易感霜霉病，抗寒。

272. 岳霞香峰 Yuexiaxiangfeng

亲本来源：欧美杂种。'巨玫瑰'与'巨峰'杂交而成，由辽宁省果树科学研究所于 2022 年选育，早熟品种。

主要特征：果穗圆锥形，无歧肩，平均长度 25cm，平均宽度 13cm，最大穗重 797.5g，平均穗重 582.6g。果粒平均纵径 2.8cm，果粒平均横径 2.7cm，单果粒最大重量 7.3g，果皮厚，果皮涩味弱，果肉质地软，果粒与果柄分离难，每果粒含种子 2 个，两性花，四倍体。可溶性固形物含量 16.19％，可滴定酸含量 0.76％，单粒重 5.74g，果实暗红色，香味类型草莓香。抗霜霉病，抗白粉病，中抗白腐病，抗寒。

273. 金秋香 Jinqiuxiang

亲本来源：欧美杂种。'紫丰'与'纽约玫瑰'杂交而成，由辽宁省盐碱地利用研究所于 2022 年选育，中熟品种。

主要特征：果穗圆锥形，无歧肩，平均长度 22cm，平均宽度 12cm，最大穗重 421g，平均穗重 355g，果粒平均纵径 1.9cm，果粒平均横径 2.1cm，单果粒最大重量 5g，果皮厚度中，果皮涩味无，果肉质地软，果粒与果柄易分离，每果粒含种子 2 个。两性花，二倍体。可溶性固形物含量 16.76％，可滴定酸含量 0.394％，单粒重 4.8g，果实黄绿色，果粒圆形。感霜霉病。中抗白粉病。抗白腐病。耐盐碱，在土壤含盐量 0.13％，pH 为 8.16 的盐碱地生长良好，抗寒性较强。

274. 丽珠玫瑰 Lizhumeigui

亲本来源：欧美杂种。'紫丰'与'纽约玫瑰'杂交而成，由辽宁省盐碱地利用研究所于 2022 年选育，早熟品种。

主要特征：果穗圆锥形，无歧肩，平均长度 15.75cm，平均宽度 7.66cm，最大穗重 350g，平均穗重 230g。果粒平均纵径 1.71cm，平均横径 1.67cm，单果粒最大重量 4.0g，果皮厚度中等，果皮涩味中等，果肉软，果粒与果柄易分离，每果粒含种子 4 个。两性花，二倍体。可溶性固形物 16.45％，可滴定酸含量 0.36％，单粒重 3.3g，果实紫黑色，草莓香味，果粒圆形。高抗霜霉病，抗白粉病，抗白腐病，耐盐碱，抗寒性较强。

275. BK 无核

亲本来源：欧美杂种。'蓓蕾玫瑰 A'与'巨峰'杂交而成，由上海哈玛匠实业有限公司于 2022 年选育，晚熟品种。

主要特征：果穗圆柱形，无歧肩，平均长度 14.3cm，平均宽度 8.4cm，最大穗重 560g，平均穗重 450g。果粒平均纵径 2.8cm，平均横径 2.3cm，单果粒最大重量 9g，果皮厚度中等，无果皮涩味，果肉软，果粒与果柄分离中等，无核。可溶性固形物含量 20.2%，可滴定酸含量 0.34%，单粒重 6.5g，果实紫黑色，香味类型草莓香。两性花，二倍体。

276. 紫金红霞 Zijinhongxia

亲本来源：欧亚种。'矢富罗莎'与'香妃'杂交而成，由江苏省农业科学院果树研究所于 2022 年选育，早熟品种。

主要特征：果穗圆锥形，无歧肩，平均长度 21.7cm，平均宽度 13.4cm，最大穗重 780g，平均穗重 610g，果粒平均纵径 3.47cm，果粒平均横径 2.64cm，单果粒最大重量 9.8g，果皮薄，果皮无涩味，果肉质地脆，果粒与果柄分离难易程度中等，每果粒含种子 3 个。两性花，二倍体。可溶性固形物 18.30%，可滴定酸含量 0.31%，单粒重 8.70g，果实紫红至紫色，玫瑰香型。

277. 天工丽人 Tiangongliren

亲本来源：欧美杂种。'巨玫瑰'实生选种，由浙江省农业科学院、北京采育喜山葡萄专业合作社于 2022 年选育，中熟品种。

主要特征：果穗圆锥形，无歧肩，平均长度 17.58cm，平均宽度 9.8cm，最大穗重 537.73g，平均穗重 412.86g。果粒平均纵径 2.56cm，平均横径 2.34cm，单果粒最大重量 12.00g，果皮厚度中等，涩味弱，果肉脆，果粒与果柄难分离，每果粒含种子 1～3 个，花器两性花。可溶性固形物含量 20.50%，可滴定酸含量 3.24%，单粒重 8.23g，果实颜色紫红，香味类型玫瑰香，维生素 C 含量 7.69mg/100g，四倍体。

278. 玫康 Meikang

亲本来源：欧美杂种。由'玫瑰香'与'康拜尔早生'杂交而成，由江西农业大学 1965 年培育而成。

主要特征：果穗圆锥形，穗长 14.35cm，宽 8.10cm，平均单穗重 162.5g；果粒着生较紧密，果粒平均纵径 2.54cm，横径 2.37cm，平均单粒重 8.9g，最大单粒重 14.0g，圆形，淡黄色，果粉较厚；果皮易与果肉分离，果肉黄白色，汁黄白色，肉脆，风味浓，甜酸偏甜，玫瑰香味中等，可溶性固形物 18.2%，酸 0.63%，品质上等。

279. 大玫瑰香 Dameiguixiang

亲本来源：玫瑰香品种的四倍体芽变。1975 年，在原山东省平度市龙山公社发现。

主要特征：果穗歧肩圆锥形，带副穗，大，穗长 19cm，穗宽 16cm，平均穗重 430g，最大 1500g。果粒着生紧密，果粒圆形或近卵圆形，黑紫色，大，纵径 2.4cm，横径 2.1cm，果粒重 6.5～11g。果粉和果皮均厚。果肉多汁，有较浓玫瑰香味。每果粒含种子

1～2粒，种子较大，无核倾向明显。含糖量为16％～18％，鲜食品质优。

植株生长势强。芽眼萌发率为59％，结果枝占芽眼总数的40％。每果枝平均着生果穗数为1.35个。夏芽副梢结实力强，花芽的芽外分化现象明显，产量中等，正常结果树可产果22500kg/hm²。在山东济南地区，4月9日萌芽，5月16日开花，8月8日果实成熟。从萌芽至果实成熟需120d，此期间活动积温为2900℃。果实中熟。比玫瑰香早熟7d。适应性、抗寒性和抗病性比玫瑰香弱。在较寒冷地区和管理较差时，黑痘病、炭疽病发病较重。

280. 烟73号 Yan73hao

亲本来源：欧亚种，亲本为'紫北赛'与'玫瑰香'，由烟台葡萄酒酿酒公司1981年培育而成。

主要特征：果穗中等大，单歧肩，圆锥形，穗长13～15cm，肩宽12～14cm，平均穗重253g，最大穗重382g。果粒着生紧密，果粒中（1.7cm×1.5cm），百粒重226g，椭圆形，整齐。果皮中厚，紫红黑色，果粉中，果肉软，核与肉易分离，每粒果有种子2～3粒，果汁深紫红色。

281. 黑仔 Heizi

亲本来源：'自羽'与'白赛必尔'杂交而成，由河南省国营仪封园艺场1985年培育而成。

主要特征：果穗圆锥形、穗形中等大，平均穗重370g，最大穗重880g，果粒中等大，果皮黑色，脆甜，可溶性固形物含量（质量分数）16.2％，含酸量0.84％，出汁率61％。

282. 双锦山葡萄 Shuangjin

亲本来源：由辽宁省盐碱地利用研究所1985年培育而成。

主要特征：果穗圆柱形带副穗（间或圆柱形，不带副穗），果粒紧密，平均穗长9.5cm，穗宽6.5cm。穗平均重75.65g，最大穗重可达130g，每穗平均73粒，果穗大小比较整齐。果实圆形，紫黑色，果汁红紫色，具有山葡萄固有的香味。果实直径1.11cm，横径1.16cm，果粒平均重0.97g，每粒果实中有种籽2～4粒，种子百粒重4.4g。

283. 甜峰 Tianfeng

亲本来源：由'巨峰'葡萄品种实生选种，由吉林省农科院果树所1988年培育而成。

主要特征：果穗较大，平均穗重324～493g，最大穗重620g。穗长16～19cm，宽10～14cm，果穗圆锥形，有副穗，果粒着生中等或较疏松。果粒大，平均粒重8～9g，最大粒重15g，纵径2.4～2.7cm，横径2.2～2.5cm，近圆形，果皮紫黑色。果粉中等，皮薄，果肉与种子易分离，种子少，每果粒含种子1～2粒；肉质较脆，味甜爽口，微有清香，品质上等。可溶性固形物含量16％，果刷细长，粉红色。

284. 金峰 Jinfcng

亲本来源： 欧美杂种。'藤稔'葡萄品种芽变，由河金华婺东葡萄良种场 1997 年培育而成。

主要特征： 果穗很大，平均穗重 550g，最大单穗重 2350g。果实圆形，平均单果重 18.5g 最大 24g 以上。果皮薄，易剥离，深紫黑色，果粉多，外观十分美丽。果肉硬脆，切片无滴汁。果粒着生牢固，不掉粒，不裂果，无核化处理也不易脱落和裂果。极耐贮运。在树上挂果期长，可溶性固形物含量 19.5％，糖度高，酸味很少，风味甘甜，芳香浓郁，品质上等。

285. 红贵族 Hongguizu

亲本来源： 欧亚种。是由河北省"葡萄大王"、保定市农民农艺师李成 1998 年培育而成。

主要特征： 果穗长圆锥形，穗重平均 1500g，最高达 3000g。果粒圆形或卵圆形。粒重 22g。紫红黑色，果粒硬脆而富有弹性，耐压耐摔，可切成薄片。汁多味甜，可溶性固形物 18％～20％。果刷粗长，着生牢固。

286. 628

亲本来源： '山东早红'芽变，由山东省济南市历城区党家庄镇陡沟村周建中 1999 年培育而成。

主要特征： 果穗圆锥状，平均穗重 550g，最大 1500g；成熟果实紫红色，着色迅速整齐，外形美观；果粒圆形，平均单果重 8.5g（如 1 元硬币），最大果达 15g 以上；果粒中等厚，果皮易剥离，较耐贮运；有玫瑰香味，可溶性固形物 16.1％，酸甜适口，品质佳。每果粒有种子 2～3 粒；久旱遇雨无裂果现象。

287. 大粒山东早红 Dalishandongzaohong

亲本来源： '山东早红'葡萄的大粒极早熟芽变，由山东省济南市历城区党家庄镇陡沟村周建中 1999 年培育而成。

主要特征： 果穗圆锥形，平均穗重 500g，最大 1500g。成熟果实紫红色，着色迅速整齐，外表美观。果粒圆形，平均粒重 8.5g，最大粒重 15g。果粉中等厚，果皮易剥离，较耐运输。有玫瑰香味，可溶性固形物含量 16.1％，酸甜适口，品质佳。每果有种子 2～3 粒。久旱遇雨无裂果现象。

288. 甬优 1 号 Yongyoulhao

亲本来源： 由'藤稔'葡萄芽变而成，由宁波市农业科学研究院 1999 年培育而成。

主要特征：果穗圆柱形，果穗副穗少，平均穗重 650g。果粒近球形，纵径×横径为 3.6cm×3.5cm，单粒重 14～15g，较'藤稔'略小，果皮稍厚（不易裂果），色泽紫黑，着色率高达 92%，且上色快、均匀。果粒排列紧密，整齐度好。果肉味甜、浓、汁多，品质上等。成熟时可溶性固形物含量 17%，可滴定酸 0.30%，水溶性总糖达 13.97%，还原糖 12.31%，维生素 C 27.1μg/g，果粒硬度 2.1kg/cm^2。

289. 珍珠王 Zhenzhuwang

亲本来源：亲本不详。

主要特征：果粒呈长圆形，单粒重 15g 左右，平均穗重 750g，最大穗超过 2000g 以上。穗形整齐美观，颜色鲜红，果肉硬脆，成片，不流果汁，糖度达 18～20 度，有清香味，耐贮藏，在普通居室可存放一个月。

290. 玫瑰早 Meiguizao

亲本来源：欧美杂种。由'乍娜'与'郑州早红'杂交而成，由河北职业技术师范学院、昌黎凤凰山葡萄研究开发中心 2001 年培育而成。

主要特征：果穗大，平均穗重 660g，最大穗重达 1630g，圆锥形，有歧肩，较紧。平均粒重 7.5g，最大粒重达 12g。果粒紫黑色，甜酸适口，玫瑰香味很浓，品质极上。可溶性固形物含量 18% 以上，总酸为 0.49%。

291. 玫瑰玉 Meiguiyu

亲本来源：欧美杂种。由'乍娜'与'郑州早红'杂交而成，由河北职业技术师范学院、昌黎凤凰山葡萄研究开发中心 2001 年培育而成。

主要特征：果穗中大，平均穗重 515g，长圆锥形，较紧。平均粒重 6g，最大粒重达 9g。果粒黄绿色，完熟时为金黄色，半透明，外观美。甜酸适口，玫瑰香味浓，品质佳。可溶性固形物含量 16%，总酸为 0.46%。

292. 玫瑰紫 Meiguizi

亲本来源：欧美杂种。由从'乍娜'与'郑州早红'杂交而成，由河北职业技术师范学院、昌黎凤凰山葡萄研究开发中心 2001 年培育而成。

主要特征：果穗中大，平均穗重 550g，最大穗重达 1250g，平均粒重 8.5g，最大粒重达 13g，圆锥形，较紧，有歧肩。果粒紫红色，甜酸适口，品质佳。可溶性固形物含量 15% 以上，总酸为 1.03%。

293. 苏港 1 号 Sugang1hao

亲本来源：欧美杂种。由'黑旋风'与'藤稔'杂交而成，由江苏省张家港市农业局、

江苏省张家港市后塍镇刘坤洪 2001 年培育而成。

主要特征：果穗圆锥形，果穗均重 500g，大穗 800g，第 1 果穗多着生在第 3 节，果穗松紧适度。果粒短椭圆形，重 12.5g，纵径 3.1cm 横径 2.8cm；果色紫红到紫黑，果粉中等；果皮厚，易剥离，耐贮运；肉质较硬，汁多无肉囊，味浓甜，适口性特好，可溶性固形物含量 16.5％。苏港 1 号无落花、落果、裂果和单性果等生理性缺点。

294. 农科 1 号 Nongke1hao

亲本来源：'凤凰 51 号'实生。

主要特征：果穗圆锥形，大，平均 620g，最大 1230g，副穗大，果粒扁圆形，中大，平均 6～8g，紫黑色，果肉硬，肉质细，味甜，可溶性固形物含量为 16％，种子多为 2 粒，副梢结实能力强，萌芽率 95％，果枝率 92％，结果系数 1.8。

295. 农科 2 号 Nongke2hao

亲本来源：'早玫瑰'芽变。

主要特征：果穗圆锥形或圆柱形，中大，平均 400g，最大 960g，果粒圆形，中大，有玫瑰香味，平均 6～8g，紫黑色，果肉软硬适中，肉质细，可溶性固形物含量为 16.5％，种子多为 2～3 粒，副梢结实能力强，萌芽率 95％，果枝率 95％，结果系数 2.14。

296. 农科 3 号 Nongke3hao

亲本来源：'凤凰 51 号'实生。

主要特征：果穗圆锥形，平均 620g，最大 1360g，果粒圆形，平均 8～10g，完全成熟为紫黑色，果肉软硬适中，肉质细，风味好，可溶性固形物含量为 16.8％，种子多为 2～3 粒，副梢结实能力强，萌芽率 95％，果枝率 95％，结果系数 1.38。

297. 牡丹紫 Mudanzi

亲本来源：不详。

主要特征：嫩梢黄绿色，略有白色茸毛，顶尖半直立，成熟枝条深褐色，节间中长、枝条粗壮、卷须三叉，扦插易生根。幼叶黄绿色，有橘黄附加色，叶背有稀少的白色茸毛，成龄叶心脏形、深绿色、五裂，上裂痕深，边缘锯齿形，叶上表面光滑、革质，下表面粗糙，着生稀疏的白色茸毛，叶片厚，叶柄洼开张八字形，两性花。果穗圆锥形，无副穗，果粒紧凑，平均穗重 600g，最大 1680g，果粒椭圆形平均粒重 9g，最大 12g，黑紫色，果粉中厚，果皮厚，可切片，有浓郁的玫瑰香味，含糖量 15.8％，品质极佳，果粒含种子 1～2 粒。

298. 南抗葡萄 Nankang

亲本来源：不详。

主要特征：梢嫩，有短刺；幼叶紫红；成龄叶片大而厚。全缘。光滑无光泽；一年生枝条褐色。短刺较密。不扎手；果粒蓝黑色，平均重 5.5g，最大可达 10g；穗重平均 450g。最大可达 1600g；果粉厚，品质优。

299. 荣名 5 号 Rongming5hao

亲本来源：欧美杂交种。河南农业大学教授和葡萄专家黄荣名共同选育出的一年两熟葡萄新品种。

主要特征：成熟早、抗病性强、果穗大、不脱粒、一年两次成熟、具有草莓香味。从开花到成熟仅需 38d，中原地区 6 月中下旬成熟，如果采用保护地栽培可在 4 月上中旬成熟。葡萄生育周期内几乎不需要喷施农药，可以生产出名副其实的无公害水果。果穗重 850g 左右，果粒大，单粒重 12g 左右。该品种不但头茬结果多、产量高、效益高，而且二次结果产量也不低于头茬结果量。

300. 华变 Huabian

亲本来源：'华夫人'葡萄芽变。

主要特征：果穗圆锥形，有歧肩，平均穗重 330g，最大穗重 530g。果粒着生极紧密，果粒圆形或短圆形，自然平均单粒重 5.1g，最大粒重 8.1g。果皮黑紫色，果粉厚，果皮厚，有肉囊，果肉黄绿色，含可溶性固形物 14.0%，总糖 11.42%，酸 1.06%，肉质柔软多汁，味甜微酸，有草莓香味，品质较好。树势中等，叶片大而厚，叶色浓绿，叶背密生茸毛，节间中长。极易成花，冬芽萌发后几乎全部抽结果枝，每结果枝着花穗多为 2 穗，着穗节位多为 3～4 节。易结二次果。种子 1～3 粒，多为 2 粒，种子较大。

301. 绿色 1 号 Lüse1hao

亲本来源：吉林省集安市园艺特产研究所，经多年栽培和试验，培育出的耐寒、抗病、优质高产葡萄新品种。

主要特征：果穗中大，呈圆柱形，整齐美观。单穗重 300～510g，果粒大小整齐，着生紧密，平均单粒重 5.8g，最大 12 g。果皮黑紫色，果肉肥厚，肉质细，有浓厚香蕉香味，味甘甜，品质极优。抗病性极强，采前不裂果，采后不落粒。9 月下旬成熟。抗寒性强，冬季可耐−30℃低温，产量高，每亩栽 220 株，产量可达 2000～3000kg。是适宜华北、西北、东北地区发展的优质中晚熟葡萄新品种。

302. 早熟玫瑰香 88 号 Zaoshumeiguixiang88hao

亲本来源：山东省葡萄科研所生物中心的科研人员，经过 6 年的时间，利用杂交和胚培选育技术获得。

主要特征：果穗中偏大，圆锥形，平均穗重 700g，最大穗重 1000g，果粒整齐，呈鸡心形，红紫色，成熟上色非常一致。平均粒重 6g，最大粒重 8g，较传统玫瑰香葡萄大，疏果

增重效果好。果实脆甜，含糖量18%，具有浓郁的玫瑰香味。在山东地区，该品种4月初萌芽，5月上中旬开花，7月上旬成熟，树生长势强，副梢结实力强，产量高，平均亩产3000kg。

303. 瑞峰无核 Ruifengwuhe

亲本来源：'先锋'芽变，北京市农林科学院林业果树研究所。

主要特征：果穗圆锥形。自然状态下果穗松，200～300g，果粒近圆形，平均单粒重4～5g，果皮蓝黑色，果肉软，可溶性固形物含量17.93%，可滴定酸含量0.615%，无核或有残核，个别果粒有1个种子，平均无核率98.08%。用果实膨大剂处理后坐果率明显提高，果穗紧，平均重753.27g，最大1065g。果粒大幅度增大，近圆形，平均重11.17g，最大23g。果肉变硬。果粉厚，果皮韧，紫红色至红紫色，中等厚，无涩味，易离皮。果肉硬度中等，较脆，多汁。风味酸甜，略有草莓香味，可溶性固形物含量为16%～18%，平均16.77%，可滴定酸含量0.516%。果实不裂果，无籽率100%（有的年份有败育种迹）。

304. 大紫王葡萄 Daziwangputao

亲本来源：欧亚种。从'红地球'变异株中选育，由浙江省海盐县农业科学研究所、临海市紫王葡萄专业合作社和武原镇农技水利效劳中心一起选育。

主要特征：叶片近圆形，中等大，深绿色，叶片正面、背面均较光滑，无茸毛，叶柄紫红色，叶柄洼多数为矢形，也有拱形，少数开张椭圆形，新梢生长直立，淡紫红色，梢上无茸毛，嫩梢绿色，成熟枝蔓淡褐色，花序多数着生在结果枝第节位上。生长势旺盛，根系发达，树体长势旺盛，节间长度中等。

305. 红太阳 Hongtaiyang

亲本来源：'红地球'芽变选育。

主要特征：树势健壮，一年生枝条黄褐色，枝条粗、节间短。副梢萌发率低，可自然封顶。嫩梢先端2～3片幼叶微红色，下部叶片为深绿色，成叶大而厚、近五角形，5裂，上裂刻浅、下裂刻不明显，叶正、背面均无毛，叶面无光泽，不光滑，叶柄紫红色。果穗长圆锥形，纵径27cm，横径20cm，平均穗重1250g。果粒着生紧密，果粒近圆形，平均纵径3.2cm，横径3.0cm，单粒平均重18g，最大粒重28g；果色深红，肉质硬脆，每果1～2粒种子。田间考察抽样测定，可溶性固形物含量14.7%。果实耐运、商品性好，缺点是抗日灼病能力较弱。

306. 长青玫瑰 Changqingmeigui

亲本来源：欧美杂交种。亲本为'夕阳红'与'京亚'。沈阳市林业果树科学研究所与沈阳长青葡萄科技有限公司联合选育。

主要特征：果穗大，长圆锥形，平均重600g，果粒大，平均10g，紫黑色，果粉厚，果皮薄，含单宁少，带有和谐的玫瑰香与草莓香混合香味，可溶性固形物含量 20％，品质极佳。果实通常含种子一枚。四倍体。

307. 雪蜜无核 Xuemiwuhe

亲本来源：欧亚种。从'克伦生'葡萄中选育出的极晚熟芽变品种。

主要特征：果穗呈圆锥形，中大，穗重 560～2200g，果粒着生紧密，多副穗，有歧肩。果粒长椭圆形，天然无核，单粒重 5.1～7.9g。果皮呈玫瑰红色，着色均匀，果粉少，美观，无大小粒现象。果皮中薄，与果肉不易分离。果肉半透明乳白色，肉质细脆，有浓郁的玫瑰香味，可溶性固形物含量 20.5％～23.6％，品质极佳。果刷长，着生牢固，不易落粒，不裂果，耐运输能力强。是目前鲜食葡萄品种中成熟期最晚、品质优良的无核品种。

308. 卓越公主 Zhuoyuegongzhu

亲本来源：不详，山东省鲜食葡萄研究所选育。

主要特征：果穗果粒极大，果实艳红色，硬脆，含糖量极高，丰产性极好，品质极优，中晚熟品种。

309. 卓越皇后 Zhuoyuehuanghou

亲本来源：不详，山东省鲜食葡萄研究所培育的无核葡萄新品种，2017 年首次推出，是'卓越玫瑰'的姊妹品种。

主要特征：平均粒重 5g 左右，自然无核，极早熟，香味浓郁。膨大处理后可达 10g 以上，挂果时间长，果实黄绿色，品质极优。

310. 京焰晶 Jingyanjing

亲本来源：亲本不详。

主要特征：早熟无核型鲜食葡萄品种，从萌芽至果实成熟98d，北京地区露地 7 月 20 日成熟。果穗长，平均穗重 426g，平均粒重 3g。果粒红色，卵圆形或鸡心形。果皮薄，果皮与果肉不易分离，果肉与果刷难分离，成熟后挂果期长，耐贮运。每果粒有 12 个残核。可溶性固形物含量 16.8％，可滴定酸含量 0.38％。肉厚而脆，味甜。

311. 京莹 Jingying

亲本来源：亲本不详。

主要特征：中熟鲜食葡萄品种，从萌芽至果实成熟 129d，北京地区露地 8 月底成熟。平均穗重 440g，平均粒重 8.2g。果实绿黄色或绿色，椭圆形。果皮中等厚，果皮与果肉不易分离，果肉与果刷难分离，成熟后还能在树上挂果一个月，耐贮运。可溶性固形物含量 15.6％，可滴定酸含量 0.50％，有较浓郁的玫瑰香味，肉厚而脆，味酸甜。种子多为 3 粒。

312. 春香无核 Chunxiangwuhe

亲本来源： 欧美杂种，'夏黑'葡萄芽变中发现并选育而成的葡萄新品种。

主要特征： 果穗长圆锥形、大小整齐，果粒着生紧凑，圆形、无籽、紫黑色或蓝黑色，实际生产中，经赤霉素处理后，穗长 20cm、穗宽 11cm、平均穗重 530g、纵径 2.3cm、横径 2.1cm、平均粒重 7.5g、最大粒重 12.1g。果粉多、果皮厚、果肉软。自然果较小，平均粒重 2.9 克左右，可溶性固形物 20％左右。植株生长势强。隐芽萌发力中等。芽眼萌发率 95％，成枝率 90％，枝条成熟度中等。每果枝平均着生果穗数 1.4 个。隐芽萌发的新梢结实力强。嫩梢绿色带淡紫红色，有少量茸毛。幼叶淡绿色或紫红色，叶背面有较密茸毛。成龄叶片大，较厚，近圆形，深绿色，叶片 5 裂，裂刻深，第 6 节位以上着生的部分叶片叶刻不明显，一年生成熟枝条红褐色。可滴定酸含量 0.52％，果实颜色黑色，香味类型草莓香，果肉红色。与'夏黑'抗性相类似，对霜霉病、白粉病、灰霉病抗或中抗，对白腐病抗性较差。稍抗旱，不耐涝。第 1 生长周期亩产 1000kg，比对照'夏黑'减产 1.2％；第 2 生长周期亩产 1600kg，比对照'夏黑'增产 6％。

313. 春蜜 Chunmi

亲本来源： 以'西万'为母本、'罗萨卡'为父本杂交选育的中熟新品种，中国农业大学马会勤教授实验室于 2015 年选育的杂交葡萄新品种。

主要特征： 果穗圆锥形，穗大小中等，穗梗长度中等，果粒着生中等疏松。果粒圆柱形，极大，单粒重 9.8g。果皮薄，黄绿色，有涩味，果肉脆硬，花青苷显色极弱，无香气，有正常发育的种子。果实可溶性固形物 19.3％。当年生枝条木质化后呈黄褐色。在北京地区 3 月下旬萌芽，5 月下旬开花。8 月上中旬果实充分成熟。定植后第 2 年开始结果。

314. 寿王玫瑰 Shouwangmeigui

亲本来源： 安徽省寿县寿州园艺研究所从'康拜尔'葡萄的自然变种中选育的极早熟、无核、香甜、抗病性突出的葡萄新品种。

主要特征： 果穗中等大小，穗长 13～17cm、宽 12～14cm，多呈圆柱状，少数呈圆锥状。果粒着生极紧密，80％以上的果粒易因挤压而变形，果穗梗长 3.5～4.0cm，易采摘。平均单粒重 6.2g，平均单穗重 400g。开花前 15d，用美国奇宝 1g 兑水 22kg，用喷雾器喷洒花序 1 次，可明显拉长果穗，彻底改变果穗密集、果粒挤压变形的现象，使果穗长从 13～17cm 增长到 30～33cm，单穗重可达 700～800g。果粒整齐、近圆形、黑紫色，有果粉，果皮薄。果肉无涩味，味甜，含糖量 18.8％～20.4％，有浓郁的玫瑰香味，可不剥皮食用。果肉软且弹性好，果蒂极牢固，采摘后在自然环境条件下储放 2 周不掉粒，特耐储运。果实成熟期一致，成熟后可延迟采收 60 天不掉粒、不退味。

315. **13-25**

　　亲本来源：亲本为'阳光玫瑰'与'黑吧拉多'。

　　主要特征：有核，12g 以上，可无核化处理，无核化处理可达到 15～16g；果粒鲜红色，浓玫瑰香味；栽培简单，易管理，管理粗放。

316. **阳光之星 Yangguangzhixing**

　　亲本来源：亲本为'阳光玫瑰'和'新郁'。

　　主要特征：有核，自然果 12g，无核处理后 20g 以上，颜色鲜红色，果面发亮；自然果有清淡的玫瑰香味，糖度高 18 度以上，口感鲜、脆，果皮无涩味，果皮薄，可以连皮吃；处理的浓度不大，对激素比较敏感。

317. **日光红无核 Riguanghongwuhe**

　　亲本来源：2014 年马陆葡萄研究所从"早夏无核"中发现的一个变异种。

　　主要特征：成熟早，果粒大，果肉硬脆，果皮脆，无涩味，有香气，是一个集早熟、优质、抗病于一体的优良无核早熟品种，定性状稳定，表现出极早熟、风味浓郁、丰产性好、抗病性强、市场售价高等优点，特别适宜在上海及长三角地区推广种植。

318. **葡之梦 Puzhimeng**

　　亲本来源：金联宇（浙江乐清市联宇葡萄研究所）育成的新品系，排序"宇选 8 号"，亲本为'金手指'与'美人指'。

　　主要特征：树势强健，中熟，成熟一致，鲜紫红色，花芽分化极易，三花序。新梢占 10％以上，隐芽抽枝能正常结果，产量负载能力强。平均粒长 5.6cm，粒重 12g，穗重 750～1000g，可溶性固形物 18％～21％，兼具了'美人指'细长红艳的外观和'金手指'浓甜奶香的风味。

319. **金光 Jinguang**

　　亲本来源：亲本不详，昌黎果树研究所赵胜建团队培育的中晚熟品种。

　　主要特征：穗大粒大。果穗大、圆锥形，平均单穗重 738.8g，果穗中等紧密；果粒大，椭圆形，平均单粒重 15.4g。品质优。果肉较脆，果汁多，具有草莓香味，风味甜，可溶性固形物含量达 18.0％以上，可滴定酸含量为 0.58％，固酸比高达 31.0。外观美。果皮黄绿色，充分成熟金黄色，果粉中等厚。结果早，丰产稳产。每结果枝平均 1.55 个穗；丰产性强，三至五年生平均产量为 24600kg/hm²。抗病抗逆、适应范围广。抗葡萄霜霉病、炭疽病、白腐病能力较强，与'巨峰'抗性近似。

320. 贵妃指 Guifeizhi

亲本来源：亲本不详。

主要特征：果粒长指状，诱人的粉红色，粒重 14g，果肉爽脆，含糖 19％，品质佳，耐树挂，适合高档观光采摘栽培。

321. 金香蜜 Jinxiangmi

亲本来源：欧美杂交种。

主要特征：四倍体，露地栽培，成熟期在山东为 7 月中旬，江南为 6 月下旬至 7 月上旬，比'巨峰'早熟 20d 左右，保护地栽培可在 5 月份成熟。'金香蜜'葡萄上市早，而且恰逢高温季节。

322. 绿香宝 Lüxiangbao

亲本来源：欧亚种。亲本为'红地球'与'玫瑰香'，2019 年山西省农业科学院果树研究所杂交选育。

主要特征：大粒，果肉软，黄绿色，具玫瑰香味，有种子。

323. 嫣红 Yanhong

亲本来源：母本为'红地球'，父本为'6-12'。

主要特征：果穗圆锥形，平均穗重 625.8g。果粒近圆形，大小均匀，平均粒重 9.1g。果皮紫红色，中厚、韧，果肉较软，汁液中，酸甜爽口，可溶性固形物含量为 16.6％。

324. 红艳无核 Hongyanwuhe

亲本来源：亲本为'红地球'和'森田尼无核'。

主要特征：无核、优质、抗病的鲜红色葡萄新品种。果穗圆锥形，穗梗中等长，带副穗，穗长 29.8cm，穗宽 17.8cm，平均穗重 1200.0g。果粒成熟一致。果粒着生中等紧密。果粒椭圆形，深红色，纵径 2.1cm，横径 1.7cm，平均粒重 4.0g，最大粒重 6.0g。果粒与果柄难分离。果粉中。果皮无涩味。果肉中到脆，汁少，有清香味。无核。不裂果。可溶性固形物含量约为 20.4％以上，品质优，可溶性糖 17.09％，总酸为 0.54％。

325. 甬绿妃 Yonglüfei

亲本来源：亲本不详。

主要特征：嫩梢梢尖开合程度半开张，新梢节间背侧颜色绿色。幼叶正面颜色绿色。成龄叶形状近三角形，成龄叶裂片数五裂，正背面均有较多茸毛，一年生节间长度 10～15cm。

果穗形状为圆锥形，果实为椭圆形，果粒黄绿色，玫瑰香味强，平均单粒重量12g，果粒硬度 $1.28kg/cm^2$，浙江地区7月上旬至中旬成熟。

326. 紫丰 Zifeng

亲本来源： 欧美杂种，由'黑爱莫'与'红宝石无核'杂交，通过胚挽救技术选育的无核葡萄新品种，由甘肃省农业科学院林果花卉研究所2017年培育而成。

主要特征： 果穗圆锥形，平均重345g；果粒鸡心形，着生紧密，大小均匀，平均单粒重4.4g，最大5.7g；果皮紫黑色，皮薄；果肉脆、硬，酸甜爽口；无核；可溶性固形物含量18.50％，可溶性糖含量13.60％，可滴定酸含量0.32％，维生素C含量3.8mg/100g。植株生长势较强，平均萌芽率88.2％，结果枝率83.3％，果枝平均果穗数1.8个，果实挂树期长。早果、丰产，成苗定植第2年开始结果，第3年稳产，产量控制在16962～24783kg/hm²。在兰州地区4月下旬萌芽，6月初始花，7月中旬开始着色，8月下旬至9月初果实成熟，从萌芽到果实成熟为130d左右。树体抗病性较强，霜霉病、白粉病等常见病害发生较轻，无特殊病虫害和逆境伤害，适应性强。在甘肃布点区试的埋土防寒区，未见冻害和抽条现象，适宜在西北干旱地区推广种植。

327. 金艳无核 Jinyanwuhe

亲本来源： 欧亚种，'红地球'与'森田尼无核'杂交而成，由中国农业科学院郑州果树研究所于2021年选育，中熟品种。

主要特征： 鲜食。果穗形状圆锥形，果穗歧肩或无歧肩，果穗平均长度19.8cm，果穗平均宽度10.8cm，最大穗重870g，平均穗重500g，果粒平均纵径1.8cm，果粒平均横径1.7cm，单果粒最大重量6.3g，果皮厚度薄，果皮涩味无，果肉质地脆，果粒与果柄分离难，每果粒含种子0个，花器类型两性花。倍性二倍体。可溶性固形物19.4％，可滴定酸含量0.43％，单粒重3g，果实颜色黄绿色，香味类型无，无核。和欧美杂种主栽品种相比，抗病性中等偏弱、叶片易感霜霉病，雨水多时果实偶有裂果现象。

第二节 酿酒品种

1. 黑佳酿 Heijianiang

亲本来源： 由'赛必尔2号'与'佳利酿'杂交，中国农业科学院郑州果树研究所于1978年育成该品种，中熟品种。

主要特征： 果穗圆锥形，大小整齐，穗长18.7cm，穗宽10.2cm，平均穗重300.5g，果粒着生极紧密。果粒蓝黑色圆形，纵径1.4cm，横径1.4cm，平均粒重1.6g。果粉中等厚，果皮中等厚、较脆、微有涩味，果肉较脆、汁多、紫红色、味甜酸、无香味，可溶性固形物含量为15.0％～17.0％。

植株生长势强，隐芽萌发力强，芽眼萌发率为 66.8%，成枝率为 73.56%，枝条成熟良好。每果枝平均着生果穗数 1.9 个，隐芽萌发的新梢结实力中等。在河南郑州地区，4 月中旬萌芽，5 月中旬开花，8 月中旬果实成熟。从萌芽至果实成熟需 127d。

2. 北醇 Beichun

亲本来源：欧山杂种。亲本为'玫瑰香'与'山葡萄'，中国科学院植物研究所在 1965 年育成，晚熟酿酒品种。

主要特征：植株生长势强。隐芽萌发力强，副芽萌发力弱。芽眼萌发率为 86.8%，结果枝占芽眼总数的 95.76%，每果枝平均着生果穗数为 2.17 个。隐芽萌发的新梢结实力强，夏芽副梢结实力弱。一年生苗定植第 2 年可结果，正常结果树产果 22500～30000kg/hm^2。在北京地区，4 月中旬萌芽，5 月中旬开花，9 月中旬果实成熟。从萌芽至果实成熟需 156d，此期间活动积温为 3481℃。抗寒性、抗旱性和抗湿性强，高抗白腐病、霜霉病和炭疽病，抗二星叶蝉能力中等。嫩梢黄绿色，早果性好。两性花，二倍体。

3. 北红 Beihong

亲本来源：欧山杂种。亲本为'玫瑰香'与'山葡萄'，由中国科学院植物研究所在 1965 年育成，晚熟酿酒品种。

主要特征：果穗圆锥形间或带副穗，较小，穗长 19.8cm，穗宽 12.2cm，平均穗重 160g，最大 290g，果穗大小整齐，果粒着生紧密。果粒圆形，蓝黑色，小，纵径 1.3cm，横径 1.3cm，平均粒重 1.6g。果粉厚，果皮较厚，韧、无涩味，果肉软，有肉囊，果汁较少，红色，味酸甜，无香味。每果粒含种子 2～4 粒，多为 3 粒，种子椭圆形，小，红褐色，外表有沟痕，种脐明显突出，喙小而尖，种子与果肉不易分离。可溶性固形物含量为 20.3%～23.8%，最高可达 25.3%，可滴定酸含量为 0.89%～1.26%，出汁率为 62.9%。酿酒品质中上等，用其酿制的酒，深棕红色，澄清透明，有类似山葡萄酒香味，味浓厚，回味较长。

植株生长势强。隐芽萌发力中等，副芽萌发力弱。芽眼萌发率为 71.1%，结果枝占芽眼总数的 98.1%，每果枝平均着生果穗数为 1.76 个。隐芽萌发的新梢结实力强，夏芽副梢结实力弱。早果性好。正常结果树产果 15000～18750kg/hm^2。在北京地区，4 月上旬萌芽，5 月中旬开花，9 月上、中旬果实成熟。从萌芽至果实成熟需 160d 左右，此期间活动积温为 3639.9℃。抗寒性和抗病性极强。

嫩梢黄绿色。梢尖开张，粉红色，密生灰白色茸毛。幼叶黄绿色，上表面有光泽，下表面有黄白色茸毛。成龄叶片心脏形，较大，深绿色，主要叶脉浅绿色，上表面较光滑，下表面有稀疏黄白色短茸毛和少数刚毛。叶片 3 裂，上裂刻浅，裂刻椭圆形。锯齿大而锐，三角形。叶柄洼拱形或矢形，基部近圆底宽广拱形。叶柄短于中脉，绿色有紫红晕。新梢生长直立。卷须分布不连续，2 分叉。新梢节间背侧和腹侧均淡灰色。冬芽红褐色，着色一致。枝条横截面呈椭圆形，表面淡灰色，有条纹，有稀疏茸毛，节部红褐色。节间长度及粗度均中等。两性花，二倍体。

4. 北玫 Beimei

亲本来源： 欧山杂种。亲本为'玫瑰香'与'山葡萄'，由中国科学院植物研究所在1965年育成，晚熟酿酒品种。

主要特征： 果穗圆柱圆锥形间或带副穗，中等大，穗长16.8cm，穗宽10.6cm，平均穗重160g，最大220g，果穗大小整齐，果粒着生中等紧密。果粒圆形或近圆形，紫黑色，中等大，纵径1.7cm，横径1.7cm，平均粒重2.6g。果粉中等厚，果皮厚，果肉软，有肉囊，果汁红褐色，味酸甜，有麝香味。每果粒含种子2～4粒，多为3粒，种子椭圆形，小，暗褐色，外表有沟痕，种脐突出，喙较小而尖，种子与果肉不易分离。可溶性固形物含量为18.4%～23.4%，可滴定酸含量为0.87%～1.17%。出汁率为77.7%。酿酒品质中上等，用其酿制的酒，宝石红色，澄清透明，有悦人的麝香气，味浓爽口，回味长，余香清晰，有老酒风味，酒体丰满完整。

植株生长势强，隐芽萌发力中等，副芽萌发力强。芽眼萌发率为82.7%，结果枝占芽眼总数的97.53%，每果枝平均着生果穗数为2.13个。隐芽萌发的新梢结实力强，夏芽副梢结实力弱。早果性好。正常结果树产果15000～18750kg/hm^2 [2.5m×（1～2）m，篱架]。在北京地区，4月中旬萌芽，5月中旬开花，8月下旬至9月上旬果实成熟。从萌芽至果实成熟需144d，此期间活动积温为3347.5℃。抗寒性较强，抗白腐病、炭疽病力较强，叶片易染霜霉病。

嫩梢绿色，有浅紫红色，密生灰白色茸毛。幼叶黄绿色，有浅紫红色晕，上表面有光泽，下表面有黄白色茸毛。成龄叶片心脏形，特大，浓绿色，主要叶脉浅绿色；上表面较光滑；下表面有稀疏的黄白色短茸毛，混生有少数刚毛。叶片5裂，上裂刻深，基部圆形；下裂刻深或中等深，基部椭圆形。锯齿大而钝，三角形。叶柄洼狭小拱形，基部近圆形。叶柄长于中脉，绿色。新梢生长直立。卷须分布不连续，长，2分叉。新梢节间背侧红褐色，腹侧红褐色。冬芽暗褐色，着色一致。枝条横截面呈椭圆形，表面红褐色，有条纹，有极疏茸毛。节间中等长，中等粗。两性花，二倍体。

5. 北全 Beiquan

亲本来源： 欧山杂种。亲本为'北醇'与'大可满'，由中国科学院植物研究所在1985年育成，晚熟酿酒品种。

主要特征： 果穗圆锥形带副穗或圆柱形，较大，穗长18.8cm，穗宽15.1cm，平均穗重414.7g，最大穗重590g。果穗大小整齐，果粒着生紧密或极紧密，果粒近圆形或椭圆形，紫红色，较大，纵径2.1cm，横径1.9cm，平均粒重4.5g。果粉中等厚，果皮中等厚，稍涩易碎。果肉质地中等，汁中等多，味酸甜。每果粒含种子2～4粒，多为2粒，种子椭圆形，中等大，黄褐色，外表有较深横沟，种脐突出，喙短，种子与果肉易分离。可溶性固形物含量为15%～16%，含酸量为0.99%，出汁率为80%。酿酒品质中上等，由它酿制的葡萄酒，淡黄色或近似无色，澄清透明，具悦人麝香味，柔和爽口，回味亦可。

植株生长势强，隐芽萌发力强，副芽萌发力中等。枝条成熟度好。结果枝占芽眼总数的58.8%～62.3%，每果枝着生果穗数为1.52～1.66个。隐芽萌发的新梢结实力强，夏芽副

梢结实力弱。早果性好。正常结果树一般产果 20000~25000kg/hm² ［2.5m×（1~2）m，篱架］。在北京地区，4 月中旬萌芽，5 月中、下旬开花，9 月上、中旬果实成熟。从萌芽至果实成熟需 150~153d，此期间的活动积温为 3379℃。果实晚熟。抗寒、抗旱力强。抗黑痘病、霜霉病力强，抗白腐病力较弱。

嫩梢绿色。梢尖开张，紫红色，有稀疏白色茸毛。幼叶黄绿色，无附加色，上表面微有光泽，有稀疏白色茸毛，下表面密被灰白色茸毛。成龄叶片心脏形，中等大或较大，主要叶脉绿色，叶片多皱，稍上翘，叶背有浓密短茸毛。叶片多为 5 裂，少数 7 裂，上裂刻深，下裂刻中等深或浅，开张。锯齿大而钝。叶柄洼闭合尖底椭圆形，少数开张矢形。叶柄与中脉等长，有紫红色。新梢生长直立。卷须分布不连续，尖端 2 分叉。新梢节间背、腹均黄色。冬芽暗褐色，着色一致。枝条横截面呈椭圆形，表面有条纹，黄色，着生极疏茸毛，无刺。节间中等长，中等粗。两性花，二倍体。

6. 北玺 Beixi

亲本来源： 欧山杂种。亲本为'玫瑰香'与'山葡萄'，由中国科学院植物研究所在 2013 年育成，晚熟酿酒品种。

主要特征： 果穗圆锥形，平均穗重 137.9g。果粒近圆或椭圆形，紫黑色，平均粒重 2.2g。果实可溶性固形物 23.8%，可滴定酸含量 0.52%，出汁率 67.4%。植株生长势中等。芽眼萌发率 78.2%，枝条成熟度好，结果枝占芽眼总数的 94.4%，平均每一结果枝上的果穗数为 1.9 个。北京地区 4 月上旬萌芽，5 月中旬开花，9 月底果实成熟。早果、丰产。抗寒性强，在北京不需要埋土防寒可安全越冬。'北玺'酿制的葡萄酒，酒色为深宝石红色，香气清新，有黑醋栗、蓝莓等小果实气息，以及淡淡的玫瑰香气，酒体丰满、活泼，回味长。

7. 新北醇 Xinbeichun

亲本来源： 欧山杂种。'北醇'葡萄芽变，由中国科学院植物研究所在 2013 年育成，晚熟酿酒品种。

主要特征： 果穗圆锥形，平均穗重 178.7g。果粒近圆或椭圆形，紫黑色，平均粒重 2.3g。与母本'北醇'相比，果实糖分高，含酸量低，可溶性固形物含量为 23.8%，可滴定酸含量为 0.57%，总酸含量仅为'北醇'的 70%，出汁率 66.7%。

植株生长势较强。芽眼萌发率 81.77%，枝条成熟度好，结果枝占芽眼总数的 85.63%，平均每一结果枝上的果穗数为 1.9 个。北京地区 4 月上旬萌芽，5 月中旬开花，9 月底果实成熟。早果、丰产性好。具有与母本'北醇'相近的抗寒性，在北京不需要埋土防寒可安全越冬。'新北醇'酿制的葡萄酒呈鲜亮的宝石红色，香气清新，具清凉、薄荷感，具有荔枝和树莓的香气。入口柔顺，酒体活泼，回味甜感明显，酸度感较低，明显优于'北醇'。

8. 北馨 Beixin

亲本来源： 欧亚种。'山葡萄'与欧亚种品种杂交而来，由中国科学院植物研究所在

2013 年育成，晚熟酿酒品种。

主要特征： 果穗圆锥形，平均重 155.5g。果粒近圆形或椭圆形，紫黑色，平均单粒重 3.62g。果皮厚，果粉厚，果肉与种子不易分离。果汁绿黄色，果实具有极微玫瑰香味，可溶性固形物含量 22.4％，可滴定酸含量 0.64％，出汁率 67.9％。平均每果粒含种子 3.2 粒。酿制的葡萄酒呈鲜亮的宝石红色，香气清新，具有玫瑰香气，入口甜美，酒体平衡，口感协调。

植株生长势较强。早结、丰产及稳产性强，成年树产量宜控制在 $1.20kg/m^2$ 左右。在北京地区，4 月上旬萌芽，5 月中旬开花，9 月下旬果实成熟。

9. 野酿 2 号 Yeniang2hao

亲本来源： 野生'毛葡萄'变异植株选育，由广西植物组培苗有限公司在 2012 年育成，酿酒品种。

主要特征： 果穗圆锥形，平均穗重 182.9g。果粒圆形，平均纵、横径为 1.32cm×1.34cm，粒重 1.55g，果皮黑紫色，有小黑点状果蜡。每果平均有种子 3.6 粒，褐色。果实可溶性固形物含量平均为 11.8％，出汁率 72.8％，总糖（以葡萄糖计）9.73g/100mL，总酸（以酒石酸计）1.49g/100mL、单宁 63.3mg/100mL。较耐寒、抗湿热。

10. 桂葡 2 号 Guipu2hao

亲本来源： 亲本为'毛葡萄'与'B. LaneDuBois'，由广西农业科学院在 2012 年育成，酿酒品种。

主要特征： 果穗呈圆柱形，平均长为 7.75cm，宽为 5.2cm，平均穗重 93.7g，平均每穗果粒数 44.4 个，果粒着生紧凑，为圆形，大小整齐，直径 1.29～1.49cm，平均单果重 2.57g，果皮刚转色时为浅紫红色，充分成熟时果皮为紫色至紫黑色，有少量果粉，成熟较一致，可溶性固形物含量为 15.6％，出汁率 68.3％，人工栽植可进行两茬果栽培，冬果可溶性固形物含量可达到 18.7％；每果种子数为 2.6 粒，种子与果肉易分离。

11. 桂葡 5 号 Guipu5hao

亲本来源： '黑后'的早熟、紫黑色果皮芽变单株。由广西农业科学院在 2014 年育成，中晚熟酿酒品种。

主要特征： 果穗圆锥形，果粒为近球形，果粒紧凑，平均穗重 300.0g，粒重 2.8g，成熟时果皮为紫黑色，果皮厚，种子较大，果粉厚，果实出汁率 75.00％，果肉可溶性固形物为 15％～20％。4 月中旬开花，7 月中上旬成熟；第二茬 10 月上旬开花。嫩梢黄绿色，有茸毛，一年生成熟枝条黄褐色。幼叶黄绿色，有茸毛；成叶心脏形，绿色，叶色中等，叶片中等大小，薄而平整，叶片浅 5 裂，锯齿两侧凸，叶柄洼开张，叶背无茸毛。第 1 花序着生在结果枝的第 2～5 节。12 月下旬成熟。

12. 桂葡6号 Guipu6hao

亲本来源：品种来源于野生葡萄资源，由广西农业科学院在2015年育成，中晚熟酿酒品种。

主要特征：果穗圆锥形，果穗中等大且整齐，有副穗，果粒为椭圆形，果粒中等大，成熟时果皮为紫黑色；果肉质细，皮薄肉软，果肉可溶性固形物一茬果为17%～19%，二茬果为19%～21%。

嫩梢黄绿色，有茸毛，一年生成熟枝条黄褐色。幼叶紫红色，叶背有茸毛；成叶心脏形，绿色，叶片中等大小，薄而平整，叶片3裂或5裂，上裂刻中等深，下裂刻浅，锯齿两侧凸，叶柄洼开张，叶背有茸毛。第1花序着生在结果枝的第2～5节。一茬果平均穗重282.3g，粒重2.4g；二茬果平均穗重230.3g，粒重2.2g，果粒大小均匀。第一茬果萌芽期3月上至中旬，开花期4月上旬，果实成熟期7月上、中旬，从萌芽至果实成熟120d左右；第二茬果萌芽期9月上旬，开花期10月上旬，果实成熟期12月下旬，从萌芽至果实成熟120d左右。

13. 凌丰 Lingfeng

亲本来源：亲本为'毛葡萄'与'粉红玫瑰'，由广西农业科学院在2005年育成，早熟酿酒品种。

主要特征：果穗长圆锥形，部分果穗有副穗，平均长15.7cm、宽11.1cm，穗柄长约5.8cm，平均穗重为208g。果粒圆形，平均粒重1.06g，大小整齐，着生紧凑，果皮刚转色时为浅紫红色，完全成熟时为紫黑色，有少量果粉，果面光滑美观，种子与果肉易分离，果汁紫红色，具有浓厚的山葡萄特有的香气，种子中等大小，灰褐色，每果粒有种子2.1个。

植株生长势强，当年新梢生长可达4.65m。卷须三叉状分歧，一般着生两节间隔1节，嫩梢黄绿色，幼叶表面带紫红色，茸毛稍稀，叶脉为黄绿色，成年叶心脏形，绿色，五裂，厚度中等，叶面平滑，背面青灰色，茸毛较密，花序大，平均每穗花序293朵花，花朵小，柱头粗短，雄蕊直立，高于柱头，花粉量大，为两性花。

14. 凌优 Lingyou

亲本来源：亲本为'毛葡萄'与'白玉霓'，由广西农业科学院在2005年育成，早熟酿酒品种。

主要特征：果穗呈长圆锥形，平均穗重151.5g。平均每穗果粒数112个；果粒着生紧凑、圆形，大小整齐，直径1.21～1.41cm。单果重1.10～1.66g。可溶性固形物含量17.0%。成熟时果皮为紫黑色，有少量果粉。果面光滑美观。果实出汁率较高。平均为71.8%。果汁紫红色。具有浓厚的山葡萄特有的香气。总糖含量11.0g/100mL。总酸含量0.90/100mL。

嫩梢黄绿色，茸毛中等。幼叶表面黄绿色。有光泽，背面灰白色。茸毛密生。叶片心脏形，较厚，平展。三裂或五裂，叶面浓绿色有光泽。叶脉黄绿色。秋冬季叶色转黄。叶背茸毛数中等。一年生枝为褐色，节间最短为 0.8cm。最长 9.5cm。当年新梢长达 5m，卷须三叉状分歧。

15. 湘酿1号 Xiangniang1hao

亲本来源：东亚种。秋水仙素诱变处理怀化普通刺葡萄种子后筛选，由湖南农业大学在2011 年育成，属酿酒品种。

主要特征：果穗圆锥形。果皮紫黑色，厚而韧，其上有较厚的白色果粉，平均粒重4.2g，种子 3 粒左右。可溶性固形物 18％～19％，总糖含量 14％～16％，总酸含量0.2％～0.4％，每100g 鲜重维生素 C 含量 14.5～17.0mg。枝及叶柄部位着生皮刺，刺直立或先端稍弯曲，长 2～4mm，卷须分枝。叶心形、宽卵形至卵圆形，顶端短渐尖，有时有不明显的 3 浅裂，基部心形，边缘有具深波状锯齿，除下面叶脉和脉腋有短柔毛外，无毛，叶柄疏生小皮刺。

16. 左山一 Zuoshanyi

亲本来源：山葡萄。1985 年中国农业科学院特产研究所从东北山葡萄中选育而成。在山东的高密市、内蒙古赤峰、宁夏银川等地有少量栽培，早熟酿酒品种。

主要特征：果穗圆锥形，有歧肩，平均穗重 78.7g。果粒着生中等紧密。果粒圆形，黑色，平均粒重 0.9g。果粉厚，果皮厚，韧，果肉软，有肉囊，汁多，紫红色，味酸，具山葡萄果香。可溶性固形物含量为 13.3％，总糖含量 11.34％，可滴定酸含量为 3.39％，单宁含量为 0.07％，出汁率为 51.0％。每果粒含种子 2～4 粒，多为 4 粒。

植株生长势极强，抗寒力极强。隐芽萌发力中等。副芽萌发力强。芽眼萌发率为94.1％，成枝率为 88.12％，枝条成熟好，结果枝占芽眼总数的 94.5％，每果枝平均着生果穗数为 1.78 个。隐芽萌发的新梢结实力弱，夏芽副梢结实力中等。定植第 2 年有 18.7％的植株开花结果。正常结果树一般产果 11098～13047kg/hm² 。在吉林市左家地区，4 月 30 日萌芽，6 月 7 日开花，9 月 10 日果实成熟。从开花至果实成熟需 96d，此期间的活动积温为 1124.6℃。

嫩梢绿色，梢尖开张，浅绿色，有白色茸毛，无光泽。幼叶黄绿色，上表面有光泽，下表面茸毛较少；成龄叶心脏形，大，有光泽，上表面泡状，下表面有极稀茸毛；叶片近全缘或 5 裂。雌能花，二倍体。

17. 左山二 Zuoshaner

亲本来源：山葡萄。1991 年中国农业科学院特产研究所选自从当地野生山葡萄中选育出的优良单株，在我国东北及内蒙古自治区有少量栽培，早熟酿酒品种。

主要特征：果穗歧肩圆锥形，平均穗重 109.3g，最大穗重 163.0g。果粒圆形，黑色，平均粒重 1.0g，最大粒重 1.3g。果皮厚，韧。果肉软，有肉囊，汁多，深紫红色，味酸，具山葡萄果香。每果粒含种子 3～4 粒，种子与果肉不易分离。可溶性固形物含量为16.0％，总可滴定酸含量为 1.66％，单宁含量为 0.07％，出汁率为 62.0％。

植株生长势强。萌芽至果实成熟需 125d 左右。隐芽萌发力中等。副芽萌发力强。芽眼萌发率为 87.8%，成枝率为 76.13%，枝条成熟中等。结果枝占芽眼总数的 86.6%。每果枝平均着生果穗数为 2.0 个。隐芽萌发的新梢结实力弱，夏芽副梢结实力中等。

嫩梢黄绿色，梢尖开张，浅黄色，有茸毛，有光泽。幼叶黄绿色，边缘紫红色晕，上表面有光泽，下表面茸毛较少。成龄叶心脏形，大，有光泽，上表面泡状，下表面有少量茸毛。叶片全缘或 5 裂，叶柄长，紫红色。雌能花，二倍体。

18. 北国红 Beiguohong

亲本来源：由'左山二'和'山葡萄'杂交而来，由中国农业科学院特产研究所在 2016 年培育而成，中熟酿酒品种。

主要特征：果穗圆锥形，有副穗，平均穗重 154.9g，果粒着生中等疏松，在气候较好的吉林省集安市麻线乡的生产试验园，穗长 17.8cm，穗宽 11.7cm，平均穗重 178.1g。果粒黑色圆形，每果粒含种子 2～4 粒，暗褐色，可见种脐，平均粒重 1.25g。果粉厚，果皮较厚，果肉绿色，无肉囊，可溶性固形物为 16.20%～19.80%。

植株生长强健，树势中庸。成龄树萌芽率 92.5%，开花前套袋自花授粉坐果率 26.8%，生产建园自然授粉坐果率平均为 37.4%、结果枝率 100%。在吉林地区，一般为 4 月下旬至 5 月上旬期间萌芽，6 月上旬开花，9 月中旬左右果实成熟。

19. 北国蓝 Beiguolan

亲本来源：由'左山一'和'双庆'杂交而来，由中国农业科学院特产研究所在 2015 年培育而成，中熟酿酒品种。

主要特征：果穗圆锥形，平均穗重 141.2g，果粒着生中等疏松。果粒圆形，平均单粒重 1.43g，果皮蓝黑色，有个别小青粒，果粉厚。果皮中厚。每果粒含种子 2～4 粒，可见种脐。果肉绿色，无肉囊，果实可溶性固形物含量 15.90%～21.10%，可滴定酸含量 1.83%～2.63%，总酚含量 1.31%～1.68%，单宁含量 0.21%～0.39%，出汁率 57.20%。

植株生长健壮，隐芽萌发力中等，芽眼萌发率 95%，成枝率 90%，枝条成熟度高，每果枝平均着生果穗数 1.7 个，隐芽萌发的新梢结实力一般。在吉林市左家地区 5 月上旬萌芽，萌芽率 93.2%，6 月上旬开花，自然坐果率 35.4%，结果系数 2.19，9 月中旬果实充分成熟。

20. 北冰红 Beibinghong

亲本来源：由'左优红'和'86-24-53'杂交而来，由中国农业科学院特产研究所在 2008 年培育而成，中熟酿酒品种。

主要特征：果穗为长圆锥形，大部分有副穗，果穗长宽为（18.2cm×11.7cm）～（24.6cm×10.6cm），果穗紧，略有小青粒，最大单穗重 1328.2g，穗重 145.2～215.2g。果粒蓝黑色圆形，果粒重 1.30～1.56g，果粒 1.30g。果皮较厚，韧性强。果肉绿色，无肉囊，可溶性固形物含量为 18.9%～25.8%，总酸 1.32%～1.48%，出汁率 67.1%。每果粒含种子 2～4 粒。植株生长势强，从萌芽至果实成熟需 138～140d。在吉林市地区 5 月上旬萌芽，6 月中旬开花，9 月下旬果实成熟。抗寒力近似'贝达'葡萄，抗霜霉病。

21. 双丰 Shuangfeng

亲本来源：山葡萄。由'通化 1 号'与'双庆'杂交而来，由中国农业科学院特产研究所在 1995 年培育而成，早熟酿酒品种。

主要特征：果穗双歧肩圆锥形，中等大，穗长 14.8cm，穗宽 9.1cm，平均穗重 117.9g，最大穗重 253.9g。果穗大小整齐，果粒着生紧密。果粒黑色圆形，纵径 1.1cm，横径 1.1cm，平均粒重 0.8g，最大粒重 1.2g。每果粒含种子 3～4 粒，多为 3 粒。种子梨形，小，深褐色，外表无横沟，种脐不突出，喙短。种子与果肉不易分离。果粉厚，果皮薄、韧，果肉软，有肉囊，汁多，深紫红色，味酸，具山葡萄果香。可溶性固形物含量为 14.3％，总糖含量为 11.3％，可滴定酸含量为 2.03％，单宁含量为 0.05％，出汁率为 57.0％。

植株生长势中等，隐芽和副芽萌发力均强。芽眼萌发率为 90.98％，成枝率为 70.21％，枝条成熟差，结果枝占芽眼总数的 88.51％，每果枝平均着生果穗数为 1.85 个。从萌芽至果实成熟约 130d。在吉林市左家地区，4 月 28 日萌芽，6 月 6 日开花，9 月 9 日果实充分成熟。抗寒性极强，抗旱性强，抗盐碱能力中等，抗涝性弱。

22. 双红 Shuanghong

亲本来源：由'通化 3 号'和'双庆'杂交而来。由中国农业科学院特产研究所和通化葡萄酒公司在 1998 年培育而成，早熟酿酒品种。

主要特征：果穗单歧肩圆锥形，中等大，穗长 16.1cm，穗宽 9.3cm，平均穗重 127.0g。果穗大小整齐，果粒着生中等紧密，果粒蓝黑色圆形，平均粒重 0.8g。每果粒含种子 2～4 粒，多为 2 粒，种子梨形，小，深褐色，外表无横沟，种脐不突出，喙短，种子与果肉不易分离。果粉厚，果皮薄、韧，果肉软，有肉囊，汁多，深紫红色，味酸，具山葡萄果香。可溶性固形物含量为 15.6％，可滴定酸含量为 1.96％，单宁含量为 0.06％，出汁率为 55.7％。

植株生长势强，隐芽和副芽萌发力均强。芽眼萌发率为 91.21％，成枝率为 89.81％，枝条成熟好。结果枝占芽眼总数的 89.56％。每果枝平均着生果穗数为 2.05 个。在吉林市左家地区，4 月 30 日萌芽，6 月 6 日开花，9 月 10 日果实成熟。从萌芽至果实成熟 127～138d。抗旱性极强，抗高温性强，抗盐碱能力中等，抗涝性弱。用其酿造的甜红山葡萄酒，深宝石红色，清亮，果香、酒香明显，协调舒顺，浓郁爽口，余香绵长，山葡萄典型性强。

23. 双庆 Shuangqing

亲本来源：来源于在吉林省蛟河市天北公乡发现的一株野生山葡萄两性花单株。由中国农业科学院特产研究所和吉林省吉林市长白山葡萄酒公司在 1975 年培育而成，早熟酿酒品种。

中国葡萄育种

主要特征：果穗双歧肩圆锥形，穗长 14.0cm，穗宽 8.8cm，平均穗重 40.0g。果穗大小整齐，果粒着生中等紧密，果粒黑色圆形，纵径 0.9cm，横径 0.9cm，平均粒重 0.6g，最大粒重 0.7g。每果粒含种子 2～3 粒。种子梨形，小，深褐色，外表无横沟，种脐不突出，喙短。种子与果肉不易分离。果粉厚，果皮薄、韧，果肉软，有肉囊，汁少，深紫红色，味酸，具山葡萄果香。可溶性固形物含量为 13.4%，总糖含量为 11.49%，可滴定酸含量为 2.37%，单宁含量为 0.07%，出汁率 50.0%。

植株生长势中等，隐芽萌发力弱，副芽萌发力中等。芽眼萌发率为 94.3%，成枝率为 70.22%，枝条成熟差，结果枝占芽眼总数的 93.0%。每果枝平均着生果穗数为 2.05 个。从萌芽至果实充分成熟需 130～135d。在吉林市左家地区，5 月 3 日萌芽，6 月 6 日开花，9 月 5 日果实成熟。抗旱性极强，抗高温及抗盐碱能力中等，抗涝性弱。

24. 双优 Shuangyou

亲本来源：亲本不详。由吉林农业大学和中国农业科学院特产研究所在 1988 年培育而成，早熟酿酒品种。

主要特征：果穗单歧肩圆锥形，平均穗重 132.6g。果粒蓝黑色圆形，纵径 1.1cm，横径 1.1cm，平均粒重 1.2g，最大粒重 2g。每果粒含种子 3～4 粒，多为 3 粒。种子梨形，小，褐色，外表无横沟，种脐不突出，喙短。种子与果肉不易分离。果粉厚，果皮薄、韧，果肉软，有肉囊，汁多，紫红色，味酸，具山葡萄果香。可溶性固形物含量为 14.6%，总糖含量为 12.3%，可滴定酸含量为 2.23%，单宁含量为 0.07%，出汁率为 64.69%。

植株生长势强，隐芽萌发力强，副芽萌发力中等。芽眼萌发率为 93.6%，成枝率为 70.2%，枝条成熟中等，结果枝占芽眼总数的 95.9%。每果枝平均着生果穗数为 2.13 个。从萌芽至果实成熟需 130～135d。在吉林市左家地区，5 月 1 日萌芽，6 月 7 日开花，9 月 7 日果实成熟。抗旱性强，抗高温及抗盐碱能力中等，抗涝性弱。抗白粉病、白腐病、炭疽病、灰霉病、黑痘病和穗轴褐枯病，不抗霜霉病。此品种为早熟酿酒品种，用其酿造的甜红山葡萄酒，酒色浓艳，果香浓郁，酒香绵长，酒体丰满，醇厚纯正，山葡萄典型性强。

25. 雪兰红 Xuelanhong

亲本来源：山欧杂种。由'左优红'和'北冰红'杂交而来。由中国农业科学院特产研究所在 2012 年培育而成，中熟酿酒品种。

主要特征：果穗圆锥形，穗长、宽为 15.8cm×8.1cm。果穗紧，略有小青粒，最大穗重 1236.1g，平均 145.2g，比对照品种'左优红'（140.7g）高 4.5g。果粒着生紧密，圆形、蓝黑色，果粉厚，果肉绿色，无肉囊，单粒重 1.39g，比对照品种'左优红'（1.34g）高 0.05g。每果粒含种子 2～4 粒。可溶性固形物含量 16.2%～21.8%，平均 19.5%，比对照品种高 0.4 个百分点。总酸 12.4～15.6g/L，单宁 0.333～0.398g/L，出汁率 55.3%～62.1%。萌芽至果实成熟需 139～143d。在吉林省东南地区栽培 5 月上旬萌芽，6 月上旬开花，8 月中下旬新梢开始成熟，9 月中、下旬果实成熟。萌芽率 94.3%，结果枝占萌芽总数的 100%，每果枝平均花序数 1.86 个。自然授粉率 33.9%。

26. 左红一 Zuohongyi

亲本来源： 山欧杂种。由'79-26-58'（'左山二'בP小红玫瑰'）、'74-6-83'（'山葡萄 73121'×'双庆'）杂交而来。由中国农业科学院特产研究所在 1998 年培育而成，早熟酿酒品种。

主要特征： 果穗圆锥形带副穗，穗长 16.8cm，穗宽 10.3cm，平均穗重 156.7g。果穗大小不整齐，果粒着生疏松。每果粒含种子 3～4 粒，多为 3 粒。种子梨形，小，灰褐色，外表无横沟，种脐不突出，喙短。种子与果肉易分离。果粒蓝黑色圆形，平均粒重 1.0g，最大粒重 1.3g。果粉薄。果皮薄、韧，果肉软，有肉囊，汁多，紫红色，味酸，具山葡萄果香。可溶性固形物含量为 16.9%，总糖含量为 14.1%，可滴定酸含量为 1.54%，单宁 0.03%，出汁率 61.9%。

植株生长势中等，隐芽萌发力强，副芽萌发力弱。芽眼萌发率为 95.4%，成枝率为 74.79%，枝条成熟中等。结果枝占芽眼总数的 81.9%，每果枝平均着生果穗数 1.86 个。隐芽萌发的新梢结实力强，夏芽副梢结实力弱。从萌芽至果实成熟需 120～125d。在吉林市左家地区，5 月 11 日萌芽，6 月 12 日开花，9 月 2 日果实成熟。抗寒性强，抗旱性强，抗盐碱能力中等，抗涝性弱，不抗霜霉病。

27. 左优红 Zuoyouhong

亲本来源： 山欧杂种。由'79-26-18'（'左山二'×'小红玫瑰'）、'74-1-326'（'73134'×'双庆'）杂交而来，由中国农业科学院特产研究所在 2005 年培育而成，中熟酿酒品种。

主要特征： 果穗圆锥形，部分果穗有歧肩，平均穗重 144.8g。果粒圆形，蓝黑色，平均重 1.4g。果粉较厚，果皮与果肉易分离。果肉绿色，无肉囊，可溶性固形物含量为 18.5%，出汁率为 66.4%，果实总酸含量 1.45%，单宁含量 0.03%。每果粒含种子 2～4 粒。

嫩梢黄绿色。幼叶浅绿色，成龄叶绿色，中等大小，较厚，具褶，浅 3 裂，下裂刻较深，叶片上缘平展、下部呈漏斗形。两性花。二倍体。生长势强。从萌芽至果实成熟需 125d 左右。用于酿造干红山葡萄酒。

28. 公酿 1 号 Gongniang1hao

亲本来源： 欧山杂种。由'玫瑰香'和'山葡萄'杂交而来，由吉林省农业科学院果树研究所培育而成，育成年份不详，中熟酿酒品种。

主要特征： 果穗圆锥形，有歧肩或带副穗，穗长 15.0cm，穗宽 8.3cm，平均穗重 132.1g。果粒着生较紧密，果粒蓝黑色圆形，纵径 1.4cm，横径 1.4cm，平均粒重 1.7g。果肉软，汁较多、淡红色，味甜酸。每果粒含种子 1～4 粒，多为 3 粒。可溶性固形物含量为 20.0%，含糖量为 18.81%，可滴定酸含量为 0.928%，出汁率 71.2%。

植株生长势强。结果枝占芽眼总数的 83.7%，每果枝平均着生果穗数为 2.2 个。隐芽

萌发力弱，副梢萌发力强。在吉林省公主岭地区，5月4日萌芽，6月5日开花，9月9日果实成熟。在河南郑州地区，4月9日萌芽，5月10日开花，8月15日果实成熟。

29. 公酿2号 Gongniang2hao

亲本来源：山欧杂种。由'山葡萄'和'玫瑰香'杂交而来，由吉林省农业科学院果树研究所培育而成，中晚熟酿酒兼鲜食品种。

主要特征：果穗圆锥形，有歧肩或带副穗，中等大，平均穗重154.4g。果粒着生疏松。果粒近圆形，蓝黑色，纵径1.4cm，横径1.3cm，平均粒重1.9g。果肉软，汁较多、淡红色，味甜酸，可溶性固形物含量为21.3%，含糖量为18.7%，可滴定酸含量为1.00%，出汁率为68.2%。每果粒含种子多为3粒。

植株生长势强。结果枝占芽眼总数的75.2%，每果枝平均着生果穗数为1.9个。在吉林省公主岭地区，5月7日萌芽，6月10日开花，9月8日果实成熟。在河南郑州地区，4月10日萌芽，5月9日开花，8月25日果实成熟。

30. 黑山 Heishan

亲本来源：欧山杂种。亲本为'黑汉'和'山葡萄1号'，中国农业科学院果树研究所在1959年育成，晚熟酿酒品种。

主要特征：果穗圆锥形，小，穗长10.6cm，穗宽5.8cm，平均穗重117g，最大穗重126g。果穗大小不整齐，果粒着生中等紧密。果粒近圆形，紫黑色，小，纵径1.3cm，横径1.5cm，平均粒重2g，最大粒重2.2g。果粉厚，果皮厚，韧，皮下有紫红色素，果肉软，汁较多，紫红色，味酸甜。每果含种子3粒，种子与果肉较难分离。可溶性固形物含量为27%，总糖含量24.8%，可滴定酸含量为0.86%，出汁率为72%。

植株生长势极强。新梢成熟度极好，成熟部分占新梢总长的96%以上。正常结果树产果15000kg/hm^2（1.5m×5m，小棚架）。在辽宁兴城地区，4月下旬萌芽，9月下旬果实成熟。从萌芽至果实成熟需153d。抗寒力极强，抗病力亦强。成龄叶片心脏形，大。卷须分布不连续。两性花。

31. 山玫瑰 Shanmeigui

亲本来源：欧山杂种。亲本为'玫瑰香'和'山葡萄'，中国农业科学院果树研究所在1959年育成，晚熟酿酒品种。

主要特征：果穗圆锥形带副穗，中等偏小，穗长16.6cm，穗宽9.9cm，平均穗重120g，最大穗重150g。果粒着生中等紧密，果粒圆形，蓝黑色，中等偏小，纵径1.4cm，横径1.4cm，平均粒重1.5g，最大重2.0g。果粉厚，果皮厚，韧，果肉软，汁较少，粉红色，味甜，略带青草味。每果粒含种子2~4粒，多为2~3粒，种子与果肉稍难分离。可溶性固形物含量为27%，总糖含量为23%，可滴定酸含量为0.9%，出汁率为78.2%。用其酿制的红葡萄酒，深宝石红色，有光泽，酒香浓郁，果香悦人，后味长，酒体完整，酒质优良，稍有苦涩味。

植株生长势极强。每果枝平均着生果穗数为 2 个。正常结果树产果 15000kg/hm²（1.5m×5m，小棚架）。在辽宁兴城地区，4 月下旬萌芽，10 月上旬果实成熟。果实晚熟。抗寒力极强，在 −26℃ 的冬季可露地安全越冬。抗病力强。成龄叶片心脏形，极大。叶片 3 裂。锯齿锐，叶柄洼宽拱形。新梢生长直立，卷须分布不连续。两性花。

32. 趵突红 Baotuhong

亲本来源：欧山杂种。亲本为'甜水'和'东北山葡萄'，山东省酿酒葡萄科学研究所在 1985 年育成，中晚熟品种。

主要特征：果穗圆锥形，多数带副穗或歧肩，平均穗重 230.0g。果粒着生中等紧密。果粒小，圆形，紫黑色，平均粒重 1.5g。果粉和果皮均中等厚。果肉软，味甜酸，具山葡萄味，可溶性固形物含量为 17%～19%，含酸量为 1.09%，出汁率为 78% 左右。

树势中等偏强，产量中等，抗寒性强，抗病性较强。芽眼萌发率为 92.3%。结果枝占总芽眼数的 67.3%～73.6%。每果枝平均着生果穗数为 1.4 个。在山东济南地区，3 月底至 4 月初萌芽，5 月初开花，8 月中、下旬果实成熟。从萌芽至果实成熟需 131～139d，此期间活动积温为 3000～3200℃。

33. 红汁露 Hongzhilu

亲本来源：欧亚种。亲本为'梅鹿辄'和'魏天子'，山东省酿酒葡萄科学研究所在 1980 年育成，中晚熟品种。

主要特征：果穗圆锥形，平均穗重 200g。果粒圆形，果色紫黑色，平均粒重 2.5g，果粒着生中等紧密。果皮中等厚。果肉软，果汁红色。每果粒含种子 2～4 粒，果肉与种子易分离。可溶性固形物含量为 19.5%～22.0%，含糖量为 18%～20%，含酸量为 0.83%，出汁率为 65%～73%。

植株生长势中等。芽眼萌发率为 70.7%，结果枝占总芽眼数的 40.0%，每果枝平均着生果穗数为 1.5 个。早果性好。较丰产，正常结果树可产果 15000kg/hm²。在山东济南地区，4 月初萌芽，5 月中、下旬开花，8 月中、下旬果实成熟，从萌芽至果实成熟所需天数为 130d 左右，此期间活动积温为 3000～3100℃。

34. 梅醇 Meichun

亲本来源：欧亚种。亲本为'梅鹿辄'和'魏天子'，山东省酿酒葡萄科学研究所在 1980 年育成，中熟品种。

主要特征：果穗圆锥形或圆柱形，带副穗，平均穗重约 360g。果粒近圆形，平均粒重 2.7g。果粉中等厚，果色紫黑色，果皮中等厚。果肉软，具玫瑰香味，可溶性固形物含量为 18.0%～20.0%，含糖量为 15.0%～17.0%，含酸量为 0.73%，出汁率为 77%～81%。

植株生长势强。芽眼萌发率为 71.5%，结果枝占芽眼总数的 52.8%，每果枝平均着生

果穗数为 1.4 个。夏芽副梢结实力中等。早果性好。正常结果树可产果 15000kg/hm² 以上。在山东济南地区，4 月上旬萌芽，5 月中、下旬开花，8 月中旬果实成熟。从萌芽至果实成熟需 130d 左右，此期间活动积温为 3000～3200℃。

35. 梅浓 Meinong

亲本来源：欧亚种。亲本为‘梅鹿辄’和‘魏天子’，山东省酿酒葡萄科学研究所在 1985 年育成，中熟品种。

主要特征：果穗圆锥形，多数带副穗，平均穗重 274g。果粒近圆形，平均粒重 1.2g，着生中等紧密。果色紫黑色，味酸甜，果粉中等厚。可溶性固形物含量为 17%～18%，含糖量为 16%～17%，含酸量为 0.83%，出汁率为 78%。每果粒含种子 3～4 粒。

植株生长势中等。芽眼萌发率为 60.37%，结果枝占芽眼总数的 41.36%，每果枝平均着生果穗数为 1.5 个。夏芽副梢结实力弱。产量中等偏低。在山东济南地区，4 月上旬萌芽，5 月中、下旬开花，8 月中旬果实成熟。从萌芽至果实成熟需 130d，此期间活动积温为 2900～3100℃。

36. 梅郁 Meiyu

亲本来源：欧亚种。亲本为‘梅鹿辄’和‘魏天子’，山东省酿酒葡萄科学研究所在 1979 年育成，中熟品种。

主要特征：果穗圆锥或圆柱形，平均穗重 275.0g。果粒近圆形，平均粒重 2.5g，着生紧密。果色紫黑色，果皮厚，果肉软，可溶性固形物含量为 18.0%～20.0%，含糖量为 16.5%～18.0%，含酸量为 0.73%，出汁率为 68.0%～73.5%。

植株生长势强。芽眼萌发率为 71.3%，结果枝占芽眼总数的 37.1%，每果枝平均着生果穗数为 1.4 个。早果性好。正常结果树可产果 12500kg/hm² 以上。在山东济南地区，4 月初萌芽，5 月中旬开花，8 月中旬果实成熟。从萌芽至果实成熟需 130d 左右，此期间活动积温为 2900～3100℃。

37. 泉白 Quanbai

亲本来源：欧亚种。亲本为‘雷司令’和‘魏天子’，山东省酿酒葡萄科学研究所在 1979 年育成，中熟品种。

主要特征：果穗圆锥形，平均穗重 310g。果粒近圆形，平均粒重 3.3g，着生极紧密。果粉中等厚，果色黄绿色，果皮中等厚，有明显斑点。果肉软，汁多，色白，味酸甜，无香味，可溶性固形物含量为 18%～20%，含糖量为 15%～18%，含酸量为 0.73%，出汁率为 79%～81%。

植株生长势强。芽眼萌发率为 61.1%，结果枝占芽眼总数的 30.7%，每果枝平均着生果穗数为 1.4 个。夏芽副梢结实力中等。早果性好。正常结果树可产果 1000kg/666.7m² 以上。在山东济南地区，4 月上旬萌芽，5 月下旬开花，8 月中旬果实成熟。从萌芽至果实成熟需 130d 左右，此期间活动积温为 3000℃左右。

38. **泉醇** Quanchun

亲本来源：欧亚种。亲本为'白雅'和'法国蓝'，山东省酿酒葡萄科学研究所在 1991 年育成，中熟品种。

主要特征：果穗圆锥形有歧肩或副穗，平均穗重 276.7g。果粒圆形、整齐，着生中等紧密，成熟一致。果色紫黑色，果粉中等厚，果皮中厚。肉软多汁，味酸甜，皮略涩，可溶性固形物含量 16%～17%，含糖量 150～160g/L，含酸量 8～10.5g/L，出汁率 70%。

树势中庸。芽眼萌发率 74.19%，结果枝占总芽眼数的 55.8%，每果枝平均花序数 1.3 个。副梢结实力中，产量中，亩产 1000～1250kg。在济南 4 月上旬萌芽，5 月中旬开花，8 月中旬成熟。生长日数 113～122d，有效积温 2677.0～2839.8℃。

39. **泉丰** Quanfeng

亲本来源：欧亚种。亲本为'白羽'和'二号白大粒'，山东省酿酒葡萄科学研究所在 1991 年育成，中熟品种。

主要特征：果穗圆锥形，有副穗或歧肩，平均穗重 375.2g。果粒椭圆形，整齐，果粒着生紧密，成熟一致。果色黄绿色，果粉中厚。果皮薄，果肉软、多汁，味酸甜，含糖量 140～150g/L，含酸量 11～14g/L，出汁率 72%。

树势中庸。芽眼萌发率 62.20%，结果枝占总芽眼数的 42.4%，每果枝平均花序数 1.3 个。产量高，亩产 1200～1500kg。在济南 4 月上旬萌芽，5 月中旬开花，8 月上中旬成熟。生长日数 120～124d，有效积温 2839.8～2898.6℃。

40. **泉晶** Quanjing

亲本来源：欧亚种。亲本为'白雅'和'法国蓝'，山东省酿酒葡萄科学研究所在 1991 年育成，中熟品种。

主要特征：果穗有歧肩，中等大，平均穗重 395.6g。果粒椭圆形、整齐，着生中等紧密，成熟一致。果色黄绿色，果粉中等厚，果皮中厚。肉软多汁，味酸甜，可溶性固形物含量 15%～17%，含糖量 140～150g/L，含酸量 9.2g/L，出汁率 78%。

树势中庸。芽眼萌发率 73.30%，结果枝占总芽眼数的 51.0%，每果枝平均花序数 1.7 个。产量中高，亩产 1100～1500kg。在济南 4 月上旬萌芽，5 月中旬开花，8 月上中旬成熟。生长日数 112～124d，有效积温 2672.7～2874.8℃。

41. **泉龙珠** Quanlongzhu

亲本来源：欧亚种。亲本为'玫瑰香'和'葡萄园皇后'，山东省酿酒葡萄科学研究所在 1976 年育成，中熟品种。

主要特征：果穗圆柱形或圆锥形，带歧肩无副穗，平均穗重 369.4g。果粒椭圆形，平均粒重 4.9g，着生中等紧密。果色红紫色，果粉薄，果皮中等厚。果肉稍脆，汁多，清甜。

可溶性固形物含量为 12%～15%。

植株生长势中等。芽眼萌发率为 36.2%，结果枝占芽眼总数的 45.4%，每果枝平均着生果穗数为 1.3 个。正常结果树可产果 30000kg/hm² 左右。在山东济南地区，4 月初萌芽，5 月上、中旬开花，8 月中旬果实成熟。从萌芽至果实成熟需 130d，此期间活动积温为 3000～3300℃。

42. 泉莹 Quanying

亲本来源： 欧亚种。亲本为'白羽'和'白莲子'，山东省酿酒葡萄科学研究所在 1991 年育成，中熟品种。

主要特征： 果穗圆锥形，有歧肩或副穗，平均穗重 396.9g。果粒椭圆形，着生中等紧密，成熟一致。果色黄绿色，果粉薄，果皮中等厚。可溶性固形物含量为 15%～16%，含糖量 140～150g/L，含酸量 9.5g/L，出汁率 70%。

植株生长势中等。芽眼萌发率为 63.6%，结果枝占芽眼总数的 31.2%。每果枝平均着生果穗数为 1.2 个。产量中等，亩产 1100～1250kg。在山东济南地区，4 月初萌芽，5 月中旬开花，8 月上中旬成熟。生长日数 115～121d，此期间活动积温为 2802～2878℃。

43. 泉玉 Quanyu

亲本来源： 欧亚种。亲本为'雷司令'和'玫瑰香'，山东省酿酒葡萄科学研究所在 1985 年育成，中熟品种。

主要特征： 果穗圆锥形，带副穗或歧肩，平均穗重 350g。果粒椭圆形，平均粒重 2.7g，着生紧密。果色黄绿色，果粉薄，果皮中等厚。果肉软，汁多，色白，味酸甜，有淡玫瑰香味，可溶性固形物含量为 16%～18%，含糖量为 15%～17%，含酸量为 0.73%，出汁率为 70.8%。

植株生长势中等。芽眼萌发率为 72.7%，结果枝占芽眼总数的 41.5%，每结果枝平均着生果穗数为 1.5 个。夏芽副梢结实力中等。产量较高，正常结果树一般产果 18000～22500kg/hm²。在山东济南地区，4 月上旬萌芽，5 月中旬开花，8 月中、下旬果实成熟，从萌芽至果实成熟所需天数为 130d 左右，此期间活动积温为 2800～3000℃。

44. 烟 74 号 Yan74hao

亲本来源： 欧亚种。亲本为'紫北赛'和'玫瑰香'，烟台葡萄酒公司在 1981 年育成。

主要特征： 果粒椭圆形，中等大，百粒重 220～240g，每果有种子 2～3 粒。果色紫黑色，果肉软，汁深紫红色，无香味。果实含糖量 160～180g/L，含酸量 6～7.5g/L，出汁率 70%。嫩梢淡红绿色，一年生枝赤黄色。幼叶绿色附加红色。成龄叶片中，心脏形，叶柄洼椭圆形，秋叶紫红色。两性花。果穗单歧肩圆锥形，中等大。所酿之酒深紫黑色，色素极浓，味正，果香、酒香清淡，醇正。

45. 户太 9 号 Hutai9hao

亲本来源：欧美杂种。'户太 8 号'葡萄芽变，西安市葡萄研究所在 2000 年育成，早熟鲜食兼酿酒品种。

主要特征：果穗圆锥形带副穗，松紧度中等偏紧，单穗 33cm×18cm，穗重 800～1000g，果粒近圆形，纵径 29mm，横径 28mm，果粉厚，果皮中厚，顶端紫黑色，尾部紫红色，果粒大，单粒平均重 10.43g，最大粒重 18g，糖度 18％～22％，含酸量 0.45％，酸甜可口，香味浓，果皮与果肉易分离，果肉甜脆，无肉囊，每果 1～2 粒种子。果穗成熟后可树挂 1 个月，采摘后货供架 7～8d，多次结果拉长了货架期，采收期从 7 月中旬可延续到 10 月下旬。

叶片厚大，长圆形，四裂，上侧刻裂，下侧浅裂，叶背有稀疏茸毛，叶柄洼为开张圆形。花为两性花。适应性和抗逆性较强，适宜全省各葡萄产区栽培，年大于 10℃的积温 3800℃，无霜期 180d 以上为最佳栽种区。植株耐高温，在连续日最高气温 38℃时新梢仍能生长，对霜霉病、灰霉病、炭疽病表现强抗病性。

该品种根系发达，长势强旺，当年可抽生多次枝。4 月 3 日左右萌芽，始花期 5 月 8 日左右，7 月中旬一次果充分成熟，开花到成熟 65d 左右；三次果开花期 6 月 8 日左右，9 月中旬充分成熟，开花到成熟 90d 左右。其冬芽或夏芽第二、第三次枝成花能力极强，每枝可形成 3～6 个花穗，分期开花授粉可持续 24d 以上，二、三次果穗形、粒重、色泽、品质与一次果相当。

46. 户太 10 号 Hutai10hao

亲本来源：欧美杂种。'户太 8 号'葡萄芽变，西安市葡萄研究所在 2006 年育成，早熟鲜食兼酿酒品种。

主要特征：果穗圆锥形带副穗，松紧度中等偏紧，单穗 35cm×20cm，穗重 800～1200g，果粒近圆形，纵径 29mm，横径 28mm，果粉厚，果皮中厚，果实紫红色，单粒平均重 11g，最大粒重 20g，可溶性固形物 19.9％，总糖 18.9％，含酸量 0.40％，风味酸甜，果香浓郁。

长势强旺，冬夏早熟芽成花力强，多次结果性状突出。单枝可形成 3～6 个花穗，周年最多可挂 4～5 次果，亩产量 3000kg。成熟期 7 月中旬（一次果）至 9 月上旬（三次果）。采收期 7 月中旬至 11 月上旬，在我国北方地区，三次果可延迟采收，进行树挂，作为冰酒加工有一定优势。果穗成熟后可树挂 1 个月，采摘后货架期 7～8 天。对霜霉病、灰霉病、炭疽病表现较强抗病性。根系发达，长势强旺，冬、夏早熟芽成花力强，多次结果性状突出，定植第 3 年进入多次结果期，周年最多可挂 4～5 次果，单枝年可成穗 3～6 个，定植第 5 年进入盛产期。

叶片厚大，近圆形，五裂，裂刻较浅，叶背有稀疏茸毛，叶柄洼为开张圆形，开口较大。花为两性花。4 月 3 日左右萌芽，始花期 5 月 8 日左右，7 月上旬一次果充分成熟，开花到成熟 65d 左右；三次果开花期 6 月 8 日左右，9 月上旬充分成熟，开花到成熟 85d 左右。

47. 媚丽 Meili

亲本来源：欧亚种。亲本为［'玫瑰香'×（'梅鹿特'×'雷司令'）］和［'梅鹿特'×（'雷司令'×'玫瑰香'）］，西北农林科技大学葡萄酒学院在 2011 年培育，中熟品种。

主要特征：果穗分枝形带副穗，双歧肩，平均穗重 187.0g。果粒圆形，平均粒重 2.1g，着生密度中等。果皮紫红色。可溶性固形物含量为 22.7%，还原糖含量为 198.0g/L，总酸含量为 4.6g/L，出汁率 70%。树势中庸偏旺。短、中、长果枝均能结果。早果性好。从萌芽到果实成熟需 120～140d。

48. 特优 1 号 Teyou1hao

亲本来源：亲本为'毛葡萄'和'白玉霓'，新疆农业科学院等在 2006 年育成，早熟酿酒品种。

主要特征：果粒着生紧凑，为圆形，大小整齐，直径 1.21～1.41cm，单果重 1.00～1.66g，成熟较一致，果皮刚转色时为浅紫红色，完全成熟时果皮为紫黑色至黑色且有少量果粉，可溶性固形物含量可达 17.0%，出汁率 71.8%。种子中等大，浅褐色，每果种子数为 2 粒，种子与果肉易分离。

嫩梢黄绿色茸毛中等，幼叶表面黄绿色，有光泽，背面灰白色，茸毛密生。叶片心脏形，较厚，平展，三裂或五裂，叶面浓绿色有光泽，叶脉黄绿色，秋冬季叶色转黄，叶背茸毛数中等。一年生枝为褐色，节间最短为 0.8cm，最长为 9.5cm，当年新梢长达 5m 以上，卷须三叉状分枝，着生两节间歇一节。花序较大，平均每穗花序有 369 朵，为两性花。着生在结果枝的第 2～3 节上，穗柄较长，为 5.1cm，果穗呈长圆锥形，平均长 14.5cm，宽11.5cm，平均穗重 175.8g，平均每穗果粒数 112 个。

49. 凌丰红 Lingfenghong

亲本来源：欧亚种。由'红地球'和'双优'杂交而成，由沈阳农业大学选育，晚熟品种。

主要特征：果穗圆锥形，松紧适中，平均穗重 254.1g。果粒圆形，平均粒重 3.3g，果皮蓝黑色，无涩味。果肉可溶性固形物含量 21.5%，无香味。果实含种子 3～4 粒。成花性强。对白腐病、霜霉病、灰霉病等主要病害具有较强的抗性。

50. 紫晶甘露 Zijingganlu

亲本来源：欧亚种。由'左山二'和'哈桑'杂交而成，由中国农业科学院特产研究所于 2021 年选育，中晚熟品种。

主要特征：果穗圆锥形，有歧肩或副穗，果穗紧密度紧，单穗重 106.3～118.0g。果粒圆球形，果皮黑色，果肉绿色，无肉囊，种子 2～4 粒。可溶性固形物含量达 21.0%，总酸

1g/L，出汁率较高，达 65.5%。

51. 野酿 4 号毛葡萄 Yeniang4haomaoputao

亲本来源：东亚种群。桂林市灵川县潭下镇蔡岗村野生毛葡萄芽变枝条，由广西植物组培苗有限公司、广西农业科学院生物技术研究所于 2019 年选育，晚熟品种。

主要特征：果穗圆锥形，平均长×宽为 16.2cm×10.9cm，穗柄长 6.6cm。果粒圆形，果皮黑紫色，果粉薄，有小黑点状果蜡，平均纵径×横径为 1.52cm×1.51cm，果梗长度 0.5cm。种子褐色，种脐明显，外表面无横沟。

52. 野酿 3 号毛葡萄 Yeniang3haomaoputao

亲本来源：东亚种群。利用罗城县怀群镇东安村野生毛葡萄单株选育而成，由广西植物组培苗有限公司、广西农业科学院生物技术研究所于 2019 年选育，晚熟品种。

主要特征：果穗圆锥形，平均长×宽为 1.53cm×1.04cm，穗柄长 6.4cm。果粒圆形，果皮黑紫色，果粉薄，有小黑点状果蜡，平均纵径×横径为 1.35cm×1.30cm，果梗长度 0.4cm。种子褐色，种脐明显，外表面无横沟。

53. 湘刺 4 号 Xiangci4hao

亲本来源：东亚种群。普通刺葡萄变异类型，由湖南农业大学于 2020 年选育，晚熟品种。

主要特征：刺葡萄。果穗多分枝形，平均单穗重为 222g，果穗大小为 326cm^2，果穗平均长度为 28.9cm，果穗极松散。果粒圆形，果皮与果肉易分离，果肉与种子难分离，有肉囊；果形指数为 1.0，果粒大小 3.3cm^2，单粒重 3.87g；果粉厚，果皮厚；初始着色浅紫色，成熟后蓝黑色。同'紫秋'相近，平均每颗果实中含种子 3.7 颗，平均百粒重 3.59g，平均长 6.01mm，宽 4.59mm，长宽比 1.31。在湖南 3 月下旬至 4 月初萌芽，4 月底至 5 月初开花，9 月上旬开始成熟。可溶性固形物含量 16.1%，可滴定酸含量 0.17%，果实颜色蓝黑色，多酚 19.44mg/g。抗黑痘病、白粉病、炭疽病、灰霉病能力强，但不抗霜霉病。抗虫性强，但不抗根瘤蚜。抗旱性强，极抗高温多湿气候。

54. MCS2

亲本来源：欧亚种。由'蜜萄思'和'赤霞珠'杂交而成，由山东农业大学于 2021 年选育，酿酒品种。

主要特征：幼叶及茎均为红色，成龄叶绿色，深秋又变为红色。果皮、果肉均为红色，果梗红色。果实成熟度一致，果穗紧，果粒小，圆形。果实具青草味和'赤霞珠'香气，单个新梢着生两穗果。种子充分发育，每果粒含种子 2～4 粒。可溶性固形物 22.2%，可滴定酸含量 6.9g/L，单粒重 1.38g，果实颜色紫黑色，香味类型青草味，红色果肉。感霜霉病，具有良好抗寒耐瘠薄能力，越冬性明显好于'赤霞珠'，在泰安不埋土防寒的条件下枝条亦

无抽干现象。

55. 岳霞晚峰 Yuexiawanfeng

亲本来源：欧亚种。由'红地球'和'无核白鸡心'杂交而成，由辽宁省果树科学研究所于2022年选育，中熟品种。

主要特征：果穗圆锥形，无歧肩，平均长度22cm，平均宽度15cm，最大穗重1152g，平均穗重823g，果粒平均纵径3.27cm，果粒平均横径2.51cm，单果粒最大重量15.6g，果皮厚度薄，果皮涩味无，果肉质地脆，果粒与果柄分离难，每果粒含种子3个。两性花。二倍体。可溶性固形物含量为21.56%，可滴定酸含量0.74%，单粒重7.89g，果实红色。抗霜霉病，抗白粉病，中抗白腐病。抗寒，抗旱，抗高温能力较强。

56. 92-31

亲本来源：亲本为'京亚'和'藤稔'，早熟葡萄品种。

主要特征：果穗圆锥形，穗重460~500g，第1果穗着生在结果枝第3节。果粒排列略紧，圆形，果皮厚，黑色，粒重12~18g，肉质较硬，口感浓甜，有香味，可溶性固形物含量16%~18.5%。迟采至9月中下旬不返糖，品质风味不变。

57. 齐酿1号 Qiniang1hao

亲本来源：以'山葡萄'与欧洲葡萄的杂交后代为亲本选育而成。

主要特征：两性花，果穗圆锥或圆柱形带副穗，平均单穗重216g，果粒近圆形，果皮蓝黑色，果肉无色，平均重1.37g，多汁。可溶性固形物含量24.0%；可溶性糖（以葡萄糖计）19.7%；可滴定酸1.67%。出汁率65%，适宜酿造红葡萄酒，所酿葡萄酒宝石红色。

58. 云葡1号 Yunpu1hao

亲本来源：'毛葡萄'与'白鸡心'杂交而成，云南省农业科学院热区生态农业研究所等在2015年培育而成，中熟品种。

主要特征：果穗圆锥形或圆锥形带副穗，果粒圆形至短椭圆形，充分成熟时紫黑色至蓝黑色；果穗整齐紧凑，不易落粒，耐运输；水肥充足的情况下，果穗平均重165g，最大重260g，每个果实有种子1~4粒，多数2~3粒；充分成熟时可溶性固形物含量17.0%~19.0%，酸甜，无香味，酿造的葡萄酒颜色较浅，适宜酿造粉红葡萄酒和起泡酒。此品种为中熟酿酒品种，也可在干旱地区用作抗旱砧木和庭院绿化品种。

59. 野酿1号 Yeniang1hao

亲本来源：东亚种群。广西都安县古山乡野生株系，由广西植物组培苗有限公司于2019年选育，中熟品种。

主要特征：属雌能花株系；嫩梢酱红色，嫩梢及新叶叶柄、穗柄有白色茸毛，成熟叶片心形，叶面光滑，叶背白色或锈色，且有茸毛，长×宽为 11.5cm×10.5cm，节间长6.8cm。果穗圆锥形，有花蕾 400～600 粒/穗，穗长×穗宽为（12～14）cm×（8～11）cm，穗重 40～90g，粒数 40～80 粒/穗，百粒重 99～105g，每粒 1～4 个种子。成熟果实黑色，呈圆球形，直径 1.20～1.26cm，表面有呈黑点状果蜡，果实出汁率 63.7%。枝条萌芽率70% 左右，果枝率 70%～80%。在都安 3 月下旬萌芽，5 月下旬开花，9 月上旬果实成熟，属中熟株系，可溶性固形物含量 11.2%，总糖 8.73g/100mL，可滴定酸含量 2.65g/100mL，单宁 0.284g/100mL。感霜霉病。

60. 湘刺 3 号 Xiangci3hao

亲本来源：东亚种群。普通刺葡萄变异类型，由湖南农业大学于 2020 年选育，晚熟酿酒、制汁品种。

主要特征：果穗圆柱形，松紧适中；平均单穗重 163g，果穗大小 124cm^2，果穗平均长16.7cm。果粒圆形，果皮与果肉易分离，果肉与种子难分离，有肉囊；果形指数为 1.1，果粒大小 2.1cm^2，单粒重 3.4g；果粉薄，果皮厚；初始着色为红紫色，成熟后为蓝黑色。平均含种子 2.8 颗，种子黑褐色，无外表横沟，种脐明显；平均百粒重 3.16g，长 5.02mm，宽 3.97mm，长宽比 1.27。在湖南，该刺葡萄 3 月下旬至 4 月初萌芽，5 月上旬开花，9 月中下旬果实开始成熟。可溶性固形物 16.7%，可滴定酸含量 0.19%，单粒重 3.4g，果实颜色蓝黑色，种子数较少。抗黑痘病、白粉病、炭疽病、灰霉病能力强，但不抗霜霉病。抗虫性强，但不抗根瘤蚜。抗旱性强，极抗高温多湿气候。

61. 熊岳白 Xiongyuebai

亲本来源：用'玫瑰香'与'山葡萄'的 F1 优系作父本，与'龙眼'葡萄杂交，由辽宁省熊岳农业高等专科学校 1987 年培育而成。

主要特征：果实含糖量 18.76g/100mL，维生素 C 含量和出汁率（75%）较高，含酸量（0.975g/100mL）适宜，果汁无色透明，抗氧化性强，所酿之酒微黄带绿，澄清透明，具有新鲜清爽果香和酒香，回味、余味令人舒畅，适于酿制高档次葡萄酒。

第三节　砧木品种

1. 抗砧 3 号 Kangzhen3hao

亲本来源：由'河岸 580'与'SO4'杂交而成，中国农业科学院郑州果树研究所在2009 年培育而成，砧木品种。

主要特征：植株生长势旺盛。嫩梢黄绿色带红晕，梢尖有光泽。新梢生长半直立，无茸毛，卷须分布不连续，节间背侧淡绿色，腹侧浅红色。成熟枝条横截面呈近圆形，表面光滑，红褐色，节间长 12.4cm。冬芽黄褐色。幼叶上表面光滑，带光泽。成龄叶肾形，绿色，

全缘或浅 3 裂，泡状突起弱，下表面主脉上有密直立茸毛，锯齿两侧直和两侧凸皆有，叶柄注开张，"V"形，不受叶脉限制，叶柄 11.0cm，浅棕红色。雄花。产条量高。生根容易，根系发达。可溶性固形物含量 15.3%，可滴定酸含量 2.58%，单粒重 2.6g，果实颜色紫黑色，果皮有涩味。耐盐碱（0.5%NaCl 溶液），高抗葡萄根瘤蚜和根结线虫，抗寒性强于'巨峰'和'SO4'，但弱于'贝达'。在郑州地区，4 月上旬开始萌芽，5 月上旬开花，花期 5～7d，7 月上旬枝条开始老化，11 月上旬开始落叶，全年生育期 216d 左右。此品种为砧木品种。耐盐碱，高抗葡萄根瘤蚜和根结线虫，适应性广，产条量高。与生产上常用品种嫁接亲和性良好。与常用砧木'贝达''SO4'相比，对'巨峰''红地球''香悦''夏黑'和'郑黑'等接穗品种的主要果实经济性状无明显影响。

2. 抗砧 5 号 Kangzhen5hao

亲本来源： 由'贝达'与'420A'杂交而成，中国农业科学院郑州果树研究所在 2009 年培育而成，砧木品种。

主要特征： 植株果穗圆锥形，无副穗，穗长 11.3cm，穗宽 11.3cm，平均穗重 231g。果粒着生紧密，圆形，蓝黑色，纵径 1.7cm，横径 1.6cm，平均粒重 2.5g。果粉厚，果皮厚。果肉较软，汁液中等偏少。每果粒含种子 2～3 粒，可溶性固形物含量为 16.0%。

植株生长势强。每果枝着生花序 1～2 个。在郑州地区，4 月中旬萌芽，5 月上旬开花，7 月中旬果实开始着色，8 月中旬果实充分成熟，10 月下旬叶片开始老化脱落。此品种为砧木品种。极耐盐碱，高抗葡萄根瘤蚜，高抗根结线虫，适应性广。与生产上常见品种嫁接亲和性良好，偶有"小脚"现象。对接穗品种'夏黑''巨玫瑰'和'红地球'等葡萄品种的主要果实经济性状无明显影响。

3. 郑寒 1 号 Zhenghan1hao

亲本来源： 由'河岸 580'与'山葡萄'杂交而成，中国农业科学院郑州果树研究所在 2015 年培育而成，砧木品种。

主要特征： 抗寒性强，与我国主栽葡萄品种嫁接亲和性好，易繁殖、产条量高。在瘠薄地建采条园，可采用 2.0m×2.5m 株行距；在肥沃良田建园，可采用 2.2m×3.0m 株行距，宜采用单臂篱架、头状树形。为增加产条量和提高枝条成熟度，应在每年 10 月份施基肥，一般每亩施有机肥 4000kg。为促进养分回流，增加枝条成熟度，减少用工量，枝条应在叶片自然脱落后进行采收。该品种适宜在河南省葡萄适生区种植。

4. 华佳 8 号 Huajia8hao

亲本来源： 华欧杂种，亲本为'华东葡萄'和'佳利酿'，上海市农业科学院园艺研究所在 2004 年育成，属砧木品种。

主要特征： 果穗歧肩圆锥形。果粒近圆形，蓝黑色，有果点，粒重 1.5～2.0g。每果粒含种子 3～4 粒。嫩梢黄绿色，梢尖有中等密灰白色茸毛。幼叶上表面平滑，带光泽；成龄叶心脏形，绿色，平展，下表面带有稀疏刺毛，叶脉密生刺毛；叶片 3 或 5 裂，上裂刻中等深，下裂刻浅。枝黄褐色。雌能花。

植株生长势强。枝条生长量大，副梢萌芽率强。成熟枝条扦插成活率较高，一般为50％～75％。与欧美杂种嫁接亲和力好。在上海、江苏、浙江有一定面积的应用，赣、桂、云等地已有引种。

5. 云葡2号 Yunpu2hao

亲本来源：'毛葡萄'与'白鸡心'杂交而成。云南省农业科学院热区生态农业研究所等在2015年培育而成，晚熟品种。

主要特征：果穗圆锥形或圆锥形带副穗，果粒圆形至短椭圆形，充分成熟时紫黑色。水肥充足的情况下，果穗紧凑，不易落粒，耐运输；果穗果粒小，平均果穗重150g，最大280g，果粒平均重1.2g，充分成熟时可溶性固形物含量16.0％～18.0％，平均17.0％左右，味酸甜。此品种为晚熟耐旱砧木品种。

6. SA15

亲本来源：欧美杂种。'左山一'与'SO4'杂交而成，由山东农业大学于2020年选育，中熟砧木品种。

主要特征：砧木。成龄叶形状为近三角形，3裂，枝条直立性较强，树势旺，扦插生根率和嫁接亲和性较好，产条能力强。抗寒，抗盐碱能力强，嫁接未出现小脚现象，物候期比'1103P'早约一周，根系活动早，在山东泰安地区嫁接后接穗枝条伤流期提早约一周，接穗萌芽期与自根品种差别不大。抗霜霉及白腐病能力强。果粒小，疏松，紫黑色，果皮厚。单粒重0.8g，果实颜色紫黑，香味类型无。

7. 志昌抗砧1号 Zhichangkangzhan1hao

亲本来源：欧美杂种。'5BB'与'SO4'杂交而成，由山东志昌农业科技发展股份有限公司、志昌智慧农业科技股份有限公司、青岛志昌种业有限公司、莒县葡萄研究所于2022年选育，砧木品种。

主要特征：二倍体。萌芽期4月初，开花期5月上中旬。植株生长势强，萌芽率95％。幼叶黄绿色。成龄叶平均长度16cm，平均宽度15cm。果穗圆柱形，果穗无歧肩，果皮薄，无涩味，果肉质地软，果粒与果柄易分离，花器类型雄花。高抗白腐病、黑痘病、霜霉病、抗寒、耐盐碱性强。

第四节 制汁、制干、制罐品种

1. 北丰 Beifeng

亲本来源：蘡欧杂种。亲本为'蘡薁葡萄'与'玫瑰香'，由中国科学院植物研究所在

2006 年育成，晚熟制汁品种。

主要特征：果穗圆锥形带副穗，人，穗长 23.1cm，穗宽 13.2cm，平均穗重 386.6g，最大穗重 389.6g。果穗大小整齐，果粒着生中等或较松，果粒椭圆形，紫黑色，中等大，纵径 1.9cm，横径 1.5cm，平均粒重 2.7g。果粉厚，果皮薄，果肉较软，有肉囊，汁多，味酸甜。每果粒含种子 1～3 粒，多为 2 粒。可溶性固形物含量为 19.1%～23.1%，含酸量为 0.75%，出汁率为 81.9%。用其制成的葡萄汁，红紫色，澄清，酸甜适度，品质中上等，符合中国人的口味。正常结果树一般产果 20000～25000kg/hm^2。

植株生长势强。芽眼萌发率为 76.6%，结果枝占芽眼总数的 78.4%。每果枝着生果穗数为 2～3 个。隐芽萌发的新梢结实力强，夏芽副梢结实力弱。早果性好。在北京地区，4 月中旬萌芽，5 月底开花，9 月下旬果实成熟。从萌芽至果实成熟需 163d，此期间活动积温为 3828℃。抗寒、抗旱和抗病虫力均强。

嫩梢黄绿色。幼叶绿色，带暗红色晕，密布灰白色茸毛。成龄叶片大。叶片 3 或 5 裂，或全缘；裂刻浅或中等深，裂缝状或卵形空隙，底部圆形。锯齿为宽底三角形。叶柄洼开张拱形，基部宽，几乎平底或宽拱形。新梢生长直立。新梢节间背、腹侧均褐色。枝条横截面呈近圆形，枝条黄褐色。两性花，二倍体。

2. 北紫 Beizi

亲本来源：蘡欧杂种。亲本为'蘡薁葡萄'与'玫瑰香'，由中国科学院植物研究所在 2006 年育成，晚熟制汁品种。

主要特征：果穗圆锥形间或带副穗，大，穗长 23.5cm，穗宽 14.0cm，平均穗重 386.6g，最大穗重 808g。果穗大小整齐，果粒着生中等紧密或较紧密，果粒椭圆形，蓝黑或紫黑色，中等大，纵径 1.8cm，横径 1.7cm，平均粒重 2.8g。果粉厚，果皮中等厚，果肉较软，稍有肉囊，汁多，色艳，味酸甜。每果粒含种子 2～4 粒，多为 3 粒，种子与果肉易分离。可溶性固形物含量为 19.6%～21.5%，可滴定酸含量为 0.67%，出汁率为 78.8%。用其制成的葡萄汁，红紫色，澄清，微有清香，酸甜适口，品质中上等，适合大众口味。

植株生长势强。芽眼萌发率为 76.9%，结果枝占芽眼总数的 65.4%，每果枝着生果穗数为 2～3 个。正常结果树一般产果 15000～20000kg/hm^2（2.5m×2m，篱架）。在北京地区，4 月中旬萌芽，5 月下旬开花，9 月下旬果实成熟。从开花至果实成熟需 164d，此期间活动积温为 3842℃。抗寒、抗旱和抗病力均强。

嫩梢黄绿色。幼叶绿色，带暗红色晕，下表面密布灰白色茸毛。成龄叶片大。叶片 3 或 5 裂，上裂刻浅、具窄口、底部圆形，下裂刻不明显。锯齿大而钝，三角形。叶柄洼开张拱形，基部尖底狭小拱形。新梢生长直立。新梢节间背、腹侧均褐色。枝条横截面呈椭圆形，枝条灰褐色。两性花，二倍体。

3. 北香 Beixiang

亲本来源：蘡欧杂种。亲本为'蘡薁葡萄'与'亚历山大'，由中国科学院植物研究所在 2006 年育成，晚熟制汁品种。

主要特征：果穗圆锥形，少数有副穗，平均穗重 194.8g。果穗大小整齐，果粒着生中等。果粒椭圆形，紫黑色，着色一致，成熟一致，平均粒重 2.2g。果粉厚，果皮厚，不易与果肉分离，肉质中等，有肉囊，汁多，味酸甜，可溶性固形物含量 18.6%，可滴定酸含量 0.63%，出汁率为 80.6%。用其制成的葡萄汁颜色红紫，澄清透明，酸甜适度，微有清香，品质上等。每果粒含种子多为 2 粒。

生长势强，结实性强。早果性好。从萌芽至果实成熟需 180d，极晚熟。抗寒、抗旱和抗病、抗虫力均强。含糖量高，制成的葡萄汁酸甜适口，色泽佳，是制汁的优良品种。

嫩梢绿带紫红色，有少数灰白色茸毛，黄绿色，上表面有光泽，下表面被白色茸毛。成龄叶心形，中等大，叶面较光滑，下表面被白色茸毛，3 裂。两性花，二倍体。

4. 牡山 1 号 Mushan1hao

亲本来源：从'山葡萄'自然实生苗中选出。由黑龙江省农业科学院在 2010 年育成，中熟制汁品种。

主要特征：果穗圆锥形，有副穗，穗长 17cm、宽 15cm，果粒着生中度紧密。平均穗重 195g，最大穗重 650g。平均粒重 1.13g。果粒黑色，有果粉，果梗短粗。种子 2～4 粒。果肉绿色，与果皮易分离。可溶性固形物含量 16%。出汁率 60%。加工的葡萄汁、酿制的葡萄酒、葡萄籽提取的山葡萄籽油，品质好，效益好。

嫩梢绿色，有稀疏茸毛。萌芽率 90%，成枝力强。自然着果率 35%，结果枝率 95% 以上，每花序有花朵 400～800 朵，第 1 个花序多着生在结果枝的第 1～2 节。幼叶卵圆形，黄绿色，长 25.6cm、宽 23.1cm，同一株上的叶片有无裂刻和较浅三裂刻；叶柄洼少数闭合，叶柄近柄洼处紫红色，叶片平展。两性花。

5. 紫秋 Ziqiu

亲本来源：芷江侗族自治县农业农村局对湘西刺葡萄野生资源进行调查研究的基础上，在 2005 年选育出葡萄新品种'紫秋'刺葡萄。为鲜食与加工兼用型品种，结果早。

主要特征：果穗圆锥形，有副穗，平均重 227.0g。果粒椭圆形，紫黑色，平均粒重 4.5g。果粉厚，果皮厚而韧。果肉绿黄色，有肉囊，多汁，味甜，有香气，可溶性固形物含量为 14.5%，可滴定酸含量 0.34%，出汁率 61%。每果粒含种子 3～4 粒，果肉与种子不易分离。

植株树势强，结实性强。果实发育期 130d 左右。新梢、叶柄及叶脉上密生直立或先端弯曲的刺状物，三年生以上枝蔓皮刺随老皮脱落。嫩梢呈黄绿色。新叶前期为浅紫色，后转绿。成龄叶心脏形，较厚而大，叶缘呈波浪形，叶面有光泽，呈网状皱，叶上、下表面茸毛稀，上表面蜡质层厚，下表面主、侧脉突起。两性花。

6. 吉香 Jixiang

亲本来源：在吉林省吉林市郊区红升葡萄园内发现的'白香蕉'品种的芽变。由吉林省农业学校在 1976 年培育而成，中熟鲜食、制汁兼用品种。

主要特征：果穗圆锥形间或带副穗，穗长21.7cm，穗宽15.0cm，穗重400～600g，最大穗重1200g，偶见2000g者。果穗大小整齐，果粒着生紧密。果粒绿黄色卵圆形或椭圆形，纵径2.6cm，横径2.2cm，平均粒重9.2g，最大粒重12.9g。每果粒含种子1～3粒，多为1粒。种子与果肉易分离。果粉薄。果皮薄。果肉软，汁多，味酸甜，有草莓香味。可溶性固形物含量为14%～17%，可滴定酸含量为0.72%，出汁率为85.1%。

植株生长势强。芽眼萌发率为50%～60%，枝条生长粗壮、成熟度好，结果枝占芽眼总数的57.0%，每果枝平均着生果穗数为1.3个。副梢结实力较强。可自花结实。在河南郑州地区，4月中旬萌芽，5月中旬开花，8月上旬果实成熟。鲜食品质上等，制汁品质好。

7. 紫玫康 Zimeikang

亲本来源：欧美杂种。亲本为'玫瑰香'和'康拜尔早生'，由江西农业大学在1985年育成，早中熟鲜食品种兼制汁品种。

主要特征：果穗圆锥形，小，平均穗重115g，最大穗重195g。果粒着生中等紧密，果粒椭圆形，中等大，平均粒重3.2g，最大粒重5.5g。果粉厚。果皮较厚，较韧，无涩味，果肉较脆，无肉囊，汁较多，红色，味甜，有玫瑰香味。每果粒含种子1～3粒，多为2粒，种子与果肉易分离。可溶性固形物含量为15.8%，总糖含量为12.1%，可滴定酸含量为0.9%，鲜食品质中上等。

植株生长势较强。芽眼萌发率为71.8%，成枝率为81.3%，结果枝占芽眼总数的63.5%，每果枝平均着生果穗数为2～3个。产量中等。在江西南昌地区，3月下旬萌芽，5月上旬开花，7月下旬果实成熟。抗病性较强。成龄叶片心脏形，较大下表面着生较厚毡状茸毛。叶片全缘或3裂，裂刻中等深或浅，锯齿锐，叶柄洼窄拱形。两性花。

8. 华葡1号 Huapulhao

亲本来源：山欧杂种。亲本为'左山一'和'白马拉加'，中国农业科学院果树研究所在2011年育成，属酿酒制汁品种。

主要特征：果穗圆锥形，平均穗重214.4g。果粒圆形，紫黑色，平均粒重3.1g。果皮厚而韧。果肉软，可溶性固形物含量24.1%，可滴定酸含量1.27%，单宁含量2827.6mg/kg，出汁率70.16%。每果粒含种子多为3粒。

生长势强，早果性好，丰产。果实发育天数为110d左右。抗寒性强，枝条半致死温度为-26℃，根系半致死温度为-8.5℃，在辽宁省朝阳、锦州和葫芦岛地区可露地越冬。抗霜霉病，对白腐病、炭疽病等真菌性病害抗性较强。

嫩梢绿色。幼叶黄绿色，上表面有光泽，下表面茸毛较少；成龄叶片五角形，大，有光泽，主脉黄色有红晕，下表面有极稀茸毛；叶片5裂，上裂刻浅至中，下裂刻极浅至浅，裂刻基部"U"形。雌能花，二倍体。

9. 大无核白 Dawuhebai

亲本来源：欧亚种。在新疆吐鲁番发现的'无核白'葡萄的四倍体芽变品种，新疆农业科学院等在 1974 年育成，晚中熟鲜食、制干、制罐兼用无核品种。

主要特征： 果穗圆锥形，穗重 300.0～400.0g。果粒着生较紧密，果粒短椭圆形，黄绿色，平均粒重 2.6g。果皮薄，果肉脆，汁中等多，淡黄色，味酸甜，可溶性固形物含量为 20.1%～23.8%，可滴定酸含量为 0.58%，品质上等。每果粒有 1～2 粒极小的瘪籽。生长势中等。嫩梢绿色，无茸毛。幼叶绿色，光滑无茸毛，有光泽；成龄叶圆形，较大，中等厚，波浪状，上、下表面无茸毛，叶片 5 裂，上裂刻深，下裂刻浅。节间浅褐色，较短，较粗。两性花。

10. 水晶无核 Shuijingwuhe

亲本来源： 亲本为'葡萄园皇后'和'康耐诺'，新疆石河子葡萄研究所在 2000 年育成，早熟制干品种。

主要特征： 该品种粒大穗重，成熟较早，在石河子地区 8 月 20 日熟。单粒重 2.73g，是'无核白'一倍多，喷赤霉素后可达 5～8g，单穗重 580g。丰产性较强，棚架栽培亩产 3.5t。成熟时呈金黄色，外观美丽，皮中厚，肉质脆，有浓郁玫瑰香味。鲜食、制干俱佳，制干后仍能保持较浓的香味。

11. 卓越黑香蜜 Zhuoyueheixiangmi

亲本来源： 欧美杂种，由'金手指'和'摩尔多瓦'杂交而成，由山东省鲜食葡萄研究所于 2019 年选育，鲜食、酿酒、制汁品种。

主要特征： 长势偏旺，始果期早，结实力强。果穗中等大，无副穗，着粒较紧，平均穗重 486g，最大 623g。果粒短椭圆形至圆形，单粒重 8.4g，纵径 2.68～2.78cm，横径 2.15～2.25cm。果实蓝黑色，果粉厚，平均粒重 8.4g，最大 11.6g。香味浓郁，富含花青素。抗旱、抗寒性都强。可溶性固形物 18%～20%，可滴定酸含量 0.50%～0.58%。高抗霜霉病，中抗黑痘病、白腐病。

12. 云楚无核 Yunchuwuhe

亲本来源： 欧亚种，由'红地球'和'无核白鸡心'杂交而成，由云南省农业科学院热区生态农业研究所，元谋县果然好农业科技有限公司于 2019 年选育，鲜食加工品种。

主要特征： 果穗圆锥形，无副穗，单歧肩，穗长 26.1cm，穗宽 17.3cm，平均穗重 685.8g，最大穗重 989.6g。果粒成熟一致。果粒着生紧。果粒圆形，红色有光泽，纵径 1.81cm，横径 1.79cm，平均粒重 3.48g，果粒与果柄难分离。果粉薄。果皮无涩味。无核。可溶性固形物 13.14%，可滴定酸含量 0.68%，果实颜色红色，无香味，果皮无涩味，果肉脆，无肉囊。叶片感白粉病和霜霉病，果实感白粉病，品种具有一定的抗旱性。

我国自育葡萄品种遗传分析

第一节 我国自育葡萄品种资源倍性的分析

葡萄（$2x=38$）是二倍体植物。在进化与利用过程中，形成了很多不同倍性的葡萄品种，且葡萄无性繁殖的特点能将多倍体的优良性状稳定地保存下去。由于多倍体葡萄具有生长旺盛、枝粗、叶厚、果大、产量高、同化物质含量高、种子数量少且部分发育不良、果实成熟期提前等优点，在生产上推广广泛。葡萄染色体倍性信息对于葡萄品种资源的科学利用具有重要帮助。

流式细胞术（flow cytometry，FCM）是应用流式细胞仪进行分析、分选的技术，它能对处于液流中各种荧光标记的微粒进行多参数快速准确地定性、定量测定（田新民等，2011）。在植物学研究中，FCM 主要用于检测植物细胞核 DNA 含量及其倍性水平。利用流式细胞仪对植物倍性进行鉴定，速度快、效率高，使用大规模准确鉴定染色体倍性，取材可以是叶片、花或种子。我们利用该技术鉴定了郑州果树所中国国家葡萄资源圃以及其他院所保存的 272 个重要葡萄品种的倍性。值得说明的是，由于受流式细胞术精度的限制难以检测出葡萄品种的非整倍性染色体的特点。

一、葡萄倍性判断依据

加入特定的解离液后，通过物理方法切碎叶片，吸取解离液并用 400 目的滤膜过滤到离心管中，离心后弃上清。同时加入 PI（碘化丙啶）染料，悬浮细胞，避光染色。使用 BD Acuri C6，在 488nm 的荧光强度下，对样品进行检测。由样本的相对荧光强度以及出现的位置判断倍性（王静波等，2016），二倍体在相对荧光强度 50 处出现峰值，如'郑果 28 号'[图 3-1（a）]，而三倍体和四倍体的峰值分别在横坐标 75 与 100 处，如'8611'[图 3-1（b）]和'早黑宝'[图 3-1（c）]。

二、自育葡萄品种资源的倍性

通过细胞流式分析仪对自育葡萄品种资源进行检测，同时通过品种介绍相关文献，对其他品种资源的倍性进行查阅与鉴定，丰富了对葡萄品种资源倍性的了解。

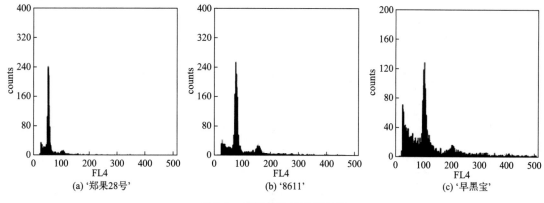

图 3-1 不同倍性检测图示例

1. 自育葡萄品种的倍性

我国自育葡萄品种倍性见表 3-1。

表 3-1 222 个中国自育葡萄品种倍性

编号	品种名	倍性	编号	品种名	倍性
1	黑佳酿	$2x$	21	北玫	$2x$
2	贵园	$4x$	22	北红	$2x$
3	超宝	$2x$	23	北醇	$2x$
4	郑州早玉	$2x$	24	假卡	$2x$
5	郑州早红	$2x$	25	白达拉依	$2x$
6	郑艳无核	$2x$	26	和田绿	$2x$
7	郑果大无核	$2x$	27	墨玉葡萄	$2x$
8	郑果 3 号	$2x$	28	红木纳格	$2x$
9	郑果 28 号	$2x$	29	红鸡心	$2x$
10	北冰红	$2x$	30	李子香	$2x$
11	早甜玫瑰香	$2x$	31	玫瑰蜜	$2x$
12	京紫晶	$2x$	32	红玫瑰	$2x$
13	京早晶	$2x$	33	茨中教堂	$2x$
14	京玉	$2x$	34	甜峰 1 号	$4x$
15	京优	$4x$	35	甜峰	$4x$
16	京亚	$4x$	36	伊犁香葡萄	$2x$
17	京秀	$2x$	37	索索葡萄	$2x$
18	京香玉	$2x$	38	新郁	$2x$
19	京可晶	$2x$	39	红马奶	$2x$
20	京丰	$2x$	40	马奶	$2x$

编号	品种名	倍性	编号	品种名	倍性
41	绿木纳格	$2x$	76	贵妃玫瑰	$2x$
42	白布瑞克	$2x$	77	园野香 a	$2x$
43	户太 8 号	$4x$	78	玉波一号 b	$2x$
44	瓶儿葡萄	$2x$	79	玉波黄地球 b	$2x$
45	和田红	$2x$	80	玉波二号 b	$2x$
46	光辉	$4x$	81	泽玉	$2x$
47	沈农香丰	$4x$	82	大青葡萄	$2x$
48	沈农硕丰	$4x$	83	百瑞早 b	$3x$
49	金香 1 号	$4x$	84	钟山红	$2x$
50	沪培 2 号	$3x$	85	紫丰	$2x$
51	沪培 1 号	$3x$	86	着色香	$2x$
52	沪培 3 号	$3x$	87	醉金香	$4x$
53	申玉	$4x$	88	紫珍香	$4x$
54	申秀	$4x$	89	夕阳红	$4x$
55	申华	$4x$	90	瑰香怡	$2x$
56	申丰	$4x$	91	公主红	$4x$
57	红亚历山大	$2x$	92	状元红	$4x$
58	黑葡萄	$2x$	93	87-1	$2x$
59	早黑宝	$4x$	94	宇选 1 号	$4x$
60	晚红宝	$4x$	95	平顶黑	$2x$
61	晚黑宝	$4x$	96	吉香	$2x$
62	秋红宝	$2x$	97	碧香无核	$2x$
63	秋黑宝	$4x$	98	关口葡萄	$2x$
64	丽红宝	$2x$	99	巩义无核白	$2x$
65	晶红宝	$2x$	100	月光无核	$3x$
66	瑰宝	$2x$	101	霞光	$4x$
67	无核翠宝	$2x$	102	蜜光	$4x$
68	早康宝	$2x$	103	峰光	$4x$
69	烟 74 号	$2x$	104	春光	$4x$
70	烟 73 号	$2x$	105	宝光	$4x$
71	紫地球 b	$2x$	106	金田红	$2x$
72	红香蕉	$2x$	107	金田美指	$2x$
73	红双味	$2x$	108	金田翡翠	$2x$
74	红莲子	$2x$	109	醉人香	$4x$
75	黑香蕉	$2x$	110	沈阳玫瑰	$4x$

编号	品种名	倍性	编号	品种名	倍性
111	巨玫瑰	$4x$	146	贵州水晶	$2x$
112	凤凰 51	$2x$	147	广西毛葡萄	$2x$
113	紫珍珠	$2x$	148	短枝玉玫瑰 b	$2x$
114	早玫瑰	$2x$	149	贝加干	$2x$
115	早玛瑙	$2x$	150	白葡萄	$2x$
116	艳红	$2x$	151	白老虎眼	$2x$
117	香妃	$2x$	152	白拉齐娜	$2x$
118	瑞锋（峰）无核	$4x$	153	阿特巴格	$2x$
119	瑞都香玉	$2x$	154	园红玫 a	$2x$
120	瑞都无核怡	$2x$	155	美人指 a	$2x$
121	瑞都红玫	$2x$	156	北香	$2x$
122	瑞都脆霞	$2x$	157	旱甜玫瑰香	$2x$
123	爱神玫瑰	$2x$	158	丰宝	$2x$
124	峰后	$4x$	159	红太阳	$4x$
125	玉珍香	$2x$	160	白玫康	$2x$
126	伊犁葡萄	$2x$	161	北丰	$2x$
127	也力阿克	$2x$	162	北紫	$2x$
128	谢克兰格	$2x$	163	长无核白	$2x$
129	夏白	$2x$	164	昌黎 21 号	$4x$
130	西营	$2x$	165	红十月	$4x$
131	无核 8611	$3x$	166	红葡萄	$2x$
132	桃克可努克	$2x$	167	大玫瑰香	$4x$
133	其里干	$2x$	168	北全	$2x$
134	牛心	$2x$	169	哈什哈尔	$2x$
135	宁夏无核白	$2x$	170	黑玫香	$4x$
136	那布古珠	$2x$	171	昌黎 8 号	$4x$
137	牡丹红	$2x$	172	昌黎 7 号	$4x$
138	马热子	$2x$	173	昌黎 27 号	$4x$
139	驴奶	$2x$	174	翠玉	$2x$
140	库斯卡其	$2x$	175	脆红	$2x$
141	卡拉	$2x$	176	大无核紫	$2x$
142	济南早红	$2x$	177	红皇后	$2x$
143	黄满集	$2x$	178	黑鸡心	$2x$
144	花白	$2x$	179	黑瑰香	$4x$
145	黑破黄	$2x$	180	峰早	$4x$

编号	品种名	倍性	编号	品种名	倍性
181	红标无核	3x	202	内京香	2x
182	凤凰12	2x	203	秦龙大穗	2x
183	8612	3x	204	泉龙珠	2x
184	托县葡萄	2x	205	瑞都红玉	4x
185	华葡1号	2x	206	山东早红	2x
186	金田玫瑰	2x	207	沈农金皇后	2x
187	金田无核	2x	208	塘尾葡萄	2x
188	京超	4x	209	无核早红	3x
189	京大晶	2x	210	新葡1号	2x
190	康太	4x	211	瑶下屯	2x
191	巨玫	4x	212	鄞红	4x
192	抗砧1号	2x	213	圆白	2x
193	抗砧3号	2x	214	早金香	2x
194	抗砧5号	2x	215	早玫瑰香	2x
195	抗砧6号	2x	216	早莎巴珍珠	2x
196	礼泉超红	4x	217	早夏无核	3x
197	辽峰	4x	218	泽香	2x
198	龙眼	2x	219	紫脆无核	2x
199	马峪乡葡萄1号	2x	220	紫甜无核	2x
200	玫香宝	4x	221	左山二	2x
201	蜜红	4x	222	左山一	2x

注:样品采集地点为郑州果树所中国国家葡萄资源圃,少数样品采集自张家港市神园葡萄科技有限公司(a)和山东省江北葡萄研究所(b)

2. 其他葡萄品种资源的倍性

通过查阅品种介绍的相关文献,168 个世界葡萄品种的倍性信息也被列入表 3-2。结合流式细胞仪检测,对其中 50 个品种进行了进一步倍性验证,结果与文献中一致。

表 3-2　168 个世界葡萄品种的倍性

编号	品种名	倍性	育种国家	编号	品种名	倍性	育种国家
1	红奥林*	4x	日本	9	110R*	2x	法国
2	白卡尤嘎	2x	美国	10	白玉	2x	土耳其
3	红伊豆*	3x	日本	11	红巴拉多	2x	日本
4	红意大利*	2x	巴西	12	黑槌	4x	日本
5	伏尔加顿	2x	乌兹别克斯坦	13	哈弗德	2x	美国
6	阿布交西	2x	阿富汗	14	国宝	4x	日本
7	芭芭露莎	2x	法国	15	比昂扣	2x	日本
8	红义	4x	日本	16	1103P*	2x	意大利

编号	品种名	倍性	育种国家	编号	品种名	倍性	育种国家
17	蓓蕾 A	$2x$	日本	55	达米娜	$2x$	意大利
18	白罗莎里奥*	$2x$	日本	56	黑天鹅	$2x$	日本
19	101-14*	$2x$	法国	57	比赛尔	$2x$	保加利亚
20	粉红莎斯拉	$2x$	埃及	58	黑比诺*	$2x$	法国
21	粉玫瑰	$2x$	南非	59	保尔加尔	$2x$	土耳其
22	白香蕉*	$2x$	美国	60	高尾*	$4x$	日本
23	白玫瑰香	$2x$	埃及	61	红古沙	$2x$	乌兹别克斯坦
24	绯红	$2x$	美国	62	哈特巴尔	$2x$	塔吉克斯坦
25	芳香葡萄	$2x$	匈牙利	63	红高	$2x$	日本
26	赤霞珠*	$2x$	法国	64	红富士*	$4x$	日本
27	布朗无核	$2x$	美国	65	地拉洼	$2x$	美国
28	红十和田	$4x$	日本	66	红地球*	$2x$	美国
29	贵人香*	$2x$	意大利	67	红德桑	$2x$	乌兹别克斯坦
30	红山彦	$4x$	日本	68	峰寿	$2x$	日本
31	白鸡心*	$2x$	美国	69	哈尼	$2x$	阿富汗
32	黑巴拉多*	$2x$	日本	70	翠峰	$4x$	日本
33	黑奥林*	$4x$	日本	71	登瓦斯玫瑰	$2x$	保加利亚
34	黑奥洛维	$2x$	保加利亚	72	黑汉	$2x$	德国
35	表链罗也尔	$2x$	法国	73	黑哈丽丽	$2x$	伊朗
36	奥托玫瑰	$2x$	法国	74	阿达玫瑰	$2x$	保加利亚
37	奥林匹亚	$4x$	日本	75	高妻*	$4x$	日本
38	奥古斯特	$2x$	罗马尼亚	76	8B*	$2x$	匈牙利
39	奥利文	$2x$	匈牙利	77	5C*	$2x$	法国
40	安尼斯基	$2x$	美国	78	5BB*	$2x$	奥地利
41	安吉文	$2x$	法国	79	520A*	$2x$	法国
42	阿里可克	$2x$	乌兹别克斯坦	80	3309C*	$2x$	法国
43	阿尔曼玫瑰	$2x$	苏联	81	高蓓蕾	$2x$	日本
44	大平底拉洼	$2x$	日本	82	俄罗斯康可	$2x$	苏联
45	黑潮*	$4x$	日本	83	高墨*	$4x$	日本
46	红瑞宝*	$4x$	日本	84	高砂	$2x$	日本
47	白圣彼德	$2x$	意大利	85	黑峰	$4x$	日本
48	白苏哈	$2x$	乌兹别克斯坦	86	高千穗	$2x$	日本
49	白马拉加	$2x$	西班牙	87	黑贝蒂	$2x$	美国
50	红罗莎里奥*	$2x$	日本	88	花泽 1 号	$2x$	日本
51	红井川	$4x$	日本	89	皇冠	$4x$	日本
52	贝达*	$2x$	美国	90	皇家秋天	$2x$	美国
53	红茧	$2x$	日本	91	惠	$2x$	日本
54	大阪 48202	$2x$	日本	92	火星无核	$2x$	美国

编号	品种名	倍性	育种国家	编号	品种名	倍性	育种国家
93	火焰无核	$2x$	美国	131	日向	$4x$	日本
94	甲斐露	$2x$	日本	132	瑞必尔	$2x$	美国
95	甲斐乙女	$2x$	日本	133	森田尼	$4x$	美国
96	甲州三尺	$2x$	日本	134	沙吉地	$2x$	阿富汗
97	金玫瑰	$4x$	美国	135	莎巴珍珠*	$2x$	匈牙利
98	金手指	$2x$	日本	136	莎加蜜	$4x$	日本
99	金星无核	$2x$	美国	137	麝香葡萄	$2x$	希腊
100	井川 1050	$4x$	日本	138	圣诞玫瑰	$2x$	美国
101	巨峰*	$4x$	日本	139	胜利	$2x$	苏联
102	巨鲸*	$4x$	日本	140	十月	$2x$	乌兹别克斯坦
103	卡托巴	$2x$	美国	141	四倍体底拉洼	$4x$	日本
104	康能无核	$2x$	美国	142	苏珊玫瑰	$2x$	苏联
105	康可*	$2x$	美国	143	藤稔*	$4x$	日本
106	克瑞森无核*	$2x$	美国	144	甜冬葡萄	$2x$	苏联
107	克林巴马克	$2x$	乌兹别克斯坦	145	天使玫瑰香	$2x$	日本
108	莱考德	$2x$	匈牙利	146	天秀	$4x$	日本
109	里扎马特	$2x$	苏联	147	田野红	$2x$	日本
110	龙宝	$3x$	日本	148	维多利亚*	$2x$	罗马尼亚
111	绿宝石无核	$2x$	美国	149	维尼亚特	$2x$	英国
112	罗也尔玫瑰	$2x$	美国	150	魏可*	$2x$	日本
113	马林格尔	$2x$	苏联	151	无核白	$2x$	西亚
114	马瑟兰*	$2x$	法国	152	无核白鸡心*	$2x$	美国
115	玫瑰露	$2x$	美国	153	无核紫	$2x$	印度南部
116	玫瑰香*	$2x$	英国	154	乌兹别克玫瑰	$2x$	苏联
117	美乐*	$2x$	法国	155	希姆劳特	$2x$	美国
118	蜜而紫	$2x$	美国	156	霞多丽*	$2x$	法国
119	蜜汁	$4x$	日本	157	夏黑*	$3x$	日本
120	茉莉	$4x$	日本	158	先锋*	$4x$	日本
121	那多尔	$2x$	匈牙利	159	信浓乐*	$3x$	日本
122	那尔玛	$2x$	塔吉克斯坦	160	阳光玫瑰*	$2x$	日本
123	尼加拉	$2x$	美国	161	耀眼玫瑰	$2x$	日本
124	妮娜女王*	$4x$	日本	162	意大利*	$2x$	意大利
125	牛奶	$2x$	阿拉伯半岛	163	伊豆锦*	$4x$	日本
126	潘诺尼亚	$2x$	匈牙利	164	伊丽莎白	$2x$	美国
127	品丽珠*	$2x$	法国	165	早巨选	$4x$	日本
128	葡萄园皇后*	$2x$	匈牙利	166	长野紫	$3x$	日本
129	普利文玫瑰	$2x$	保加利亚	167	紫大粒	$2x$	英国
130	秋黑	$2x$	美国	168	紫玉	$4x$	日本

* 为经流式细胞倍性检测验证的品种。

第二节　我国自育品种遗传多样性及聚类分析

应用 SSR 分子标记技术对 308 个我国自育品种及种质（表 3-4）的遗传多样性进行分析，结果发现，利用 9 对国际通用引物（表 3-3）的多态性谱带所构建的 0/1 矩阵，采用 UPGMA 法可以聚类成 9 组（图 3-2），其中有 4 个大类（A、B、E、F）和 5 个小类（C、D、G、H、I）。

表 3-3　葡萄中 9 对国际通用 SSR 引物及其序列

SSR	引物 1 正向引物($5'{\rightarrow}3'$)	引物 2 反向引物($5'{\rightarrow}3'$)	染色体	模板
VVS2	CAGCCCGTAAATGTATCCATC	AAAATTCAAAATTCTAATTCAACTGG	11	$(GA)_n$
VVMD5	CTAGAGCTACGCCAATCCAA	TATACCAAAAATCATATTCCTAAA	16	$(CT)_3 AT$ $(CT)_{11} AT$ $AG(AT)_3$
VVMD7	AGAGTTGCGGAGAACAGGAT	CGAACCTTCACACGCTTGAT	7	$(CT)_{14}$
VVMD25	TTCCGTTAAAGCAAAAGAAAAAGG	TTGGATTTGAAATTTATTGAGGGG	11	$(CT)_n$
VVMD27	ACGGGTATAGAGCAAACGGTGT	GTACCAGATCTGAATACATCCGTAAGT	5	$(CT)_n$
VVMD28	AACAATTCAATGAAAAGAGAGA GAGAGA	TCATCAATTTCGTATCTCTATT TGCTG	3	$(CT)_n$
VVMD32	GGAAAGATGGGATGACTCGC	TATGATTTTTTAGGGGGGTGAGG	4	$(CT)_n$
VrZAG62	CCATGTCTCTCCTCAGCTTCTCAGC	GGTGAAATGGGCACCGAACACACGC	7	$(GA)_{19}$
VrZAG79	AGATTGTGGAGGAGGGAACAAACCG	TGCCCCCATTTTCAAACTCCCTTCC	5	$(GA)_{19}$

A 类包含 47 个葡萄品种，几乎全部是鲜食品种，占该组材料的 95.7％。A 类又可分为两个部分，即 A1 亚类和 A2 亚类。A1 亚类含有 16 个葡萄品种，其中主要是江苏省张家港市神园葡萄科技有限公司培育的，如'园金香''园香妃''园红指''园绿指''园野香'等共 13 个鲜食葡萄品种。A2 亚类含 31 个葡萄品种主要为欧亚种。其中，'墨玉葡萄''木纳格''库斯卡奇'3 个新疆地方品种聚在了一起。同为欧亚种的'郑美'和'金田美指'，它们的亲本之一都为'美人指'，也聚合在了一起。'翡翠玫瑰''贵妃玫瑰'和'京紫晶'虽然种类不同但都含有'葡萄园皇后'血缘因此也被聚合到了一起。

B 类中包括 40 个葡萄品种，全部为鲜食品种。其中，'巨峰'系的品种大多聚在这一类，共占 17.5％。例如：'贵园''峰光''户太 8 号''夕阳红''香悦'等。此外，由郑州果树研究所选育的'郑葡 1 号''郑葡 2 号'因亲本相同聚在了一起；从'紫珍香'自交后代中选出的优良品种'沈农硕丰'也和其亲本直接聚在了一起。

E 类共有 51 个葡萄品种。其中包含 3 个野生品种：'桑叶葡萄''华东葡萄''山葡萄'，它们 3 个直接聚类在了一起；含有'玫瑰香'血缘的 9 个品种'京秀''早熟玫瑰香''大粒玫瑰香''艳红''玛瑙''泽玉''爱神玫瑰''泽香''红香蕉'聚类在这一组，占该组材料的 17.6％。由山西果树研究所以'瑰宝'为母本育成的'晚黑宝'和'秋红宝'直接聚在了一起。

表 3-4　遗传多样性分析的 308 个葡萄种质及其序号

编号	品种名	编号	品种名	编号	品种名	编号	品种名	编号	品种名	编号	品种名
1	蜜光	27	红亚历历山大	53	峰后	79	中国 3 号	105	郑果 4 号	131	库斯卡奇
2	花白	28	大粒玫瑰香	54	牛心	80	甜峰	106	李子香	132	郑果 5 号
3	红达拉依	29	春光	55	香妃	81	郑果大无核	107	早玫瑰（变）	133	龙眼
4	郑葡 2 号	30	宝光	56	京紫晶	82	沈 87-1	108	常穗无核白	134	谢克兰格
5	瑞都红玫	31	黑峰	57	金田美指	83	郑巨 1 号	109	8612	135	巨星
6	郑美	32	夕阳红	58	艳红	84	玫瑰黑	110	大白葡萄	136	桃克可努克
7	瑞都无核怡	33	香悦	59	碧香无核	85	水晶黑	111	和田绿	137	早黑宝
8	瑞都香玉	34	郑果 21 号	60	郑果 28 号	86	西营	112	特巴格	138	夏白
9	庆丰	35	白达拉依	61	京早晶	87	郑葡 1 号	113	早熟玫瑰香	139	郑果 15 号
10	郑葡 1 号	36	丰宝	62	索索葡萄	88	沈衣颐丰	114	京秀	140	木纳格
11	郑艳无核	37	翡翠玫瑰	63	圆白	89	公主红	115	巨玫瑰	141	早金香
12	卢太 8 号	38	京香玉	64	阿特巴格（黑）	90	紫地球	116	瑰香怡	142	晚黑宝
13	秋黑宝	39	吾香	65	红莲子	91	白玫康	117	状元红	143	玫瑰蜜
14	早康宝	40	京优	66	黑香蕉	92	茉莉香	118	黑玫香	144	平顶黑
15	红马奶	41	秦龙大穗	67	脆红	93	醉人香	119	农科 4 号	145	京丰
16	红木纳格	42	郑葡 8 号	68	申丰	94	沪培一号	120	宇选 1 号	146	泽香
17	四川巴塘	43	郑巨 2 号	69	红鸡心	95	申秀	121	伊犁香葡萄	147	沈阳玫瑰
18	早黑宝	44	金田红	70	红双味	96	白布瑞克	122	紫丰	148	驴奶
19	霞光	45	钟山红	71	那布古珠	97	沪培 2 号	123	京玉	149	郑果 3 号
20	小猿椒	46	郑葡 1 号	72	超宝	98	山东大紫	124	紫珍珠	150	爱神玫瑰
21	峰光	47	月光无核	73	紫珍香	99	绿葡萄	125	也力阿克	151	紫鸡心
22	丽红宝	48	金田翡翠	74	瑰宝	100	墨玉葡萄	126	大无核紫	152	红乳
23	贝加干酒	49	光辉	75	黑葡萄	101	伊犁葡萄	127	郑州早红	153	8611
24	贵园	50	秋红宝	76	黑破萄黄	102	早玛瑙	128	早甜玫瑰香	154	紫红宝
25	贵妃玫瑰	51	假卡	77	和田红	103	绿木纳格	129	郑州早玉	155	申玉
26	红香蕉	52	红香蕉	78	金田无核	104	牛奶	130	大无核白	156	金田 0608

续表

编号	品种名	编号	品种名	编号	品种名	编号	品种名	编号	品种名	编号	品种名
157	沈农香丰	183	卡拉	209	大青葡萄	235	微红白	261	浙江大叶水晶	287	早无核白
158	京亚	184	玉香	210	白喀什喀尔	236	紫葡萄	262	嘟噜香玫	288	宁夏无核白
159	泽玉	185	紫地球（变）	211	阿克塔那衣	237	黑旋风	263	碧绿珠	289	天康玫瑰
160	京可晶	186	玉波黄地球	212	黑圆珠	238	紫红型葡萄	264	贵州水晶	290	春红
161	郑果2号	187	短枝玉玫瑰	213	济南早红	239	白葡萄1号	265	早熟玫瑰香	291	北京红
162	申华	188	玉波一号	214	洋葡萄	240	凤凰	266	紫早	292	圆粒巧吾什
163	郑果6号	189	玉波二号	215	马奶	241	凤凰51	267	巩义无核白	293	蜜而脆
164	烟73	190	北红	216	无籽露	242	洪江	268	脆峰	294	园香妃
165	白拉齐那	191	郑果16号	217	白老虎眼	243	洪江3号	269	玛瑙	295	园脆霞
166	郑果13号	192	郑果25号	218	白葡萄	244	衣中教堂	270	紫峰	296	园红玫
167	烟74	193	郑果11号	219	高山一号	245	红玫瑰	271	天山	297	园野香
168	郑果17号	194	公酿1号	220	关口葡萄	246	神农金皇后	272	金峰	298	金桂香
169	郑果12号	195	熊岳白葡萄	221	早亚宝	247	皇家无核	273	一千年	299	园金香
170	抗砧6号	196	郑果26号	222	瓶儿	248	白沙玉	274	木拉格	300	超级女皇
171	110	197	玉山水晶	223	达拉依	249	瑞峰无核	275	多裂叶蘘黄	301	园绿优选
172	抗砧1号	198	大白葡萄	224	天山白粒	250	紫秋	276	桑东葡萄	302	园意红
173	沈530	199	紫勒可阿依	225	黄满集	251	岳红无核	277	华东葡萄	303	园红指
174	沈529	200	牡丹红	226	其里干	252	无核翠宝	278	山葡萄	304	巨峰优选
175	沈551	201	白油亮	227	吾家克阿依	253	红旗特早玫瑰	279	次球葡萄940	305	黑美人
176	抗砧5号	202	秋白	228	黑沙留	254	早霞玫瑰	280	广西毛葡萄	306	东方蓝宝石
177	抗砧3号	203	黑鸡心	229	紧穗无籽露	255	瑞都脆霞	281	黑指	307	东方金珠
178	101	204	马热子	230	阿克喀尔	256	新郁	282	巨峰玫瑰	308	园巨人
179	北冰红	205	大粒玫瑰香	231	黑油亮	257	早康可	283	霸王		
180	北醇	206	早莎巴珍珠	232	黑卡拉斯	258	晚霞	284	香蕉		
181	黑佳酿	207	肉京香	233	喀什喀尔	259	着色香	285	贵州毛葡萄		
182	北玫	208	早玫瑰	234	花叶喀什喀尔	260	红端宝（变）	286	黑丰		

F类包含49个葡萄品种，其中包括22个中国地方品种，占该类材料的44.9%。材料中43.1%的地方品种聚集在本类中。'瓶儿''关口葡萄''早亚宝''白葡萄''无籽露''白老虎眼''马热子'，7个新疆地方品种直接聚集在一起。该类中还包括我国的7个酿酒品种，如'北醇''北玫''熊岳白''黑圆珠'等。

C、D、G、H、I五个小类，各包含21、25、25、24、26个品种。C类中'沈530''沈529''沈551'3个砧木品种直接聚集在一起；同为欧美种的'黑香蕉'和'红双味'因亲本都有'葡萄园皇后'所以直接聚在一起。D类中含有1份'蘡薁葡萄'，即'多裂叶蘡薁'；'那布古珠''黑破

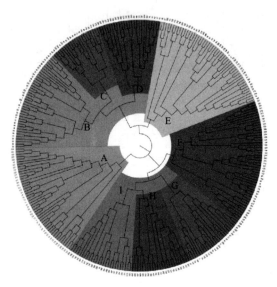

图 3-2　基于 SSR 标记的 308 份葡萄种质聚类分析图

黄''木拉格'同为地方品种聚在一起；'伊犁香葡萄'和'白沙玉'同为新疆地方品种直接聚在一起。G类含有2份'刺葡萄'，即'紫秋'和'刺葡萄940'；'郑果25号'和'公酿1号'同为酿酒品种，直接聚集在一起。该实验中大部分无核品种，如'巩义无核白''无核翠宝''岳红无核''紧穗无籽露''皇家无核'都聚在H类中。I类中包含9个地方品种，如'伊犁葡萄''微红白''阿克塔那衣''马奶''赛勒可阿依''白油亮'等，占该类的34%；'早霞玫瑰'与'金田0608'都以'秋黑'作亲本，直接聚在了一起。

聚类结果表明同一育种单位培育且遗传关系较近的品种大多会聚集在一起；不同用途的葡萄品种，大多也会分类。由于所选材料品种较多，遗传背景较为复杂，部分同一种属类型的品种未能划分为同一亚类当中，这也充分体现了我国葡萄种质资源丰富的遗传多样性。近年来，随着我国葡萄育种进程的加快，国内品种间以及与国际品种基因交流频繁，优良品种的重复利用使得葡萄遗传距离有缩小的趋势，因此拓展育种基础以及寻找更多的野生资源势在必行。

第三节　我国自育品种 MCID 鉴定

一、MCID 及其应用

我国自育葡萄品种数量大、变异丰富，且存在表型特征相似的现象，这些易导致在葡萄引种和栽培过程中，因品种混淆而出现同名异物和同物异名的问题，使得葡萄品种鉴定十分必要，建立我国自育葡萄品种的鉴定信息对于加快这些重要品种资源的高效利用具有重要意义。我们利用9对国际通用SSR引物（表3-3）基于绘制人工绘制植物品种鉴定图（manual cultivar identification diagram，MCID）的方法绘制了308个自育葡萄品种（表3-4）的品种鉴定图（cultivar identification diagram，CID），依据该图便可很方便地区分与鉴定这些品种某两个或更多个品种所需要的引物以及加以区分的多态性带，然后进一步快速通过相应的

PCR 达到鉴别的目的。

　　MCID 法操作简便、目的性和实用性强，可以将标记信息转化为鉴定大量品种资源的有效信息，是目前利用 DNA 分子标记鉴定果树品种最有效的途径，其已成功应用不同的果树品种鉴定上，包括苹果、梨、草莓、猕猴桃、柿子等。部分蔬菜、花卉、草类、中药、茶树的鉴定也用到了这个方法，包括萝卜、牡丹、马尾松、烟草、奇楠（吕菲菲等，2021）等。

二、我国自主选育的 308 个葡萄品种及种质的品种鉴定图的绘制

　　首先依据引物 VrZAG79 的聚丙烯酰胺凝胶电泳图上长度为 275bp、260bp、250bp 的 3 条条带将 308 个葡萄品种分为 8 大组，有特征条带用（＋）表示，无特征性条带用（－）表示（图 3-3～图 3-7）。第 1 组是 275bp（－）、260bp（－）和 250bp（－），共包括 30 个葡萄品种；第 2 组是 275bp（＋）、260bp（－）和 250bp（－），共包括 8 个葡萄品种，品种数目最少；第 3 组是 275bp（－）、260bp（＋）和 250bp（－），包括 33 个葡萄品种；第 4 组是 275bp（＋）、260bp（－）和 250bp（＋），包括 19 个葡萄品种；第 5 组是 275bp（－）、260bp（－）和 250bp（＋），共包括 50 个葡萄品种；第 6 组是 275bp（－）、260bp（＋）和 250bp（＋），包括 57 个葡萄品种；第 7 组是 275bp（＋）、260bp（＋）和 250bp（＋），共包括 72 个葡萄品种，品种数目最多；第 8 组是 275bp（＋）、260bp（＋）和 250bp（＋），共包括 39 个葡萄品种。

　　通过引物 VrZAG79 将 308 个葡萄品种分为 8 组之后，继续利用更多的引物分别鉴定 8 个组的所有品种。以第 8 组的 39 个品种为例，首先利用引物 VVMD27 的特征条带 210bp、195bp、185bp 可以将 39 个品种分为 7 个小组，带型为 210bp（－）、195bp（－）、185bp（－）的为 8-1 组，包括编号为 47、134、246、247、256、281 在内的共 6 个品种；带型为 210bp（－）、195bp（＋）、185bp（－）的为 8-2 组，包括编号为 2、26、27、41、63、64、268 在内的共 7 个品种；带型为 210bp（－）、195bp（－）、185bp（＋）的为 8-3 组，只包含 223 号葡萄品种'达拉依'，所以该品种被鉴别出来；带型为 210bp（＋）、195bp（＋）、185bp（－）的为 8-4 组，包括编号为 54、196、300 在内的 3 个品种；带型为 210bp（－）、195bp（＋）、185bp（＋）的为 8-5 组，包括编号为 17、104、113、137 在内的 4 个品种；带型为 210bp（＋）、195bp（－）、185bp（＋）的为 8-6 组，包括编号为 132、147 在内的 2 个品种；带型为 210bp（＋）、195bp（＋）、185bp（＋）的为 8-7 组，包括其余的 16 个品种。在利用引物 VVMD25 扩增的大小为 275bp、265bp、255bp 的条带对 8-1、8-2、8-4、8-5、8-6、8-7 进行进一步鉴定。8-1 组中带型为 275bp（＋）、265bp（－）、255bp（－）的 247 号品种'皇家无核'被鉴别出来；带型为 275bp（＋）、265bp（－）、255bp（＋）的 256 号品种'新郁'被鉴别出来；带型为 275bp（－）、265bp（＋）、255bp（－）的 134 号品种'谢克兰格'被鉴别出来；带型为 275bp（－）、265bp（＋）、255bp（＋）的 47 号品种'月光无核'被鉴别出来；246、281 号品种被分配到 275bp（＋）、265bp（＋）、255bp（－）带型中，未能鉴别出来，记为 8-1-1 组。之后利用第四对引物 VrZAG62 扩增的长度为 195bp、185bp、175bp 的条带对 8-1-1 组进行分析，发现 246 号品种'神农金皇后'带型为 195bp（＋）、185bp（＋）、175bp（－），281 号品种'黑指'带型为 195bp（＋）、185bp（＋）、175bp（－），成功鉴别出来。

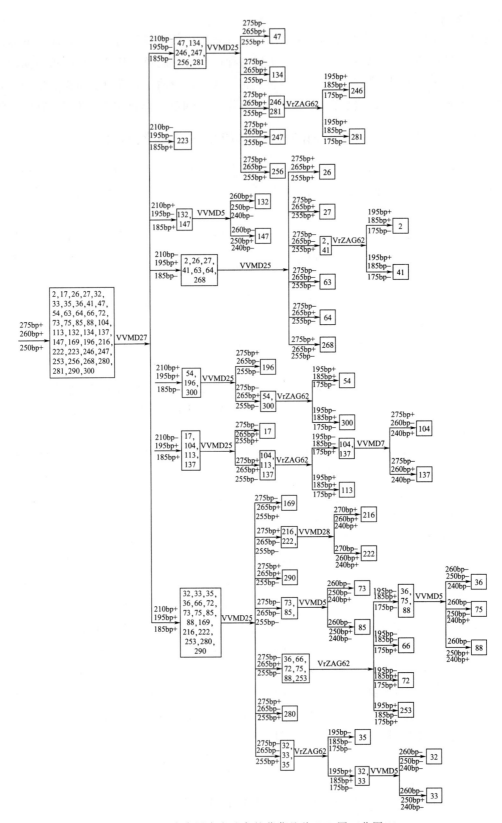

图 3-3　308 个中国自主选育的葡萄品种 CID 图（分图 1）

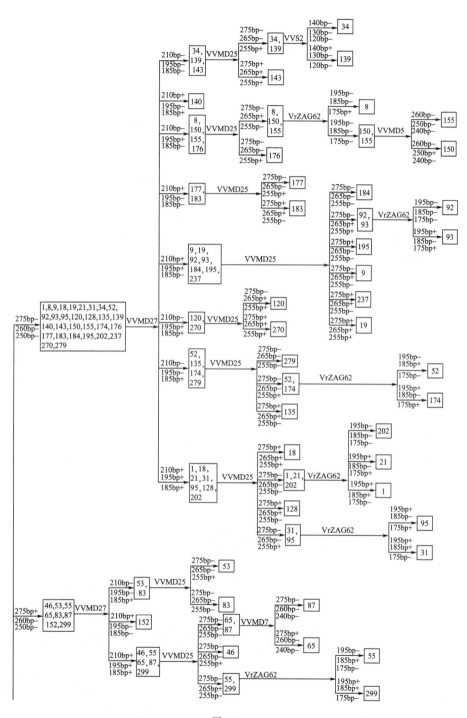

图 3-4

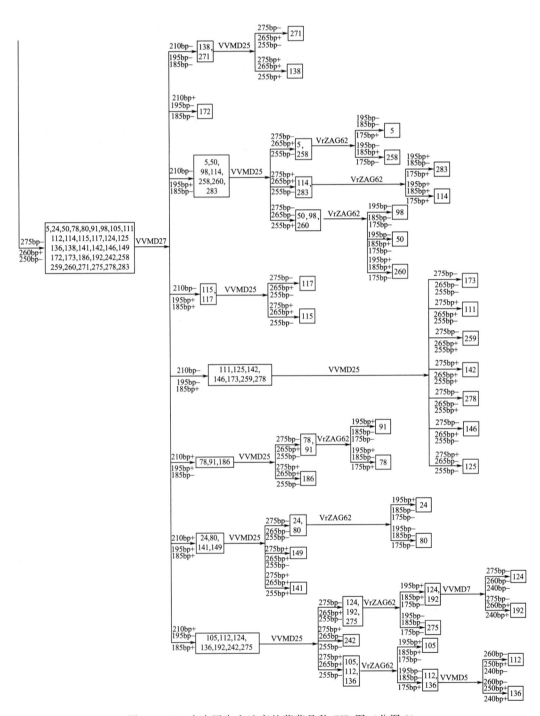

图 3-4 308 个中国自主选育的葡萄品种 CID 图（分图 2）

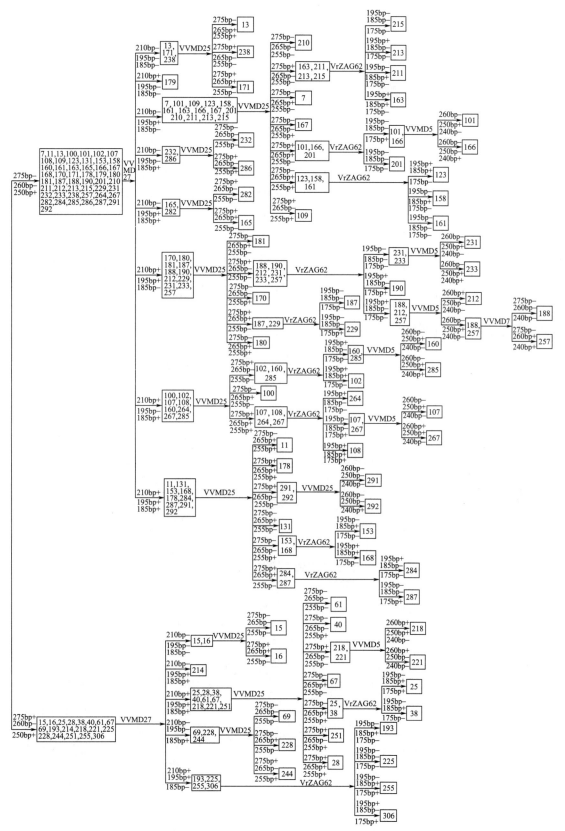

图 3-5 308 个中国自主选育的葡萄品种 CID 图（分图 3）

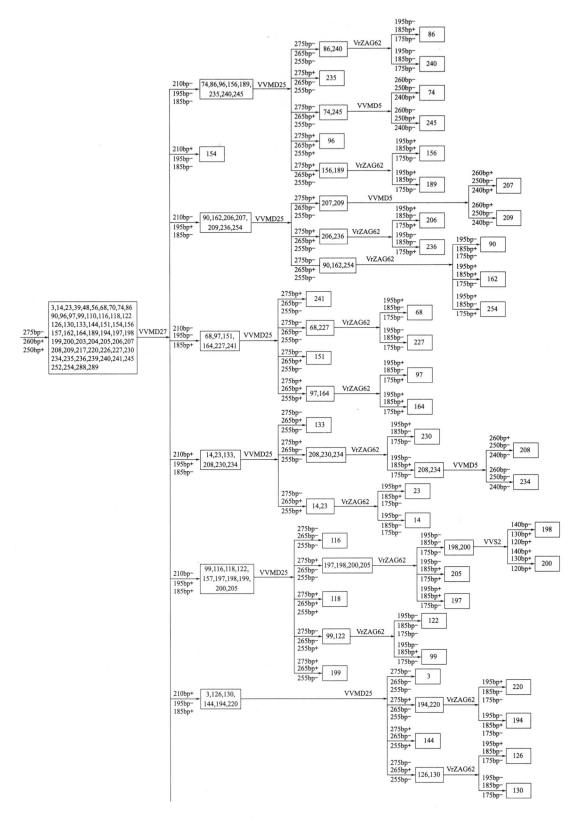

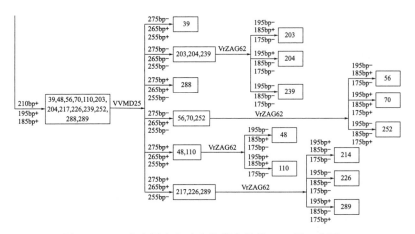

图 3-6 308 个中国自主选育的葡萄品种 CID 图（分图 4）

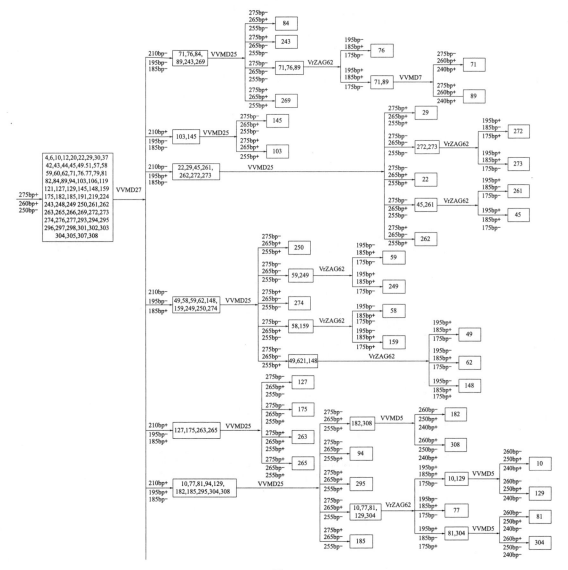

图 3-7

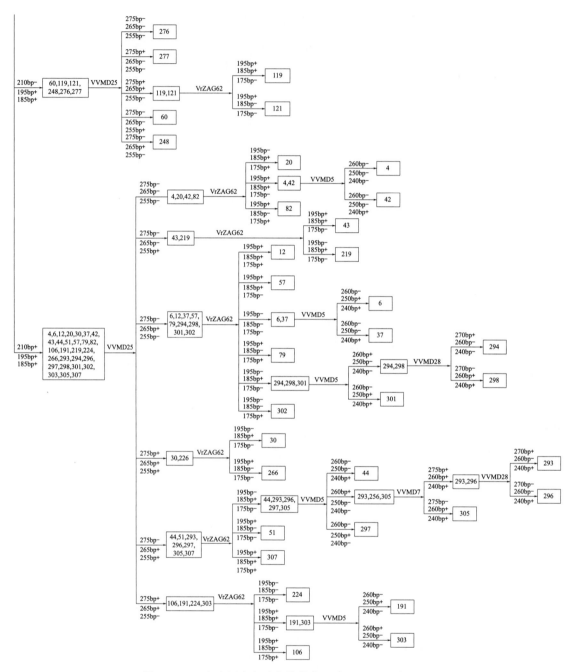

图 3-7　308 个中国自主选育的葡萄品种 CID 图（分图 5）

其他 7 大组按照此方法依次鉴定，最多利用 8 对引物就可以区分所有品种。最后，根据所有引物及相应谱带信息绘制我国自主选育的 308 个葡萄品种的 MCID 鉴定图。MCID 图如同化学元素周期表用于元素信息查阅一样直观清晰，简单明了，所获得的葡萄 CID 图谱可以提供鉴别这些品种所需要的引物以及依据的多态性谱带，具有高度的可行性与实用性。

三、MCID 图的使用简介

MCID 图具体使用方法如下：①通过 CID 图谱确定待检测品种所需要的引物以及多态性条带；②利用筛选的引物进行 PCR 扩增；③通过分析待检测品种 PCR 扩增的多态性条带来将其鉴别出来。例如：区分'郑果 5 号'（132）、'沈阳玫瑰'（147）和'达拉依'（223）3 个品种时，首先在 MCID 上可以看到 3 个品种最先分支的引物为 VVMD27，多态性条带为 210bp、195bp、185bp。该引物将 3 个品种区分为 2 组，'达拉依'带型为 210bp（－）、195bp（－）、185bp（＋）直接鉴别出来。'沈阳玫瑰'和'郑果 5 号'带型相同，都为 210bp（＋）、195bp（－）、185bp（＋）。之后再利用 VVMD5 引物和 260bp 条带即可将'郑果 5 号'和'沈阳玫瑰'区分开，这样 3 个品种就被全部鉴别出来。

中国地方葡萄品种

第四章

地质化石研究发现，距今 2600 万年以前，山东省临朐县山旺第三纪中新世植物化石中就有秋葡萄的存在。我国也是世界葡萄属植物资源最为丰富的国家之一，世界上已报道葡萄属真葡萄亚属植物的 65 个种中有 29 个种起源于我国，还有另外 8 个种也可能起源于我国。目前，我国主栽的鲜食葡萄和酿酒葡萄大多来自欧洲种群，品质优良但抗病性差。中国地方葡萄品种虽然在我国分布范围广，变异丰富多样，但不是主栽品种，多处于野生和半野生状态。地方品种是否可以归属于自育品种值得商榷，但考虑其多为古老的原产种或古老的引入品种及其实生后代的特点，以及其表现出的良好的适应性和较综合的抗逆性，我们将地方品种也列入本书，这些品种来源于"十二五"科技部科技基础性工作专项项目出版图书《中国葡萄地方品种图志》，以期为更好地利用我国葡萄种质资源提供参考。

1. 瑶下屯葡萄 Yaoxiatunputao

调查地点：广西壮族自治区百色市乐业（县）甘田镇（乡）达道村瑶下屯。

地理数据：GPS 数据（海拔：1005m，经度：E106°29′58″，纬度：N24°36′39″）。

植物学信息

植株情况：藤本植物。植株生长势较强。

植物学特征：梢尖闭合，淡绿色，带紫红色，有极稀疏茸毛。幼叶黄绿色，带浅褐色，上表面有光泽，下表面有稀疏茸毛。成龄叶片心脏形，中等大，绿色，上表面无皱褶，下表面无茸毛。叶片 5 裂，上裂刻深，闭合，基部"U"形；下裂刻浅，开张，基部"V"形。锯齿一侧凸一侧直。叶柄洼宽拱形，基部"U"形。新梢生长直立，无茸毛。卷须分布不连续，中等长，3 分叉。新梢节间背侧绿色微具红色条纹，腹侧绿色。冬芽绿色，着色浅。枝条浅褐色，节部暗红色。节间中等长，中等粗。两性花。二倍体。

果实性状：果穗圆锥形间或带小副穗，大，穗长 27.3cm，穗宽 17.5cm，平均穗重 737.6g，最大穗重 2000g。果穗大小整齐，果粒着生较紧密。果粒椭圆形，绿黄色，大，纵径 2.5～3.0cm，横径 2.1～2.4cm。平均粒重 8.3g，最大粒重 11g。果粉中等厚。果皮较薄，脆。果肉脆，汁多，味酸甜。每果粒含种子 2～4 粒，多为 3 粒。种子与果肉易分离。

可溶性固形物含量为 16.6%～18.2%，总糖含量为 13.2%～16.2%，可滴定酸含量为 0.31%～0.61%。鲜食品质上等。

生物学习性： 隐芽萌发力中等。芽眼萌发率为 86.48%。结果枝占芽眼总数的 67.79%。每果枝平均着生果穗数为 1.42 个。隐芽萌发的新梢结实力中等，夏芽副梢结实力强。早果性好。正常结果树一般产果 25000kg/hm² （2.5m×1.5m，单壁篱架）。4 月 15 日萌芽，5 月 28 日开花，9 月 22 日果实成熟。从萌芽至果实成熟需 160d，此期间活动积温为 3586.1℃。果实晚熟。抗逆性中等。抗黑痘病力较差。抗虫力中等。

品种评价： 此品种为晚熟鲜食品种。也可用于制罐。穗大，粒大，外观好，肉质脆，味甜，品质上等。耐贮存。丰产。因果穗大，坐果好，应适当疏果。常规防治病虫害即可。适应性中等。

2. 垮龙坡葡萄 Kualongpoputao

调查地点： 广西壮族自治区百色市乐业（县）甘田镇（乡）垮龙坡。

地理数据： GPS 数据（海拔：1032m，经度：E106°29′53″，纬度：N24°36′41″）。

植物学信息

植株情况： 植株生长势弱或中等，新梢生长缓慢，副梢生长极弱。

植物学特征： 嫩梢深绿色，有紫红色条纹。幼叶绿黄色，叶脉间带橙黄色晕，叶缘呈粉红色。成龄叶片心脏形，中等大或大，厚，坚韧，深绿色，上表面有光泽，下表面密生褐色茸毛，基部叶脉上有刺状毛。叶片 3 或 5 裂，上裂刻中等深或浅，下裂刻浅或不明显。锯齿钝，圆顶形。叶柄洼多闭合重叠。枝条暗紫色，有紫红色条纹和不明显黑褐色斑点，附有较厚的灰白色粉，节间短而细。两性花。

果实性状： 果穗圆锥形，多带副穗，大或中等大，穗长 17～29cm，穗宽 9.5～1.0cm，平均穗重 373.5g，最大穗重 536.2g。果穗不太整齐，果粒着生疏密不一致。果粒近圆形，黄绿色，纵径 1.5～2.0cm，横径 2.0cm，平均粒重 5.4g，最大粒重 6.5g。果粉厚。果皮厚，易与果肉剥离。果肉柔软有肉囊，汁中等多，味甜，有玫瑰香味。每果粒含种子 1～5 粒，多为 3～4 粒。种子易与果肉分离。可溶性固形物含量为 21.2%～23.8%，可滴定酸含量为 0.375%～0.803%，出汁率为 70% 左右。鲜食品质上等。用其酿制的酒，色鲜艳，酸味和涩味均小，香味清淡，但整体风味较差。

生物学习性： 芽眼萌芽率为 61.9%～67.2%。结果枝占芽眼总数的 31.6%～46.2%。4 月 9 日～25 日萌芽，5 月 23 日～6 月 12 日开花，9 月 10 日～26 日果实成熟。从萌芽至果实成熟需 144～161d，此期间活动积温为 3064.7～3473.7℃。

品种评价： 此品种为晚熟鲜食品种，亦可作酿制红葡萄酒的原料。果穗和果粒大，色泽鲜艳，风味好。植株生长势弱。枝条扦插繁殖生根较困难。抗寒、抗病、适应性强。

3. 红柳河葡萄 Hongliuheputao

调查地点： 新疆维吾尔自治区吐鲁番市红柳河园艺场。

地理数据： GPS 数据（海拔：554m，经度：E88°58′10.4″，纬度：N43°06′32.3″）。

植物学信息

植株情况：树龄五十年生，繁殖方法为扦插，小棚架架式。树势中，露地越冬需埋土，整枝方式为多干。最大干周 25cm。

植物学特征：植株呈开张形。幼叶黄绿色；无茸毛；叶下表面叶脉间匍匐茸毛疏；叶脉间直立无茸毛；成龄叶长 14.5cm，宽 14cm；叶裂片数为 3 裂或 5 裂；上缺刻深，开张；叶柄洼基部呈"U"形；

果实性状：果穗长 15～20cm，宽 7.5cm；双歧肩；穗梗长 5.5cm；果穗紧实；果粒纵径 0.8cm，横径 0.79cm。果粒圆形；果皮紫红色或红紫色；果肉质地较软；果肉汁液多。果形一致；果面平整；果面粉红色；可溶性固形物含量为 18.5%。

生物学习性：植株生长势强，副梢生长势中等。芽眼萌发率为 76.9%。结果枝占芽眼总数的 26.6%。每果枝平均着生果穗数为 1.29 个。可产果 30000～45000kg/hm²。在辽宁兴城地区，5 月 4 日萌芽，6 月 21 日开花，9 月 16 日果实成熟。从萌芽至果实成熟需 136d，此期间活动积温为 2827.8℃。果实晚熟。抗寒力中等。抗病力强。抗东方盔蚧虫害力中等。

品种评价：主要为药用，利用部位为种子（果实）。果实小，有药用价值。

4. 伊宁1号 Yining1hao

调查地点：伊犁哈萨克自治州伊宁市 70 团。

地理数据：GPS 数据（海拔：667m，经度：E81°27′15″，纬度：N43°50′47″）。

植物学信息

植株情况：植株生长势强。

植物学特征：嫩梢绿色。梢尖无茸毛。幼叶绿色，上表面有光泽，下表面无茸毛。成龄叶片心脏形，中等大，绿色；上表面无皱褶，主要叶脉花青素着色浅；下表面无茸毛，主要叶脉花青素着色浅。叶片 5 裂，上裂刻深，基部"V"形；下裂刻中等深，基部"U"形。锯齿一侧凸一侧凹形。叶柄洼开张椭圆形，基部"U"形。叶柄长，红绿色。新梢生长半直立，无茸毛。卷须分布不连续，短，4 分叉。新梢节间背侧绿色具红色条纹，腹侧绿色具红色条纹。冬芽花青素着色深。两性花。二倍体。

果实性状：果穗圆锥形带副穗，大，穗长 25.0cm，穗宽 14.1cm，平均穗重 633.0g，最大穗重 1350g。果穗大小整齐，果粒着生中等紧密。果粒近圆形，黄绿色，中等大，纵径 2.0cm，横径 1.8cm，平均粒重 3.8g，最大粒重 5.5g。果粉薄。果皮较厚，脆，有涩味。果肉脆，汁中等多，味酸甜，略有玫瑰香味。每果粒含种子 1～4 粒，多为 2～3 粒。种子与果肉易分离。可溶性固形物含量为 14.4%，总糖含量为 12.99%，可滴定酸含量为 0.61%。鲜食品质中上等。

生物学习性：隐芽萌发力中等。枝条成熟度好。结果枝占芽眼总数的 45.8%。每果枝平均着生果穗数为 1.1 个。隐芽萌发的新梢结实力中等，夏芽副梢结实力强。早果性好。正常结果树一般产果 37296kg/hm²（3m×1.5m，单壁篱架）。4 月 12 日～20 日萌芽，5 月 26 日～30 日开花，8 月 10 日～16 日果实成熟。从萌芽至果实成熟需 120d，此期间活动积温为 2722.2℃。果实早熟。抗逆性和抗病力均中等。常规栽培条件下无特殊虫害。

品种评价：此品种为中熟鲜食品种。穗大，粒大，整齐美观，品质上等。在'巨峰'系品种中属品质优良类型。抗病力较弱。在南方宜设施栽培。

5. 塔什库勒克 1 号 Tashikuleke1hao

调查地点：伊犁哈萨克自治州伊宁市塔什库勒克乡。

地理数据：GPS 数据（海拔：632m，经度：E81°20′44″，纬度：N43°52′38″）。

植物学信息

植株情况：植株生长势强，副梢生长势中等。

植物学特征：嫩梢绿色，带粉红色晕。幼叶绿色，边缘有粉红色。成龄叶片近圆形，特大，下表面密生毡状茸毛。叶片 5 裂，上裂刻中等深，下裂刻浅。锯齿圆顶形。叶柄洼闭合椭圆形或开张拱形。新梢生长直立。枝条有剥裂，棕褐色，节红褐色。两性花。

果实性状：果穗圆锥形，中等大或大，穗长 14～20cm，穗宽 11～17cm，平均穗重 486.4g，最大穗重 735g。果穗大小整齐，果粒着生紧密。果粒椭圆形或倒卵圆形，黄绿色，纵径 2.7～3.1cm，横径 2.1～2.4cm，平均粒重 8.2g，最大粒重 11g。果粉和果皮均厚。果肉较脆，有肉囊，汁多，味甜酸，有草莓香味。每果粒含种子 1～3 粒，多为 2 粒。种子易与果肉分离。可溶性固形物含量为 13.8%，可滴定酸含量为 0.89%。鲜食品质上等。

生物学习性：芽眼萌发率为 64.2%。结果枝占芽眼总数的 33.8%。每果枝平均着生果穗数为 1.32 个。产量较高。在河北昌黎地区，4 月 20 日萌芽，5 月 31 日开花，10 月 10 日果实成熟。从萌芽至果实成熟需 174d，此期间活动积温为 3643.4℃。4 月上旬萌芽，5 月中旬开花，9 月下旬至 10 月上旬果实成熟。从萌芽至果实成熟需 165～180d。果实极晚熟。耐贮运。耐干旱，抗寒力较强。抗霜霉病力强，架面郁闭处果穗易感白腐病和炭疽病。有轻微日灼病。

品种评价：此品种为极晚熟鲜食品种。穗大，粒大，品质较好，产量较高。果实成熟极晚，可延长市场供应期。适应性强，易栽培。适合在生长季节长的地区栽培。植株生长势旺盛，宜棚架栽培，采用长、中、短梢修剪均易萌发出结果枝。

6. 塔什库勒克 2 号 Tashikuleke2hao

调查地点：伊犁哈萨克自治州伊宁市塔什库勒克乡。

地理数据：GPS 数据（海拔：627m，经度：E81°20′44″，纬度：N43°52′38″）。

植物学信息

植株情况：植株生长势强。

植物学特征：成龄叶片心脏形，大而厚，上表面有稀疏茸毛，下表面有浓密黄褐色毡状茸毛。叶片 3 裂，上裂刻浅，下裂刻不明显。锯齿圆顶形。叶柄洼闭合。两性花。

果实性状：果穗圆锥形间或带小副穗，大，平均穗重 543.8g，最大穗重 1500g。果粒着生极紧。果粒近圆形，紫红色，大，平均粒重 7.0g，最大粒重 9.2g。果粉厚。果皮薄而坚韧。果肉软，汁中等多，味甜酸、偏淡，有青草香味。每果粒含种子多为 3 粒。种子与果肉易分离。可溶性固形物含量为 15.5%，可滴定酸含量为 0.348%，出汁率为 73.4%。鲜食品质中等。

生物学习性：芽眼萌发率为 50.1%～68.6%。结果枝占芽眼总数的 40.1%～57.0%。

每果枝着生果穗数为 1.72～1.87 个。产量高。4 月 23 日萌芽，5 月 31 日开花，10 月 25 日果实成熟。从萌芽至果实成熟需 186d，此期间活动积温为 3902.0℃。果实成熟极晚。耐寒。抗黑痘病和毛毡病，不抗白腐病和霜霉病。极易裂果。

品种评价：此品种为极晚熟鲜食品种。亦可制醋，或与其他品种混合酿酒。在一些国家用于温室栽培。树势强，丰产，穗大，粒大，鲜食品质一般，在有的地区易裂果和感病。适合在生长季节长、气候干燥、雨量少的地区栽培。棚、篱架栽培均可，以中、短梢修剪为主，结合长梢修剪。

7. 塔什库勒克 3 号 Tashikuleke3hao

调查地点：伊犁哈萨克自治州伊宁市塔什库勒克乡。

地理数据：GPS 数据（海拔：627m，经度：E81°20′45″，纬度：N43°52′38″）

植物学信息

植株情况：植株生长势强。

植物学特征：嫩梢绿色，密生茸毛。幼叶绿色，边缘带紫红色；上表面密生茸毛；下表面白色茸毛浓密，并附有粉红色。成龄叶片心脏形，大，深绿色，较厚，叶片平展；上表面有网状皱纹；下表面着生浓密的毡状褐色茸毛。叶片 5 裂，上裂刻中等深；下裂刻浅。锯齿钝，圆顶形。叶柄洼开张，深矢形。叶柄短于中脉。卷须分布不连续。枝条红紫色，有深褐色条纹，并有黑色的斑点。节间中等长。两性花。

果实性状：果穗圆柱或圆锥形带副穗，中等大或大，穗长 14～24cm，穗宽 10～14cm，平均穗重 347g，最大穗重 766g。果粒着生紧密。果粒近圆形，紫红色或暗紫红色，大，纵径 2.2～2.6cm，横径 2.0～2.5cm，平均粒重 7.3g，最大粒重 9.5g。果粉中等厚。果皮厚，坚韧，易与果肉剥离。果肉软，稍有肉囊，汁多，味甜酸，有较浓草莓香味。每果粒含种子 2～3 粒。种子与果肉较难分离。可溶性固形物含量为 19%，可滴定酸含量为 0.708%。鲜食品质中上等。

生物学习性：芽眼萌发双芽较多，萌发率为 59.6%。结果枝占芽眼总数的 44.7%。每果枝平均着生果穗数为 1.4 个。夏芽副梢结实力低。产量中等。正常结果树产果 13320kg/hm² （1.5m×10m，大棚架）。4 月 13 日～22 日萌芽，5 月 20 日～29 日开花，8 月 15 日～22 日果实成熟。从萌芽至果实成熟需 123～125d，此期间活动积温为 2553.7℃～2767.1℃。果实中熟。抗寒，抗干旱，耐瘠薄。抗病力强，抗白腐病、炭疽病、霜霉病、黑痘病及毛毡病。易受金龟子为害。

品种评价：此品种为中熟鲜食品种，极大，色泽鲜艳美观，品质较优，有浓草莓香味，深受广大消费者欢迎。适应性强，耐干旱，抗寒，抗病。对气候条件选择不太严格。易栽培，一般栽培管理仍能获得一定的产量。适合寒地和南方多雨地区种植。棚、篱架栽培均可，适合中、短梢相结合修剪。可作杂交育种的亲本。

8. 伊宁 2 号 Yining2hao

调查地点：伊犁哈萨克自治州伊宁市 70 团。

地理数据：GPS 数据（海拔：667m，经度：E81°27′16″，纬度：N43°50′45″）。

植物学信息

植株情况：植株生长势中等或弱，副梢生长势中等。

植物学特征：嫩梢绿色。幼叶质厚，坚韧，黄绿色，叶脉间有较浅的橙红色。成龄叶片肾脏形，中等大，下表面叶脉上有刺状毛。叶片 3 裂，中裂片较短，与上裂片几乎等长，裂刻浅。锯齿大而锐，三角形。叶柄洼开张，扁平圆底宽广拱形。冬芽肥大，顶部较尖。枝条粗糙，有棱纹和剥裂，褐色，有不太明显深褐色的条纹，密生黑褐色斑点。两性花。

果实性状：果穗圆锥形，有歧肩或副穗，极大，穗长 15～30cm，穗宽 11.5～23.0cm，平均穗重 701.1g，最大穗重 1765g。果粒着生疏密不一致。果粒倒卵圆形，黄绿色，微红，纵径 2.1～2.5cm，横径 1.5～2.1cm；平均粒重 5g，最大粒重 7g。果粉薄。果皮薄，坚韧。果肉厚，脆，汁多，味甜。每果粒含种子 1～2 粒，多为 2 粒。种子与果肉易分离。有小青粒。可溶性固形物含量为 14%～16%，可滴定酸含量为 0.6%～0.7%。鲜食品质上等。

生物学习性：芽眼萌发率为 48.5%～55.2%。结果枝占芽眼总数的 20.9%～26.2%。每个果枝着生果穗数为 1.25～1.48 个。产量中等。4 月 14 日～28 日萌芽，5 月 29 日～6 月 10 日开花，8 月 27 日～9 月 8 日果实成熟。从萌芽至果实成熟需 134～136d，此期间活动积温为 2635.7～3345.4℃。果实晚熟。抗寒力较强。抗毛毡病力强，抗黑痘病、白腐病、炭疽病、霜霉病和褐斑病力弱。花期遇低温或阴雨易落花落果。易发生日灼病和裂果。

品种评价：此品种为晚熟鲜食品种。大穗、大粒，壮观诱人，肉厚爽脆，味甜，种子少，耐贮运，颇受消费者喜爱。对栽培管理条件要求较高，除选择肥沃的土壤栽培外，生长过程中要加强肥水供给。管理不好，产量低，出现大小粒，且易感染各种病害。枝条扦插繁殖较难发根，采用一般繁殖技术，成活率仅有 20%左右，扦插前要进行催根处理。篱架或小棚架栽培均可，宜中、短梢相结合修剪。可作杂交育种的亲本。

9. 伊宁 3 号 Yining3hao

调查地点：伊犁哈萨克自治州伊宁市 70 团。

地理数据：GPS 数据（海拔：667m，经度：E81°27′16″，纬度：N43°50′47″）。

植物学信息

植株情况：植株生长势强。

植物学特征：嫩梢绿色。幼叶黄绿色，叶脉间带橙红色。成龄叶片心脏形，中等大，浓绿色，稍厚，下表面叶脉分叉处有刺状毛。叶片 3 或 5 裂，中裂片较长，上裂刻浅，下裂刻浅或不太明显。锯齿大而锐，三角形。叶柄洼开张，圆底拱形。枝条褐色，有棱纹和红褐色条纹，密生黑褐色斑点。两性花。

果实性状：果穗歧肩圆锥形，大，穗长 18～22cm，穗宽 13～19cm，平均穗重 503g，最大穗重 685g。果粒着生紧密。果粒椭圆形，形状不正，顶部变窄而略平，绿色，纵径 2.0～2.5cm，横径 1.9～2.3cm；平均粒重 6g，最大粒重 8g。果粉中等厚。果皮中等厚，

透明，坚韧，略涩，与果肉较难分离。果肉爽脆，汁少，味甜。每果粒含种子1～4粒，多为2～3粒。种子与果肉易分离。可溶性固形物含量为21.9%，可滴定酸含量为0.62%。出汁率为47.93%。鲜食品质上等。

生物学习性：芽眼萌发率为55.4%～70%。结果枝占芽眼总数的30.9%～40.0%。每果枝平均着生果穗数为1.08～1.23个。夏芽副梢结实力强。产量中等，四年生树平均株产5kg，五年生树单株最高产量10kg以上。在河北昌黎地区，4月20日～26日萌芽，6月7日～14日开花，9月25日～27日果实成熟。从萌芽至果实成熟需155～159d，此期间活动积温为3295.3～3430.9℃。果实晚熟。耐贮运。不抗白腐病、炭疽病和黑痘病。抗东方盔蚧较弱。易发生日灼病和裂果。幼叶易产生药害。

品种评价：此品种为晚熟鲜食品种。果穗、果粒大而美丽，色泽鲜艳诱人，品质颇优，深受广大消费者喜欢。在有的地区表现抗病力弱，易产生日灼病和裂果。适合在海洋性气候、夏天不太炎热或空气较干燥、雨量少的地区栽培。棚、篱架栽培均可，以中、短梢修剪为主。

10. 伊宁4号 Yining4hao

调查地点：伊犁哈萨克自治州伊宁市新华西路。

地理数据：GPS数据（海拔：627m，经度：E81°17′58″，纬度：N43°54′25″）。

植物学信息

植株情况：植株生长势强。

植物学特征：嫩梢绿色，带紫红色晕。幼叶绿色，叶脉间带紫红色。成龄叶片近圆形，中等大，较厚，下表面叶脉分叉处有刺状毛。叶片5裂，上裂刻中等深，下裂刻浅。锯齿锐，三角形。叶柄洼闭合椭圆形。枝条暗褐色，有深褐色条纹。两性花。

果实性状：果穗圆锥形，大或极大，穗长18.5～24.0cm，穗宽13～19cm，平均穗重772g，最大穗重3359g。果粒着生紧密。果粒椭圆形，玫瑰红色，较大，纵径2.1～2.5cm，横径1.9～2.2cm，平均粒重6.1g，最大粒重8g。果粉薄。果皮中等厚。果肉脆，味甜。每果粒含种子1～6粒，多为2粒。种子与果肉易分离。可溶性固形物含量为14.5%，可滴定酸含量为1.01%。在新疆，可溶性固形物含量为16.8%～20.1%，可滴定酸含量为0.64%。鲜食品质极上。用它加工制罐头，果皮色泽会退成黄绿色，略带暗玫瑰红色，仍很美观，肉质稍脆，糖液清澈透明，裂果极少。

生物学习性：芽眼萌发率为64.8%。结果枝占芽眼总数的31.5%。每果枝平均着生果穗数为1.1个。正常结果树一般产果26473.5～27904.5kg/hm²（4995株/hm²，篱架）。4月上旬萌芽，5月中、下旬开花，8月底～9月上旬果实成熟。从萌芽至果实成熟需156d，此期间活动积温为3300℃以上。果实晚熟。耐盐碱，耐干旱，抗寒力弱。抗炭疽病，不抗白腐病、霜霉病。有轻微裂果。

品种评价：此品种为晚熟鲜食品种，亦可制罐。粒大，色艳，形美，肉脆，品质优。适应性强，对土壤要求不太严格，适合在干燥少雨地区栽培。篱、棚架栽培均可，宜长、中、短梢混合修剪。

11. 羌纳乡葡萄 Qiangnaxiangputao

调查地点：西藏自治区半林县羌纳乡娘龙村旺次果园。

地理数据：GPS 数据（海拔：2954m，经度：E94°31′44″，纬度：29°25′48″）。

植物学信息

植株情况：属灌木。生长势较强。树龄 15 年，扦插繁殖，以野葡萄为砧木；树势中等，露地越冬不埋土；整枝形式多干，最大干周 57.0cm。

植物学特征：嫩梢茸毛疏；梢尖茸毛着色浅；成熟枝条红褐色；幼叶黄绿色；茸毛极疏；叶下表面叶脉间匍匐茸毛疏；叶脉间直立茸毛疏；成龄叶长 12.0cm，宽 13.0cm，成龄叶心脏形；裂片数 7 裂；上缺刻极深，开张；叶柄洼基部"V"形，极开张；成龄叶锯齿双侧凸；两性花；雄蕊高于雌蕊。

果实性状：果穗长 20.0cm，宽 9.0cm，平均穗重 96g，最大穗重 125g；果穗圆锥形；双歧肩；无副穗；穗梗长 5.0cm；果穗疏；果粒纵径 2.37cm，横径 2.43cm。平均粒重 5.2g；果粒圆形；果皮蓝黑色；果粉薄；果皮薄；果肉颜色深；果肉质地软；汁液多；玫瑰香味；香味程度中；可溶性固形物含量 0.78%。

生物学习性：开始结果年龄为 3 年，每结果枝上平均果穗数 2.5 个，结果枝占 80%；副梢结实力强；全树成熟期不一致；成熟期轻微落粒；无二次结果习性；单株平均产量 50kg。果实始熟期 10 月中旬，果实成熟期 10 月下旬。无性繁殖，对土壤、地势、栽培条件的要求不高。

品种评价：主要优点为抗旱，耐盐碱，耐贫瘠，广适性。用途为食用；利用部位主要为种子（果实）。

12. 十里1号 Shili1hao

调查地点：湖北省随州市随县唐县镇十里村 1 组沈家岗。

地理数据：GPS 数据（海拔：153m，经度：E113°06′39″，纬度：N32°02′11″）。

植物学信息

植株情况：植株生长势弱或中等，副梢生长亦弱。六年生，扦插繁殖。树势强，龙干形树形，在当地不埋土露地越冬，单干。最大干周 15cm。

植物学特征：属藤本，嫩梢茸毛疏，梢尖茸毛着色浅；成熟枝条呈红褐色。幼叶颜色为黄绿色，茸毛极疏；叶下表面叶脉间匍匐茸毛密，叶脉间直立茸毛极疏；成龄叶长 6cm，宽 6cm。叶近圆形。叶裂片数多于 7 裂；上缺刻深，开张；叶柄洼基部"V"形，开叠类型为开张；叶片锯齿双侧凸。

果实性状：果穗圆锥形，少数为分枝形，中等大或大，穗长 17～24cm，穗宽 13～16cm，平均穗重 497.3g，最大穗重 663g。果粒着生疏散或密。果粒椭圆形，紫红色，有深红色条纹和黑色的斑点，大，纵径 2.2～2.9cm，横径 2.0～2.6cm，平均粒重 8.2g，最大粒重 11.2g。果粉中等厚。果皮薄而坚韧。果肉致密而脆，汁中等多，味甜，有浓玫瑰香

味。每果粒含种子 1～4 粒，多为 1～2 粒。种子易与果肉分离。可溶性固形物含量为 20.5％，可滴定酸含量为 0.322％。鲜食品质上等。

生物学习性：芽眼萌发率为 53.8％～55.5％。结果枝占芽眼总数的 31.7％～35.7％，每果枝着生果穗数为 1.63～1.72 个。产量中等。4 月 17 日～5 月 3 日萌芽，5 月 25 日～6 月 13 日开花，9 月 5 日～18 日果实成熟。从萌芽至果实成熟需 139～142d，此期间活动积温为 2985.3～3295.7℃。果实晚熟。不耐瘠薄和干旱。抗毛毡病力强，不抗黑痘病、白腐病、炭疽病及霜霉病。易发生日灼病。

品种评价：此品种为晚熟鲜食品种。品质优，耐短期贮运。要求土层深厚和含有机质丰富的沙质壤土。应控制负载量，加强肥水管理和及时夏剪。适合在温度较高，气候干燥且少雨的生态环境下栽培。篱架或小棚架栽培均可，采用中、短梢相结合修剪。

13. 十里 2 号 Shili2hao

调查地点：河北省秦皇岛市十里铺镇西山场村。

地理数据：GPS 数据（海拔：70m，经度：E119°06′39″，纬度：N39°45′48″）。

植物学信息

植株情况：植株生长势强。树龄 135 年，扦插繁殖、分株；树势强，扇形树形；棚架架势；露地越冬不埋土；整枝形式多干，最大干周 150cm。

植物学特征：属灌木。嫩梢茸毛极密；梢尖茸毛着色浅；成熟枝条呈暗褐色；幼叶颜色为黄绿色；叶下表面叶脉间匍匐茸毛疏；叶脉间直立茸毛密；成龄叶长 10cm，宽 7cm，成龄叶呈楔形；叶裂片数为 5 裂；上缺刻中等深，开张；叶柄洼基部 "V" 形，开张；成龄叶锯齿双侧凹。

果实性状：果穗圆柱形间或带副穗，亦有分枝形，中等大或小，穗长 17.5～29.5cm，穗宽 6.8～9.0cm，平均穗重 218.3g，最大穗重 310g。果穗长，果粒着生疏散。果粒椭圆形，黄绿色，大，纵径 2.1～2.4cm，横径 1.9～2.2cm，平均粒重 5.2g，最大粒重 6.4g。果粉厚。果皮厚，坚韧，易与果肉剥离。果肉软，有肉囊，汁多，味酸甜，果实充分成熟时有淡青草香味。每果粒含种子 3～5 粒，多为 4 粒。种子大。种子易与果肉分离。无小青粒。可溶性固形物含量为 17.4％，可滴定酸含量为 0.82％。鲜食品质中等。

生物学习性：每结果枝上平均果穗数 1 个，结果枝占 80％；副梢结实力强；成熟期轻微落粒；单株平均产量 500kg，单株最高 750kg。萌芽始期 4 月中旬，始花期 5 月中旬，果实始熟期 9 月中旬，果实成熟期 9 月下旬。

品种评价：主要优点为高产，抗病。用途为食用。

14. 十里 3 号 Shili3hao

调查地点：河北省秦皇岛市十里铺镇西山场村。

地理数据：GPS 数据（海拔：70m，经度：E119°06′39″，纬度：N39°45′48″）。

植物学信息

植株情况：植株生长势强。树龄 150 年，扦插繁殖；树势中等，扇形树形；棚架架式；

露地越冬不埋土；整枝形式多干，最大干周150cm。

植物学特征：属灌木。嫩梢茸毛密；梢尖茸毛着色浅；成熟枝条暗褐色；幼叶黄绿色；茸毛中等密；叶下表面叶脉间匍匐茸毛密；叶脉间直立茸毛密；成龄叶长11cm，宽15cm，呈楔形；叶裂片数5裂；上缺刻深；叶柄洼基部"V"形，开张；成龄叶锯齿双侧凹。

果实性状：果穗圆锥形，有的有副穗，小，穗长15.1cm，穗宽9.1cm，平均穗重252.5g，最大穗重400g左右。果穗大小不整齐，果粒着生中等紧密或较稀疏。果粒近圆形，红褐色，中等大，纵径1.9cm，横径1.9cm，平均粒重4.8g，最大粒重5g。果粉中等厚。果皮厚，韧，微涩。果肉软，有肉囊，汁少，黄白色，味甜酸，有草莓香味。每果粒含种子2~5粒，多为3粒。种子大，喙粗大。种子与果肉较难分离。可溶性固形物含量为17%~20%，可滴定酸含量为0.39%~0.90%，出汁率为73%。鲜食品质中等。用其所制葡萄汁，酸甜，香味浓郁，品质优良。

生物学习性：每结果枝上平均果穗数1个，结果枝占70%；副梢结实力中等；全树成熟期一致；单株平均产量100kg，单株最高产量200kg。萌芽始期4月中旬，始花期5月中旬，果实始熟期9月中旬，果实成熟期9月下旬。

品种评价：主要优点优质，用途为食用，利用部位主要为种子（果实）。

15. 关口葡萄1号 Guankouputao1hao

调查地点：湖北省建始县花坪镇关口乡村坊村。

地理数据：GPS数据（海拔：992m，经度：E110°01′41″，纬度：N：30°23′07″）。

植物学信息

植株情况：植株生长势极强。

植物学特征：属藤本，嫩梢茸毛疏，梢尖茸毛着色浅，梢尖半开张；成熟枝条呈红褐色。幼叶颜色为黄绿色，茸毛极疏；叶下表面叶脉间匍匐茸毛密，叶脉间直立茸毛极疏；成龄叶长13cm，宽14cm。叶近圆形。叶片5裂；上缺刻深，开张；叶柄洼基部"V"形，开叠类型为开张；叶片锯齿双侧凸。

果实性状：果穗圆柱形，间或带副穗，中等大，穗长14.70cm，穗宽11.24cm，平均穗重432g，最大穗重697g。果穗大小不太整齐，果粒着生中等紧密。果粒近圆形，黄绿色，中等大，纵径1.9~2.1cm，横径1.8~2.0cm。平均粒重6.5g，最大粒重9.5g。果粉中等厚。果皮厚，较脆。果肉硬脆，汁中等多，味甜。每果粒含种子1~3粒，多为1~2粒。鲜食品质上等。

生物学习性：隐芽萌发率弱。芽眼萌发率为68.21%。成枝率为84%，枝条成熟度中等。结果枝占芽眼总数的55.43%。每果枝平均着生果穗数为1.5个。隐芽萌发的新梢结实力弱，夏芽副梢结实力中等。早果性中等。4月12日~23日萌芽，5月18日~28日开花，9月7日~19日果实成熟。从萌芽至果实成熟需145d。抗涝、抗高温能力较强，抗寒、抗旱、抗盐碱力中等。抗白腐病、霜霉病、黑痘病和白粉病力较强，抗炭疽病、灰霉病和穗轴褐枯病力中等。常年无特殊虫害。

品种评价：此品种为晚熟鲜食品种。具欧美杂种的抗性，又有近似于欧亚种的风味品质。颜色鲜艳，外形美观，果肉硬脆，风味甜香，含酸量低，不裂果。抗病力较强。耐贮运性强。能在我国广泛栽培，在高温高湿地区具有良好的发展前景。宜棚架栽培。

16. 壶瓶山1号 Hupingshan1hao

调查地点：湖南省常德市澧县王家厂镇长乐村。

地理数据：GPS数据（海拔：811m，经度：E110°37′56″，纬度：N30°02′68″）。

植物学信息

植株情况：属木质藤本，二十五年生，实生繁殖。树势强，无固定树形，架式为自由攀附，在当地不埋土露地越冬，多干。最大干周15cm。

植物学特征：嫩梢茸毛极疏，梢尖茸毛着色浅；成熟枝条为黄褐色。幼叶颜色为红棕色，叶下表面叶脉间有极疏匍匐茸毛，叶脉间有极疏直立茸毛；成龄叶长11.7cm，宽10.6cm，呈心脏形。叶片全缘；叶柄洼基部形状为"V"形，树形开张。雌能花。

果实性状：果穗平均长16.0cm，宽5.8cm，果穗圆柱形，无歧肩；有副穗，穗梗长7cm，果穗极疏。果粒平均纵径长1.6cm，横径1.6cm，平均粒重3.0g，果粒呈椭圆形；果皮蓝黑色，果粉厚；果皮厚；有肉囊，汁少，果肉无香味，可溶性固形物含量14.0%左右。

生物学习性：生长势强，副梢结实力弱；全树成熟期一致；成熟期落粒中等，无二次结果习性。单株平均产量50kg，最高125kg，每亩3000kg。萌芽始期3月下旬，始花期4月下旬，果实始熟期7月下旬，果实成熟期9月下旬。

品种评价：该品种具有高产、抗病、耐贫瘠等优点，主要用来食用等。种子（果实）为利用部位。

17. 高山2号 Gaoshan2hao

调查地点：湖南省洪江市黔城镇铁航村晏家冲。

地理数据：GPS数据（海拔：226m，经度：E109°51′36″，纬度：N27°14′01″）。

植物学信息

植株情况：属木质藤本，九年生，扦插繁殖。树势强，无固定树形，棚架架式，在当地不埋土露地越冬，单干。最大干周29.5cm。

植物学特征：嫩梢茸毛极疏，梢尖茸毛着色极浅；成熟枝条为黄褐色。幼叶颜色为红棕，茸毛极疏；叶下表面叶脉间无匍匐茸毛，叶脉间有极疏直立茸毛；成龄叶长18.0cm，宽14.5cm。呈心脏形。叶片全缘；叶柄洼基部形状为"V"形，半开张开叠类型；叶片锯齿呈双侧凸。两性花。

果实性状：果穗平均长17.0cm，宽7.0cm，果穗圆锥形，无歧肩；有副穗，穗梗长5cm，果穗中。果粒平均纵径长1.8cm，横径1.6cm，果粒呈椭圆形；蓝黑色，果粉中等；果皮厚；有肉囊，汁少，果肉无香味，可溶性固形物含量14.0%左右。

生物学习性：生长势强，开始结果年龄为2年，副梢结实力中等；全树成熟期一致、每穗一致；完全成熟后有轻微落果现象，可二次结果。单株平均产量100kg，最高250kg，每亩2000～3000kg。萌芽始期3月下旬，始花期4月下旬，果实始熟期7月下旬，果实成熟期8月上旬。

品种评价：该品种具有高产、耐贫瘠、广适性、耐湿等优点，利用部位为种子（果实）；主要用来食用等。主要病虫害种类为白粉病、霜霉病；对寒、旱、涝、瘠、盐、风、日灼等恶劣环境抵抗能力中等。坐果率较高。

18. 假葡萄 Jiaputao

调查地点：湖南省洪江市岩垅镇青树村丰家屋场。

地理数据：GPS 数据（海拔：250m，经度：E109°45′48″，纬度：N27°15′67″）。

植物学信息

植株情况：属木质藤本，十五年生，扦插繁殖。中等树势，无固定树形，小棚架架式，在当地不埋土露地越冬，单干。最大干周 20cm。

植物学特征：嫩梢茸毛极疏，梢尖茸毛不着色；成熟枝条为暗褐色。幼叶颜色为绿色带有黄斑，无茸毛；叶下表面叶脉间无匍匐茸毛，叶脉间有极疏直立茸毛；呈心脏形。叶片全缘；叶柄洼基部形状为"V"形，树形开张；叶片锯齿呈双侧凸。两性花。

果实性状：果穗平均长 23cm，宽 10cm，平均穗重 300g，最大穗重 550g，果穗长 5cm。果穗圆锥形，无果穗歧肩；有副穗，果穗紧。果粒圆形；果皮蓝黑色，果粉中等；果皮厚；有肉囊，汁少，果肉无香味。

生物学习性：生长势强，开始结果年龄为 2 年，副梢结实力中等；全树成熟期一致、每穗一致；完全成熟后有轻微落果现象，无二次结果习性。单株平均产量 125kg。萌芽始期 3 月下旬，始花期 4 月下旬，果实始熟期 7 月下旬，果实成熟期 9 月中旬。

品种评价：该品种具有高产、抗病（抗霜霉病）、耐贫瘠等优点，主要用来食用等，利用部位为种子（果实）。对寒、旱、涝、瘠、盐、风、日灼等恶劣环境抵抗能力中等。坐果率高，果粒大，不易落果，较抗霜霉病，其他病害几乎没有，口感偏酸。

19. 紫罗玉 Ziluoyu

调查地点：湖南省洪江市岩垅镇青树村。

地理数据：GPS 数据（海拔：241m，经度：E109°45′64″，纬度：N27°95′72″）。

植物学信息

植株情况：属木质藤本，十四年生，扦插繁殖。树势强，无固定树形，棚架架式，在当地不埋土露地越冬，单干。最大干周 25cm。

植物学特征：嫩梢无茸毛，梢尖茸毛不着色；成熟枝条为黄褐色。幼叶颜色为绿色带有黄斑，无茸毛。叶下表面叶脉间无匍匐茸毛，叶脉间有极疏直立茸毛。呈心脏形。叶片全缘；叶柄洼基部形状为"V"形，开叠类型为轻度开张；叶片锯齿呈双侧凸。两性花。

果实性状：果穗平均长 17.0cm，宽 8.0cm，平均穗重 220g，最大穗重 300g，果穗圆锥形，无歧肩；有副穗，果穗中。穗梗长 7cm。果粒平均纵径长 1.9cm，横径 1.5cm，平均粒重 2.4g，果粒呈椭圆形；果皮紫黑色，果粉中等；果皮厚；有肉囊，汁少，果肉无香味，可溶性固形物含量 16.0% 左右。

生物学习性：生长势强，开始结果年龄为2年，副梢结实力弱；全树成熟期一致；完全成熟后有中等落果现象，无二次结果习性。单株平均产量100kg，最高200kg，每亩2250kg。萌芽始期3月下旬，始花期4月下旬，果实始熟期7月下旬，果实成熟期9月中旬。

品种评价：该品种具有高产、优质等优点，利用部位种子（果实），主要用来食用等。对寒、旱、涝、瘠、盐、风、日灼等恶劣环境抵抗能力中等。该品种糖度高、易落粒、不耐贮运、抗霜霉病一般。

20. 高山1号 Gaoshan1hao

调查地点：湖南省洪江市岩垅镇青树村。

地理数据：GPS数据（海拔：254m，经度：E109°45′66″，纬度：N27°15′72″）。

植物学信息

植株情况：属木质藤本，十五年生，扦插繁殖。树势强，无固定树形，小棚架架式，在当地不埋土露地越冬，单干。最大干周25cm。

植物学特征：嫩梢无茸毛，梢尖茸毛不着色；成熟枝条为黄色。幼叶颜色为绿色带有黄斑，无茸毛。叶下表面叶脉间无匍匐茸毛，叶脉间有极疏直立茸毛；成龄叶长23.8cm，宽18cm。呈心脏形。叶片全缘；叶柄洼基部形状为"V"形，开叠类型为轻度开张；叶片锯齿呈双侧凸。两性花。

果实性状：果穗平均长23.0cm，宽10.0cm，平均穗重500g，最大穗重600g，果穗分枝形，无歧肩；有副穗，穗梗长7cm，果穗较疏。果粒圆形；果粉中等；果皮厚；有肉囊，汁少，果肉无香味，可溶性固形物含量14.0%左右。

生物学习性：生长势强，开始结果年龄为2年，副梢结实力弱；全树成熟期一致；完全成熟后有轻微落果现象，可二次结果。单株平均产量120kg，单株最高130kg。萌芽始期3月下旬，始花期4月下旬，果实始熟期7月下旬，果实成熟期9月中旬。

品种评价：该品种具有高产、优质、耐贫瘠等优点，主要用来食用等。利用部位为种子（果实），主要病虫害种类为霜霉病；对寒、旱、涝、瘠、盐、风、日灼等恶劣环境抵抗能力中等。该品种抗病一般，高产，成熟后糖分低，果粒疏。

21. 湘珍珠 Xiangzhenzhu

调查地点：湖南省洪江市岩垅镇青树村。

地理数据：GPS数据（海拔：258m，经度：E109°45′66″，纬度：N27°15′72″）。

植物学信息

植株情况：属木质藤本，十五年生，扦插繁殖。树势强，无固定树形，棚架架式，在当地不埋土露地越冬，单干。最大干周25cm。

植物学特征：嫩梢无茸毛，梢尖茸毛不着色；成熟枝条为黄色。幼叶颜色为黄色，无茸毛。叶下表面叶脉间无匍匐茸毛，叶脉间有极疏直立茸毛；成龄叶长22.5cm，宽21.5cm。

叶片全缘；叶柄洼基部形状为"V"形，开叠类型为轻度开张；叶片锯齿呈双侧凸。两性花。

果实性状：果穗平均长16.0cm，宽6.0cm，平均穗重40g，最大穗重50g，果穗圆柱形，无歧肩；有副穗，穗梗长7cm，果穗较疏。果粒圆形；果粉中等；果皮厚；有肉囊，汁少，果肉无香味。

生物学习性：生长势强，开始结果年龄为2年，副梢结实力弱；全树成熟期一致；完全成熟后有轻微落果现象，可二次结果。单株平均产量125kg，单株最高150kg。萌芽始期3月下旬，始花期4月下旬，果实始熟期7月下旬，果实成熟期9月中旬。

品种评价：该品种较优质，主要用来食用等。主要病虫害种类为霜霉病；对寒、旱、涝、瘠、盐、风、日灼等恶劣环境抵抗能力中等。该品种不抗霜霉病，耐贮运。

22. **洪江1号** Hongjiang1hao

调查地点：湖南省洪江市岩垅镇青树村。

地理数据：GPS数据（海拔：229m，经度：E109°45′63″，纬度：N27°15′68″）。

植物学信息

植株情况：属木质藤本，十五年生，扦插繁殖。树势强，无固定树形，棚架架式，在当地不埋土露地越冬，单干。最大干周27.2cm。

植物学特征：嫩梢无茸毛，梢尖茸毛不着色；成熟枝条为黄褐色。幼叶颜色为绿色带有黄斑，无茸毛。叶下表面叶脉间无匍匐茸毛，叶脉间有极疏直立茸毛；成龄叶长17.5cm，宽14.0cm。叶片全缘；叶柄洼基部形状为"V"形，开叠类型为轻度开张；叶片锯齿呈双侧凸。两性花。

果实性状：果穗平均长27cm，宽8cm，平均穗重250g，最大穗重350g，果穗圆柱形，无歧肩；有副穗，穗梗长7cm，果穗较疏。果粒纵径2cm，横径1.8cm。平均粒重2.6g。果粒呈椭圆形；果粉中等；果皮厚；有肉囊，汁少，果肉无香味。

生物学习性：生长势强，开始结果年龄为2年，副梢结实力弱；全树成熟期一致；完全成熟后有轻微落果现象，无二次结果习性。单株平均产量150kg，单株最高175kg。萌芽始期3月下旬，始花期4月下旬，果实始熟期7月下旬，果实成熟期9月中旬。

品种评价：该品种具有高产、抗病（霜霉病、白粉病）优点，主要用来食用等。主要病虫害种类为霜霉病；对寒、旱、涝、瘠、盐、风、日灼等恶劣环境抵抗能力中等。该品种较抗霜霉病，抗白粉病，高产，口感差。

23. **楼背冲米葡萄** Loubeichongmiputao

调查地点：湖南省洪江市岩垅镇青树村楼背冲。

地理数据：GPS数据（海拔：253m，经度：E109°45′03″，纬度：N27°15′62″）。

生境信息：来源于当地，最大树龄40年，庭院小生境。受耕作影响，地形为平地，土壤类型为黏壤土，土地利用为耕地。

植物学信息

植株情况：生长势中等，开始结果年龄为 2 年，副梢结实力弱。

植物学特征：属木质藤本，四十年生，分株繁殖。中等树势，无固定树形，架式为自由攀附，在当地不埋土露地越冬，多干。最大干周 37cm。嫩梢无茸毛，梢尖茸毛不着色；成熟枝条为黄褐色。幼叶颜色为绿色带有黄斑，无茸毛。叶下表面叶脉间无匍匐茸毛，叶脉间有极疏直立茸毛；成龄叶长 18.6cm，宽 18.5cm。叶片全缘；叶柄洼基部形状为"V"形，半开张开叠类型；叶片锯齿呈双侧凸。两性花。

果实性状：果穗平均长 14cm，宽 8cm，平均穗重 120g，最大穗重 160g，果穗圆锥形，无歧肩；有副穗，穗梗长 7cm，果穗较疏。果粒呈椭圆形；果粉中等；果皮厚；有肉囊，汁少。

生物学习性：全树成熟期一致；完全成熟后有轻微落果现象，无二次结果习性。单株平均产量 150kg，单株最高 200kg。萌芽始期 3 月下旬，始花期 4 月下旬，果实始熟期 7 月下旬，果实成熟期 9 月上旬。

品种评价：该品种具有优质、耐贫瘠等优点，主要用来食用等。利用部位为种子（果实），主要病虫害种类为霜霉病；对寒、旱、涝、瘠、盐、风、日灼等恶劣环境抵抗能力中等。该品种口感较好，不抗霜霉病。

24. 洪江 2 号 Hongjiang2hao

调查地点：湖南省洪江市双溪镇双溪村广冲。

地理数据：GPS 数据（海拔：211m，经度：E109°51′97″，纬度：N27°14′01″）。

植物学信息

植株情况：生长势强，开始结果年龄为 2 年，副梢结实力弱。

植物学特征：属木质藤本，五十年生，实生繁殖。树势强，无固定树形，棚架架式，在当地不埋土露地越冬，多干。最大干周 37cm。嫩梢无茸毛，梢尖茸毛不着色；成熟枝条为黄色。幼叶颜色为黄绿色，无茸毛。叶下表面叶脉间无匍匐茸毛，叶脉间有极疏直立茸毛；成龄叶长 20.1cm，宽 16.7cm，心脏形，叶片全缘；叶柄洼基部形状为"V"形，半开张开叠类型；叶片锯齿呈双侧凸。两性花。

果实性状：果穗平均长 17cm，宽 7cm，平均穗重 120g，最大穗重 200g，果穗圆柱形，无歧肩；有副穗，穗梗长 4cm，果穗较疏。果粒纵径 2.0cm，横径 1.7cm，平均粒重 2.7g，果粒呈椭圆形；果皮蓝黑色，果粉中等；果皮厚；有肉囊，汁少。果肉无香味，可溶性固形物含量 17%。

生物学习性：全树成熟期一致；完全成熟后有轻微落果现象，无二次结果习性。单株平均产量 175kg，单株最高 200kg。萌芽始期 3 月下旬，始花期 4 月下旬，果实始熟期 7 月中旬，果实成熟期 9 月中旬。

品种评价：该品种具有优质、高产等优点，主要用来食用等。利用部位为种子（果实），主要病虫害种类为霜霉病；对寒、旱、涝、瘠、盐、风、日灼等恶劣环境抵抗能力中等。该品种口感较好，产量高。

25. 洪江 3 号 Hongjiang3hao

调查地点：湖南省洪江市双溪镇双溪村广冲。

地理数据：GPS 数据（海拔：194m，经度：E109°52′38″，纬度：N27°13′92″）。

植物学信息

植株情况：生长势较强。

植物学特征：属木质藤本，三十五年生，扦插繁殖。树势强，无固定树形，棚架架式。最大干周 38.5cm。嫩梢无茸毛，梢尖茸毛不着色；成熟枝条显黄色。幼叶颜色为绿色带有黄斑，无茸毛。叶下表面叶脉间无匍匐茸毛，叶脉间有极疏直立茸毛；成龄叶长 24.0cm，宽 19.0cm，心脏形，叶片全缘；叶柄洼基部形状为"V"形，开叠类型为轻度开张；叶片锯齿呈双侧凸。

果实性状：果穗平均长 18cm，宽 6cm，平均穗重 250g，最大穗重 350g，果穗圆柱形，无歧肩；有副穗，穗梗长 7cm，果穗较疏。果粒圆形；果粉中等；果皮厚；有肉囊，汁少。果肉无香味，可溶性固形物含量 17%。

生物学习性：全树成熟期一致；完全成熟后有轻微落果现象，无二次结果习性。单株平均产量 250kg，单株最高 300kg。萌芽始期 3 月下旬，始花期 4 月下旬，果实始熟期 7 月下旬，果实成熟期 9 月下旬。

品种评价：该品种具有高产等优点，主要用来食用等。利用部位为种子（果实），主要病虫害种类为霜霉病。该品种口感较好，果粉好，不抗霜霉病。

26. 白葡萄 1 号 Baiputao1hao

调查地点：湖南省洪江市黔城镇高桥村毛坪。

地理数据：GPS 数据（海拔：244m，经度：E109°50′48″，纬度：N27°10′04″）。

植物学信息

植株情况：生长势强，开始结果年龄为 2 年，副梢结实力弱。

植物学特征：属木质藤本，二十年生，扦插繁殖。树势强，无固定树形，棚架架式，在当地不埋土露地越冬，多干。最大干周 21.0cm。嫩梢茸毛较疏，梢尖茸毛不着色；成熟枝条为黄色。幼叶颜色为红棕色，无茸毛。叶下表面叶脉间无匍匐茸毛，叶脉间有极疏直立茸毛；成龄叶长 20.2cm，宽 16.6cm，心脏形，叶片全缘；叶柄洼基部形状为"V"形，开叠类型为轻度开张；叶片锯齿呈双侧凸。两性花。

果实性状：果穗平均长 12.2cm，宽 6.5cm，平均穗重 40g，最大穗重 70g，果穗椭圆形，无歧肩；有副穗，穗梗长 4cm，果穗较疏。果粒纵径 2.0cm，横径 1.7cm，平均粒重 2.7g，果粒呈椭圆形；果皮为黄绿至绿黄色，果粉薄；果皮厚；有肉囊，果肉汁液中等。果肉无香味，可溶性固形物含量 16.2%。

生物学习性：全树成熟期一致；完全成熟后有轻微落果现象，无二次结果习性。单株平均产量 300kg，单株最高 350kg。萌芽始期 3 月下旬，始花期 4 月下旬，果实始熟期 7 月下旬，果实成熟期 9 月下旬。

品种评价：该品种具有优质、高产等优点，主要用来食用等。利用部位为种子（果实），

主要病虫害种类为霜霉病；对寒、旱、涝、瘠、盐、风、日灼等恶劣环境抵抗能力中等。该品种果皮颜色黄色，不抗霜霉病。

27. 罗家溪高山 2 号 Luojiaxigaoshan2hao

调查地点：湖南省洪江市黔城镇高桥村毛坪。

地理数据：GPS 数据（海拔：244m，经度：E109°50′49″，纬度：N27°10′04″）。

植物学信息

植株情况：生长势强，开始结果年龄为 2 年，副梢结实力弱。

植物学特征：属木质藤本，十五年生，扦插繁殖。树势强，无固定树形，棚架架式，在当地不埋土露地越冬，单干。最大干周 46cm。嫩梢茸毛极疏，梢尖茸毛不着色；成熟枝条为黄褐色。幼叶颜色为红棕色，茸毛极疏。叶下表面叶脉间无匍匐茸毛，叶脉间有极疏直立茸毛；成龄叶长 21.8cm，宽 17.3cm，心脏形，叶片全缘；叶柄洼基部形状为"V"形，开叠类型为轻度开张；叶片锯齿呈双侧凸。两性花。

果实性状：果穗平均长 20.2cm，宽 12.4cm，果穗圆锥形，无歧肩；有副穗，穗梗长 5cm。果粒平均粒重 2.7g，果粒呈椭圆形；果皮蓝黑色，果粉中等；果皮厚；有肉囊，汁少。果肉无香味，可溶性固形物含量 14.5%。

生物学习性：全树成熟期一致；成熟期落粒完全成熟后有中等落果现象，无二次结果习性。单株平均产量 250kg，单株最高 350kg。萌芽始期 3 月下旬，始花期 4 月下旬，果实始熟期 7 月下旬，果实成熟期 9 月中旬。

品种评价：该品种具有优质、高产等优点，主要用来食用等。利用部位为种子（果实），主要病虫害种类为霜霉病；对寒、旱、涝、瘠、盐、风、日灼等恶劣环境抵抗能力中等。该品种不抗霜霉病。

28. 白葡萄 2 号 Baiputao2hao

调查地点：湖南省洪江市黔城镇高桥村彭家冲。

地理数据：GPS 数据（海拔：293m，经度：E109°50′46″，纬度：N27°09′90″）。

植物学信息

植株情况：生长势强，开始结果年龄为 2 年，副梢结实力弱。

植物学特征：属木质藤本，三十五年生，分株繁殖。树势强，无固定树形，棚架架式，在当地不埋土露地越冬，单干。最大干周 58cm。嫩梢茸毛极疏，梢尖茸毛不着色；成熟枝条为黄褐色。幼叶颜色为红棕色，茸毛极疏。叶下表面叶脉间无匍匐茸毛，叶脉间有极疏直立茸毛；成龄叶长 22.2cm，宽 18.2cm，心脏形，叶片全缘；叶柄洼基部形状为"V"形，半开张开叠类型；叶片锯齿呈双侧凸。两性花。

果实性状：果穗平均长 13.3cm，宽 7.0cm，平均穗重 50g，最大穗重 80g，果穗圆柱形，有副穗，穗梗长 5cm，果穗中。果粒纵径 2.0cm，横径 1.8cm，平均粒重 2.4g；果皮为黄绿至绿黄色，果粉薄；果皮厚；有肉囊，果肉汁液中等。果肉无香味，可溶性固形物含量 16%。

生物学习性：全树成熟期一致；完全成熟后有轻微落果现象，可二次结果。单株平均产量 350kg，单株最高 500kg。萌芽始期 3 月下旬，始花期 4 月下旬，果实始熟期 7 月下旬，果实成熟期 9 月中旬。

品种评价：该品种具有优质、高产等优点，主要用来食用等。利用部位为种子（果实），主要病虫害种类为霜霉病、介壳虫；对寒、旱、涝、瘠、盐、风、日灼等恶劣环境抵抗能力中等。该品种口感较好，果皮黄色。

29. **红色米葡萄** Hongsemiputao

调查地点：湖南省洪江市黔城镇高桥村彭家冲。
地理数据：GPS 数据（海拔：288m，经度：E109°50′47″，纬度：N27°09′91″）。
植物学信息
植株情况：生长势强，开始结果年龄为 2 年，副梢结实力弱。
植物学特征：属木质藤本，二年生（从 100 多年的老树压条过来，老树已砍），分株繁殖。树势强，无固定树形，小棚架架式，在当地不埋土露地越冬，单干。最大干周 6cm。嫩梢无茸毛，梢尖茸毛不着色；成熟枝条为黄色。幼叶颜色为红棕色，茸毛极疏。叶下表面叶脉间有极疏匍匐茸毛，叶脉间有极疏直立茸毛；成龄叶长 18.3cm，宽 16.0cm，心脏形，叶片全缘；叶柄洼基部形状为 "V" 形，树形开张；叶片锯齿呈双侧凸。
果实性状：果穗平均长 9.0cm，宽 6.0cm，果穗圆柱形，无果穗歧肩；有副穗，穗梗长 5cm，果穗较疏。果粒纵径 1.7cm，横径 1.5cm，果粒呈倒卵形；果皮红黑色，果粉薄；果皮厚；有肉囊，果肉汁液中等。果肉无香味，可溶性固形物含量 15%。
生物学习性：全树成熟期一致；完全成熟后有轻微落果现象，无二次结果习性。单株平均产量 350kg，单株最高 500kg。萌芽始期 3 月下旬，始花期 4 月下旬，果实始熟期 7 月下旬，果实成熟期 9 月下旬。
品种评价：该品种具有优质、高产等优点，主要用来食用等。利用部位为种子（果实），主要病虫害种类为霜霉病；对寒、旱、涝、瘠、盐、风、日灼等恶劣环境抵抗能力中等。该品种不耐贮运。

30. **中方 1 号** Zhongfang1hao

调查地点：湖南省中方县牌楼乡白良村晒谷坪。
地理数据：GPS 数据（海拔：412m，经度：E109°56′45″，纬度：N27°16′52″）。
植物学信息
植株情况：生长势强，开始结果年龄为 2 年，副梢结实力弱。
植物学特征：属木质藤本，八年生，扦插繁殖。树势强，无固定树形，小棚架架式，在当地不埋土露地越冬，多干。最大干周 18cm。嫩梢茸毛极疏，梢尖茸毛不着色；成熟枝条为黄褐色。幼叶颜色为红棕色，茸毛极疏。叶下表面叶脉间有极疏匍匐茸毛，叶脉间有极疏直立茸毛；成龄叶长 21.2cm，宽 16.5cm，心脏形，叶片全缘；叶柄洼基部形状为 "V" 形，半开张开叠类型；叶片锯齿呈双侧凸。两性花。
果实性状：果穗平均长 23.0cm，宽 12.0cm，果穗圆锥形，无果穗歧肩；有副穗，穗梗长 4cm，果穗较疏。果粒纵径 1.8cm，横径 1.8cm，果粒圆形；果皮紫红或紫黑色，果粉中

等；果皮厚；有肉囊，果肉汁液中等。果肉无香味，可溶性固形物含量15%。

生物学习性：全树成熟期一致；完全成熟后有轻微落果现象，无二次结果习性。单株平均产量375kg，单株最高400kg。萌芽始期3月下旬，始花期4月下旬，果实始熟期7月下旬，果实成熟期9月下旬。

品种评价：该品种具有优质、高产等优点，主要用来食用等。利用部位为种子（果实），主要病虫害种类为霜霉病；对寒、旱、涝、瘠、盐、风、日灼等恶劣环境抵抗能力中等。该品种坐果率好，成熟期晚（比'湘珍珠'晚20d），口感好。

31. 中方2号 Zhongfang2hao

调查地点：湖南省中方县牌楼乡白良村细冲。

地理数据：GPS数据（海拔：392m，经度：E109°56′62″，纬度：N27°16′86″）。

植物学信息

植株情况：生长势强，开始结果年龄为2年，副梢结实力弱。

植物学特征：属木质藤本，十三年生，分株繁殖。树势强，无固定树形，棚架架式，在当地不埋土露地越冬，单干。最大干周31cm。嫩梢茸毛极疏，梢尖茸毛不着色；成熟枝条为黄色。幼叶颜色为红棕色，无茸毛。叶下表面叶脉间无匍匐茸毛，叶脉间有极疏直立茸毛；成龄叶长19.2cm，宽17.5cm，心脏形，叶片全缘；叶柄洼基部形状为"V"形，半开张开叠类型；叶片锯齿呈双侧凸。两性花。

果实性状：果穗平均长22.2cm，宽8.2cm，果穗圆柱形，无歧肩；有副穗，穗梗长4cm，果穗较疏。果粒纵径2.0cm，横径2.0cm，平均粒重3.1g，果粒圆形；果粉中等；果皮厚；有肉囊，汁少。果肉无香味，可溶性固形物含量16.2%。

生物学习性：全树成熟期一致；完全成熟后有轻微落果现象，无二次结果习性。单株平均产量250kg，单株最高300kg。萌芽始期3月下旬，始花期4月下旬，果实始熟期7月下旬，果实成熟期9月中旬。

品种评价：该品种具有优质、高产等优点，主要用来食用等。利用部位为种子（果实），主要病虫害种类为霜霉病；对寒、旱、涝、瘠、盐、风、日灼等恶劣环境抵抗能力中等。该品种口感较好。

32. 会同1号 Huitong1hao

调查地点：湖南省会同市黄茅镇塘枧村瞿家团。

地理数据：GPS数据（海拔：363m，经度：E110°03′54″，纬度：N27°03′90″）。

植物学信息

植株情况：生长势强，开始结果年龄为2年，副梢结实力弱。

植物学特征：属木质藤本，二十年生，扦插繁殖。树势强，无固定树形，棚架架式，在当地不埋土露地越冬，多干。最大干周13.5cm。嫩梢茸毛极疏，梢尖茸毛不着色；成熟枝条为黄色。幼叶颜色为红棕色，茸毛极疏。叶下表面叶脉间有极疏匍匐茸毛，叶脉间有极疏直立茸毛；成龄叶长19.1cm，宽15.0cm，心脏形，叶片全缘；叶柄洼基部形状为"V"形，开叠类型为轻度开张；叶片锯齿呈双侧凸。两性花。

果实性状：果穗平均长 22.0cm，宽 11.1cm，果穗圆锥形，无果穗歧肩；有副穗，穗梗长 5.5cm。果粒纵径 1.9cm，横径 1.9cm，果粒呈椭圆形；果皮蓝黑色，果粉中等；果皮厚；有肉囊，果肉汁液中等。果肉无香味，可溶性固形物含量 15％。

生物学习性：全树成熟期一致；完全成熟后有轻微落果现象，可二次结果。单株平均产量 275kg，单株最高 350kg，每亩 3500kg。萌芽始期 3 月下旬，始花期 5 月上旬，果实始熟期 6 月下旬，果实成熟期 7 月中旬。

品种评价：该品种具有优质、高产等优点，主要用来食用等。利用部位为种子（果实），主要病虫害种类为霜霉病。该品种农历六月底上市，七月中旬卖完，比'巨峰'早上市 10～15d（当地），而其他刺葡萄都比'巨峰'晚。不抗霜霉病、耐贮运。

33. 会同米葡萄 Huitongmiputao

调查地点：湖南省会同市黄茅镇塘枧村瞿家团。

地理数据：GPS 数据（海拔：348m，经度：E110°03′54″，纬度：N27°03′89″）。

植物学信息

植株情况：生长势强，开始结果年龄为 2 年，副梢结实力弱。

植物学特征：属木质藤本，二十五年生，扦插繁殖。树势强，棚架架式，在当地不埋土露地越冬，单干。最大干周 41cm。嫩梢茸毛极疏，梢尖茸毛不着色；成熟枝条为黄色。叶下表面叶脉间有极疏匍匐茸毛，叶脉间有极疏直立茸毛；成龄叶长 22.8cm，宽 21.2cm，心脏形，叶片全缘；叶柄洼基部形状为"V"形，半开张开叠类型；叶片锯齿呈双侧凸。两性花。

果实性状：果穗平均长 15.2cm，宽 8.1cm，果穗椭圆形，无果穗歧肩；有副穗，穗梗长 4cm，果穗较疏。果粒呈椭圆形；果皮蓝黑色，果粉中等；果皮厚；有肉囊，果肉汁液中等。果肉无香味，可溶性固形物含量 15％。

生物学习性：全树成熟期一致；完全成熟后有轻微落果现象，可二次结果。单株平均产量 425kg，单株最高 450kg，每亩 4000kg。萌芽始期 3 月下旬，始花 5 月上旬，果实始熟期 7 月下旬，果实成熟期 9 月上旬。

品种评价：该品种具有优质、高产、较抗霜霉病等优点，主要用来食用等。利用部位为种子（果实），主要病虫害种类为白粉病；对寒、旱、涝、瘠、盐、风、日灼等恶劣环境抵抗能力中等。该品种较抗霜霉病，贮运较差。产量高，口感好。

34. 塘尾葡萄 1 号 Tangweiputao1hao

调查地点：江西省玉山县横街镇圹尾村大坪。

地理数据：GPS 数据（海拔：114m，经度：E118°10′45″，纬度：N28°42′57″）。

植物学信息

植株情况：生长势强，开始结果年龄为 2 年，副梢结实力弱。

植物学特征：属木质藤本，三十五年生，嫁接繁殖，砧木为野葡萄（'华东葡萄'）。树势强，架式为自由攀附，在当地不埋土露地越冬，多干。最大干周 12cm。嫩梢无茸毛，梢尖茸毛不着色；成熟枝条为黄色。幼叶颜色为绿色带有黄斑，茸毛极疏。叶下表面叶脉间无

匍匐茸毛，叶脉间有极疏直立茸毛；成龄叶长23.2cm，宽21.5cm，心脏形，叶片全缘；叶柄洼基部形状为'V'形，半开张开叠类型；叶片锯齿呈双侧凸。两性花。

果实性状：果穗平均长17.5cm，宽7cm，平均穗重118.3g，最大穗重195g，果穗圆锥形，无果穗歧肩；有副穗，穗梗长4cm。果粒纵径2.0cm，横径2.1cm，平均粒重2.9g，果粒圆形；果皮蓝黑色，果粉中等；果皮厚；有肉囊，果肉汁液中等。果肉无香味，可溶性固形物含量16％。

生物学习性：全树成熟期一致；完全成熟后有轻微落果现象，无二次结果习性。单株平均产量75kg，单株最高100kg。萌芽始期3月下旬，始花期4月中旬，果实始熟期农历七月中旬，果实成熟期农历八月上旬。

品种评价：该品种具有优质、抗病、耐贫瘠等优点，主要用来食用等。利用部位为种子（果实）；对寒、旱、涝、瘠、盐、风、日灼等恶劣环境抵抗能力强。该品种口感较好，营养成分高，抗病。

35. 塘尾葡萄2号 Tangweiputao2hao

调查地点：江西省玉山县横街镇圹尾村大坪。

地理数据：GPS数据（海拔：114m，经度：E118°10′47″，纬度：N28°42′55″）。

植物学信息

植株情况：生长势强，副梢结实力弱。

植物学特征：属木质藤本，五十年生，嫁接繁殖，砧木为'华东葡萄'。树势强，无固定树形，架式为自由攀附，在当地不埋土露地越冬，单干。最大干周35cm。嫩梢茸毛极疏，梢尖茸毛不着色；成熟枝条为暗褐色。幼叶茸毛极疏。叶下表面叶脉间有极疏匍匐茸毛，叶脉间有极疏直立茸毛；成龄叶长23.1cm，宽21.2cm，心脏形，叶片全缘；叶柄洼基部形状为"V"形，树形开张；叶片锯齿呈双侧凸。

果实性状：果穗平均长17.5cm，宽7cm，穗梗长4.2cm。果粒圆形；果粉中等；果皮厚；有肉囊，果肉汁液中等。果肉无香味，可溶性固形物含量16％。

生物学习性：全树成熟期一致；完全成熟后有轻微落果现象，无二次结果习性。单株平均产量100kg，单株最高150kg。萌芽始期3月下旬，始花期4月中旬，果实始熟期农历七月中旬，果实成熟期农历八月上旬。

品种评价：该品种具有优质、高产等优点，主要用来食用等。利用部位为种子（果实）；对寒、旱、涝、瘠、盐、风、日灼等恶劣环境抵抗能力强。该品种口感较好，营养成分高，抗病。

36. 玉山水晶葡萄 Yushanshuijingputao

调查地点：江西省玉山县玉虹园109号虹桥口。

地理数据：GPS数据（海拔：118m，经度：E118°15′05″，纬度：N28°40′20″）。

植物学信息

植株情况：生长势强，开始结果年龄为2年，副梢结实力中等。

植物学特征：属木质藤本，三十五年生，实生繁殖。树势强，无固定树形，棚架架式，在当地不埋土露地越冬，单干。最大干周 38cm。嫩梢茸毛极疏，梢尖茸毛不着色；成熟枝条为暗褐。幼叶颜色为黄绿色，茸毛极疏。叶下表面叶脉间有极疏匍匐茸毛，叶脉间有极疏直立茸毛，成龄叶长 20.8cm，宽 16.6cm；叶柄洼基部形状为"V"形，树形开张；叶片锯齿呈双侧凸。两性花。

果实性状：果穗平均长 8.2cm，宽 5.6cm，果穗圆锥形，无果穗歧肩；有副穗，穗梗长 4cm，果穗中。果粒纵径 1.3cm，横径 1.2cm，果粒呈椭圆形；果皮为紫红至红紫色，果粉薄，果皮厚度中等；果肉质地软，果肉汁液中等。果肉无香味。

生物学习性：全树成熟期一致；完全成熟后有轻微落果现象，可二次结果。单株平均产量 150kg，单株最高 175kg。萌芽始期 3 月中旬，始花期 4 月上旬，果实始熟期 7 月中旬，果实成熟期 8 月上旬。

品种评价：该品种具有优质、抗病等优点，主要用来食用等。利用部位为种子（果实）；对寒、旱、涝、瘠、盐、风、日灼等恶劣环境抵抗能力强。调查用户主要用来遮阴。

37. 玫瑰蜜 Meiguimi

调查地点：云南省丘北八道哨普者黑风景区。

地理数据：GPS 数据（海拔：1449m，经度：E104°06′04″，纬度：N24°05′82″）。

植株情况：生长势中等，开始结果年龄为 2 年，副梢结实力中等。

植物学特征：属木质藤本，十年生。中等树势，篱壁式架式，在当地不埋土露地越冬。成熟枝条为暗褐色。幼叶颜色为黄绿色。叶下表面叶脉间匍匐茸毛密，心脏形，叶片全缘；上缺刻浅。叶柄洼基部形状为"V"形，半开张开叠类型；双侧直叶片锯齿。叶柄黄绿。两性花。

果实性状：果穗平均长 20cm，宽 10cm，平均穗重 200g，果穗圆锥形，无果穗歧肩；果穗紧。果粒圆形；果粉厚；果皮厚度适中，果肉颜色中等深；果肉质地软，果肉汁液适中。果肉具玫瑰香味。果肉香味浓，可溶性固形物含量 17%。

生物学习性：全树成熟期一致；成熟期落粒，完全成熟后有中等落果现象，无二次结果习性。单株平均产量 6kg，单株最高 8kg，每亩 1500kg。萌芽始期 3 月上旬，始花期 4 月中旬，果实始熟期 6 月下旬，果实成熟期 7 月中旬。

品种评价：该品种具有优质、高产、抗病（霜霉病，较抗白粉病）、耐贫瘠等优点，主要用来食用、酿酒等。利用部位为种子（果实），主要病虫害种类为炭疽病、白腐病、大小斑病；对寒、旱、涝、瘠、盐、风、日灼等恶劣环境抵抗能力中等。繁殖方法扦插，该品种是加工酿酒与鲜食结合的品种，树势强健，生长旺盛，极性中等，极早产，丰产稳产。

38. 云南水晶 Yunnanshuijing

调查地点：云南省丘北八道哨普者黑风景区。

地理数据：GPS 数据（海拔：1449m，经度：E104°06′04″，纬度：N24°05′82″）。

植物学信息

植株情况：生长势中等，开始结果年龄为 2 年，副梢结实力弱。

植物学特征：属木质藤本，十年生，扦插繁殖。中等树势，篱壁式架式，在当地不埋土

露地越冬，单干。最大干周5cm。嫩梢茸毛中等，梢尖茸毛着色中等；成熟枝条为暗褐色。幼叶颜色为黄绿色，茸毛，疏。叶下表面叶脉间有极疏匍匐茸毛，叶脉间有极疏直立茸毛；心脏形，裂片数达5裂；上缺刻中等、开张。叶柄洼基部形状为"V"形，树形开张；叶片锯齿呈双侧凸。两性花。

果实性状：平均穗重200g，果穗圆锥形，无果穗歧肩；果粒圆形；果皮为黄绿至绿黄色，果粉厚；可溶性固形物含量14％。

生物学习性：全树成熟期一致；完全成熟后有轻微落果现象，可二次结果。萌芽始期3月上旬，始花期3月下旬，果实始熟期6月上旬，果实成熟期7月下旬至8月上旬。

品种评价：该品种具有优质、耐贫瘠等优点，主要用来食用等。利用部位为种子（果实）。该品种较口香味浓，树势强健，极性较缓和。抗逆性较强，极早产，丰产、稳产。

39. 红玫瑰 Hongmeigui

调查地点：云南省丘北八道哨普者黑风景区。

地理数据：GPS数据（海拔：1449m，经度：E104°06′04″，纬度：N24°05′82″）。

植物学信息

植株情况：植株生长势中等偏弱。

植物学特征：属木质藤本，十年生，中等树势，小棚架架式，在当地不埋土露地越冬。嫩梢绿色，带浅紫褐色，有中等密白色茸毛。幼叶深绿色，带浅紫褐色，厚。主要叶脉紫红色；上表面有光泽，茸毛中等多；下表面密生白色茸毛。成龄叶片心脏形，中等大，深绿色，较厚。叶片5～7裂，上裂刻深，下裂刻浅。叶柄洼开张椭圆形。枝条黄褐色，有浅褐色条纹，表面有粉状物。节间中等长或短，中等粗，两性花，二倍体。

果实性状：果穗圆锥形，大，穗长16.6cm，穗宽11.9cm，平均穗重347.4g，最大穗重1000g以上。果穗大小整齐，果粒着生紧密。果粒近圆形或扁圆形，紫红色，纵径2.2cm，横径2.4cm，平均粒重7.1g，最大粒重10g。果粉薄。果皮薄，无涩味。每果粒含种子2～3粒，多为4粒。种子梨形，较小，褐色。可溶性固形物含量为13％～18％，总糖含量为12.3％，可滴定酸含量为0.83％。鲜食品质上等。

生物学习性：隐芽萌发力强，副芽萌芽力中等。芽眼萌发率为69.5％。结果枝占萌芽总数的58.5％。每果枝平均着生果穗数为1.99个。隐芽萌发的新梢和夏芽副梢结实力均中等。早果性好。正常结果树一般产果30000kg/hm²。4月23日萌芽，6月8日开花，8月7日果实成熟。从开花至果实成熟需107d。在河北昌黎地区，8月中旬果实成熟，二次果亦能成熟。在石家庄，7月上旬至中旬果实成熟。果实极早熟。抗逆性中等。抗病力中等，不抗炭疽病、白腐病。

品种评价：此品种为极早熟鲜食品种。有较浓玫瑰香味，鲜食品质上等。结果系数高，坐果好，不裂果，不脱粒，耐运输。丰产性强，负载过大，果实延迟成熟。注意防治白腐病和炭疽病。可适度密植。适合半干旱、干旱地区种植，棚、篱架栽培均可，以短梢修剪为主。

40. 茨中教堂 Cizhongjiaotang

调查地点：云南省丘北八道哨普者黑风景区。

地理数据：GPS 数据（海拔：1449m，经度：E104°06′04″，纬度：N24°05′82″）。

植物学信息

植株情况：植株生长势极强。

植物学特征：属木质藤本，十年生，嫩梢茸毛极疏，梢尖茸毛着色极浅；成熟枝条为红褐色。幼叶颜色为黄绿色，茸毛极疏。叶下表面叶脉间有极疏匍匐茸毛，裂片数达 3 裂；上缺刻极浅；开张。叶柄洼基部形状为"V"形，半开张开叠类型；叶片锯齿呈双侧凸。雌能花。二倍体。

果实性状：果穗圆锥形，特大，穗长 24～30cm，穗宽 18～23cm，平均穗重 700g，最大穗重 2600g。果穗大小整齐，果粒着生紧密。果粒倒卵形，紫黑色，大，纵径 2.8～3.4cm，横径 2.1～2.5cm，平均粒重 12g。果粉厚。果皮厚而韧，稍有涩味。果肉脆，无肉囊，果汁多，绿黄色，味甜，稍有玫瑰香味。每果粒含种子 1～3 粒，多为 2 粒。种子与果肉易分离，可溶性固形物含量为 18%～19%。鲜食品质上等。

生物学习性：隐芽萌发力强。芽眼萌发率为 95%，成枝率为 98%，枝条成熟度好。结果枝占芽眼总数的 90%。每果枝着生果穗数为 1.13～1.27 个。隐芽萌发的新梢结实力中等。正常结果树产果 27500kg/hm^2（110 株/亩，高宽垂架式）。4 月 3 日～13 日萌芽，5 月 17 日～27 日开花，8 月 17 日～27 日果实成熟。从萌芽至果实成熟需 131～146d，此期间活动积温为 2933.4～3276.9℃。果实中熟。抗病力强。

品种评价：易感白粉病。该品种的酿酒品质佳。此品种为中熟鲜食品种。果穗大，味甘甜，爽口。易着色，外观美丽。不脱粒，少裂果。坐果率高，极丰产，易栽培。要严格疏花疏果。

41. 洪江无名刺葡萄 Hongjiangwumingciputao

调查地点：湖南省洪江市双溪镇双溪村。

地理数据：GPS 数据（海拔：258m，经度：E109°40′12″，纬度：N27°16′62″）。

植物学信息

植株情况：生长势强，开始结果年龄为 2 年。副梢结实力弱。

植物学特征：属木质藤本，十五年生，扦插繁殖。树势强，无固定树形，小棚架架式，在当地不埋土露地越冬，单干。最大干周 20cm。嫩梢无茸毛，梢尖茸毛不着色。幼叶颜色为黄绿色，茸毛无。叶脉间直立无茸毛；成龄叶长 24.5cm，宽 20cm，心脏形，叶片全缘；叶片锯齿呈双侧凸。两性花。

果实性状：果穗平均长 25cm，宽 12cm，平均穗重 540g，最大穗重 650g，果穗分枝形；有副穗；穗梗长 3cm。果粒圆形；果皮紫黑色，果粉中等；果皮厚；有肉囊，果肉汁液中等。果肉无香味。果肉香味淡，可溶性固形物含量 15%。

生物学习性：全树成熟期一致；完全成熟后有轻微落果现象，可二次结果。萌芽始期 3 月下旬，始花期 4 月下旬，果实始熟期农历七月下旬，果实成熟期农历九月中旬。

品种评价：该品种具有优质、高产、耐贫瘠等优点，主要用来食用等。利用部位为种子（果实）；主要病害为霜霉病。该品种品质佳，高产。

42. 关口葡萄2号 Guankouputao2hao

调查地点： 湖北省建始县花坪镇村坊村刘家山。

地理数据： GPS数据（海拔：1038m，经度：E110°02′06″，纬度：N30°24′19″）。

植物学信息

植株情况： 生长势强，开始结果年龄为3年。

植物学特征： 繁殖方法为嫁接，树势强，树形无定形，棚架，在当地不埋土露地越冬，单干，最大干周64cm。藤本，无嫩梢茸毛，梢尖茸毛无着色；成熟枝条黄褐色。幼叶颜色为绿色，叶下表面叶脉间匍匐茸毛疏，叶脉间直立茸毛极疏；成龄叶呈心脏形，平均叶长23.0cm，宽26.0cm，裂片全缘或3裂，上缺刻中；叶柄洼基部形状为"U"形，开张；叶片为绿色，叶片锯齿性状为一侧凹一侧凸，革质光滑。

果实性状： 果穗平均长13.0cm，宽8.0cm，平均穗重150g，最大穗重200g，果穗圆锥形，无歧肩，无副穗，果穗紧，果粒平均纵径长2.0cm，横径2.1cm，平均粒重4.7g，果粒形状为圆形；果皮黄绿色，果粉中；果皮厚度中，果肉无颜色，质地软，汁液中等，狐臭味浓，可溶性固形物含量20.0%左右。

生物学习性： 全树成熟期一致，可二次结果，在当地2月下旬萌芽，4月中旬开花，8月中旬果实成熟，平均亩产量2500kg。

品种评价： 耐贫瘠，抗旱，适应性广，耐高温，果实可食用；主要病虫害种类为炭疽病、霜霉病、绿盲蝽；对寒、旱、涝、瘠、盐、风、日灼等恶劣环境抵抗能力中等。

43. 春光龙眼葡萄 Chunguanglongyanputao

调查地点： 河北省张家口市宣化区春光乡观后村。

地理数据： GPS数据（海拔：672m，经度：E115°03′04″，纬度：N40°37′06″）。

植物学信息

植株情况： 生长势强，开始结果年龄为3年。

植物学特征： 繁殖方法为扦插，树势强，龙干形，棚架，在当地需要埋土露地越冬，多干，最大干周20cm。藤本，嫩梢绿色，有稀疏白色茸毛，表面有光泽。成龄叶片肾形，中等大，绿色或深绿色，厚叶缘常反卷；叶片3或5裂，上裂刻深，闭合或开张，基部"V"形；下裂刻浅或较深，开张。锯齿钝，双侧凸形，边缘锯齿半圆顶形或三角形，大小不一致。叶柄多短于主脉，少数长于主脉，粗，红褐色或浅绿色，无茸毛。秋叶黄褐色或深红褐色。卷须分布不连续，长而粗，2～3分叉。枝条横截面呈近圆形，表面有排列均匀的深褐色条纹，红褐色，有光泽，两性花。

果实性状： 果穗歧肩呈圆锥形或五角形，带副穗，穗长17.4～34.0cm，穗宽14～20cm，平均穗重694g，最大穗重3000g。果穗大小整齐，果粒着生中等紧密。果粒近圆形，宝石红或紫红色，有的带深紫色条纹，表面有较明显的褐色小斑点，果粒大，纵径2.18cm，横径2.06cm，平均粒重6.1g，最大粒重12g。果粉厚灰白色。果皮中等厚，坚韧。果肉致密，较柔软，白绿色，果汁多，味酸甜，无香味。每果粒含种子2～4粒，多为3粒。种子椭圆形，中等大，深褐色；种脐明显，中间凹陷；顶沟宽而较深；缘中等大而圆。在怀来，可溶性固形物含量为 20.4%，最高含量达 22%，总糖含量为 19.5%，可滴定酸含量为 0.9%，出汁率为 75%。

生物学习性： 全树成熟期一致，成熟时有轻微落果现象，在当地 4 月上旬萌芽，6 月上旬开花，10 月上旬果实成熟，平均亩产量 1250kg。

品种评价： 外观美丽，甜酸爽口。耐贮运性良好。结实力强，易管理。主要病虫害种类为炭疽病、霜霉病、绿盲蝽；对寒、旱、涝、瘠、盐、风、日灼等恶劣环境抵抗能力弱。

44. 宣化马奶 Xuanhuamanai

调查地点： 河北省张家口市宣化区春光乡观后村。

地理数据： GPS 数据（海拔：637m，经度：E115°03′08″，纬度：N40°37′56″）。

植物学信息

植株情况： 生长势中等，开始结果年龄为 3 年，每结果枝上平均果穗数 1 个。

植物学特征： 属藤本，五十年生。扦插繁殖。中等树势，扇形树形。小棚架架式，在当地埋土越冬。多干，最大干周为 40cm，叶片心脏形，裂片数达 5 裂；上缺刻中。叶片锯齿呈双侧凸。第一花序着生在 3～4 节。两性花。

果实性状： 果穗长 19.5～24.0cm，宽 13.0～15.5cm，平均穗重 581g，最大穗重 700g，果穗圆锥形；果穗较疏。果粒纵径 2.1～2.9cm，横径 1.8～2.2cm，平均粒重 5.4g。果粒呈椭圆形；果皮为黄绿色，果粉薄；果皮薄；果肉脆，果肉汁液中等。果肉无香味。

生物学习性： 完全成熟后有轻微落果现象。萌芽始期 5 月上旬，始花期 6 月上旬，果实成熟期 8 月下旬。

品种评价： 该品种具有抗旱、耐贫瘠等优点，主要用来食用等。利用部位为种子（果实），主要病虫害种类为白腐病；对寒、旱、涝、瘠、盐、风、日灼等恶劣环境抵抗能力中等。

45. 宣化玫瑰香 Xuanhuameiguixiang

调查地点： 河北省昌黎市光乡观后村。

地理数据： GPS 数据（海拔：637m，经度：E115°03′08″，纬度：N40°37′56″）。

植物学信息

植株情况： 生长势中等，开始结果年龄为 3 年，每结果枝上平均果穗数 1.45 个。

植物学特征： 属藤本，五十年生。扦插繁殖。中等树势，树形为扇形。小棚架架式，在当地埋土越冬。多干，最大干周达 40cm。嫩梢茸毛中等，梢间茸毛无色。幼叶颜色为黄绿。茸毛中等。叶下表面叶脉间匍匐茸毛中等，心脏形，裂片数达 5 裂；上缺刻深。叶片锯齿呈双侧凸。第一花序着生在 3～4 节；第二花序着生在 5～6 节。两性花。

果实性状： 果穗长 8.2～21.0cm，宽 10.5cm，平均穗重 368.9g，最大穗重 730g，果穗圆锥形，有副穗。果穗中。果粒纵径 1.7～2.7cm，横径 1.6～2.3cm，平均粒重 5.2g。果粒呈椭圆形；果皮为紫红-红紫色，果粉厚；果皮厚度中等；果肉较脆。果肉具玫瑰香味，香味浓。

生物学习性： 萌芽始期 4 月中旬，始花期 5 月中旬，果实成熟期 9 月上旬。

品种评价： 该品种具有抗旱、耐盐碱、耐贫瘠等优点，主要用来食用等。利用部位为种

子（果实），主要病虫害种类为霜霉病；对寒、旱、涝、瘠、盐、风、日灼等恶劣环境抵抗能力中等。

46. 昌黎马奶 Changlimanai

调查地点：河北省昌黎市。

地理数据：GPS 数据（海拔：637m，经度：E115°03′08″，纬度：N40°37′56″）。

植物学信息

植株情况：生长势强，开始结果年龄为 3 年，每结果枝上平均果穗数 1.04 个。

植物学特征：属藤本，五十年生。扦插繁殖。中等树势，扇形树形。棚架架式，在当地埋土越冬。多干，最大干周达 50cm。幼叶颜色为黄绿，心脏形，裂片数达 5 裂或 7 裂；上缺刻深。第一花序着生在 3～4 节；第二花序着生在 5～6 节。两性花。

果实性状：果穗长 22.1～27.8cm，宽 11.3～13.2cm，穗重 250～400g，果穗圆锥形，有副穗。果穗较疏。果粒纵径 3.0cm，横径 1.7cm，平均粒重 5.4g。果粒形状为长椭圆形；果皮为黄绿-绿黄色，果粉薄；果皮薄；果肉较脆。果肉汁液多。

生物学习性：成熟期有中等落粒现象。萌芽始期 4 月中旬，始花期 5 月中旬，果实成熟期 8 月中旬。

品种评价：该品种具有优质、抗旱、耐盐碱、耐贫瘠等优点，主要用来食用等。利用部位为种子（果实），主要病虫害种类为霜霉病。

47. 昌黎玫瑰香 Changlimeiguixiang

调查地点：河北省昌黎市。

地理数据：GPS 数据（海拔：637m，经度：E115°03′08″，纬度：N40°37′56″）。

植物学信息

植株情况：植株生长势较强。

植物学特征：嫩梢绿色，有稀疏茸毛。幼叶绿色，微带红色，上、下表面无茸毛，有光泽。成龄叶片心脏形，中等大，绿色，薄，平展，上表面光滑无茸毛，下表面有稀疏茸毛。叶片 5 裂，上裂刻深，下裂刻中等深。锯齿钝。叶柄洼拱形。叶柄长。卷须分布不连续。枝条横断面呈扁圆形，节部浅褐色。节间浅褐色，中等长。两性花。

果实性状：果穗圆锥形带副穗，较大，穗长 24.5cm，穗宽 13.3cm，平均穗重 430g。果粒着生中等紧密。果粒近椭圆形，紫色或紫红色，较大，纵径 1.8cm，横径 1.8cm，平均粒重 4.53g。果皮薄，与果肉不易分离。果肉较脆，汁多，浅黄色，味酸甜。果刷中等长。每果粒含种子 2～4 粒，多为 3 粒。种子中等大，浅褐色。种子与果肉易分离，可溶性固形物含量为 16%～18%。鲜食品质中等。

生物学习性：芽眼萌发率为 62.5%。结果枝占芽眼总数的 33.2%。每果枝平均着生果穗数为 1.01 个。隐芽萌发的新梢和夏芽副梢结实力均弱。4 月中旬萌芽，5 月中、下旬开花，7 月中旬新梢开始成熟，9 月初果实成熟。从萌芽至果实成熟需 148d，此期间活动积温为 3856.3℃。果实晚熟。

品种评价：此品种为晚熟鲜食品种。也可用于酿酒，酿酒品质优良。丰产性好。耐贮运性较强。抗寒、抗旱和抗病力均较好。棚、篱架栽培均可，宜多主蔓扇形整形，以中梢修剪为主。多用于庭院栽培。

48. 康百万葡萄1号 Kangbaiwanputao1hao

调查地点：河南省郑州市巩义市康百万景区。

地理数据：GPS数据（海拔：200m，经度：E112°95′72″，纬度：N34°76′88″）。

植物学信息

植株情况：植株生长势强。

植物学特征：嫩梢绿色。幼叶黄绿色，叶缘带粉红色，上表面无光泽，下表面密生茸毛。成龄叶片心脏形或近圆形，大，绿色，主要叶脉绿色，上表面粗糙，下表面密生毡状毛。叶片3或5裂；上裂刻浅或中等深，下裂刻浅或无。锯齿锐。新梢上分泌有珠状腺体。卷须分布不连续。两性花。四倍体。

果实性状：果穗圆锥形，大，穗长21cm，穗宽13cm，平均穗重510g，最大穗重700g。果穗大小整齐，果粒着生中等紧密。果粒椭圆形，黄绿色，极大，纵径3.3cm，横径2.6cm，平均粒重13.2g，最大粒重15.4g。果粉中等厚。果皮中等厚韧，无涩味。果肉较脆，汁多，味甜。每果粒含种子1～4粒，多为2粒。种子中等大，褐色，种脐大且凹陷，喙长而粗。种子与果肉易分离，可溶性固形物含量为16.4%。鲜食品质中上等。

生物学习性：结果枝占芽眼总数的43.0%。每果枝平均着生果穗数为1.3个。夏芽副梢结实力强。早果性好。正常结果树产果25000kg/hm²（1.5m×4m，小棚架）。5月4日萌芽，6月15日开花，10月5日果实成熟。从萌芽至果实成熟需155d，此期间活动积温为3020℃。果实晚熟。抗寒、抗涝和抗病虫性强。

品种评价：此品种为晚熟鲜食品种。果粒极大，颇引人喜欢。耐寒，耐湿。抗病。丰产。进入结果期早，定植第二年即开始结果。果肉硬，耐压力强，为2003.2g，果柄脱离果粒的重量为434g。不耐贮藏，贮藏过程中易脱粒。果实成熟时易遭蜂害，可套袋预防。负载量大时着色差，应控制产量、疏花疏果。适合在温暖、生长季节长的地区种植。宜棚架栽培，以中梢为主的长、中、短梢混合修剪。

49. 顺德府葡萄 Shundefuputao

调查地点：河北省邢台市桥东区镇南长街村书班营一巷六号院。

地理数据：GPS数据（海拔：79m，经度：E114°30′11″，纬度：N37°04′02″）。

植物学信息

植株情况：植株生长势强。

植物学特征：一百年生。扦插繁殖。树势强，无固定树形。架式为自由攀附，在当地不埋土越冬。最大干周达40cm。嫩梢灰绿色，带粉红色。幼叶灰绿色，带红色晕，上表面有光泽，下表面茸毛多。成龄叶片近圆形，大，深绿色，主要叶脉棕褐色，下表面有浓密毡状茸毛。叶片全缘或3裂，上裂刻浅。锯齿钝，圆顶形。叶柄洼窄拱形。叶柄短，粗，棕褐色。卷须分布不连续，短，不分叉。雌能花。二倍体。

果实性状：果穗圆锥形，有副穗，中等偏小，穗长 12cm，穗宽 11cm，平均穗重 230g，最大穗重 380g。果穗大小整齐，果粒着生中等紧密。果粒纵径 2.7cm，横径 2.5cm，平均粒重 4.9g，最大粒重 6g。果粉厚。果皮厚、韧，微涩。果肉软，有肉囊，汁少，味甜酸，有草莓香味。每果粒含种子 2～4 粒，多为 2 粒。种子梨形，大，深褐色，种脐不突出。种子与果肉较难分离，可溶性固形物含量为 17.5%，可滴定酸含量为 1.35%。

生物学习性：隐芽萌发力弱，副芽萌发力强。芽眼萌发率为 59.4%，枝条成熟度良好。结果枝占芽眼总数的 95.0%。每果枝平均着生果穗数为 1.6 个，有的果枝能结 3～4 个穗果。早果性强。一般定植第 2～3 年开始结果。正常结果树产果 15000kg/hm² （0.5m×0.8m×5m，双篱架）。5 月 8 日萌芽，6 月 9 日开花，8 月 13 日新梢开始成熟，9 月 28 日果实成熟。从萌芽至果实成熟需 144d，此期间活动积温为 2734℃。果实晚熟。抗涝、抗寒，芽眼抗早霜力强。抗白腐病、白粉病。

品种评价：此品种为晚熟鲜食、制汁兼用品种。穗、粒整齐美观。耐贮运。结果系数高，产量高。适应性强，易栽培。雌能花品种，栽培时需配植授粉品种。可在全国各葡萄产区种植。宜小棚架栽培，以中、短梢修剪为主。

50. 头道沟黑珍珠 Toudaogouheizhenzhu

调查地点：河南省辉县市上八里镇上八里村头道沟。

地理数据：GPS 数据（海拔：458m，经度：E113°61′36″，纬度：N35°54′18″）。

植物学信息

植株情况：藤本植物。植株生长势较强，枝条密度较密。

植物学特征：梢尖闭合，淡绿色，带紫红色，有极稀疏茸毛。幼叶黄绿色，带浅褐色，上表面有光泽，下表面有稀疏茸毛。成龄叶片心脏形，中等大，绿色，上表面无皱褶，下表面无茸毛。叶片 3 裂，上裂刻深，闭合，基部"U"形；下裂刻浅，开张，基部"V"形。锯齿一侧凸一侧直。叶柄洼宽拱形，基部"U"形。新梢生长直立，无茸毛。新梢节间背侧绿色微具红色条纹，腹侧绿色。冬芽绿色，着色浅。枝条浅褐色，节部暗红色。节间中等长，中等粗。两性花。二倍体。

果实性状：果穗圆锥形间或带小副穗，大，穗长 10.5cm，穗宽 4.5cm，平均穗重 20.0g，最大重 25g。果穗圆锥形，单歧肩，穗梗长 3cm；果粒着生紧密度中等。果粒圆形，蓝黑色，小，纵径 0.8cm，横径 0.8cm。平均粒重 0.35g。果粉厚。果皮厚，脆。果肉颜色极深，果肉质地软，汁少，味酸甜，有玫瑰香味。果形整齐度中等；每果粒含种子 2～4 粒，多为 3 粒。种子与果肉易分离。可溶性固形物含量为 13.0%～14.2%。

生物学习性：4 月 15 日～18 日萌芽，5 月 15 日开花，8 月 25 日果实成熟。从萌芽至果实成熟需 150d，此期间活动积温为 3286.1℃。果实晚熟。抗逆性中等。抗虫力中等。

品种评价：此品种为中晚熟鲜食品种。也可用于制罐。产量高，品质一般。耐贮存。丰产。常规防治病虫害即可。适应性强。

51. 三籽葡萄 Sanziputao

调查地点：河南省辉县市上八里镇上八里村头道沟。

地理数据： GPS 数据（海拔：433m，经度：E113°56′17″，纬度：N35°54′36″）。

植物学信息

植株情况： 藤本植物。植株生长势较强。枝条密度较密。

植物学特征： 梢尖闭合，淡绿色，带紫红色，有极稀疏茸毛。幼叶黄绿色，带浅褐色，上表面有光泽，下表面有稀疏茸毛。成龄叶片心脏形，中等大，绿色，上表面无皱褶，下表面无茸毛。新梢生长直立，无茸毛。卷须分布不连续，中等长，3 分叉。新梢节间背侧绿色微具红色条纹，腹侧绿色。冬芽绿色，着色浅。枝条浅褐色，节部暗红色。节间中等长，中等粗。两性花。二倍体。

果实性状： 果穗圆锥形间或带小副穗，大，穗长 8.3cm，穗宽 6.5cm，平均穗重 19.0g，最大穗重 23g。果穗分枝形，单歧肩；有副穗，穗梗长 3cm；果粒着生紧密度极稀疏。果粒圆形，紫红色，小，纵径 0.9cm，横径 0.9cm。平均粒重 0.30g。果粉厚。果皮厚，脆。果肉颜色深，果肉质地软，汁少，味酸甜，有玫瑰香味。果形整齐度中等；每果粒含种子 2～4 粒，多为 3 粒。种子与果肉易分离。可溶性固形物含量为 12.0%～13.5%。

生物学习性： 4 月 15 日～18 日萌芽，5 月 18 日开花，7 月 26 日果实成熟。从萌芽至果实成熟需 130d，此期间活动积温为 2886.1℃。果实晚熟。抗逆性中等。抗虫力中等。

品种评价： 此品种为中熟鲜食品种。也可用于制罐。产量高，品质一般。耐贮存。丰产。常规防治病虫害即可。适应性强。

第五章

葡萄性状的遗传

在长期的自然选择、人工驯化和育种过程中，葡萄种质资源中积累了丰富的遗传变异，并在葡萄果粒的色泽、成熟期、单果重、形状、果肉质地和风味等性状上显现了很高的多样性。在果实相关的农艺性状中，除了色泽等少数质量性状外，多属于复杂的数量性状（胡春根，2000）。了解这些重要性状的遗传规律，不仅可以帮助我们深入了解葡萄性状形成的调控方式，而且有助于人们根据遗传特点制定科学育种计划进行葡萄性状改良。根据人们长期的研究报道，有关葡萄的主要性状遗传特点整理如下。

一、果实大小

葡萄后代果粒的大小，多数居于双亲的中间型或接近于小果粒亲本。当双亲果粒大小差异不太悬殊时，后代也会出现少数超亲的植株。如表5-1中'玫瑰香'דֹ沙巴珍珠'的组合中，杂种果粒相当或大于较大果粒亲本的，仅占20.8%，而小于较小果粒亲本的，高达79.2%。

表 5-1　葡萄果粒大小的遗传

杂交组合	母本	父本	杂种株数/株	其中果粒所占比例/%					
				小(150g/100粒以下)	中小(151~200g/100粒)	中(201~270g/100粒)	中大(271~350g/100粒)	大(351~500g/100粒)	极大(500g/100粒以上)
'玫瑰园皇后'×'玫瑰香'	大	大	20	0	5	35	15	45	0
'花叶白鸡心'ד早玫瑰'	大	大	100	1	2	12	51	34	0
'花叶白鸡心'ד早金香'	大	中	48	0	0	10.4	41.7	47.9	0
'玫瑰香'ד葡萄园皇后'	中大	大	116	0.8	3.4	22.5	39.6	31.2	2.5
'玫瑰香'ד沙巴珍珠'	中大	中	115	0	35.7	43.5	19.1	1.7	0
'维拉一号'ד小白玫瑰'	中	中	80	6.2	15	53.8	25	0	0

罗素兰等（1999）在中国野葡萄与欧洲葡萄的种间以及种内杂交试验中，极小穗野生种亲本与中大穗栽培品种杂交，果粒小或极小的野生种与果粒中等大小的栽培品种杂交，后代大部分植株的果粒重量介于双亲之间，同时还出现一定的甚至相当多的小于小粒亲本的植株，但却无一株超大粒亲本。郭修武等（2004）通过对 10 个杂交组合与 5 个自交后代中的801 个株系的遗传变异分析，发现葡萄单粒重符合数量性状连续变异的遗传特点。子代果粒重小于亲本值，并趋向小粒亲本，出现超高亲本的比例较低。在欧亚种与欧美杂交种间的杂交组合中，遗传中可能存在母本遗传优势。葡萄单粒重的遗传中，含有较大比例的非加性效应，自交与杂交后代平均值小于亲中值，整体表现退化趋势。

二、果穗性状

葡萄果穗大小的遗传呈现如下规律：小穗与小穗品种杂交，后代全为小穗；小穗与中穗品种正反交，后代多数为小穗，少数为中穗；小穗与大穗品种杂交，后代果穗多为中间型；中穗品种间相互杂交，后代多数为小穗，少数为中穗，也会出现极少数大穗；中穗与大穗品种正反交，后代多数为中穗或小穗，大穗较少；大穗品种间相互杂交，后代多数为中穗，少数为大穗，也会出现小穗。为了选育大果穗的葡萄新品种，双亲或至少双亲之一应选大穗品种。种质资源的自然群体调查中发现果穗重、果穗长和果穗宽均呈正态分布（图 5-1）。

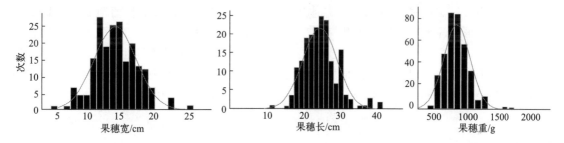

图 5-1　葡萄种质资源中果穗重、果穗长、果穗宽分布图

林兴桂等（1993）研究了山葡萄雌能花株系与两性花品种'双庆'杂交后代发现，F1的果穗重量表现为连续分布，属于数量性状遗传。4 个组合的杂交后代，果穗平均重量不但大于亲中值，而且其中的 3 个组合表现为超高亲。杂交组合双亲果穗重量的差值越小，杂种后代中出现超双亲的单株就越多，相关系数 0.95。

三、果形

葡萄果实形状多样、变异类型丰富，根据《葡萄种质资源描述规范和数据标准》（刘崇怀等，2006）将葡萄分为椭圆形、近圆形、长椭圆形、圆形、卵圆形、鸡心形、倒卵形、扁圆形、弯形、圆柱形、束腰形等 11 种果形，其中以椭圆形、近圆形、圆形果粒的种质资源最多。尽管果形的类型有较为清晰的描述，但由于细微差别使果形的类型远大于这些，而且同一品种在不同生长条件下以及同一植株上的果形也有一些差异。从遗传特点报道以及自然群体中的正态分布情况也看出果形就是数量性状（图 5-2）。

王勇等（2019）对以'火州黑玉'为母本的 3 个杂交组合果形遗传规律进行了初步分析，母本'火州黑玉'果形为圆形，父本果形为圆形或椭圆形，研究结果表明，杂交后代果形指数连续性分离，表现为数量遗传性状，在杂交后代中呈衰退趋势遗传。随后又对椭圆形果粒的'红宝石无核'与另一个椭圆形品种的杂交后代进行果形遗传研究，发现群体果形表

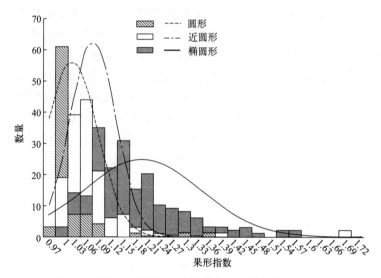

图 5-2 圆形、近圆形、椭圆形葡萄果形指数正态分布

现趋于椭圆形。刘政海等（2020）以圆果形品种'威代尔'和'霞多丽'的 F1 代杂交群体为试验材料，研究酿酒葡萄果实品质性状遗传规律，结果表明，杂交后代果形指数变异系数较小，表现为较稳定的遗传倾向。吴艳迪等（2021）以欧亚种圆形果粒葡萄品系'E42-6'为母本、长圆形果粒葡萄品种'里扎马特'为父本进行杂交构建了一个 F2 代群体，结合本研究杂交后代果形广泛分离的表现以及果粒纵径、横径、果形指数连续性正态分布规律，认为葡萄果形可能是受多对具有不同果形效应（长圆、圆）的主效基因控制，并受到一些修饰基因（控制果实的弯形、束腰形等）的影响，遗传表现出较为复杂的性状。

四、果实色泽

葡萄果实的色泽不仅是其外观的重要表现，也是葡萄的一个重要经济性状，更是葡萄育种中的一个重要选择指标。葡萄果实的颜色分为 3 类，即白色（绿、黄绿、黄、金黄）、红色（微红、粉红、鲜红、暗红）和黑色（紫、红黑、蓝黑）。据统计，黄绿色葡萄品种所占的比例较大，中间过渡类型的红色（粉红、红和暗红）品种占的比例较少，且中间的过渡类型，如粉红、红和深紫红色易受环境条件的影响，野生葡萄的果实基本都是黑紫色。张培安等（2018）对 VIVC 数据库中记载的 19620 份葡萄种质果皮色泽进行了分析，其中绝大多数为白色和黑色葡萄品种，红色品种（粉红色、红色等中间过渡色）仅占 12%，可见葡萄果皮色泽主要为黑色和白色，而红色种质则相对较少。进一步对标记育种年份和果皮色泽信息的种质资源进行分析［图 5-3(a)］，结果表明，最初所选育的葡萄品种以黑色为主，之后白色葡萄选育的数量急速增加。截至 1854 年，数据库中共记录 60 个品种，白色与黑色品种分别占 34.0% 与 38.9%。之后，白色品种占比增长速度趋于平缓，而黑色和红色品种的占比变化出现相反的趋势，前者迅速增加，而后者以近乎相同的趋势减少。1900 年，品种总数达 633 种，其中黑色葡萄占 58.7%，红色葡萄品种的占比降至 11.6%，之后一直保持在 12%～15% 的比例范围。1900 年之后，黑色与白色葡萄的占比表现出两种截然不同的变化趋势，前者减少，后者增加，至 1969 年，二者所占的比例都约为 43%，品种数分别为 746 种与 726 种。在此之后，黑色、白色和红色品种一直保持着 3∶3∶1 的数量关系。可以看出在 20 世纪之前主要选育黑色葡萄品种，白色品种的选育数量在 1900 年以后明显增加。在 2021 年对 200 余份葡萄种质资源的调查发现［图 5-3(b)］，红色（紫黑色、紫红色）种质数量最高，其次是果皮色泽绿色的种质，浅红色种质数量最少。

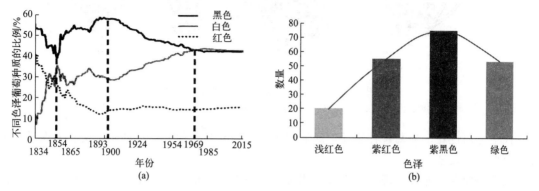

图 5-3　葡萄品种色泽统计图

采用孟德尔经典遗传学的研究方法，基于杂交 F1 代群体果皮色泽分离规律分别提出了果实色泽的"单基因控制"与"双基因控制"两种遗传模型。Barrit 和 Einset 于 1969 年最先发表了有关果实色泽的"双基因控制"遗传模型。根据对 27 个亲本进行 43 个杂交组合所得的大量资料认为，葡萄果实颜色的遗传受 2 对基因控制。B 为黑色显性基因，R 为红色显性基因，B 对 R 为上位显性，黑色和红色对白色为显性，白色葡萄的 2 对基因均为隐性。"单基因控制"假说由 Vuksanovic 在 1989 年发表，是指葡萄果皮颜色的遗传受 1 对基因控制，有色对白色为显性，白色属于隐性同质结合。

李坤等（2004）表明果皮中花青素含量的遗传属数量性状连续变异，后代分离广泛，主要受加性效应控制，同时存在一定的非加性效应，推测葡萄果色的遗传可能为主基因和微效多基因共同控制的质量-数量性状遗传。Liang 等（2009）认为葡萄果皮能否合成花色苷是由亲本的主效基因控制，花色苷含量的多少是由微效基因控制的。最新研究表明，位于 2 号染色体上的 MYBA1 和 MYBA2 两个靠近的基因位点决定果实色泽性状的有无（Azuma et al.，2012；Fang et al.，2018；Jiu et al.，2021）。MYBA1 和 MYBA2 基因在遗传上是高度连锁的，只要其中一个基因位点存在有功能的 MYB 基因型，果实色泽则表现为有色，MYBA1、MYBA2 的存在与否决定了葡萄果实色泽的有无，因此，葡萄果实色泽的有无属于质量性状。

五、花型

葡萄花型有三种：雄花，雌花和两性花（完全花）。栽培品种绝大多数为两性花，少数为雌能花；野生类型为雌雄异株，也有极少数为两性花的株系（万怡震等，2001）。花型呈质量性状遗传，葡萄杂交育种时，由于亲本花型差异，这几种花型都可能在后代出现（图 5-4）。

据贺普超（1999）研究：欧洲葡萄品种间杂交时，如两个亲本均为两性花，在大多数组合中，后代全为两性花，在少数组合中还出现少量雌能花。如母本为雌能花，父本为两性花，有的杂交后代全为两性花，有的后代除两性花外还出现相当多的雌能花。值得指出的是，很多人的试验都证明：凡是用'玫瑰香'作亲本，不论另一亲本为雌能花或两性花，杂

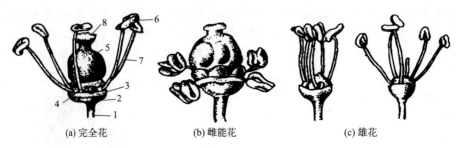

图 5-4 葡萄花型与构造（贺普超，1999）

1—花梗；2—花托；3—花萼；4—蜜腺；5—子房；6—花药；7—花丝；8—柱头

交后代全为两性花。葡萄育种家还广泛地利用欧洲葡萄与其他种进行种间杂交，发现后代出现的花型更为复杂。

关于葡萄花型遗传的理论，有多种假说，涅格鲁里等认为，决定葡萄花型性状的基因位于一对性染色体上。雌能花植株的性染色体上的基因为隐性同质结合（ff），控制雌性第一性征（花粉不育，卵细胞可育）和第二性征（雄蕊向外卷曲，花粉粒三角形，花粉外壁无发芽孔），雄花植株性染色体上的基因为异质结合（Ff），F 决定雄性第一性征（花粉可育，雌配子体发育不全）和第二性征（雄蕊直立，花粉粒筒形，子房发育不完全）。由于 F 发生突变，致使控制雌配子体不育的 F 基因转变成等位基因 Fn 即由 F→Fn，这样就产生了两性异质结合体（Fn f）和两性同质结合体（Fn Fn）。该理论仅能解释欧洲葡萄品种间杂交时的花型遗传，而不能说明雄株与其他花型杂交的遗传。法国 Levadoux（1946）在"葡萄花型与性别的研究"一文中提出了葡萄属植物性别受 M、H、F 三个等位基因控制的假说，现已得到许多学者的赞同。该研究认为，纯合雄性体的基因型是 MM，杂合植雄性体的基因型是 MH、MF，纯合两性体的基因型是 HH，杂合两性体的基因型是 HF，雌性体的基因型是 FF。尹立荣等（1997）对 15 个杂交组合 1138 株山葡萄种内杂交后代的花型进行了调查，结果表明山葡萄花型的遗传完全符合 Levadoux（1946）的假说。

有关葡萄花型遗传的演化过程，多数认为葡萄花性别起源于单性花。目前栽培葡萄花性别几乎全部为双性花，而野生葡萄的花则非雄即雌，利用野生葡萄杂交或者野生葡萄与栽培种葡萄杂交也能陆续产生双性花，所以常见的关于葡萄花性别演化的观点是葡萄最先有单性花，在演化过程中杂交产生双性花。但是，与此相悖的一个现象是野生状态基本找不到双性花。经过近些年的研究，众多学者倾向于葡萄花性别起源于双性花，且花性别的演化符合双基因座模型。雌雄异株从一个雌雄同体的祖先分两步演化而来，第一步产生阻断雄性性别决定功能的隐形突变，产生雌花；随着不断进化，第二步产生 1 个能够抑制雌花发育的显性突变，进而产生雄花，在番木瓜（*Carica papaya*）、草莓（*Fragaria* × *ananassa*）、猕猴桃（*Actinidia* spp.）等一些重要的经济作物中的研究也支持葡萄上的这一观点。后续在驯化过程中单性葡萄花逐步又恢复为双性花，推测与双性花可以更大程度上确保产量相关，这也符合人类的基本需求。

六、果实无籽或无核性

无核葡萄是指果实内没有种子，或者只有少量败育的种子。根据授粉结实特性，无核葡萄可分为三种类型，分别为假单性结实、天然单性结实和刺激性单性结实（王跃进等，2007）。假单性结实型又称为种子败育结实型，该类型无核葡萄能正常授粉受精，但在果实发育过程中幼胚中途停止发育并在果肉中留下种痕，如'无核白鸡心''京早晶''京可晶''无核紫'等品种；天然单性结实是指在自然条件下子房不经过授粉受精作用或其他任何刺激而发育成果实，如'康可无核''红科林斯'等葡萄品种；刺激性单性结实是指子房在花粉刺激、物理刺激（高温、低温、光等）或外源生长调节剂的作用下不经过受精而发育成无籽果实的现象，生产上在花期利用赤霉素（GA$_3$）处理葡萄花序，诱导有核品种无核化。

无核性状属于数量性状，其遗传比较复杂，受到多种因素的调控，对于亲本无核性状遗传机理，有研究者认为它是隐性性状遗传，且控制该性状的隐性基因是复杂的，无核杂种后代的无核性和无核等级受亲本品种的基因型及亲本基因之间相互作用的影响（Loomis and Weinberger，1970；Spiegel-Roy and Baron，1990；Roytchev，1998；房经贵等，1999；李莎莎等，2019）。也有研究者认为这一性状是显性遗传（Sato et al.，1994）。1996 年 Bouquet 等用胚挽救群体提出了"1 显性基因调控 3 隐性基因"的假说。次年 Yamane（1997）又提出控制葡萄无核性状的遗传模式，即无核性由 4 个互补的显性基因 A，B，C，D 和 1 个调节基因 E 共同控制，它们在复杂的关系中协同作用，A～D 控制种子发育或败育的方向，其作用受 E 的调控，与 Notsuka 等（2001）胚挽救后代分离的比例相吻合。Striem 等（1994，1996）则认为，无核性状属数量性状，至少受到 7 个基因的控制，这些基因可能相互连锁或其中存在主效基因，为无核性状的研究提供了新的思路；前人研究认为无核性状存在 1 个主效基因和 3 个微效基因位点，将种子数目、果实种子总鲜质量、总干质量、种子平均鲜质量、平均干质量等性状定位于同一连锁群上，证实了葡萄的无核性由主效基因和微效基因同作用的结果（Duchene et al.，1999）。

七、果实营养及风味品质

葡萄果实香味主要有玫瑰香味和狐香味（草莓香味）两种。葡萄的香味是各种香味成分通过融合、叠加、掩盖等相互作用而表现出来的（谭伟等，2013）。已有的研究认为，控制玫瑰香型的除主效基因外，还存在修饰基因。根据李记明等（2002）的研究，在有香味×无香味和有香味×有香味的杂交后代中，从无香味到有香味浓度间的变异是连续的，玫瑰香型特征成分之一的沉香醇的有无受一对基因控制，呈 1∶1 的分离比例，而其他成分表现为超亲和广泛变异，证明是由微效多基因控制的数量性状。

关于玫瑰香味在杂交后代的遗传表现，基本上是：玫瑰香味浓的与玫瑰香味中等或淡的品种杂交，多数或半数左右的杂交后代果实无香味，其余后代的果实虽有不同程度的香味，但香味浓的只有极少；玫瑰香味浓的与无香味的品种杂交，绝大多数或全部杂交后代果实无香味；玫瑰香味中等的或淡的与无香味的品种杂交以及双亲全无香味的品种杂交，后代全部是无香味的；玫瑰香味浓的品种与无香味的种间杂交，如'玫瑰香'×'巴柯'，'玫瑰香'×'黑塞比尔'等，后代完全无香味。由此可以看出，玫瑰香味在杂种第一代的表现不是加强，而是明显减弱。

葡萄果实中的可溶性糖主要是单糖，即葡萄糖和果糖，而缺少蔗糖。对葡萄果实中糖酸遗传规律的研究报告表明，糖和酸属于独立遗传。含糖量呈数量性状遗传，杂种后代呈常态分布。葡萄含糖量的遗传一般不具有杂种优势。高含糖量的品种相互杂交，多数后代单株结果的果实含糖量较高，但也有少数高于与低于高含糖量亲本的单株；高含糖量与高含糖量亲本品种杂交，后代含糖量大多数介于双亲之间或接近高含糖量亲本；高含糖量品种间相互杂交，绝大多数后代单株结果的果实含糖量低。与大多水果一样，葡萄甜味的遗传有劣变趋

势。张国军（2013）连续 2 年对 104 个葡萄品种果实糖酸含量的广义遗传力进行了分析，研究结果表明，各杂交组合葡萄糖含量的遗传力变化范围为 0.60～0.85；果糖含量的遗传力变化范围为 0.57～0.75；总糖含量的遗传力变化范围为 0.62～0.83。

葡萄果实中总酸含量遗传表现为加性效应，主要受苹果酸的影响较大。张国军等（2013）对葡萄杂交后代群体果实中酸的研究发现，各组合间苹果酸的遗传力变化范围为 0.37～0.88；杂交后代群体苹果酸含量的平均值高于亲本平均值，表现为超亲遗传。酒石酸的含量受非加性效应的影响较大，各杂交组合酒石酸的遗传力变化范围为 0.75～0.89；杂交后代群体酒石酸含量平均值低于亲本平均值。各组合间总酸的遗传力变化范围为 0.42～0.91。正反交群体在糖酸遗传力上没有差别。

八、成熟期

葡萄果实成熟期的遗传属于多基因控制的数量性状遗传，是受人们长期双向选择的结果，群体表现连续变异，后代成熟期接近亲中值（郭印山等，2003）。在成熟期遗传行为及传递力方面，母本的传递能力大于父本，有母本遗传优势。在葡萄杂交后代中，果实成熟期的变异有趋于早熟的倾向。果实成熟期一般表现为：早熟品种间杂交，后代全部或绝大多数杂种表现为早熟；早熟与中熟品种杂交，多数表现为早熟，少数为中熟；早熟与晚熟品种杂交，绝大多数为中熟，也有少数早熟和晚熟的；中熟品种间杂交，多数为中熟，还会出现一定数量的早熟或少数晚熟；中熟与晚熟品种杂交，后代多数为中熟，少数为晚熟；晚熟品种之间杂交，多数为晚熟，少数为中熟。此外，还有报道认为葡萄果实成熟期与亲本品种的地理起源有关，如苏联北方的早熟品种间杂交，后代全部为早熟；北方和南方的早熟品种杂交，后代中 90% 的实生苗为早熟；而南方的早熟品种相互杂交，后代仅有 18% 的实生苗为早熟。葡萄品种成熟期符合正态分布，成熟期从 6 月下旬到 10 月中旬均有分布，大部分品种成熟期集中在 7 月中旬到 8 月下旬，早熟品种和晚熟品种占比较少。

九、抗性

抗病性是指寄主植物会避免、中止或阻滞病原物入侵与扩展，减轻发病和损失程度的一类特性。抗病性是植物长期进化过程中所形成的，是植物的遗传潜能，植物具有不同程度的抗病性，从免疫、高抗到高感存在连续的变化。按照遗传方式不同，抗病性可划分为主效基因抗性（major gene resistance）和微效基因抗性（minor gene resistance），前者由单个或少数几个主效基因控制，按孟德尔法则遗传，抗病性表现为质量性状；后者由多数微效基因控制，抗病性表现为数量性状。葡萄炭疽病抗性遗传由多基因控制。

抗虫性指植物能够阻止害虫侵害、生长、发育和危害的能力。通常，抗虫性的表现形式有耐虫性、排趋性和抗生性。根据遗传基础，抗虫性也可分为两类——垂直抗性和水平抗性。当一种作物的一系列不同栽培品种遇到不同的虫害呈现不同的抗性性状，即为垂直抗性。垂直抗性通常是由单个或少数几个主效基因控制，其杂交后代一般按孟德尔遗传规律分离，抗、感差异明显，呈质量性状。当一种作物的一系列不同栽培品种遇到不同虫害呈现无差异的抗性性状，即为水平抗性。水平抗性通常由多个微效基因控制，具有这种抗性的品种能抗多个或所有小种，一般表现为中抗，病害的发展较轻。

植物的抗低温性是典型的数量性状，是由多种特异的抗低温基因调控的。葡萄杂交一代的抗寒性与其野生亲本接近，说明野生亲本遗传其抗寒性的能力是很强的。在'玫瑰香'×

'山葡萄'的杂交组合中，抗寒性极强的实生苗达 96.6%；如果用抗寒性极强的杂种实生苗与不抗寒的栽培品种回交或重复杂交，第二代（F2）杂种实生苗的抗寒性虽然在群体上有了明显的下降，但仍然有不少单株的抗寒性是很强的，这就为选育抗寒且优质的葡萄新品种提供了可能性。

　　葡萄抗旱性是葡萄植株抵御环境水分胁迫的能力，一般采用叶片失绿黄化程度、相对含水量和原生质体细胞膜透性等作为抗旱性鉴定指标。F1 代抗性呈现连续变异，表现为数量遗传的特征，亲本抗性强的组合获得抗旱杂交单株的概率大，有时还存在细胞质遗传的现象。野生葡萄杂种一代的抗性平均值一般接近双亲平均值，少数单株还会出现超亲遗传现象。

第六章 葡萄分子设计育种

分子标记辅助选择（marker-assisted selection，MAS）是利用与目标基因紧密连锁的分子标记（或基于目标基因本身的功能标记）作为选择标记，在育种选育过程中，通过分子标记的筛选来完成目标性状的选择。分子标记辅助育种实现了由表型选择到基因型选择的过渡，无论在选择效率还是选择精度上都比传统选择育种有很强的优势。近年来，随着高通量分子标记检测技术，基因组重测序和生物统计分析方法的飞速发展，可以同时对大量样本材料进行前景选择（目标性状）和背景选择（遗传背景），大大提高了选择的精度和效率。分子标记技术除了应用于品种选育过程，在诸如基因聚合、回交转育、遗传多样性分析、杂种优势预测、种子纯度和真实性检测、新品种保护等方面也显现出巨大的应用前景。

第一节 葡萄分子标记的基因定位

1995 年研究人员开始对葡萄构建 'Horizon' 和 'Illinois 547-1' 群体的遗传图谱并检测出与葡萄性别相关的 QTL 位点，之后许多学者利用"双假测交" F1 群体定位了葡萄的品质性状、胁迫抗性和物候期等大量的 QTL 位点。常见的用于 QTL 基因定位研究的群体类型主要为杂交 F1 代，少数以杂交 F2 代、回交群体、自交群体和自然群体作为实验材料。同时，在确定群体结构时应包含具有极端表型的葡萄品种，以获得目标性状分离的子代群体。

最早用于葡萄遗传图谱构建和基因定位的分子标记主要有随机扩增多态性 DNA（random amplified polymorphic DNA，RAPD）、扩增片段长度多态性（amplified fragment length polymorphism，AFLP）、简单重复序列（simple sequence repeat，SSR）等。随着测序技术的日渐成熟，基于单核苷酸多态性（single nucleotide polymorphism，SNP）技术的全基因组关联分析也在葡萄基因定位研究中得到了广泛的应用，截至 2021 年，共定位了 113 个葡萄重要性状基因位点（裴丹等，2021）。其中最多的是抗病相关位点，包括 31 个霜霉病（*Plasmopara viticola*）（*Rpv1～Rpv31*）抗性基因位点；13 个白粉病（*Uncinula necator*）（*Ren1～Ren10*，*Run1*，*Run2*，*Sen1*）抗性相关位点；1 个位于 14 号染色体上皮尔斯病（pierce's disease）的抗性位点 *Pdr1*；4 个葡萄剑线虫病（xiphinema index，Xi）相关基因（*XiR1*～*XiR4*）位点；2 个葡萄黑腐病（*Guignardia bidwellii*）抗性位点 *Rgb1* 和 *Rgb2*；1 个根结线虫（*Meloidogyne javanica*）抗性位点 *MjR1*。此外还发现了 11 个葡萄品质相关的基因位点，包括香气位点 *IBMP*；3 种单萜类化合物（芳樟醇、橙花醇和香叶醇）的 QTL 位点；'Ruby Seedless'×'Sultanina'和'Muscat Hamburg'×'Sugraone'两个群体中定位了果实硬度相关基因。以及 3 个与果实大小相关的性状位点，其中 *Sd1* 和 *VvAGL11* 控制无核，*Flb* 基因则是调控无肉性状。Zyprian 等（2016）和 Costantini 等（2018）分别在不同的遗传背景下鉴定了与转色期、成熟期相关的 QTL。葡萄遗传育种相关性状基因位点见表 6-1。

表 6-1　葡萄遗传育种相关性状基因位点

性状	位点	连锁群	分子标记类型	亲本组合	群体大小
抗冠瘿病	*Rcg1*	15	RAPD,SSR,et al.	Kunbarat× Sarfeher	272
抗根瘤蚜	*Rdv1*	13	SSR	Gf. V3125× Börner	188
	Rdv2	14	SNP	DRX55× MS27-31	
	Rdv3～5	14、4、5		MN1264× MN1246	
	Rdv6～8	7、3、10		VRH8771× Cabernet Sauvignon	
抗蔓割病	*Rda1*～2	15、7	SNP	Chardonnay× *Vitis. cinerea* B9	148
抗（感）白粉病	*Ren1*	13	SSR	Nimrang× Kishmish Vatkana	310
	Ren2	14	RAPD,CAPS,et al.	Horizon× Illinois 547-1	58
	Ren3	15	SSR,SCAR	Regent× Lemberger	153
	Ren4	18	SSR	Cl 66-043× F8909-08	42
	Ren5	14	SSR	Regale× Regale	191
	Ren6～7	9、19	SSR	F2-35× *V. piasezkii*（DVIT2027）	277
	Ren8	18	SSR,SNP	GF. GA-47-42× Villard blanc	151
	Ren9	15	SSR	Regent× Lemberger	153
	Ren10	2	SNP,SSR	MN1264× MN1214	147
	Run1	12	SSR	VRH3082-1-42× Cabernet Sauvignon	161
	Run2	18	SSR	JB81-107-11× Chenin Blanc	97
	Sen1	9	SNP	*V. rupestris* B38×Chardonnay	85
抗黑腐病	*Rgb1*～2	14、16	SSR	V3125× Borner	202
抗皮尔斯病	*Pdr1*	14	SSR	*V. rupestris*× *V. arizonica*	181
抗霜霉病	*Rpv1*	12	SSR,ISSR,et al.	Syrah× 28-8-78	
	Rpv2	18		Cabernet Sauvignon× 8624	129
	Rpv3～4	18、4	SSR,RGA,et al.	Regent× Lemberger	153
	Rpv5～6	9、12	SSR,SSCP	Cabernet Sauvignon× Gloire de Montpellier	138
	Rpv7	7	SSR,RGA,et al.	Chardonnay× Bianca	116
	Rpv8	14	SSR,RGA	*V. amurensis* Ruprecht× *V. amurensis* Ruprecht	232
	Rpv9	7	SSR,SNP,et al.	Moscato Bianco× *V. riparia* W63	174

性状	位点	连锁群	分子标记类型	亲本组合	群体大小
抗霜霉病	Rpv10	9	SSR	Gf. Ga-52-42×Solaris	256
	Rpv11	5	SSR	Regent×Lemberger	153
	Rpv12	14	SSR	99-1-48×Pinot Noir	180
	Rpv13	12	SSR,SNP,et al.	Moscato Bianco×V. riparia W63	174
	Rpv14	5	SSR,SNP	Gf. V3125×Börner	202
	Rpv15	18		V. piasezkii(DVIT2027)×F2-35	94
	Rpv16				
	Rpv17~20	8、11、12、6	SNP	V. rupestris B38×Horizon	163
	Rpv21	12			
	Rpv22~24			ShuangHong×Thompson Seedless	
	Rpv25~26	15	SLAF-seq	Red Globe×Shuangyou	149
	Rpv27	18	SSR,SNP	Norton×Cabernet Sauvignon	182
	Rpv28~31	10、14、3、16			
抗线虫病	XiR1	19	SSR	V. rupestris×V. anzomca	185
	XiR2~4	9、10、18	SSR	VRH8771×Cabernet Sauvignon	135
	MjR1	18	SNP	C2-50×Riesling	90
抗炭疽病	Cgr1	14	SNP	Cabernet Sauvignon×ShuangHong	151
果实大小	Be size	18	SSR,AFLP,et al.	WP2223-27×WP2121-30	139
无肉果实	Flb	18	SSR	Chardonnay×Ugni Blanc Mutant	71
果实硬度	Be firmness	8、18	SSR,SNP	Ruby Seedless×Sultanina	137
GA 不敏感矮化突变	VvGAI1	1		Pinot Meunier L1 dwarf×L1 dwarf with Vitis riparia	
无核	Sd1	18	AFLP,SSR,et al.	WP2223-27×WP2121-30	139
	VvAGL11	18	SSR	Muscat of Alexandria×Crimson Seedless	573
花性	Sex	2	RAPD,SSR,et al.	Horizon×Illinois 547-1	58
花青素生物合成及螯合	BeCo	2、4	AFLP,SSR,et al.	MTP3140×WP2223-27	139
				('Black Beauty'×Nesbitt)×(Supreme×Nesbitt)	172
	Ufgt	16	AFLP,SSR,et al.	Regent×Lemberger	153
	5-GT	9		Regent×Lemberger	153
	Ant	2	SSR	Syrah×Grenache	191
叶毛	LH1	5	SSR	Muscat of Alexandria×Campbell Early	95
转色期	Ver	16	AFLP,SSR,et al.	Regent×Lemberger	153
	Ver1~2	16、18	SSR,SNP,et al.	GF. GA-47-42×Villard Blanc	151
成熟期	RDA	17	AFLP,SSR,et al.	Ruby Seedless×Thompson Seedless	144

续表

性状	位点	连锁群	分子标记类型	亲本组合	群体大小
异丁基甲氧基吡嗪	*VvOMT3*	3	SSR	(Cabernet Sauvignon × Pinot Meunier)F2	64
芳樟醇	*Lin*	10	SSCP SSR	Italia× Big Perlon	163
单萜含量	*Mtc*	5	SSCP	Italia×Big Perlon	163
可溶性糖	*SSC*	1	SNP	BeiHong× ES7-11-49	249
有机酸	*Total acid*	6	SNP	(*V. riparia* × Seyval)F2	119
	MA	6	SNP		
酵母固氮	*YAN*	7	SNP		

第二节　葡萄分子标记辅助育种

随着 RAPD、AFLP、SSR、抗病基因类似物 RGA（resistance gene analog，RGA）、序列相关扩增多态性（sequence related amplified polymorphism，SRAP）等分子标记技术的开发及其用于葡萄性状调控基因位点的定位，葡萄分子标记辅助育种逐渐成为一种高效的植物改良方法。张剑侠等（2010）使用葡萄无核基因 *SCAR* 标记 *GSLPI-569*，葡萄抗黑痘病基因 *RAPD* 标记 *OPS03-1354* 和抗霜霉病基因 *RAPD* 标记 *S416-1224*，对欧洲葡萄无核品种×中国野生葡萄、无核品种自交共 6 个组合的 127 株胚挽救苗进行了无核、抗病的分子标记辅助选择，检测出拥有无核基因 *SCAR* 标记 *GSLPI-569* 的杂种 27 株，其中 4 株杂种同时拥有无核基因 *SCAR* 标记 *GSLPI-569* 和抗黑痘病基因 *RAPD* 标记 *OPS03-1354*；拥有抗黑痘病基因 *RAPD* 标记 *OPS03-1354* 的杂种 28 株，拥有抗霜霉病基因 *RAPD* 标记 *S416-1224* 的杂种 19 株，其中 10 株杂种同时拥有 *OPS03-1354* 和 *S416-1224*，获得的无核、抗病葡萄遗传材料将为进一步选育出新品系奠定基础。利用与目标性状紧密连锁的分子标记，对杂种进行早期抗性选择，降低杂种群体数量和育种成本，缩短育种周期，提高了育种效率。分子标记的应用极大地加速了葡萄新品种的选育进程。

当然，迄今为止实际应用于葡萄分子标记辅助育种计划中的 QTL 少有报道，如同其他果树中的情况一样，多停留在理论层面。葡萄属于典型的多年生果树，具有许多限制遗传研究分析与分子辅助育种实施的因素：①树体大、童期长，建立群体需要消耗大量的时间、人力以及空间成本；②遗传杂合度高，难以获得理想群体；③表型性状多为复杂的数量性状，有限的基因定位信息难以有效解释性状的遗传变异；④常规杂交育种亲本间的遗传差异小，性状相关 QTL 位点多样性低，利用常规杂交群体检测到的位点数量有限；尤为不利的是，所定位到的 QTL 通常只局限在特定的杂交群体或少数种质中，在自然群体中的可重复性不高。这些因素造成以往葡萄 QTL 定位研究存在费时费工、定位的基因数量少、定位精确度低、并且难以获得基因特征的信息等缺点。早期葡萄分子辅助育种的实施存在一定的制约因素，随着测序技术的发展以及基因的精细定位，分子标记辅助育种作为传统育种方法的补充，使得育种周期和育种成本大大缩减，越来越受到育种家的广泛关注。

第三节　葡萄色泽性状的基因定位

Fournier-Level 等（2009）通过'西拉'×'歌海娜'杂交群体 QTL 定位发现，*MY-BA1* 和 *MYBA2* 决定着葡萄果实色泽（图 6-1）。葡萄果实是否着色以及其着色类型是由位于 2 号染色体上 *MYBA1* 和 *MYBA2* 基因位点决定的，通过调节 *UFGT* 的表达从而调控花色苷的生物合成。*MYBA1* 和 *MYBA2* 两个基因位点高度连锁，常以单基因的方式遗传，当位点中存在有功能的基因类型时，则葡萄果皮着色（黑色、红色等各种色泽），且着色为显性性状。然而，这两个基因位点在长期的遗传进化过程中也发生了一定频率的交换。因此，当将 *MYBA1* 和 *MYBA2* 看作是两个控制着色的基因位点时，不同的组合方式决定着色泽有无及色泽的深浅。*MYBA1* 和 *MYBA2* 高度连锁与交换以及其组成的单倍型在同源染色体间的分离情况可以很好地解释葡萄着色性状遗传的"单基因模型"和"双基因模型"的理论，这是葡萄色泽多样性的重要遗传基础，也是进行葡萄色泽性状分子设计育种的重要理论。

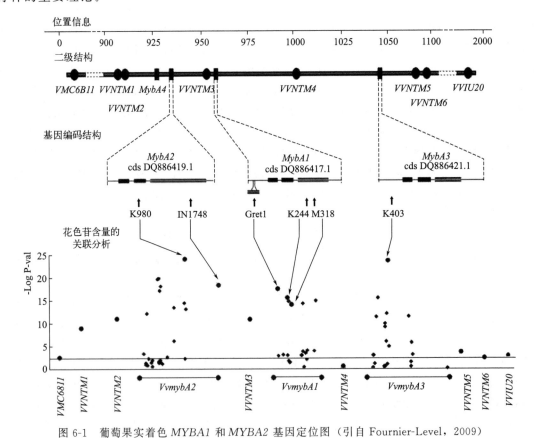

图 6-1　葡萄果实着色 *MYBA1* 和 *MYBA2* 基因定位图（引自 Fournier-Level，2009）

在欧亚种葡萄中，*MYBA1* 位点主要有 *VvmybA1a*，*VvmybA1b*，*VvmybA1c* 三种等位基因。其中，*VvmybA1a* 是伴随葡萄进化中 *VvmybA1* 编码序列的上游启动子区域插入一个逆转座子 *Gret1*（retrotransposon 1）导致基因表达受阻使得葡萄果皮不能合成花色苷而在自然界中出现了绿色葡萄。$VvmybA1b$ 和 $VvmybA1c$ 具有调控 $UFGT$ 合成花色苷的功能，当 MYB 调节基因位点是纯合的 $VvmybA1a$ 时，果皮颜色是绿色；纯合的 $VvmybA1b$ 或 $VvmybA1c$ 以及杂合 $VvmybA1a/VvmybA1b$ 或 $VvmybA1a/VvmybA1c$ 基因位点的葡萄果皮都着色，通常情况下纯合基因型葡萄果皮的颜色更深。在少数欧亚种的 $MYBA1$ 位点还存在 $VvmybA1^{SUB}$ 和 $VvmybA1^{BEN}$ 2 种基因型。在欧亚种葡萄中 $MYBA2$ 位点的基因有 $VvmybA2r$ 和 $VvmybA2w$ 两种基因型，其中 $VvmybA2r$ 是 $VvmybA2$ 的野生型基因，是具有调控花色苷生物合成功能的。$VvmybA2w$ 的编码区存在两个 SNP（CGA 突变成 CTA 和 CA 的缺失）使其编码的氨基酸以及阅读框发生改变，导致其 R2R3 结构域的一个 α-螺旋改变从而使其丧失调节 $UFGT$ 的功能。在欧美种葡萄中，$MYBA1$ 位点基因型为 $VlmybA1-3$，$MYBA2$ 位点存在两种基因型，分别是 $VlmybA2$ 和 $VlmybA1-2$，均具有调控葡萄果实着色的功能（图 6-2）。

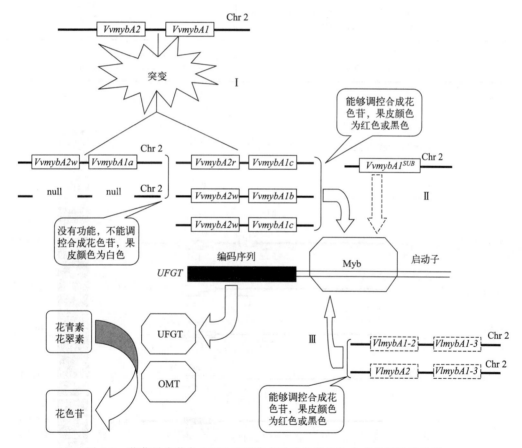

图 6-2　葡萄果皮着色 MYB 基因位点对花色苷生物合成的调控示意图

　　$MYBA1$ 和 $MYBA2$ 位点等位基因可以通过 PCR 产物的特征进行鉴定，具体的 MYB 引物序列见表 6-2。F1 和 R1 用于扩增 $VvmybA1a$ 和 $VvmybA1^{BEN}$ 的 5' 端侧翼区域和编码区，PCR 扩增长度分别为 1559bp 和 2187bp。F2 和 R1 用于扩增 $VvmybA1b$、$VvmybA1c$、$VvmybA1^{SUB}$ 和 $VlmybA1-3$ 的 5' 端侧翼区域和编码区，PCR 扩增长度分别为 1675bp、846bp、1035bp 和 999bp（图 6-3）。F3 和 R3 用于扩增 $VlmybA1-2$ 的编码区序列，PCR 扩

增长度为 251bp。F4 和 R4 用于扩增 *VlmybA2* 的编码区序列，PCR 扩增长度为 161bp。F5 和 R5 用于扩增 *VvmybA2w* 和 *VvmybA2r* 的基因序列，PCR 扩增长度分别为 1444bp、1446bp（图 6-3）。

表 6-2 PCR 扩增 *MYB* 基因的引物

引物编号	引物序列	扩增基因及基因长度/bp
F1	AAAAAGGGGGGCAATGTAGGGACCC	*VvmybA1a*（1559bp）、
R1	GAACCTCCTTTTTGAAGTGGTGACT	*VvmybA1^{BEN}*（2187bp）
F2	GGACGTTAAAAAATGGTTGCACGTG	*VvmybA1b*（1675bp）、*VvmybA1c*（846bp）、
R1	GAACCTCCTTTTTGAAGTGGTGACT	*VvmybA1^{SUB}*（1035bp）、*VlmybA1-3*（999bp）
F3	CACCACTTGAAAAAGAAGGTC	*VlmybA1-2*（251bp）
R3	TCTTGATCCAGCTCAGCTAAC	
F4	GCTGAGCATGCTCAAATGGAT	*VlmybA2*（161bp）
R4	TCCCACCATATGATGTCACCC	
F5	GAAGGAGCCGGTCTCTTGTG	*VvmybA2w*（1444bp）、
R5	GTGTTTGCATCCACTGCTCA	*VvmybA2r*（1446bp）

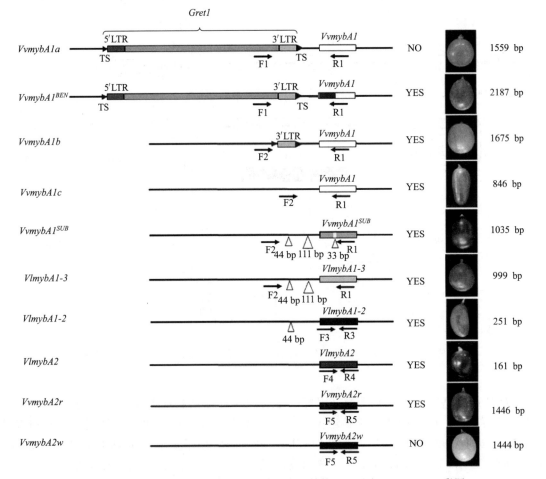

图 6-3 *MYBA1* 和 *MYBA2* 基因位点等位基因结构图（引自 Jiu，2021，彩图）

决定果实颜色的 *MYBA1* 和 *MYBA2* 基因位点在一定程度上是共连锁的，因此可以把它们称为一个单倍型（haplotype，Hap）。所谓单倍型是单倍体基因型的简称，在遗传学中是指同一染色体上可进行共同遗传的多个基因位点等位基因的组合。不同葡萄品种 *MYBA1* 位点的 5 种等位基因与 *MYBA2* 位点的 4 种等位基因在不同品种中形成了多种单倍型类型。理论上存在 10 种单倍型类型，迄今在葡萄品种的研究中已经发现了 9 种调控葡萄果皮着色的单倍型（图 6-4）。葡萄品种多为二倍体，同源染色体上的 *MYB* 单倍型类型以及单倍型组成类型决定着品种的着色与不着色，以及着色的深浅。纠松涛在 213 份葡萄品种（105 份欧亚种，108 份欧美种）的 *MYB* 单倍型鉴定中共计发现了 9 种单倍型类型，19 种不同的单倍型组成类型，单倍型组成类型分别是 A（A//A）、A/B（A//B）、AC-Rs（A//C-Rs）、AC-RsE1（A//C-Rs//E1）、AC-RsE2（A//C-Rs//E2）、AE1（A//E1）、AE1E2（A//E1//E2）、AE2（A//E2）、AF（A//F）、C-N（C-N//C-N）、C-NE2（C-N//E2）、C-Rs（C-Rs//C-Rs）、C-RsE1E2（C-Rs//E1//E2）、F（F//F）、G（G//G）、GC-N（G//C-N）、GF（G//F）、AC-N（A//C-N）、K（K//K）。在欧亚、欧美种葡萄中主要单倍型组成类型不同。欧亚种葡萄中主要单倍型组成类型是 AC-Rs 和 A，占欧亚种葡萄总数的 46.23％和 33.96％，欧美种葡萄中单倍型组成类型主要是 AE1 和 AE1E2，占欧美种葡萄总数的 21.90％和 31.43％。随着自然杂交和人工选择以及对更多葡萄品种的研究，还有可能发现其他的单倍型类型以及可能的单倍型组合情况，它们对葡萄果皮着色有着不同的影响，这是葡萄色泽多样性的重要遗传基础。

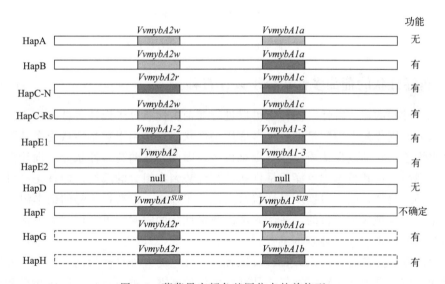

图 6-4　葡萄果实颜色基因位点的单倍型

第四节　葡萄色泽性状分子设计育种

一、色泽性状的分子设计育种

基于 *MYB* 单倍型调控葡萄果实着色的研究发现，*MYBA1*、*MYBA2* 高度连锁的特征

及单倍型遗传分离规律，可以进行基于色泽性状的葡萄精准设计育种，即根据育种目标的色泽要求，从已经鉴定的种质资源中根据 *MYB* 单倍型的组成选用符合育种目标色泽性状的杂交或自交亲本组合，提高满足育种要求的后代个体比率，使后代群体中满足着色要求的比例达到 75％或者 100％；对获得的杂交后代，可以利用 *MYB* 基因鉴定特异性引物对杂交或自交群体的 F1 代进行 *MYB* 基因型鉴定，将不符合育种目标的后代个体提早淘汰。利用两个 *MYB* 基因及其组成的单倍型进行的葡萄色泽性状的分子设计育种，可以大大缩短育种年限，提高育种效率，这一措施的实施可以进一步提高葡萄育种效率以及更科学地利用丰富的葡萄品种资源（图 6-5）。

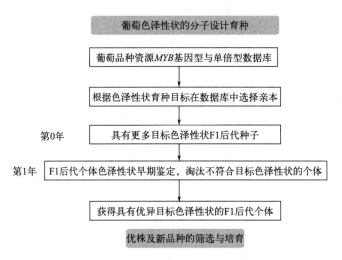

图 6-5　葡萄色泽性状分子设计育种流程

二、基于色泽性状的葡萄多性状分子设计育种

基于色泽性状的遗传特性，同样也可以进行葡萄多性状分子设计育种。在筛选亲本时遵循亲本选择的原则优先考虑数量性状再考虑质量性状。这是由于数量性状受多基因控制，选择效果来得缓慢，它的改良比质量性状困难得多，因此，在葡萄多性状分子设计育种时同样遵循优先考虑数量性状再考虑色泽质量性状进行优势亲本组合的选配。即首先尽可能选用优良性状多的种质材料，然后根据质量性状对其进一步筛选，以获得优势的亲本组合，达到提高育种效率节省育种成本的目的。在优先考虑数量性状的时候，可利用"优＋优＋……"选择的策略筛选出最理想的育种亲本组合。

以选育高糖、低酸、长形、大粒、玫瑰香型、红色的育种目标为例，首先从种质资源中筛选满足糖、酸、果形、果粒、香气的品种作为候选亲本，进一步基于这些候选亲本材料的基因型，筛选出满足杂交后代全红、全绿或者红绿比为 3：1，1：1 的亲本组合（如果需要绿色的品种，也可以筛选出后代全绿或者红绿比为 1：1 的亲本组合）。葡萄具有闭花授粉的特点，杂交后获得的群体，也可能出现由于自交而呈现与目标色泽不符的后代，可以根据 *MYBA1*、*MYBA2* 基因型鉴定使用的特异性引物，在苗期淘汰不符合育种目标的个体，以节省管理和筛选的成本（图 6-6）。

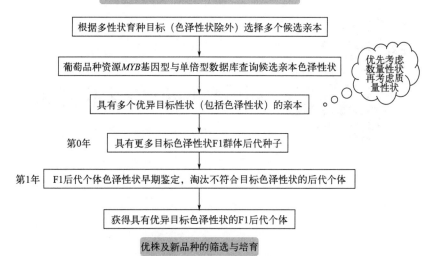

图 6-6　葡萄多性状分子设计育种流程

第七章 葡萄胚挽救技术育种

胚挽救技术是运用植物组织培养技术，对假单性结实或其他发育有障碍的受精胚或胚珠，在其合子胚败育之前进行离体培养，阻止幼胚败育，利用胚乳及培养基中的营养使其发育成充实的胚，最终形成完整的植株（伊华林等，2001；梁青等，2006）。胚挽救育种技术早在 18 世纪就应用于植物育种中。Tukey（1933）通过对樱桃胚进行离体培养试验获得成苗，将胚挽救技术成功应用于果树育种中，是果树离体胚培养的里程碑。Black（1939）将胚挽救技术运用到桃的育种中也取得了成功，此后，胚挽救技术不断发展应用于多种果树的育种研究中（高清华等，2008），也成了葡萄无核育种重要措施（范春霞等，2009）。

第一节　胚挽救葡萄育种的应用

无核葡萄基本无核或仅带有小而软的残核，在鲜食、制干或者制罐方面都占有独特优势，具有良好的经济效益。全国调查数据显示 69.6％的消费者偏好无核葡萄，而且在葡萄干的原材料中 95％以上是无核葡萄。在美国市场上，无核葡萄占鲜食葡萄的 80％。无核葡萄所占比例逐年增大，其育种研究也是世界葡萄育种研究的重要方向。

无核葡萄品种是我国葡萄产区的主推品种，但大部分为国外育成品种，国内育成品种较少。市售大多数鲜食无核葡萄是将有核品种进行无核化处理后得到的，如'玫瑰香''巨峰''藤稔''红地球''醉金香''阳光玫瑰'等，天然无核品种只占一小部分（陶然等，2012）。因此，加大无核葡萄育种的力度，选育大粒、优质且具香味的鲜食无核葡萄品种成为当今葡萄育种的主要目标。无核葡萄育种途径有芽变选种、杂交育种、多倍体育种、胚挽救育种、分子标记辅助育种等，其中杂交育种是无核葡萄育种的主要手段。传统的杂交方式只能以有核葡萄为母本，依靠传递力强的无核父本来传递无核性状，利用这种方式选育无核葡萄品种效率很低，杂种后代中无核的概率一般不超过 15％，且选育过程时间长（刘崇怀，2003）。但这一状况在 1982 年因 Ramming 等创立无核葡萄胚挽救技术而改变。该技术使无核葡萄×无核葡萄的杂交方式成为现实（Emershad and Ramming，1984），是目前无核葡萄育种研究中发展最快的新兴实用技术，推动了无核葡萄的育种进程。我国自 20 世纪 90 年代开始无核葡萄胚挽救技术研究，现已在无核葡萄种质创新、三倍体无核品种选育、抗性品种选育等方面广泛应用。近年来，关于葡萄胚挽救的研究不断深入，其影响因子的研究以及胚挽救体系的建立日趋成熟。

第二节　胚挽救葡萄育种的影响因素

胚的发育是一个自养和异养的动态过程，异养过程中，胚比较小，需要外源营养及生长调节物质才能正常发育，离体培养过程需要的外界条件比较严格（贺佳玉等，2008）。胚挽救的影响因子主要有：基因型、胚龄、培养基成分、环境条件、苗木移栽方式等。

一、基因型

胚培养的成功与否与培养材料的基因型有关。无核葡萄的胚发育是由遗传基因控制的，不同品种胚的形成和发育能力不同。在无核品种的选择上，试验证明，只有假单性结实无核葡萄才可以进行胚挽救，而且只有发育到球形胚及以后的胚容易挽救成功（李世诚等，1988）。有核品种与无核品种杂交或者无核品种之间杂交，结果凡有核品种的均高于无核品种。母本材料胚的可挽救性和发育程度是无核葡萄杂交胚是否能够挽救成功的重要原因（唐冬梅等，2008）。有研究表明，'优无核''奇妙无核''克伦森无核'等不宜作母本；'红宝石无核''京早晶''波尔莱特'等可挽救性比较好，另外，无核葡萄自交苗成苗率通常比较低（牛茹萱等，2012；田莉莉，2007）。

对'奥迪亚无核''奇妙无核''火焰无核''黎明无核''无核白''森田尼无核'6 个品种的研究表明，葡萄胚挽救由易到难依次为'奥迪亚无核''奇妙无核''火焰无核''黎明无核''无核白''森田尼无核'（唐冬梅，2010）。另外，父本基因型对胚挽救的效果也有影响，无核性状为隐性基因控制，选择无核传递能力较好的品种作为父本可以有效提高无核后代比例（郭修武等，2007；徐海英等，2005）。目前，一般认为葡萄无核属于数量性状，Striem 等（1996）首次提出了葡萄无核属于数量性状，至少在 7 个基因协调控制下，这些基因之间很可能彼此连锁或者存在主效基因。随后，Doligez 等（2002）认为葡萄无核性状受主效和微效基因协同控制，Cabezas 等（2006）则进一步支持了葡萄无核的数量性状假说，并找到了 6 个数量性状位点。

二、胚龄

胚龄是指胚的发育程度，是影响胚挽救技术的关键因素。不同品种胚发育变化和败育时期不同，不完全败育表现为随着发育时期胚不断变大，颜色逐渐加深；完全败育表现为胚逐渐萎缩，中空干瘪，颜色变褐色（图 7-1）。进行胚挽救必须在尚未败育的合子胚数量和发育程度之间寻找一个最佳平衡点。因为培养时间过早，合子胚数量多，但是胚小，发育程度低，培养需要复杂的营养及调节物质，不易成功；而过晚，大部分合子胚已退化，但未退化的合子胚发育程度高，培养基成分可相对简单，但萌发成苗数少。

在无核葡萄胚珠培养过程中，珠被的处理方式主要有完整胚珠培养、横切或切喙培养、剥取裸胚培养三种方法。对胚珠进行处理，并将切去一部分的胚珠含胚的那部分的切面直接

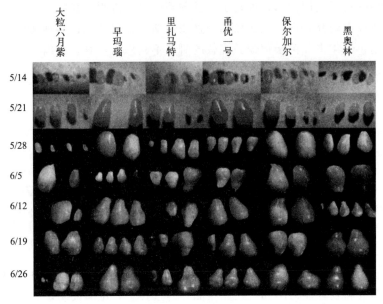

图 7-1　葡萄种胚发育情况（徐鹏程，2016）（彩图）

与培养基接触，有利于胚对营养物质的吸收，胚发育率最高。研究发现，胚珠萌芽率横切＞裸胚＞切喙＞全胚珠（Ji et al.，2013）。剥取裸胚，可以直观判断胚的属性，是合子胚或体细胞胚，使胚提前萌发，成苗整齐。但同时，由于人工操作中的碰伤、污染等，畸形苗所占比例上升，一定程度上降低了成苗率。

　　依据上述胚数量和胚龄最佳平衡点要求，分析各品种最佳的取样时间，即胚挽救成苗率最高的时间点。由表 7-1 可知，5 个自交品种以及'火焰无核'的杂交品种的适宜取样时间在授粉后 30～40d，而晚熟品种'红宝石无核'的杂交品种则在授粉后的 40～50d（郑婷，2012）。这些品种的培养情况也存在差异（表 7-2），总胚珠发育率较高，但'SP557''奥迪亚无核''红宝石无核'的发育情况较低。除'红宝石无核'和'奥迪亚无核'外，其他品种胚珠生长良好，尤其'火焰无核'，胚珠发育率达到 100％。'火焰无核'×'寒香蜜'的胚发育率在供试品种中最高为 9.85％，其次为'火焰无核'，'碧香无核'，'奥迪亚无核'，'火焰无核'×'碧香无核'等。'红宝石无核'及其杂交种胚发育率普遍较低均在 1％以下；就成苗率来讲，'奥迪亚无核'，'火焰无核'×'寒香蜜'比较高，均超过 50％，'碧香无核''火焰无核'以及'红宝石无核'的杂交种均在 30％以上，'SP557'和'红宝石无核'并未得到正常苗。总体来看，'碧香无核''奥迪亚无核''火焰无核'以及'火焰无核'×'寒香蜜'表现相对良好，适合应用于胚挽救。

表 7-1　不同品种最佳取样时间比较

品种	授粉时期	转熟期	取样时期	败育时期	最佳取样时期	花后天数/d
碧香无核	4.29	6.7	6.3/6.9/6.14	6.18	6.3～6.9	35～41
SP557	5.3	6.7	6.9/6.14/6.20	6.20	6.3～6.9	31～37
火焰无核	5.6	6.11	6.9/6.14	6.20	6.9～6.18	34～43
奥迪亚无核	5.6	6.11	6.3/6.9/6.11/6.14/6.18	6.18	6.9～6.15	34～40
红宝石无核	5.7	6.29	6.9/6.14	6.20	6.9～6.18	33～41

续表

品种	授粉时期	转熟期	取样时期	败育时期	最佳取样时期	花后天数/d
火焰无核×寒香蜜	5.7	6.11	6.11/6.13	6.13	6.9～6.15	33～39
火焰无核×碧香无核	5.9	6.25	6.14/6.17/6.20/6.25	6.20	6.17～6.27	39～49
红宝石无核×碧香无核	5.9	6.25	6.14/6.17/6.20/6.25	6.20	6.17～6.27	39～49

表7-2 不同品种胚珠培养结果统计

品种	培养胚珠数/个	胚珠发育数/个	胚珠发育率/%	胚发育数/个	胚发育率/%	成苗数/株	成苗率/%
碧香无核	420	405	96.43	11	2.62	4	36.36
SP557	330	225	68.18	1	0.30	0	0.00
火焰无核	165	165	100.00	12	7.27	4	33.33
奥迪亚无核	600	360	60.00	13	2.17	7	53.85
红宝石无核	255	180	70.59	0	0.00	0	0.00
火焰无核×寒香蜜	660	600	90.91	65	9.85	40	61.54
火焰无核×碧香无核	195	180	92.31	4	2.05	1	25.00
红宝石无核×碧香无核	765	645	84.31	5	0.65	2	40.00

三、培养基成分

无核葡萄的胚挽救过程分为三个阶段：胚发育阶段、胚萌发阶段、胚成苗阶段。在胚挽救的不同阶段有其各自适宜的培养基及其需要补充的激素、碳源等，无核葡萄胚珠发育阶段主要用到的基础培养基有 ER、MS、B5、White、Nitsch、NN 等。胚萌发阶段效果比较好的培养基包括 Nitsh、ER、BD、1/2MS、WPM。使用较多的有 1/2MS 和 WPM 两种，萌发率和成苗率一般能达到 70% 以上（Emershad et al.，1994）。胚成苗阶段使用 1/2MS、1/2B5 的较普遍。生长调节剂在胚挽救过程中起着重要作用。激素方面，主要使用的激素有 GA、IAA、IBA、6-BA、ZT。胚发育过程中加入一定量的 IAA 和 GA，可以有效打破休眠，在胚萌发和成苗阶段对激素要求比较简单，不加激素也可以萌发成苗，但适量的 6-BA 有利于胚的萌发（王爱玲等，2010）。

在胚挽救中，培养基碳源是保证苗木生长的必要条件，常用碳源有蔗糖、麦芽糖、葡萄糖等（Tian et al.，2008）。相比蔗糖，麦芽糖和葡萄糖对胚珠、胚的发育和胚萌发更为有利。然而在实际应用中，葡萄糖、麦芽糖的成本偏高，且以葡萄糖、麦芽糖为碳源的培养基硬度低于蔗糖，不利于操作。所以在实际应用中，在各碳源差异不显著的情况下，大多采用蔗糖作为碳源。在无核葡萄未成熟胚的挽救初期，蔗糖浓度通常较高，含有 6% 蔗糖的培养基，可促进无核葡萄胚和胚珠生长更快，胚珠质量增加。在胚挽救的后期，将蔗糖的浓度降低为 2%，有利于胚萌发及成苗（Horiuchi et al.，1991）。

四、环境条件

通常葡萄胚培养所用的 pH 值范围应在 5.5～6.3。胚和胚珠培养温度大都在 22～26℃。胚珠内胚的发育是不见光的，所以在胚发育初期黑暗或弱光环境比较有利于幼胚成长。通常

情况下，光照有利于胚芽生长，黑暗有利于胚根生长。胚萌发后的光照必不可少，平均每日16h，光照强度2000~3000lx。

五、胚挽救苗移栽

胚挽救苗的移栽和管理是胚挽救技术体系中的关键环节之一，胚培苗能否在大田中成活是胚挽救技术成功与否的指标，也是进一步育种的基础。胚挽救苗的生长状况、温湿度、基质、光照等都影响到胚培苗的移栽成活率。有研究表明，最适宜移栽的基质配比为珍珠岩：草炭：园土＝4：1：1，并使用1/16MS营养液浇灌，成活率可达到90％，在温室中锻炼2~3个月再移入大田（徐海英等，2005）。按照培养室炼苗、营养钵移栽、移入大田的流程，使用珍珠岩：草灰＝1：1的基质炼苗，成苗率也达到了90％以上（程和禾等，2008）。

六、生长调节剂

不同生长调节剂处理均可延缓葡萄种胚败育进程，但延缓程度不同。不同生长调节剂处理可增多且增粗连接果实和果柄的果刷，为种子发育提供更多营养通道，这可能是延缓种胚败育重要原因之一。不同生长调节剂均能在不同程度上延缓种子败育而促进果实发育，用6-BA、CCC、ABA处理'紫金早生''京早晶''红艳无核''郑艳无核''红宝石无核'以及'大粒红无核'的研究结果表明（表7-3，表7-4），ABA处理的'紫金早生'延缓种胚败育效果最显著，延缓8~10d；6-BA处理的'紫金早生'种胚发育率最高，为53.76％，CCC显著提高了'大粒红无核'36.13％的胚发育率（图7-2）（查紫仙，2023）。

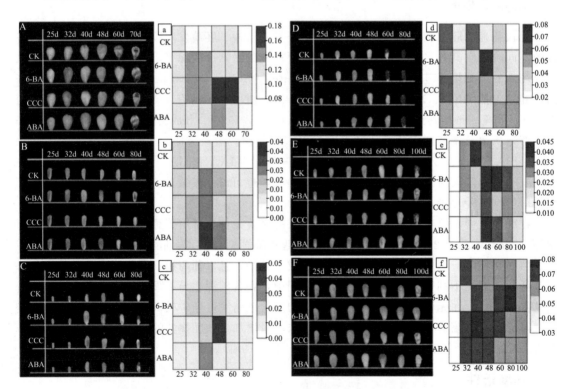

图7-2 不同处理种子外观形态及五粒重变化（查紫仙，2023）（彩图）

A、a—'紫金早生'；B、b—'京早晶'；C、c—'红艳无核'；D、d—'郑艳无核'；

E、f—'红宝石无核'；F、f—'大粒红无核'

表 7-3 不同处理的果实中平均有效胚数

处理	'紫金早生'/%	'大粒红无核'/%	'红宝石无核'/%
CK	1.63c	1.84a	—
6-BA	1.88b	1.53b	—
CCC	1.88b	1.88a	—
ABA	2.25a	1.86a	—

表 7-4 不同处理的胚挽救胚发育率

处理	'紫金早生'/%	'大粒红无核'/%	'红宝石无核'/%
CK	45.33b	5.71c	—
6-BA	53.76a	28.04b	—
CCC	40.46c	41.84a	—
ABA	48.65b	25.81b	—

第三节 胚挽救育种流程

根据育种目标选择合适的父母本进行田间杂交,母本葡萄开花前 2～3d(花蕾顶端鼓起变圆,变为黄绿色)使用镊子人工去雄,轻轻摘掉花冠,注意不要损伤柱头,掐去穗尖,套袋并标注去雄时间。去雄后的第 3d(柱头分泌水滴状黏液)开始授粉,用毛笔蘸取少量花粉在已去雄柱头上轻轻授粉,授粉完成后迅速套袋(郑婷,2015)。具体流程如下(图 7-3)。

(1)培养基准备:包括胚珠内胚发育、胚萌发和成苗培养基。

(2)胚珠培养:根据各品种胚败育的时间,取幼果,灭菌剖开果粒,取出胚珠,接种至胚珠发育液体培养基上,需在超净工作台中进行。

图 7-3 胚挽救育种流程(彩图)

（3）幼胚培养至成苗：胚珠暗培养10周后，在解剖镜下剖开胚珠，取出胚，接种在固体胚萌发培养基上，需在超净工作台中进行；胚萌发长成正常苗后，接至继代培育基上继代扩繁。

（4）试管苗移栽及定植大田：选择生长旺盛的继代苗，用镊子将幼苗从培养基中取出，清水洗去基质后植入装有基质的塑料花盆中，用透明塑料杯遮盖幼苗。置于适宜光照温度下炼苗，逐步揭开塑料杯，使幼苗适应外界环境。炼苗2～3月后，选择生长旺盛、茎秆粗壮、叶片大的移栽苗定植大田。

对胚挽救苗的长期观察筛选是必不可少的。通常2～3年即可结果，结果后即可根据无核葡萄育种目标进行观察、记载、正确评价。对表现优良的单株，需要3～5年重复观察。经过多年观察对表现稳定的优良单株即可进行区域试验。对优良单株进行采集种条，繁育苗木，进行多点多年区域试验，对于表现优良的单株即可进行品种审定等工作。

第八章 葡萄育种中的一些实效技术

葡萄育种是一项长期而艰难的工作，从育种目标的确立，杂交亲本的选择，到杂交及杂种实生苗的培育，杂种圃的建立，再到优系初选、优系复选、品系的区试，是多环节的复杂过程，不同环节的有关技术都影响着育种效率。葡萄花小、成熟期集中，杂交授粉较困难，且杂交坐果率低，葡萄育种因此受到限制。另外葡萄种子因为种皮坚硬，种胚较小，葡萄种子的出苗率较低也是限制葡萄育种进程的一个重要方面。葡萄种子皮厚、革质化且具有休眠特性，种壳中含有较高的脱落酸或类似物，会抑制种子萌发（王庆莲等，2015），需要经过低温层积处理，然后播种催芽，所需时间长且萌芽率不高。通常情况下，葡萄种子的发芽率较低，一般为30%～50%，最终成苗率将会更低。且欧亚种和欧美种实生种子萌芽率也不同，欧亚种实生种子萌芽率较高，而欧美杂交种实生种子萌芽率普遍较低。葡萄种子萌芽率低的主要原因有：葡萄种子中胚发育不充分、有的品种具有假单性结实现象、种皮坚硬等，发芽后成苗率低则主要是由于管理不当造成。这样既增加了育苗的工作量，又延缓了育苗的进程，严重影响了葡萄种质资源的创新和利用。因此，如何提高葡萄种子萌芽率，对于提高葡萄育种效率、降低成本具有重要意义。

第一节 塑料大棚内穴盘育苗提高种子成苗率的方法

王跃进团队（张剑侠等，2009）在葡萄杂交和自交种子冬季沙藏、翌春温室催芽的基础上，采用塑料大棚内穴盘播种育苗，并于5月中下旬幼苗长出4～5片真叶时移栽大田，获得杂种的成苗率最高，55个杂交或自交组合共播种20579粒种子，成苗8332株，平均成苗率为40.49%。成苗率低于10%的组合仅有4个，成苗率在10%～30%的组合19个，成苗率30%以上的组合32个，成苗率最高的杂交组合（'6-12-4'×'无核白'）为79.41%，自交组合（'雪峰'自交）为81.02%（表8-1），因此该方法为葡萄杂交种子育苗的适宜方法。

表 8-1　2004 年和 2005 年大棚内葡萄种子育苗结果

杂交组合	播种年份	种子数/粒	成苗数/株	成苗率/%
泰山-12×幻想无核	2004	455	324	71.21
泰山-12×京可晶	2004	30	7	23.33
里扎马特×无核紫	2004	524	108	20.61
里扎马特×京可晶	2004	338	43	12.72
红木纳格×大粒红无核	2004	108	16	14.81
红木纳格×黑龙江实生	2004	32	8	25.00
凤凰-51×红脸无核	2004	268	12	4.48
红地球×京可晶	2004	333	42	12.61
白河-35-1×京可晶	2004	75	9	12.00
广西-1×京可晶	2004	1390	339	24.39
京秀×北醇	2004	660	206	31.21
绯红×北醇	2004	51	18	35.29
粉红玫瑰×奥兰多无核	2004	144	14	9.72
91-11-24(五月紫×广西-2)×京可晶	2004	119	9	7.56
91-11-24(五月紫×广西-2)×无核白	2004	52	32	61.54
83-4-96×无核白	2004	68	46	67.65
83-4-49×大粒红无核	2004	38	12	31.58
6-12-1(白河-35-1×佳利酿)×大粒红无核	2004	465	43	9.25
6-12-4(白河-35-1×佳利酿)×无核白	2004	34	27	79.41
6-12-5(白河-35-1×佳利酿)×大粒红无核	2004	60	8	13.33
6-12-6(白河-35-1×佳利酿)×大粒红无核	2004	29	15	51.72
6-12-7(白河-35-1×佳利酿)×大粒红无核	2004	121	21	17.36
红地球×北醇	2005	504	185	36.71
红地球×雪峰	2005	720	255	35.42
红地球×底来特	2005	576	197	34.20
红地球×无核白	2005	368	90	24.45
红地球×火焰无核	2005	72	24	33.33
红地球×双优	2005	323	134	41.48
红地球×红无籽露	2005	69	23	33.33
泰山-12×Blanc Du Bols	2005	360	217	60.27
商南-24×幻想无核	2005	455	311	68.35
丹凤-2×无核白	2005	576	340	59.03
商南-1×火焰无核	2005	216	60	27.78
白河-35-1×白河-35-2	2005	71	13	18.31
广西-1×广西-2	2005	372	200	53.76
北醇×京可晶	2005	15	4	26.67
北醇×爱莫无核	2005	216	82	37.96
新郁×无核白	2005	72	33	45.83
新郁×红无籽露	2005	72	10	13.89
新郁×无核紫	2005	216	111	51.39

续表

杂交组合	播种年份	种子数/粒	成苗数/株	成苗率/%
新郁×火焰无核	2005	36	16	44.44
新葡1号×火焰无核	2005	72	20	27.78
粉红亚都蜜×火焰无核	2005	72	16	22.22
粉红亚都蜜×森田尼	2005	144	58	40.28
红木纳格×火焰无核	2005	71	9	12.68
白玉×北醇	2005	69	23	33.33
圣诞玫瑰×火焰无核	2005	72	53	73.61
里扎马特×无核白	2005	216	54	25.00
玫瑰香×火焰无核	2005	144	66	45.83
塘尾自交	2005	432	208	48.15
雪峰自交	2005	864	700	81.02
6-12-2(白河-35-1×佳利酿)自交	2005	2663	1329	49.91
6-12-3(白河-35-1×佳利酿)自交	2005	4175	1633	39.11
6-12-4(白河-35-1×佳利酿)自交	2005	72	35	48.61
6-12-6(白河-35-1×佳利酿)自交	2005	792	464	58.59
合计		20579	8332	40.49

该技术具体方法如下：

(1) 种子的采集与贮存：根据不同杂交组合果实的成熟期，在果实充分成熟时采收，用手压破果实挤出种子，洗净，放在报纸上阴干2~3d，分别将种子装入尼龙袋中，挂在通风处继续风干约2周，再入袋贮存。

(2) 种子的冬季沙藏：于12月上旬对种子进行沙藏。将种子与湿沙混匀后装入小尼龙袋中，扎紧口并挂上标签，然后埋入盛有湿沙的花盆中，在阴凉处挖坑将花盆放入坑中，花盆上用砖盖严以防鼠害，最后用湿度适中的土将花盆埋好，每月检查一次，防止过干或过湿造成种子干燥或霉烂，尤其是防止春季结束沙藏过晚造成种子在尼龙袋中发芽。

(3) 种子统计与春季温室催芽：翌年3月底取出沙藏种子(若大田直播育苗可推迟1~2周)，过筛去除沙子，过水去除秕粒，统计饱满种子的数目。将种子放入培养皿中(下铺3层湿滤纸)，上盖湿纱布保湿，在25℃培养室中催芽，约30%的种子露白后立即播种。

(4) 大棚内穴盘播种育苗：将穴盘排放在大棚内平整好的土地上，装入营养土(营养土为农家肥：园土：河沙=1:2:1)，播种后浇透水。种子出苗后加强管理，并在穴盘周围撒拌有杀虫剂的麸皮防虫害，同时浇1~2次多菌灵液(1g/L)防止立枯病。随着气温的升高，大棚内温度超过30℃时需覆盖遮阳网，并进行通风降温，防止烧苗。5月中、下旬待杂种幼苗具4~5片真叶时，选择阴天或小雨天移入大田，注意晴天用遮阳网遮阳和保湿，2周后可去除遮阳网。

(5) 成苗统计：大田直播育苗和大田覆膜育苗在幼苗具4~5片真叶时统计成苗数，大棚育苗和温室育苗在移栽大田2周后统计成苗数。成苗率=成苗数/种子数。

(6) 田间管理：7月份结合浇水施入氮肥促进杂种幼苗生长。8月份幼苗达60cm高时及时摘心并去除副梢，促进健壮生长，后期喷施磷酸二氢钾促进枝条成熟，并特别注意防止

霜霉病的危害。秋季（11月初）落叶后，留3～4芽修剪，然后埋土防寒，或者挖出苗子，挖假植坑集中假植（以在湿度适中的沙壤土中假植较好）。

第二节　重复 GA$_3$ 处理促种子萌芽

王晨、房经贵等充分利用葡萄种子对 GA$_3$ 激素较为敏感这一特性，提出了一种促进葡萄种子高效萌发的方法。依据不同种源葡萄种子的休眠特性，以欧亚种'金桂香''黑美人'和欧美种'超级女皇'种子为试验材料，利用外源赤霉素能在一定程度上打破葡萄种子休眠或促进休眠的特点，将清洗干净并阴干的种子置于清水中浸泡12h，然后用水冲洗几次后置于浓度为 2500～3000mg/L 的 GA$_3$ 溶液中浸泡 60h，然后用清水冲洗几次，去除种子表面 GA$_3$ 溶液残留，之后装在底部垫有 2 层灭菌滤纸的培养皿中，置于 21～23℃的暗环境中培养 10～12d，之后用清水冲洗几次，置于浓度为 2500～3000mg/L 的 GA$_3$ 溶液中浸泡 60h，之后将 GA$_3$ 溶液倾倒，清水冲洗种子数次，置于萌发条件下进行萌发。与现有技术相比，本发明的优势和突破进展在于不经过层积处理，激素处理后直接播种，可以高效促进种子萌发。

一、极大地提高葡萄种子萌发率

欧亚种群葡萄种子经本发明处理后，萌发率达到 90%～94%，而常规（低温层积）处理，该种子萌发率仅为 40%～50%，本发明使其萌发率提高 44%～50%；欧美种群葡萄种子经本发明处理后，萌发率可达 70%～80%，而常规处理后其萌发率仅有 20%～30%，本发明使其萌发率提高约 50%（图 8-1，图 8-2）。

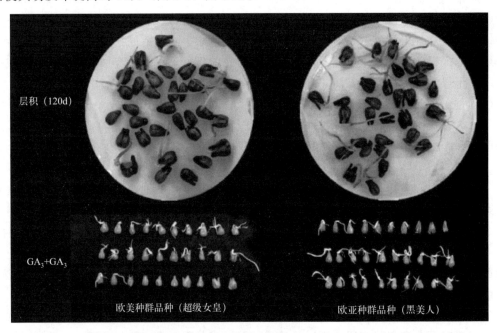

图 8-1　本发明与生产上常规方法处理不同品种子后 15d 时种子萌芽效果的对比图

常规层积处理为低温层积 4 个月；GA$_3$ 处理为 GA$_3$ 处理 2 次，

图中为第二次 GA$_3$ 处理后 15d 的萌发情况

二、极强地缩短种子处理所需时间

常规处理欧亚种群葡萄种子所需时间为 $90\sim120d$，相同水平下本发明处理欧亚种群葡萄种子所需时间为 $15d$，仅为常规处理所需时间的 $1/8\sim1/6$；常规处理欧美杂交种群葡萄种子所需时间为 $120\sim150d$，相同水平下本发明处理欧美杂交种群葡萄种子所需时间为 $15d$，仅为常规处理所需时间的 $1/10\sim1/8$（图 8-2）。

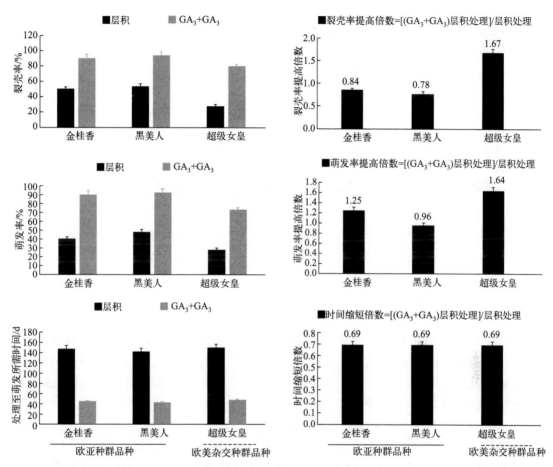

图 8-2　本方法和生产上的常规方法对不同品种种子裂壳率、萌发率和萌发时间的比较

三、技术流程

（1）种子收集及前处理：首先将种子从成熟的葡萄果粒中剥取出来，在清水中将种子表面残留物搓洗干净，置于 1‰ 次氯酸钠溶液中 $15\sim30min$，优选 15min；将浸泡后的种子取出后用清水冲洗几次，去次氯酸钠残留物，之后置于室内阴干；处理前，先将阴干的种子置于清水中 $5\sim10min$，其间搅拌 $4\sim5$ 次，之后静置 5min，将漂浮在水面上的种子去除，将其余种子捞出后浸泡在清水中 $12\sim14h$，使其充分吸水。

（2）第一次 GA_3 溶液处理：将充分吸水的葡萄种子置于装有浓度为 $2500\sim3000mg/L$ 的 GA_3 溶液的密闭容器中浸泡 $48\sim60h$，优选 60h，其中，容器置于暗环境，温度为室温。

（3）保湿培养：将浸泡后的种子用清水清洗 $5\sim6$ 次，之后将种子置于底部垫有 2 层灭

菌滤纸的培养皿中，种子上覆盖一层滤纸，盖上培养皿盖子，置于 21～23℃ 的暗环境培养 10～12d，其中，滤纸在培养期间要保持一定的湿度，注意滤纸上不要有积水现象。

（4）第二次 GA₃ 溶液处理：将培养后的种子用清水冲洗干净后，置于装有浓度为 2500～3000mg/L 的 GA₃ 溶液的密闭容器中浸泡 60h，进行第二次 GA₃ 溶液浸泡，其中，GA₃ 溶液需要现配现用。

（5）播种：先按照体积比为 3∶1∶1 的比例将草炭土、珍珠岩和蛭石混匀，将其用水浸湿后的基质装入 50 孔的穴盘中压实并抚平，其中基质的湿度以用手抓一把攥紧后成团且无水滴流下，松开后散成颗粒为宜；将处理后的种子用清水冲洗干净；在装有基质的穴盘中进行播种，之后将种子掩埋并在上层覆盖一层干基质，其中播种深度 1.5～2.5cm，覆盖干基质的厚度与穴盘面保持一致并将表面压实压平。

（6）播种后注意事项：将播种后的穴盘置于配套的无孔托盘上，将其整体置于 25～28℃ 的环境中；播种后要注意温度和保持基质的湿度，其中托盘中不能有大量积水，且基质表面不能过于干，温度不能高于 27℃。

第三节　降低自交率的精准判定技术

目前栽培的葡萄品种绝大多数为两性花，可以自花授粉，即雌蕊被同一株植物或同一朵花的花粉授粉，通过受精作用形成受精卵，发育成胚。葡萄的胚紧靠种子的喙部并为胚乳所包围，胚的发育属紫菀型，经过合子→多细胞原胚→球形胚→心形胚→鱼雷形胚→成熟胚各期。以'巨峰'葡萄为例（图 8-3），合子开始第一次分裂，见于盛花后 20d，盛花后 26d 出现具有胚柄的球形胚，胚长 61μm，此时已接近果实生长第 Ⅰ 期末（盛花后 1～28d），果实生长开始变慢，种子充分长大（接近成熟时的大小）；盛花后 41d 已形成心形胚，胚长 492μm。至盛花后 47d 出现鱼雷形胚，胚长达 890μm，此时正值果实生长从第 Ⅱ 期转向第 Ⅲ 期，即始熟期，果实开始着色；从第 Ⅱ 期后半开始，胚迅速生长发育，经过始熟期，并持续至第 Ⅲ 期；盛花后 68d，胚发育成熟以后基本不再生长，此时胚长 2035μm（成熟胚最长达 2341μm），种子外观明显变化，皮色已由黄绿色变为红褐色，种子已成熟（王晶等，1996）。

育种家们发现有少数葡萄品种在开花前就完成了授粉受精过程，被称为闭花受精（自交）。自交过程的发生严重影响着杂交育种的效率，这最早在杂交种子萌发之后才能通过分子标记鉴定自交或杂交，而一般育种者往往是在杂交苗生长结果后根据表型判断，这无疑延迟 4～5 年的时间。因此，研究葡萄花发育的过程以及自交发生的时期，确定最佳的去雄时间，可以为育种实践提供理论支持，大大提高育种效率，缩短育种年限。

贺普超等（1994）以'白羽''早玫瑰''北醇''白克列特'和'巨峰'为试验材料，通过雌雄配子体发育过程观察、葡萄花粉生活力和萌发力测定以及葡萄闭花受精发生的时间和程度观察，明确闭花受精的机理，确定去雄适期。

一、葡萄花期花粉生活力鉴定及雌配子的发育过程观察

通过涂片法观察表明，供试品种的花粉先后在花前 8～12 日进入单核靠边期，经过进一步发育，单核花粉于花前 5～7 日分裂成一个较大的营养核和一个较小的生殖核，进入了二

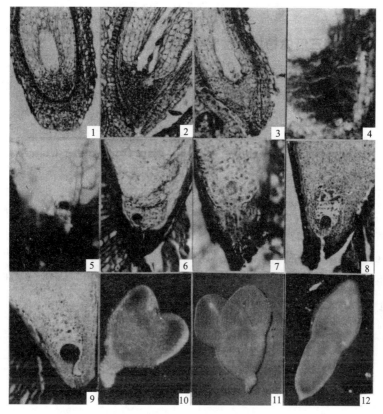

图 8-3　'巨峰'葡萄胚发育进程（王晶等，1996）

1—胚囊中靠近珠孔的受精卵和一个未退化的助细胞，×132；2—未分裂的合子及胚乳核，×132；3—胚乳核第一次分裂
（盛花后 8d），×132；4—未分裂的合子胚，×264；5—合子第一次分裂（盛花后 20d），×264；6—小球胚，表示胚乳
细胞充满胚囊（盛花后 29d），×66；7—小球胚，×132；8—球形胚，×66；9—大球胚，×66；10—心形胚
（盛花后 41d），×60；11—鱼雷形胚（盛花后 47d），×45；12—成熟胚（盛花后 77d），×22.5

核期。通过测定花粉生活力和萌发力（表 8-2，表 8-3），发现刚进入二核期的葡萄花粉不具
备生活力和萌发力，如'北醇''早玫瑰'花粉在始花前 4 日、'白克列特'在始花前 3 日均
无这种能力。直到花前 2～3 日才开始具备生活力和萌发力，并且越接近初花日，花粉的生
活力和萌发力越强。如'早玫瑰'花粉在花前 3 日只有 3％的生活力和 2.1％的萌发力，而
在始花日分别达到 59.7％和 24.9％。这表明在开花前 2～3 日葡萄花粉已开始具备了受精
能力。

表 8-2　不同时期葡萄花粉的生活力

| 花粉总数发育时期 | 北醇 | | 早玫瑰 | | 白克列特 | |
（花前天数）	观察花粉总数	生活力/％	观察花粉总数	生活力/％	观察花粉总数	生活力/％
4	950	0	920	0	—	—
3	852	3.3	975	3.0	985	0
2	890	28.6	714	20.6	924	8.0
1	719	44.8	840	50.9	925	15.0
始花日			835	59.7	712	33.8

表 8-3 不同时期葡萄花粉的萌发力

花粉总数发育时期 （花前天数）	北醇		早玫瑰		白克列特	
	观察花粉 总数	萌发率/%	观察花粉 总数	萌发率/%	观察花粉 总数	萌发率/%
4	940	0	976	0	—	—
3	897	2.8	878	2.1	950	0
2	616	9.3	850	10.0	812	3.2
1	667	17.1	717	20.2	685	8.7
始花日			906	24.9	675	17.5

通过对花蕾的切片观察（表 8-4），发现所有供试品种在花前 3 日尚无成熟胚囊，到花前 2 日有的品种有成熟胚囊出现，但仍以四核胚囊或八核胚囊为主；开花前 1 日，所有品种均有成熟胚囊出现，所占比例为 12.5%～40.0%；开花当日，取花冠呈脱落状的花蕾观察，发现此时葡萄的雌配子体大多数已发育为成熟胚囊。这表明葡萄的雌配子体在开花前已发育成熟。

表 8-4 不同时期葡萄雌配子体各发育时期所占比例

品种	采样时期	发育时期			
	花前天数/天	二核期/%	四核期/%	八核期/%	成熟胚囊/%
北醇	3	40.0	60.0	0	0
	2	20.0	60.0	20.0	0
	1	0	50.0	37.5	12.5
	始花日	0	0	25.0	75.0
早玫瑰	3	25.0	50.0	25.0	0
	2	0	33.0	67.0	0
	1	0	0	66.6	33.3
	始花日	0	0	40.0	60.0
巨峰	3	16.6	33.4	50.0	0
	2	0	25.0	62.5	12.5
	1	0	0	40.0	60.0
	始花日	0	0	0	100.0
白羽	3	60.0	40.0	0	0
	2	0	28.6	57.1	14.3
	1	0	0	66.6	33.3
	始花日	0	0	35.3	66.7
白克列特	3	40.0	60.0	0	0
	2	20.0	60.0	20.0	0
	1	0	20.0	40.0	40.0
	始花日	0	0	25.0	75.0

二、葡萄多个品种的蕾期散粉情况

用荧光显微镜对不同时期花蕾的柱头进行了观察（表8-5），所有供试品种在始花前3日柱头上均未发现有散落的花粉粒，有的品种在始花前2日、有的品种在始花前1日发现部分柱头上有散落的花粉粒，最多55%（早玫瑰）。在始花前1日下午8时观察发现，有些品种的部分柱头上散落的花粉粒已有9.1%～12.1%萌发，始花当日，取花冠呈脱落状的花蕾观察发现，所有供试品种均有15%～65%的柱头上有散落的花粉粒，甚至有的花粉管已伸出很长，抵达胚珠。

表 8-5　葡萄蕾期散粉情况

品种	采样时期	有花粉散落的柱头/%		有花粉萌发的柱头/%	
	花前天数/天	1988	1989	1988	1989
北醇	2	0	15.0	0	0
	1日上午8时	4.0	25.0	0	0
	1日下午8时	16.7	35.0	0	0
	始花当日	33.3	40.0	36.7	10.0
早玫瑰	3	0	0	0	0
	2	13.6	21.1	0	0
	1日上午8时	35.0	45.0	0	0
	1日下午8时	—	55.0	—	0
	始花当日	55.0	35.0	5.0	20.0
巨峰	2	0	0	0	0
	1日上午8时	30.0	28.6	0	0
	1日下午8时	—	30.0	—	0
	始花当日	52.6	21.1	31.5	15.8
白羽	3	0	0	0	0
	2	20.0	15.0	0	0
	1日上午8时	35.0	30.0	0	0
	1日下午8时	40.9	45.0	9.1	0
	始花当日	65.0	30.0	15.0	35.0
白克列特	2	0	0	0	0
	1日上午8时	15.6	20.0	0	0
	1日下午8时	21.2	35.0	12.1	0
	始花当日	27.8	25.0	22.2	30.0

三、技术流程

（1）雌雄配子体发育过程观察：雄配子体采用醋酸洋红涂片法，雌配子体采用石蜡切片孚尔根染色法。

（2）不同时期葡萄花粉生活力和萌发力测定：从花粉的单核靠边期开始，每天上午8～

9时采集花穗，在室内剥开花蕾，取出花药，置入干燥器内，一昼夜后取出研末过筛，用准备好的花粉进行生活力和萌发力测定。花粉生活力测定采用 TTC 法；萌发力的测定采用培养基萌发法。培养基成分为：20％蔗糖、1％琼脂、50μg/g H₃BO₄、500μg/g Ca（NO₃）・4H₂O、200μg/g MgSO₄、100μg/g KNO₃。

（3）葡萄闭花受精发生的时间及程度观察：从花前 5 日起至初花日（5％花蕾开放），每个品种每天采集观察至少 30 柱头。柱头用 Na₂SO₄ 软化，脱色苯胺蓝染色，用 Olympus BHF 落射式荧光显微镜，观察并统计有花粉散落的柱头百分率和有花粉萌发的柱头百分率。

第四节 ‘阳光玫瑰’‘魏可’降低自交率的判断依据

房经贵团队通过对‘阳光玫瑰’和‘魏可’2 个葡萄品种从花序展露到果实成熟过程中形态特征的变化进行观察比较；取花序展露到盛花期不同阶段的花粉，检测花粉活力；在开花前后对 2 个葡萄品种进行去雄处理，统计果实成熟后的种子情况，分析自交发生的时期。

一、‘阳光玫瑰’和‘魏可’2 个葡萄品种花期花粉活力鉴定

测定‘魏可’和‘阳光玫瑰’2 个葡萄品种七个开花时期的花粉活力（图 8-4），发现 2 个葡萄品种的花粉活力变化趋势基本相同，呈正态分布，且七个时期花粉都有活力。时期①和②的花粉活力较低；在时期③和④即花序分离，但未开花时，花粉活力最强，花粉生活力‘魏可’可达 63.31％，‘阳光玫瑰’可达 70.21％；时期⑤和⑥分别为初花期、盛花期，此时花粉活力较强；时期⑦花药的背面颜色变成深黄褐色，花粉粒基本散出完全，余下的花粉仍具有少量活性。

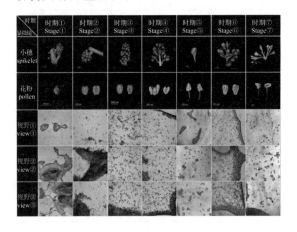
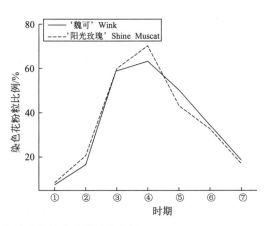

图 8-4　不同时期‘魏可’花粉活力及两种葡萄花粉活力统计

二、葡萄花药背面未变色前去雄可降低葡萄花自交率

通过将‘魏可’和‘阳光玫瑰’所有去雄处理过的花序的果粒中种子数进行统计（表 8-6，表 8-7），分析葡萄品种的自交率。发现当‘魏可’和‘阳光玫瑰’的花药背面变褐色时，自花授粉基本已经完成，自交率可达到 94.5 ％和 100％；而在葡萄开花前选择花药背面未变色前进行去雄处理，可使葡萄花的自交率降低到 20％左右，大大降低了葡萄花的自交率。

表 8-6　'魏可'去雄花序果粒中种子数统计表

去雄时花序状态	0 粒种子	1 粒种子	2 粒种子	3 粒种子
花序分离,但未开花(a)	—	—	—	—
开花,且花药背面未变色(b)	53.4 %	38.3 %	8.3 %	0
开花,花药背面变色(c)	5.5 %	59.8 %	32.9 %	1.6 %

表 8-7　'阳光玫瑰'去雄花序果粒中种子数统计表

去雄时花序状态	0 粒种子	1 粒种子	2 粒种子	3 粒种子
花序分离,但未开花(a)	25.0 %	50.0 %	25.0 %	0
开花,且花药背面未变色(b)	42.6 %	45.7 %	11.7 %	0
开花,花药背面变色(c)	0	60.3 %	29.8 %	9.9 %

三、技术流程

（1）花发育过程观察：根据葡萄生长发育特点，结合刘崇怀（2006）所著的《葡萄种质资源描述规范和数据标准》，我们将葡萄花发育过程细分为 10 个时期：①外表包被白色茸毛；②外部白色茸毛脱落；③花序未分离；④花序分离且花朵开始膨大；⑤花冠顶起；⑥开花但柱头未变黄时期；⑦花粉散出且柱头变黄时期；⑧雄蕊脱落时期；⑨子房膨大时期；⑩小果期。

每次观察并测量 2 个葡萄品种自然生长的 10 个样本株和去雄株的花序长、宽及单花长、宽。在 Leica TL 3000 Ergo 体视显微镜下通过 NA2.0 分辨率观察葡萄的整串花序、小穗、单朵小花、花粉、子房及子房纵切形态结构。

（2）去雄处理：从'魏可'和'阳光玫瑰'葡萄分别进入第 4 个时期（花朵开始膨大且花序分离时期）开始，随机选择生长一致且健壮的进行去雄处理。对于未开花花序，将整串花序的头部与尾部的小穗除去，再对每个小穗进行适当的疏花、去雄、套袋处理；对于已经开花的葡萄花序，与常规去雄方法相反，将花序的头、尾小穗去除后，去除未开小花，将已开小花雄蕊去除，然后套袋处理。根据去雄时的花序状态，将试验材料分为三组［（a）花序分离；（b）开花，且花药背面未变色；（c）开花，花药背面变色］，每组设置 3 个重复。每隔 2 d 记录去雄前后花序长度、单花长和宽等数据。

（3）花粉活力测定：采用 TTC 染色法（张志良，2000），测定 2 个葡萄品种前 7 个时期的花粉活力。使用 Leica DM4 B 正置显微镜 10×目镜、40×物镜观察三个不同视野的染色情况，有活力的花粉被染成红色，没有活力的花粉未被染色。

$$花粉生活力＝（有活力的花粉/观察花粉总数）×100\%$$

（4）自交率统计：根据去雄花序每个果粒中所含的种子数，分为含 0 粒、1 粒、2 粒、3 粒、4 粒种子的葡萄果实个数。统计'魏可'和'阳光玫瑰'2 个葡萄品种在不同开花程度时去雄的花序无性果百分率，推断葡萄自交发生的过程。

葡萄新品种知识产权保护

第
九
章

植物新品种保护是植物领域的知识产权保护制度，是国家审批机关按照法律、法规的规定，依照相关程序授予完成新品种选育的单位或者个人生产、销售、使用该品种繁殖材料的排他独占权。植物新品种权与专利权、著作权、商标专用权一样，同属于知识产权范畴。对植物新品种实施保护是适应经济全球化和农业科技进步需要的产物，也是促进农业科技创新的重要法律保障。

第一节　植物新品种保护概述

一、我国植物新品种保护发展史

1997 年 3 月 20 日，国家发布了《中华人民共和国植物新品种保护条例》，1999 年 4 月 23 日，我国正式加入《国际植物新品种保护公约》，成为国际植物新品种保护联盟（UPOV）第 39 个成员，1999 年 6 月 16 日农业部发布《中华人民共和国植物新品种保护条例实施细则（农业部分）》，农业部公布了《农业植物新品种权代理规定》《农业植物新品种权侵权案件处理规定》和《农业部植物新品种复审委员会审理规定》等规章，上述法律法规为植物新品种的保护提供了充实的法律保障。至此，品种保护法律体系框架基本确立。

农业部（现农业农村部）成立了植物新品种保护办公室、植物新品种复审委员会、全国植物新品种测试标准化技术委员会，建立了由农业植物新品种繁殖材料保藏中心、植物新品种测试中心及其 14 个分中心 2 个子实验室组成的技术支撑体系，初步形成了以审批机关、执法机关、中介服务机构和其他维权组织相结合的保护组织体系，品种保护组织体系逐步健全。

自《中华人民共和国植物新品种保护条例》实施以来，我国植物新品种行政执法、司法保护、中介服务等机构逐步完善，农业综合行政执法体系逐步建立，取得了较为可观的社会效益，为推动现代种业创新发展提供了强有力支撑。自 1999 年加入《国际植物新品种保护公约》以来，我国积极履行 UPOV 成员国义务，接受植物新品种权的数量连续多年位居世界首位，2020 年首次成为授权量最多的成员，2022 年中文正式成为 UPOV 工作语言。全社会品种权保护意识不断增强，据统计，截至 2016 年底，我国农业植物新品种权总申请量超过 18000 件，总授权量超过 8000 件，2016 年申请 2523 件，年申请量位居国际植物新品种保护联盟成员国之首。截至 2019 年 12 月 31 日，我国农业植物新品种权申请量 33803 件，授予品种权 13959 件，2017～2019 年我国农业植物新品种权申请量连续 3 年位居 UPOV 成员国第 1 位，分别达到了 3842、4854、7032 件，共占总申请量的 46.53%，截至 2020 年 12 月底，品种权总申请量 41716 件，总授权量 16508 件（图 9-1）。

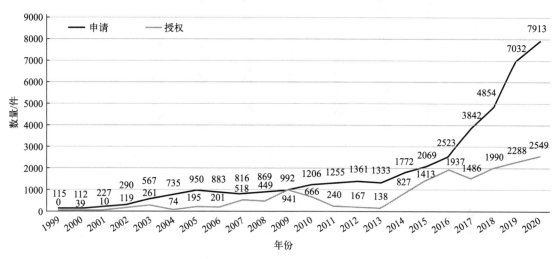

图 9-1 1999～2020 年我国新品种权申请量及被授权量

二、植物新品种保护制度实施的意义

在当今经济全球化的背景下，知识产权保护已成为各国发展经济和参与竞争的关键因素之一。如果没有有效的植物新品种保护制度，在农业领域不去倡导包括植物新品种保护在内的知识产权保护，我们就难以保障农业科技人员的应有权益，无法激励农业技术持续创新和实现农业科技资源的有效配置，不能规范农村市场经济秩序，并以自主知识产权技术参与国内、国际市场竞争。植物新品种保护制度有利于农业技术持续创新，有利于创新资源的有效配置，有利于促进农业科技成果产业化，有利于推动国际交流与合作。

第二节 葡萄新品种保护现状

据农业农村部植物新品种保护办公室统计，自 2004 年 2 月美国提交的'蜜红'葡萄作为我国第 1 个申请保护的葡萄新品种以来，截止到 2022 年 8 月 20 日，国内葡萄申请新品种权 233 项，授权 92 项（图 9-2）。从近 20 年的申请数量来看，2004 年开始申请，整体呈现出逐年增加趋势，2005～2011 年各年度的申请量比较稳定，但数量始终小于 8 项，2012 年品种申请量开始增加，达到 19 项，2018 年最多，达 44 项（图 9-3），说明我国已经开始重视品种权的申请与保护。

在国内 150 份申请中，共计有 17 个省份（自治区、直辖市）申请了葡萄品种权；各地区间品种权申请量差异较大，申请数量最多的是北京、浙江、河北和上海；其他省份申请数量 1～13 项不等（图 9-4）。申请数量的地区分布与我国葡萄育种单位分布、葡萄发展规模和发展程度相关。

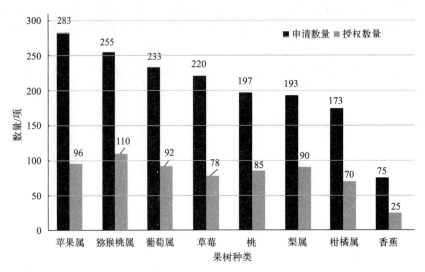

图 9-2　主要果树的品种权申请与授权情况

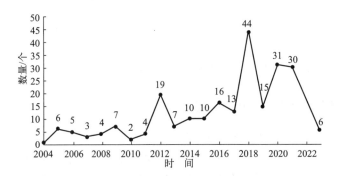

图 9-3　各年度葡萄品种权申请情况

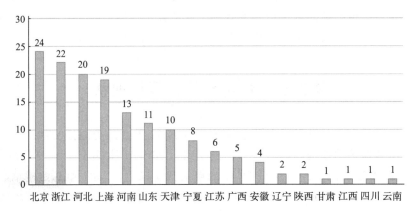

图 9-4　各个省份葡萄品种权申请情况

　　2022年9月，我国首届中国葡萄育种及知识产权保护研讨会在张家港市召开（表9-1）。该会议以"聚中农人，育葡萄芯片"为主题，云集40余位行业专家，20余位国内葡萄育种岗位科学家及民间育种家，展评自主培育60余个葡萄新品种，增强对国内自主培育品种的全面了解，促进葡萄产业的发展。

表 9-1　首届中国葡萄育种及知识产权保护研讨会议题

演讲人	演讲议题
刘崇怀	品种保护政策及种子法解读
王海波	当前国内外葡萄品种结构及发展趋势
房经贵	江苏省葡萄遗传育种研究进展
卢江	新一代芯片技术在葡萄育种及品种保护上的应用
徐卫东	张家港神园自主育种情况汇报

第三节　葡萄新品种权审定申请管理

《中华人民共和国种子法》规定作物新品种在推广种植前必须通过作物审定委员会的审定，以作为在适宜种植区域的依据。可以说，品种权证是新品种的"身份证"，品种审定证是新品种的"上岗证"，由于品种审定或登记与品种权保护是由不同部门管理的，如果在品种选育的同时完成新品种测试工作，然后申请审定、登记或备案，可以减少申请后新品种测试环节，加速新品种保护权的申请、授权和新品种的推广。最新的《主要农作物品种审定办法》已经要求主要农作物审定时与 DUS 测试有机地结合，葡萄等果树的品种审定应向这方面靠拢，葡萄新品种权登记、申报等流程参考附录（一）和附录（二）。

一、葡萄新品种权审定档案管理存在问题

一是标样不一致。标样是品种认定活的样本，具有唯一性。在这几年品种审定档案留存的样本中，有很多品种和市面上流通的该品种存在一定差异，导致质量抽检中无法进行对照，损害了品种所有人的权益，给品种市场抽检带来了困难。

二是品种特征特性描述不清。很多上交的品种档案中，对品种特征特性描述不清，看不到独特性和唯一性，导致在田间鉴定过程中无法有效对比。

三是方法不够简便快捷，导致品种比较试验报告作假。品种比较试验报告由承试单位出具，育种者为了能尽快让自己品种通过审定，进行所谓"跑点"，篡改一些实际数据，直接影响了品种审定的公正性。

四是对一些派生品种的界限规定不清。在品种审定中，产生了大量的派生品种，虽然有了 DUS 测试报告，但不同派生品种的相似度存在一定差异，在品种档案管理中一定要进一步规范 DUS 测试报告相似度数据，杜绝近似度高的派生品种通过审定。

二、葡萄新品种权审定档案管理问题解决对策

针对存在的问题，结合品种审定档案管理的工作现状，建议从宣传教育、提高业务水平、加强审核把关、普及信息程度、建立数字化五个方面进行完善，提高品种审定档案管理水平。

一是要在宣传教育上下功夫。提高品种审定申请者、品种审定行业管理者及具体档案管理人员对品种审定档案管理重要性的认识。

二是要提高从业者业务能力水平。加大培训，实现品种审定申请、有关测试报告、审定公告等档案制作、流转、保存等重要环节的规范管理。

三是要加强品种审定档案收交时的审核。保证品种审定档案的规范性，从源头上抓好品种档案管理。

四是要采取现代信息手段，进一步规范品种试验数据管理，还要加大品种审定档案的数字化建立水平。实现档案管理的纸质化和数字化双重化管理模式，方便档案的调阅利用。

第四节　葡萄 DUS 测试

葡萄新品种已成为推动产业发展的重要因素。开展植物特异性（distinctness）、一致性（uniformity）和稳定性（stability）测试（简称 DUS 测试）是新品种保护的技术基础和品种能否授权的科学依据，DUS 测试是指依据相应植物测试技术与标准（DUS 测试指南和 DUS 审查及性状描述总则等），通过田间种植试验或室内分析实验对待测品种特异性、一致性和稳定性进行评价的过程。

一、葡萄品种 DUS 测试指南概况

品种登记、品种权申请等工作的关键环节是进行 DUS 测试，而开展 DUS 测试的重要依据是 DUS 测试指南，DUS 测试指南是指导测试单位开展 DUS 测试工作的技术标准，也是审批机关开展新品种实质性审查的技术规范。因此，研制科学合理的 DUS 测试指南具有重要意义。UPOV 于 2008 年发布了"葡萄 DUS 测试指南"，版本号为 TG/50/9。日本葡萄品种 DUS 测试指南代号为 1654。我国于 2014 年以行业标准的形式发布了《植物新品种特异性、一致性和稳定性测试指南 葡萄》（NY/T 2563—2014）。三个指南均适用于所有葡萄属（Vitis L.）新品种特异性、一致性和稳定性测试的结果判定。

二、数量性状分级研究

DUS 基于表型性状进行测试，数量性状是 DUS 测试指南中重要的性状之一，极易受年份和环境影响，难以准确描述。果树 DUS 测试指南中，虽然给出了相应的标准品种，但标准品种的多数数量性状没有明确的分级标准。同时，实际 DUS 测定中，很难获取标准品种原种或原种不适宜试验种植地，因此有必要对数量性状进行合理分级。猕猴桃（郎彬彬等，2016）和杧果（朱敏等，2010）的研究采用传统的等距法进行数量性状分级，其计算简便，但分级点的选取可能存在误差，并不是很可靠。随后，枣（刘平等，2003）、杏（赵海娟等，2013；魏浩华，2015）和平榛（李京璟等，2016）等果树采用了概率分级法进行分级，该方法虽然符合数据分布规律，但只能将数量性状分为 3 级或 5 级，对于测试指南级数较多（如 7 级和 9 级）或偶数级（如 2 级、4 级、6 级、8 级）无法确定分级范围。有学者通过建立方差分析数学模型的方法对欧洲栗的测试性状进行了详细评价。最近，方超等（2020）在荔枝的研究中，对符合正态分布和不符合正态分布的数量性状分别采用最小显著差法和极差法进行分级，以确定每个数量性状不同表达状态的分级范围。因此，应该在明确数据分布特征的基础上，综合考虑外部环境因素和内部因素，科学、合理地确定数量性状的分级标准。

三、已知品种数据库构建

在品种特异性测试中，近似品种的筛选尤为重要。植物已知品种数据库包含 DUS 性状

数据、图像数据和 DNA 指纹图谱信息，能够有效整合品种命名、审（认）定、保护、推广、转让、培育、栽培、保藏等管理信息和技术信息，模仿人为判断过程，实现自动命名审查和近似品种筛选。杜淑辉（2011）建立了木瓜属 63 个已知品种的 31 个表型性状数据库。颜国荣等（2014）发现，在西瓜的近似品种筛选中，倍性、果实表皮条纹和种子种皮底色等性状在品种区分中起到重要作用。与 DUS 性状数据相比，图像数据具有更直观、更全面的优点，尤其对于假质量性状中同一代码下的显著差异，具有更加高效的判别能力，但仅基于表型性状的传统近似品种筛选效率低、试验成本高。因此，利用简单重复序列（SSR）等共显性分子标记构建已知品种 DNA 指纹数据库，能够快速、准确地筛选近似品种。研究人员已基于 SSR 标记构建了梨（薛华柏等，2015）、葡萄（李贝贝等，2018）和柑橘（李益等，2018）部分品种的 DNA 指纹图谱库。但是，目前尚未见果树新品种 DUS 分子检测实践的报道。未来应加强果树 DUS 测试已知品种数据库表型性状以及 DNA 指纹数据库的构建，在此基础上，确定近似品种的筛选阈值，提高新品种测试效率。

第五节　品种保护与品种登记及审定

一、品种保护、登记及审定的定义

植物新品种保护也叫植物育种者权利，同专利、商标、著作权一样，是知识产权保护的一种形式。植物新品种在农业增产增效中起着巨大的作用。因此对植物品种权进行法律保护具有非常深远的社会经济意义。

为加强农作物品种的管理，有计划地推广良种，实现品种布局区域化，促进农业增产增收，我国对农作物品种实行品种审定制度，在 20 世纪 70 年代末到 20 世纪 80 年代初，国家和各省（自治区、直辖市）相继成立了农作物审定委员会和林木品种审定委员会，从事品种审定工作。目前，我国与品种审定的有关法律、法规、规章有《中华人民共和国种子法》《主要农作物品种审定办法》《主要林业品种审定办法》《果树品种审定办法》以及各省（直辖市、自治区）发布的规范性法律文件。根据《中华人民共和国种子法》第十五条的规定：主要农作物品种和主要林木品种在推广前应当通过国家级或者省级审定。由省、自治区、直辖市人民政府农业农村、林业草原主管部门确定的主要林木品种实行省级审定。

实行品种登记制度，就是由种子企业和育种单位自行安排新育成品种对比试验，取得试验数据，报相应品种管理委员会登记，即可上市推广，达到缩短试验时间，节约试验经费，促进新品种及时转化为生产力的目的。2022 年新修订实施的《中华人民共和国种子法》对品种管理制度进行了改革，明确了稻、小麦、玉米、棉花、大豆 5 种主要农作物品种实行审定制度，同时提出国家对部分非主要农作物实行品种登记制度。根据第二十二条规定：国家对部分非主要农作物实行品种登记制度，列入非主要农作物登记目录的品种在推广前应当登记。实行品种登记的农作物范围应当严格控制，并根据保护生物多样性、保证消费安全和用种安全的原则确定。第二十三条规定：应当登记的农作物品种未经登记的，不得发布广告、推广，不得以登记品种的名义销售。2017 年 5 月 1 日起正式实施的《非主要农作物品种登记办法》《第一批非主要农作物登记目录》，对具体实施非主要农作物品种登记工作进行了顶层设计，其中列入第一批登记目录的作物共计有 29 种（表 9-2）。几十年来，我国农作物品种管理制度从无到有，从

管理条例到法律法规，不断健全，不断完善，为我国种植业生产发挥了重要的保障作用，特别是为确保国家粮食安全和帮助农民选种用种奠定了重要的技术基础。

表 9-2　第一批非主要农作物登记目录

序号	种类	农作物名称	拉丁学名
1	粮食作物	马铃薯	*Solanum tuberosum* L.
2		番薯	*Ipomoea batatas*（L.）Lam.
3		粱	*Setaria italica*（L.）Beauv.
4		高粱	*Sorghum bicolor*（L.）Moench
5		大麦（青稞）	*Hordeum vulgare* L.
6		蚕豆	*Vicia faba* L.
7		豌豆	*Pisum sativum* L.
8	油菜	甘蓝型	*Brassica napus* L.
		白菜型	*Brassica campestris* L.
		芥菜型	*Brassica juncea*（L.）Czern. & Coss.
9	油料作物	落花生	*Arachis hypogaea* L.
10		亚麻（胡麻）	*Linum usitatissimum* L.
11		向日葵	*Helianthus annuus* L.
12	糖料	甘蔗	*Saccharum officinarum* L.
13		甜菜	*Beta vulgaris* L.
14	蔬菜	大白菜	*Brassica rapa* var. *glabra* Regel
15		野甘蓝	*Brassica oleracea* L.
16		黄瓜	*Cucumis sativus* L.
17		番茄	*Solanum lycopersicum* L.
18		辣椒属	*Capsicum* L.
19		茎瘤芥	*Brassica juncea* var. *tumida* Tsen et Lee.
20		西瓜	*Citrullus lanatus*（Thunb.）Matsum. et Nakai
21	果树	甜瓜	*Cucumis melo* L.
22		苹果属	*Malus* Mill.
23		柑橘属	*Citrus* L.
24		香蕉	*Musa acuminata* '（AAA）'
25		梨属	*Pyrus* L.
26		葡萄属	*Vitis* L.
27		桃	*Prunus persica* L.
28	茶树	茶	*Camellia sinensis*（L.）O. Kuntze
29	热带作物	橡胶树	*Hevea brasiliensis*（Willd. ex A. Juss.）Muell. Arg.

二、品种保护、登记及审定的异同

（1）相同点：三者目标相同，都是为了促进农业生产的发展；三者都是针对植物新品种而言；三者都是由管理机构按照程序审查，对符合条件的发放证书。在审查过程中，都必须依据田间栽培试验。

（2）不同点

① 本质特征不同。植物新品种保护是对申请人知识产权即财产权的保护；品种登记和审定是为了保障农民利益对申请人生产秩序化限制的管理，是市场准入的范畴（生产许可证）。

② 范围不同。保护的新品种，既可以是新育成品种，也可以是对发现的野生植物加以开发所形成的品种；登记和审定的新品种可以是新育成品种，也可以是新引进品种。

③ 特异性要求不同。植物新品种保护主要从品种的外观形态上（DUS 指南）进行审查，如植株、叶片、颜色、大小、形状等一个或几个方面，明显区别于递交申请以前的已知品种；品种登记和审定突出品种的产量、品质、成熟期、抗病虫性、抗逆性等可利用特性。

④ 对照品种不同。DUS 测试所选的对照品种（近似品种）则是世界范围的已知品种，并在审查测试时需将申请品种、标准品种、近似品种相邻种植进行比较，侧重于表型性状；登记和审定区试时所选对照品种是当地主栽品种，侧重于经济性状。

⑤ 新颖性要求不同。植物新品种保护要求在申请前销售未超过规定时间；品种登记和审定不管在审定前是否销售过。

⑥ 审查机构和层级不同。品种保护的受理、审查和授权集中在国家一级进行，由植物新品种保护审批机关负责；品种登记实行国家与省两级进行，由农业农村部农技推广中心负责；品种审定由国家和省级林业部门林木品种审定委员会负责。

⑦ 推广使用有差别。授权品种不一定要通过品种审定或登记；通过登记或审定品种可以在一定的范围推广应用；不一定要申请品种保护。

⑧ 通过的条件不同。品种保护强调"四性"；品种登记或审定则主要强调以产量和品质为主的农艺价值。

⑨ 对标准样品要求不同。新品种保护则不需要，申请人自己保留样品，需要时再上交；品种登记的样品要提交标准样品并承诺真实性后交指定单位；审定不需要提交标准样品到指定单位。标准样品是品种维权的重要判定依据，建议申请人通过品种权后妥善保留标准样品，或者将标准样品委托给第三方进行保存留样。

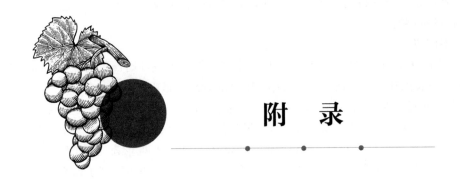

附　录

附录（一）　葡萄新品种审定流程

新品种的培育可为我国葡萄产业的发展提供基本保障。葡萄产业的健康发展离不开新品种的选育、保护与推广。在植物新品种保护方面，我国于 1997 年 3 月 20 日颁布《中华人民共和国植物新品种保护条例》，标志着我国植物新品种保护制度的建立。之后，随着农业产业的发展，种质创新水平的提升，以及农业农村部、国家林业和草原局发布的植物保护名录中物种数量的增多，植物新品种权的申请数量也在逐年增加，截至 2016 年底，农业农村部已连续发布 10 批保护名录，涉及的植物属、种达到 138 个。同时，我国农业植物新品种权总申请量超过 1.8 万件，总授权量超过 8000 件。我国植物新品种的保护进入了新阶段。葡萄在世界果树生产中占有重要位置，其栽培面积和产量仅次于柑橘，位居第二位。近些年来，世界各国均加大了葡萄品种的选育，培育出大量的新品种，国际葡萄品种目录（Vitis International Variety Catalogue，VIVC）中共登录了 84 个国家及地区 146 个研究所保存的 24400 份葡萄种质资源信息，其中法国登陆的品种最多，有 5612 份。目前，我国收集与保存的栽培及野生葡萄品种共有 2000 余个。我国是葡萄属植物的起源中心之一，也是东亚种群的集中分布区，丰富的种质资源为育种工作提供了珍贵的材料。1959～2015 年间，我国共选育出 316 个葡萄新品种，其中鲜食葡萄品种最多，占到了 70％以上。我国正在向葡萄育种大国的方向迈进。因此，了解葡萄新品种登记与新品种权申请流程对于提高新品种选育、推广效率具有重要意义。针对各地审定的农作物种类不统一，一些农作物在部分省是主要农作物，而在其他省则属于非主要农作物，造成市场监管等工作无法统一协调的混乱现象，2022 年农业农村部对《中华人民共和国种子法》进行修订，缩小了主要农作物品种审定范围（目前仅有稻、小麦、玉米、棉花、大豆五种），2017 年出台了新的《非主要农作物品种登记办法》（下文简称新《办法》），将非主要农作物品种的管理置于法律规范约束之下。在以往的农作物品种审定中，我国对审定品种的特异性、一致性、稳定性（即 DUS 测试指标）要求并不高，而在新修订的《中华人民共和国种子法》及出台的新《办法》中，我国对新品种的稳定性测试指标的审核较为严格。中国农业科学院郑州果树所刘崇怀、姜建福等参与葡萄新品种 DUS 测试技术及标准的研制，本文以葡萄为例，重点介绍非主要农作物新品种的登记与新品种权的申报流程。

一、葡萄新品种登记流程及注意事项

（1）葡萄新品种试验过程　葡萄新品种主要通过芽变育种、杂交育种等方式获得。新获得的品种在进行登记、推广前，还需进行区域试验与生产试验，获得新葡萄品种在不少于 2 个正常结果周期或正常生长周期（试验点数量与布局应当能够代表拟种植的适宜区域）中表现出的适应性、稳定性等信息，以保护品种的真实性，防止一品多名等现象的发生。葡萄在进行区域试验与生产试验后，除委托相关单位出具生产证明等材料外，还需进行葡萄品种特性的相关调查与试验。具体调查内容包括品种适应性、品质分析、抗病性鉴定、转基因检测、品种的 DUS 测试（特异性、一致性、稳定性测试报告）等，相关调查可由具有研发能力的育种单位自行开展，或委托其他机构进行，并出具相关证明材料。目前，农业农村部认定的葡萄抗性鉴定机构有 1 家，为中国农科院郑州果树所；品质分析机构 2 家，包括中国农科院郑州果树所、农业农村部果品及苗木质量监督检验测试中心（兴城）；DUS 测试机构为郑州测试站。

（2）葡萄新品种的登记流程　葡萄新品种的登记须严格遵循农业农村部《非主要农作物品种登记办法》。农业农村部主管全国非主要农作物品种登记工作，制定、调整非主要农作物登记目录和品种登记指南，建立全国非主要农作物品种登记信息平台（以下简称品种登记平台），具体工作由全国农业技术推广服务中心承担。省级人民政府农业主管部门负责品种登记的具体实施和监督管理，受理品种登记申请，对申请者提交的申请文件进行书面审查。

二、材料准备

对于新培育的品种，申请者应按照品种登记指南要求准备材料，具体包括葡萄品种登记申请表；申请者法人登记证书（单位）或身份证（个人）复印件；品种选育情况说明；品种特性说明和相关证明材料，包括品种适应性、品质分析、抗病性鉴定、转基因检测报告等；特异性、一致性、稳定性测试报告；种子、植株及果实等实物彩色照片；品种权人的书面同意材料；其他需要提供的材料等。

新选育的品种说明内容主要包括品种来源以及亲本血缘关系、选育方法、选育过程、特征特性描述、栽培技术要点等。对单位选育的品种，选育单位在情况说明上盖章确认；个人选育的，选育人签字确认。新品种的适应性证明材料根据不少于 2 个正常结果周期或正常生长周期（试验点数量与布局应当能够代表拟种植的适宜区域）的试验，如实描述以下内容：品种的形态特征、生物学特性、产量、品质、抗逆性、适宜种植区域（县级以上行政区）、品种主要优点、缺陷、风险及防范措施等注意事项。新品种的品质分析要根据分析的结果，如实描述品种的可溶性固形物、可滴定酸含量、单粒重、果实颜色、香味类型等。抗性鉴定要对品种的主要病害、逆境的抗性，在田间自然条件下或人工控制条件下进行鉴定，并如实填写鉴定结果。转基因成分检测要根据转基因成分检测结果，如实说明品种是否含有转基因成分。葡萄 DUS 测试报告依据《植物品种特异性、一致性和稳定性测试指南　葡萄》（NY/T 2563—2014）进行测试、填写。

三、申请、受理及系统填报

申请者应当在中华人民共和国农业农村部政务服务平台（http：//www.moa.gov.cn/）进行实名注册，并进入非主要农作物品种登记系统提出登记申请，填写新品种申请表并上传相关附件材料，同时向所在省农业委员会提交纸质申请材料，提供有关材料原件以备核查，完成新品种申请过程。省级农业主管部门对申请材料齐全、符合法定形式，或者申请者按照要求提交全部补正材料的，予以受理，并对申请者提交的申请进行书面审查，符合要求的，将审查意见上报系统中的上级单位（操作系统可见）。经审查不符合要求的，通知申请者并说明理由。申请材料通过省级农业主管审核后，申请者应及时向葡萄种质库（中国农业科学院郑州果树所）提交自根苗木（一年生插条）样品。每品种样品自根苗数量不少于 10 株，或一年生插条数量不少于 50 芽，苗木质量依据《葡萄苗木》（NY/T 469—2001）规定。送交的样品，必须具有遗传

性状稳定、与登记品种性状完全一致、未经过药物处理、无检疫性有害生物、质量符合农业行业苗木质量标准。在提交样品时，申请者必须附签字盖章的苗木（插条）样品清单，并承诺提交样品的真实性。申请者必须对其提供样品的真实性负责，一旦查实提交不真实样品的，须承担因提供虚假样品所产生的一切法律责任。样品提交成功后，系统中的申报材料会上报农业农村部进行复核，全国农技中心会提出审批意见，审批通过或驳回后，数据将流转至申请者系统。申请者登记申请数据在部级审批成功，样品入库合格情况下，农业农村部会对新品种进行公告。

四、领取证书

新品种登记成功后，可领取品种证书。登记编号格式为：GPD＋作物种类＋（年号）＋2位数字的省份代号＋4位数字顺序号。证书领取方式有两种，一种为现场领取，带齐身份证原件、复印件和单位介绍信直接到审批大厅领取。第二种为快递邮寄，邮寄身份证复印件、单位介绍信到审批大厅，审批大厅签收后，寄送登记证书给申请者。证书领取后，新品种登记结束，可对新品种进行扩繁并销售。

附录（二）　葡萄新品种权申请流程

为保护育种者的知识产权，提高育种效率，有必要开展葡萄新品种权的申报工作。我国农业农村部和国家林业和草原局分别下设新品种保护办公室，负责植物新品种权的申报。葡萄属于藤本果树，其新品种申报流程由农业农村部负责。自授权之日起，葡萄等藤本植物、林木、果树和观赏树木的保护期限为20年，其他植物为15年。

（1）申请的条件及文件准备　申请授予葡萄新品种权的品种要具备以下基本条件：申请的植物新品种应当在国家公布的植物新品种保护名录范围内，且具有新颖性、特异性、一致性、稳定性和适应性等特征。

新颖性主要指申请品种权的葡萄新品种在申请日之前，该品种的繁殖材料未被销售过，或经过育种者许可，在中国境内销售该品种的繁殖材料未超过1年，在境外销售该品种繁殖材料未超过6年，而特异性、一致性与稳定性主要与DUS测试指标相对应，反映葡萄新品种的特征。

在申请葡萄新品种权前需准备选育说明书、系谱图、照片及简要说明等文件。选育说明书中主要包括育种背景、育种过程、新品种新颖性、特异性、一致性和稳定性说明、品种适于生长环境描述及栽培技术说明等信息。

（2）葡萄新品种权申请流程　申报者在农业品种权申请系统进行葡萄新品种权的在线申报。新申请的申报材料包括《请求书》、《说明书》（包括对应属种的技术问卷信息）、《照片及简要说明》以及其他应该提交的附件。在线申报采用网页表单填写申请材料，填写成功并提交后，农业农村部植物新品种保护办公室会对申请材料进行在线审核。审查员根据《中华人民共和国植物新品种保护条例》和《中华人民共和国植物新品种保护条例实施细则（农业部分）》对申请人提交的新品种的格式、名录、命名等内容进行审核，如审核通过，生成加水印的PDF申请文件，申请人可以将该文件进行打印，将纸质版提交到保护办公室直接受理。如果审核不通过，审查员会将不通过原因反馈给申请人，申请人根据不通过原因对申请文件进行修改，修改后重新提交直到审核通过为止。

初审合格后，植物新品种保护办公室会发布申请公告，随后，审批机关依据申请文件和其他有关书面材料进行实质审查，审查方式为书面审查、集中的大田或保护地测试和现场考察3种形式。在考察中，无论是田间和温室的种植测试，还是审查员或专家的现场考察，均需提交DUS测试报告，如果全部符合了DUS三性的要求，则会授予葡萄新品种权并颁发品种权证书，同时予以登记和公告。至此，葡萄新品种权便获得成功申报。

附录（三） 品种索引

附表 1 葡萄自育品种及其亲本列表

编号	自育品种	父本	母本	选育方式	育种单位	成熟期	育种时间	用途
1	爱博欣1号	巨峰		实生	河北爱博欣农业有限公司	极早熟	2012	鲜食
2	爱神玫瑰	京早晶	玫瑰香	杂交	北京市农林科学院林业果树研究所	极早熟	1994	鲜食
3	白玫康	康拜尔早生	玫瑰香	杂交	江西省农业大学	中熟	1985	鲜食
4	百泉玫瑰	玫瑰香	红地球	杂交	河南科技学院 原阳县龙果农牧专业合作社	中熟	2021	鲜食
5	百泉香玉	玫瑰香	红地球	杂交	河南科技学院 原阳县龙果农牧专业合作社	中熟	2021	鲜食
6	百瑞早	无核早红		芽变	南京农业大学	极早熟	2014	鲜食
7	宝光	早黑宝	巨峰	杂交	河北省农林科学院昌黎果树研究所	中熟	2013	鲜食
8	碧香无核	莎巴珍珠	郑州早玉	杂交	吉林农业科技学院	早熟	2004	鲜食
9	碧玉	红地球	京秀	杂交	甘肃省农业科学院林果花卉研究所	早熟	2020	鲜食
10	碧玉香	尼加拉	绿山	杂交	辽宁省盐碱地利用研究所	中熟	2009	鲜食
11	波尔莱特	Sultanina marble	'Scolokertek hiralynoje 26'	杂交	新疆农业科学院吐鲁番农业科学研究所	晚熟	2019	鲜食
12	蟾娘指	未知	未知	未知	河北省农林科学院昌黎果树研究所	晚熟	2020	鲜食
13	超宝	未知	未知	未知	中国农业科学院郑州果树研究所	早中熟	未知	鲜食
14	超康美	大粒康拜尔	未知	杂交	河北省农林科学院昌黎果树研究所	早熟	1987	鲜食
15	超康早*	大粒康拜尔	未知	杂交	河北省农林科学院昌黎果树研究所	早熟	1987	鲜食
16	朝霞无核	布朗无核	京秀	杂交	中国农业科学院郑州果树研究所	早熟	2014	鲜食
17	晨香	白罗莎	白玫瑰香	杂交	大连市农业科学研究所	极早熟	2013	鲜食
18	春光	早黑宝	巨峰	杂交	河北省农林科学院昌黎果树研究所	早熟	2013	鲜食
19	春蜜	罗萨卡	西万	杂交	中国农业大学	中熟	2018	鲜食

续表

编号	自育品种	父本	母本	选育方式	育种单位	成熟期	育种时间	用途
20	春香无核	夏黑		芽变	芜湖南农园艺研究所有限公司	未知	2018	鲜食
21	丛林玫瑰	藤稔	醉金香	杂交	元谋丛林玫瑰葡萄种植有限公司	早熟	2020	鲜食
22	脆光	早黑宝	巨峰	杂交	河北省农林科学院昌黎果树研究所	中熟	2020	鲜食
23	脆红*	白香蕉	玫瑰香	杂交	山东省酿酒葡萄科学研究所	中熟	1978	鲜食
24	脆红宝	克瑞森无核	玫瑰香	杂交	山西省农业科学院果树研究所	晚熟	2017	鲜食
25	翠玉	秋宝	瑰宝	杂交	山西省农业科学院果树研究所	晚熟	2019	鲜食
26	翠玉*	京早晶	玫瑰香	杂交	北京市农林科学院林业果树研究所	早熟	1986	鲜食
27	大粒六月紫	六月紫		芽变	济南市历城区果树管理服务总站	早熟	1999	鲜食
28	大粒山东早红	山东早红		芽变	山东省济南市历城区党家庄镇陡沟村周建中	极早熟	1999	鲜食
29	大紫王葡萄	红地球变异株选育		芽变	浙江海盐县农业科学研究所	中晚熟	2008	鲜食
30	东方玻璃脆*	未知	未知	未知	张家港市神园葡萄科技有限公司	中熟	2018	鲜食
31	东方金珠*	阳光玫瑰		实生	张家港市神园葡萄科技有限公司	未知	未知	鲜食
32	东方绿巨人*	未知	未知	未知	张家港市神园葡萄研究所	中晚熟	2018	鲜食
33	短梢王玫瑰	紫地球	达米娜	杂交	江北葡萄研究所	中早熟	2020	鲜食
34	绯艳	京艳		杂交	洛阳明拓生态农业科技发展有限公司	早熟	2019	鲜食
35	翡翠玫瑰*	葡萄园皇后	葡萄园皇后	杂交	山东省酿酒葡萄科学研究所	早熟	1994	鲜食
36	丰宝*	红香蕉	红香蕉	杂交	山东省酿酒葡萄科学研究所	早熟	1994	鲜食
37	丰香*	玫瑰香	泽香	杂交	山东省平度市江北葡萄研究所	晚熟	2000	鲜食
38	峰光	玫瑰香	巨峰	杂交	河北省农林科学院昌黎果树研究所	中熟	2013	鲜食
39	峰后	巨峰	巨峰	实生	北京市农林科学院林业果树研究所	晚熟	1999	鲜食
40	峰早	巨峰		芽变	河南省濮阳市农业科学院	早熟	2014	鲜食
41	凤凰12号	粉红葡萄×胜利	白玫瑰香	杂交	大连市农业科学研究所	中熟	1988	鲜食
42	凤凰51号	白玫瑰香	绯红	杂交	大连市农业科学研究所	极早熟	1988	鲜食
43	福园	奥林匹亚	奥林匹亚	杂交	中国农业科学院郑州果树研究所	未知	2019	鲜食

续表

编号	自育品种	父本	母本	选育方式	育种单位	成熟期	育种时间	用途
44	富通紫里红	CAU1207-5	红地球	杂交	中国农业大学	中熟	2021	鲜食
45	光辉	京亚	香悦	杂交	沈阳市林业果树科学研究所	早熟	2010	鲜食
46	瑰宝	维拉玫瑰	依斯比沙	杂交	山西省农业科学院果树研究所	晚熟	1988	鲜食
47	瑰香怡	巨峰	7601（玫瑰香芽变）	芽变	辽宁省农业科学院园艺研究所	中熟	1994	鲜食
48	贵妃玫瑰	葡萄园皇后	红香蕉	杂交	山东省酿酒葡萄科学研究所	早熟	1994	鲜食
49	贵妃指*	未知	未知	杂交	河北省农林科学院昌黎果树研究所	未知	未知	鲜食
50	贵园	玫瑰香	美人指	杂交	中国农业科学院郑州果树研究所	晚熟	2015	鲜食
51	桂葡3号	金香		芽变	广西农业科学院	中熟	2014	鲜食
52	桂葡4号	巨峰		芽变	广西农业科学院	中熟	2014	鲜食
53	桂葡7号	玫瑰香		芽变	广西农业科学院	中中熟	2014	鲜食
54	黑珊瑚	巨峰	沈阳玫瑰	杂交	大连市农业科学研究所	中熟	1999	鲜食
55	黑美人	美人指		实生	张家港市神园葡萄科技有限公司	中熟	2013	鲜食
56	黑香蕉	葡萄园皇后	红香蕉	杂交	山东省酿酒葡萄科学研究所	早熟	1994	鲜食
57	红标无核	巨峰	郑州早红	杂交	河北省农林科学院昌黎果树研究所	早熟	2003	鲜食
58	红翠	京秀	巨星	杂交	齐鲁工业大学	中早熟	2013	鲜食
59	红玫瑰香	巨峰	红斯威特	杂交	中国农业大学	晚熟	2021	鲜食
60	红贵族	未知		芽变	河北省保定市李成 保定市科委推广中心良种葡萄繁育基地	极晚熟	1998	鲜食
61	红莲子	葡萄园皇后	玫瑰香	杂交	山东省酿酒葡萄科学研究所	中熟	1978	鲜食
62	红玫香	玫瑰香		芽变	山东省果树研究所	中熟	2015	鲜食
63	红美	葡萄园皇后	11月9日	杂交	中国农业科学院郑州果树研究所	极早熟	2005	鲜食
64	红蜜香	蜜汁	夕阳红	杂交	沈阳农业大学选育	中熟	2019	鲜食
65	红旗特早玫瑰*	玫瑰香		芽变	山东省平度市红旗园艺场	未知	2001	鲜食
66	红乳	红指		无性繁殖	河北爱博欣农业有限公司	晚熟	2003	鲜食

续表

编号	自育品种	父本	母本	选育方式	育种单位	成熟期	育种时间	用途
67	红十月	甲斐露		实生	青铜峡市森泰园林工程有限责任公司	极晚熟	2010	鲜食
68	红双味	葡萄园皇后	红香蕉	杂交	山东省酿酒葡萄科学研究所	早熟	1994	鲜食
69	红双星	山东早红		芽变	济南建中葡萄新品种研究所	极早熟	2004	鲜食
70	红太阳	红地球		芽变	清徐县果业总站 清徐县瑞荷农业科技专业合作社	未知	2010	鲜食
71	红香蕉	白香蕉	玫瑰香	杂交	山东省酿酒葡萄科学研究所	中熟	1978	鲜食
72	红亚历山大	亚历山大		芽变	上海交通大学	未知	2006	鲜食
73	红艳无核	森田尼无核	红地球	杂交	中国农业科学院郑州果树研究所	中早熟	2020	鲜食
74	红艳香	Jan-87		实生	沈阳农业大学	早熟	2019	鲜食
75	红玉霓*	红香蕉	葡萄园皇后	杂交	山东省酿酒葡萄科学研究所	早熟	1994	鲜食
76	户太10号	户太8号		芽变	西安市葡萄研究所	早熟	2006	鲜食
77	户太8号	奥林匹亚		芽变	西安市葡萄研究所	早熟	1996	鲜食
78	户太9号	户太8号		芽变	西安市葡萄研究所	早熟	2000	鲜食
79	沪培1号	巨峰	喜乐	杂交	上海市农业科学院林木果树研究所	中熟	2006	鲜食
80	沪培2号	紫香	杨格尔	芽变	上海市农业科学院林木果树研究所	早熟	2007	鲜食
81	沪培3号	藤稔	喜乐	杂交	上海市农业科学院林木果树研究所	中熟	2014	鲜食
82	华玉	华夫人		芽变	云南省昆明市农业学校	未知	2002	鲜食
83	华葡翠玉	玫瑰香	红地球	杂交	中国农业科学院果树研究所	晚熟	2019	鲜食
84	华葡瑰香	沈阳玫瑰	巨峰	杂交	中国农业科学院果树研究所	中熟	2020	鲜食
85	华葡黑峰	高妻		实生	中国农业科学院果树研究所			鲜食
86	华葡黄玉	沈阳玫瑰	巨峰	杂交	中国农业科学院果树研究所	中熟	2020	鲜食
87	华葡玫瑰	大粒玫瑰香	巨峰	杂交	中国农业科学院果树研究所	中熟	2019	鲜食
88	华葡早玉	玫瑰早	京秀	杂交	中国农业科学院果树研究所	早熟	2020	鲜食

续表

编号	自育品种	父本	母本	选育方式	育种单位	成熟期	育种时间	用途
89	华葡紫峰	维红	'87-1'	杂交	中国农业科学院果树研究所	早熟	2019	鲜食
90	黄金蜜	香妃	红地球	杂交	河北省农林科学院昌黎果树研究所	早熟	2020	鲜食
91	惠良刺葡萄	刺葡萄		未知	福安市经济作物站	晚熟	2015	鲜食
92	金峰	藤稔		芽变	金华婺东葡萄良种场	晚熟	1997	鲜食
93	金光*	未知	未知	未知	河北省农林科学院昌黎果树研究所	未知	未知	鲜食
94	金龙珠	维多利亚		芽变	山东省果树研究所	早熟	2015	鲜食
95	金秋香	纽约玫瑰	紫丰	杂交	辽宁省盐碱地利用研究所	中熟	2022	鲜食
96	金田0608	牛奶	秋黑	杂交	河北科技师范学院	早熟	2007	鲜食
97	金田翡翠	维多利亚	凤凰51	杂交	河北科技师范学院	晚熟	2010	鲜食
98	金田红	红地球	玫瑰香	杂交	昌黎金田苗木有限公司	晚熟	2011	鲜食
99	金田蓝宝石	牛奶	秋黑	杂交	河北科技师范学院	晚熟	2010	鲜食
100	金田玫瑰	红地球	玫瑰香	杂交	河北科技师范学院	中早熟	2007	鲜食
101	金田美指	美人指	牛奶	杂交	河北科技师范学院	晚熟	2010	鲜食
102	金田蜜	9411	9603	杂交	昌黎金田苗木有限公司	极早熟	2007	鲜食
103	金田无核	皇家秋天	牛奶	杂交	河北科技师范学院	极晚熟	2011	鲜食
104	金香蜜	未知	未知	杂交	河北省农林科学院昌黎果树研究所	早熟	未知	鲜食
105	金艳无核	森田尼无核	红地球	杂交	中国农业科学院郑州果树研究所	中熟	2021	鲜食
106	金之星	新郁	阳光玫瑰	杂交	金华市优喜水果专业合作社	晚熟	2020	鲜食
107	锦红	里扎马特	车娜	杂交	山东省果树研究所	早熟	2020	鲜食
108	晋葡1号	早玫瑰	瑰宝	杂交	山西省农业科学院果树研究所	晚熟	2019	鲜食
109	京超	巨峰		实生	中国科学院植物研究所	中熟	1984	鲜食
110	京翠	香妃	京秀	杂交	中国科学院植物研究所	早熟	2007	鲜食

续表

编号	自育品种	父本	母本	选育方式	育种单位	成熟期	育种时间	用途
111	京大晶	马纽卡	葡萄园皇后	杂交	中国科学院植物研究所	晚中熟	1977	鲜食
112	京丰	红无籽露	葡萄园皇后	杂交	中国科学院植物研究所	晚中熟	1977	鲜食
113	京可晶	玛纽卡	法国兰	杂交	中国科学院植物研究所	早熟	1984	鲜食
114	京蜜	香妃	京秀	杂交	中国科学院植物研究所	早熟	2007	鲜食
115	京香玉	香妃	京秀	杂交	中国科学院植物研究所	早熟	2007	鲜食
116	京秀	60-33	潘诺尼亚	杂交	中国科学院植物研究所	极早熟	1994	鲜食
117	京亚	黑奥林		实生	中国科学院植物研究所	早熟	1992	鲜食
118	京艳	香妃	京秀	杂交	中国科学院植物研究所	早熟	2010	鲜食
119	京焰晶*	未知	未知	杂交	中国科学院植物研究所	早熟	2018	鲜食
120	京莹*	未知	未知	杂交	中国科学院植物研究所	中熟	2018	鲜食
121	京优	黑奥林		实生	中国科学院植物研究所	早熟	1994	鲜食
122	京玉	葡萄园皇后	意大利	杂交	中国科学院植物研究所	早熟	1992	鲜食
123	京早晶	无核白	葡萄园皇后	杂交	中国科学院植物研究所	早熟	1984	鲜食
124	京紫晶	马纽卡	葡萄园皇后	杂交	中国科学院植物研究所	早熟	未知	鲜食
125	晶红宝	无核白鸡心	瑰宝	杂交	山西省农业科学院果树研究所	中熟	2012	鲜食
126	巨玫	巨峰	玫瑰香	杂交	河北农业大学	中晚熟	2009	鲜食
127	巨玫瑰	沈阳玫瑰	沈阳玫瑰	杂交	大连市农业科学研究院	晚熟	2002	鲜食
128	巨星	巨峰	京早晶	杂交	山东省枣庄农业学校	早熟	未知	鲜食
129	巨紫香	里扎马特	紫珍香	杂交	辽宁省农业科学院	中熟	2011	鲜食
130	康太	康拜尔葡萄		芽变	辽宁省沈阳市东陵区凌云葡萄园	早熟	1987	鲜食
131	昆香无核	康蒂诺	葡萄园皇后	杂交	新疆石河子葡萄研究所	早熟	2000	鲜食
132	礼泉超红	红地球	瑰宝	实生	咸阳恒艺果业科技有限公司	晚熟	2016	鲜食
133	丽红宝	无核白鸡心	瑰宝	杂交	山西省农业科学院果树研究所	中熟	2010	鲜食
134	丽珠玫瑰	纽约玫瑰	紫丰	杂交	辽宁省盐碱地利用研究所	早熟	2022	鲜食

续表

编号	自育品种	父本	母本	选育方式	育种单位	成熟期	育种时间	用途
135	辽峰	巨峰芽变		芽变	辽阳市柳条寨镇赵铁英	中熟	2007	鲜食
136	六月紫	山东早红葡萄		芽变	济南市历城区果树管理服务总站	早熟	1990	鲜食
137	洛浦早生	京亚		芽变	河南科技大学	极早熟	2004	鲜食
138	绿宝石	汤姆逊无核		芽变	潍坊市农业科学院	未知	2009	鲜食
139	绿翠	伊斯比沙里	白哈利	杂交	新疆石河子农业科技开发研究中心葡萄研究所	极早熟	2011	鲜食
140	绿玫瑰	莎巴珍珠	秦龙大穗	杂交	吉林农业科技学院	早熟	2004	鲜食
141	绿色1号	未知		未知	吉林省集安市园艺特产研究所	未知	2003	鲜食
142	绿香宝*	红地球	玫瑰香	杂交	山西省农业科学院果树研究所	未知	2019	鲜食
143	玫瑰红	玫瑰香×山葡萄	罗也尔玫瑰	杂交	黑龙江省齐齐哈尔市园艺研究所	未知	1993	鲜食
144	玫瑰玉	郑州早红	乍娜	杂交	河北职业技术师范学院 昌黎凤凰山葡萄研究开发中心	极早熟	2001	鲜食
145	玫瑰早	郑州早红	乍娜	杂交	河北职业技术师范学院 昌黎凤凰山葡萄研究开发中心	极早熟	2001	鲜食
146	玫瑰紫	郑州早红	乍娜	杂交	河北职业技术师范学院 昌黎凤凰山葡萄研究开发中心	极早熟	2001	鲜食
147	玫康*	康拜尔早生	玫瑰香	杂交	江西农业大学	未知	1972	鲜食
148	玫香宝	巨峰	阿诗纳玫瑰	杂交	山西省农业科学院果树研究所	早熟	2015	鲜食
149	玫野黑*	黑汗	玫瑰香×葛菖	杂交	江西农业大学	早熟	1985	鲜食
150	美红	6月12日	红地球	杂交	甘肃省农业科学院果树研究所	中熟	2016	鲜食
151	蜜光	早黑宝	巨峰	杂交	河北省农林科学院昌黎果树研究所	早熟	2013	鲜食
152	蜜红*	黑奥林	沈阳玫瑰	杂交	大连市农业科学研究院	晚熟	未知	鲜食
153	牡丹紫*	未知		未知	菏泽市牡丹区林业局工程师周良	早熟	2002	鲜食
154	南抗葡萄*	未知		未知	安徽省六安市镇农研所	极晚熟	2002	鲜食
155	南太湖特早	三本提		芽变	未知	极早熟	未知	鲜食

续表

编号	自育品种	父本	母本	选育方式	育种单位	成熟期	育种时间	用途
156	内醇丰	巨峰	北醇	杂交	内蒙古自治区农牧业科学院	中熟	1996	鲜食
157	内京香*	京早晶	白香蕉	杂交	内蒙古自治区农业科学院园艺研究所	中熟	1995	鲜食
158	农科1号	凤凰51号		实生	山东省平度市大泽山农科园艺场 山东省平度市果树站	极早熟	2001	鲜食
159	农科2号	早玫瑰		芽变	山东省平度市大泽山农科园艺场 山东省平度市果树站	极早熟	2001	鲜食
160	农科3号	未知		实生	山东省平度市大泽山农科园艺场 山东省平度市果树站	极早熟	2001	鲜食
161	葡之梦*	金手指	美人指	杂交	乐清市联宇葡萄研究所	中熟	未知	鲜食
162	秦龙大穗	里扎马特	未知	杂交	河北科技师范学院	早熟	1995	鲜食
163	秦秀	郑果大无核	京秀	杂交	西北农林科技大学	中早熟	2012	鲜食
164	庆丰	巨峰		实生	中国农业科学院郑州果树研究所	早熟	2014	鲜食
165	秋黑宝	秋红	瑰宝	杂交	山西省农业科学院果树研究所	中熟	2010	鲜食
166	秋红宝	秋红宝	瑰宝	杂交	山西省农业科学院果树研究所	中晚熟	2007	鲜食
167	日光红无核*	早夏无核		芽变	上海马陆葡萄研究所	未知	2014	鲜食
168	荣名五号*	从美国引进		未知	河南农业大学 河南省葡萄专家黄荣名	早熟	2002	鲜食
169	瑞都脆霞	香妃	京秀	杂交	北京市农林科学院林业果树研究所	中熟	2007	鲜食
170	瑞都红玫	香妃	京秀	杂交	北京市农林科学院林业果树研究所	早中熟	2013	鲜食
171	瑞都红玉	瑞都香玉		芽变	北京市农林科学院林业果树研究所	早中熟	2014	鲜食
172	瑞都科美	MuscatLouis	意大利	杂交	北京市农林科学院林业果树研究所	中熟	2016	鲜食
173	瑞都摩指	美人指	摩尔多瓦	杂交	北京市林业果树科学研究院	晚熟	2020	鲜食
174	瑞都晚红	香妃	京秀	杂交	北京市林业果树科学研究院	晚熟	2021	鲜食
175	瑞都无核怡	红宝石无核	香妃	杂交	北京市农林科学院林业果树研究所	中晚熟	2009	鲜食

续表

编号	自育品种	父本	母本	选育方式	育种单位	成熟期	育种时间	用途
176	瑞都香玉	香妃	京秀	杂交	北京市农林科学院林业果树研究所	早熟	2007	鲜食
177	瑞都早红	香妃	京秀	杂交	北京市农林科学院林业果树研究所	早熟	2014	鲜食
178	瑞峰	峰后	沈阳玫瑰	杂交	大连市现代农业生产发展服务中心	晚熟	2018	鲜食
179	瑞峰无核*	先锋		芽变	北京市农林科学院林业果树研究所	中晚熟	2004	鲜食
180	瑞紫香	利比亚	紫珍香	杂交	沈阳农业大学	早熟	2019	鲜食
181	润堡早夏	夏黑		实生	海润堡生态蔬果专业合作社	早熟	2020	鲜食
182	山东早红*	葡萄园皇后	玫瑰香	杂交	山东省酿酒葡萄科学研究所	极早熟	1976	鲜食
183	申爱	郑州早红	金星无核	杂交	上海市农业科学院园艺研究所	早熟	2013	鲜食
184	申宝	巨峰		实生	上海市农业科学院园艺研究所	早熟	2008	鲜食
185	申丰	紫珍香	京亚	杂交	上海市农业科学院园艺研究所	中熟	2006	鲜食
186	申华	86-179	京亚	杂交	上海市农业科学院园艺研究所	早熟	2010	鲜食
187	申秀	巨峰		实生	上海市农业科学院园艺研究所	早熟	1996	鲜食
188	申玉	红后	藤稔	杂交	上海市农业科学院	中晚熟	2011	鲜食
189	神农金皇后*	沈87-1	美人指	实生	沈阳农业大学	早熟	2009	鲜食
190	神州红	红亚历山大		杂交	中国农业科学院郑州果树研究所	晚熟	2015	鲜食
191	沈87-1	未知	未知	未知	辽宁鞍山郊区葡萄园	极早熟	1987	鲜食
192	沈农脆峰	Jan-87	红地球	杂交	沈阳农业大学	早中熟	2015	鲜食
193	沈农硕丰	紫珍香		实生	沈阳农业大学	中早熟	2009	鲜食
194	沈农香丰	紫珍香		实生	沈阳农业大学	中早熟	2009	鲜食
195	沈香无核	沈87-1		实生	沈阳农业大学	早熟	2015	鲜食
196	寿王玫瑰	康拜尔		芽变	安徽省寿县园艺科技有限公司	极早熟	2010后	鲜食
197	蜀葡1号	红地球		芽变	四川省自然资源科学研究院	中熟	2013	鲜食
198	水晶红	布朗无核	京秀	杂交	中国农业科学院郑州果树研究所	早熟	2018	鲜食
199	水源11号	野生毛葡萄		实生	广西区水果生产技术指导总站	晚熟	2012	鲜食

续表

编号	自育品种	父本	母本	选育方式	育种单位	成熟期	育种时间	用途
200	水源1号	野生毛葡萄		实生	广西罗城仫佬族自治县水果生产管理局	晚熟	2012	鲜食
201	苏港1号*	黑旋风	藤稔	杂交	江苏省张家港市农业局 江苏省张家港市后塍镇刘坤洪	早熟	2001	鲜食
202	藤玉*	紫玉	藤稔	杂交	张家港市神园葡萄科技有限公司	中熟	2015	鲜食
203	天工翠玉	鄞红	金手指	杂交	浙江省农业科学院园艺研究所	早中熟	未知	鲜食
204	天工翡翠	鄞红	金手指	杂交	浙江省农业科学院园艺研究所	早中熟	2017	鲜食
205	天工丽人	巨玫瑰		实生	浙江省农业科学院	中熟	2022	鲜食
206	天工蜜	巨玫瑰	早甜	杂交	浙江省农业科学院园艺研究所	中熟	2021	鲜食
207	天工墨玉	夏黑		实生	浙江省农业科学院园艺研究所	未知	未知	鲜食
208	天工玉液	红富士	早甜	杂交	浙江省农业科学院园艺研究所	未知	未知	鲜食
209	天工玉柱	红亚历历山大	香蕉	杂交	浙江省农业科学院园艺研究所	未知	2018	鲜食
210	甜峰	巨峰		实生	吉林省农业科学院	未知	1988	鲜食
211	甜峰1号*	巨峰		未知	宜州区水果生产管理局	未知	2011	鲜食
212	晚黑宝	秋红	瑰宝	杂交	山西省农业科学院果树研究所	晚熟	2013	鲜食
213	晚红宝	秋红	瑰宝	杂交	山西省农业科学院果树研究所	晚熟	2013	鲜食
214	无核8612	巨峰	郑州早红	杂交	河北省农林科学院昌黎果树研究所	早熟	1988	鲜食
215	无核翠宝	无核白鸡心	瑰宝	杂交	山西省农业科学院果树研究所	早熟	2011	鲜食
216	无核早红(8611)	巨峰	郑州早红	杂交	河北省农业科学院昌黎果树研究所	早熟	2000	鲜食
217	夕阳红	巨峰	沈阳玫瑰	杂交	辽宁省农业科学院园艺研究所	中晚熟	1993	鲜食
218	霞光	京亚	玫瑰香	杂交	河北省农林科学院昌黎果树研究所	中熟	2009	鲜食
219	夏至红	玫瑰香	绯红	杂交	中国农业科学院郑州果树研究所	极早熟	2009	鲜食
220	夏紫	六月紫	玫瑰香	杂交	潍坊市农业科学院	极早熟	2012	鲜食
221	香妃	绯红	1973/7/6	杂交	北京市农林科学院林业果树研究所	早熟	2000	鲜食

续表

编号	自育品种	父本	母本	选育方式	育种单位	成熟期	育种时间	用途
222	香悦	紫香水	沈阳玫瑰	杂交	辽宁省农业科学院园艺研究所	中熟	2004	鲜食
223	小辣椒	大独角兽	美人指	杂交	张家港市神园葡萄科技有限公司	中熟	2013	鲜食
224	新葡1号	猪育依托		实生	新疆葡萄瓜果开发研究中心	晚熟	1984	鲜食
225	新葡7号	无核白		芽变	新疆生产建设兵团第十三师农业科学研究所	早中熟	2012	鲜食
226	新雅	里扎马特	E42-6（红地球实生）	杂交	新疆葡萄瓜果开发研究中心	早晚熟	2014	鲜食
227	新郁	里扎马特	E42-6（红地球实生）	杂交	新疆葡萄瓜果开发研究中心	晚熟	2005	鲜食
228	学优红	艾多米尼克	罗萨卡	杂交	中国农业大学	中熟	2018	鲜食
229	学苑红	艾多米尼克	罗萨卡	杂交	中国农业大学	晚熟	2019	鲜食
230	雪蜜无核*	尤伦生		芽变	辽宁省果树科学研究所营口义缘新果果树专业合作社	极晚熟	2017	鲜食
231	烟葡1号	8612	红地球	芽变	山东省烟台市农业科学研究院	中早熟	2013	鲜食
232	嫣红	6月12日		杂交	甘肃省农业科学院林果花卉研究所	中晚熟	2020	鲜食
233	艳红	京早晶	玫瑰香	杂交	北京市农林科学院林业果树研究所	晚中熟	1986	鲜食
234	阳光之星*	阳光玫瑰	新郁	杂交	金华优喜水果专业合作社	未知	2010后	鲜食
235	郁红	藤稔		芽变	宁波东钱湖旅游度假区野马湾葡萄场 浙江万里学院 宁波市鄞州区林业特产技术管理服务站	中熟	2010	鲜食
236	甬绿妃*	未知	未知	诱变	浙江省慈溪市林业特产技术推广中心 浙江万里学院	早熟	2022	鲜食
237	甬优1号	藤稔		芽变	宁波市农业科学研究院 浙江万里学院	早熟	1999	鲜食
238	甬早红	鄞红		诱变	浙江省慈溪市林业特产技术推广中心	早熟	2017	鲜食
239	宇选1号	巨峰		芽变	乐清市联宇葡萄研究所 浙江省农业科学院园艺研究所乐清农业局特产站	早中熟	2011	鲜食

中国葡萄育种

编号	自育品种	父本	母本	选育方式	育种单位	成熟期	育种时间	用途
240	王波二号	达米娜	紫地球	杂交	山东省江北葡萄研究所	中熟	2017	鲜食
241	王波黄地球	红地球	达米娜	杂交	江北葡萄研究所	晚熟	2020	鲜食
242	王波一号	达米娜	紫地球	杂交	山东省江北葡萄研究所	中熟	2017	鲜食
243	王手指	金手指		芽变	浙江省农业科学院园艺研究所	中熟	2012	鲜食
244	园脆香*	未知	未知	杂交	张家港市神园葡萄科技有限公司	早熟	2016	鲜食
245	园红玫	贵妃玫瑰	圣诞玫瑰	杂交	张家港市神园葡萄科技有限公司	早熟	2018	鲜食
246	园红指*	亚历山大	美人指	杂交	张家港市神园葡萄科技有限公司	早熟	2016	鲜食
247	园金香	蜜而脆	阳光玫瑰	杂交	张家港市神园葡萄科技有限公司	早熟	2018	鲜食
248	园巨人*	紫地球	维多利亚	杂交	张家港市神园葡萄科技有限公司	中熟	2015	鲜食
249	园绿指	45114	美人指	杂交	张家港市神园葡萄科技有限公司	早熟	2018	鲜食
250	园香妃*	爱神玫瑰	红巴拉多	杂交	张家港市神园葡萄科技有限公司	未知	未知	鲜食
251	园野香	高千穗	矢富罗莎	杂交	张家港市神园葡萄科技有限公司	中熟	2010	鲜食
252	园意红	意大利	大红球	杂交	张家港市神园葡萄科技有限公司	中熟	2010	鲜食
253	园玉	高千穗	白罗莎	杂交	张家港市神园葡萄科技有限公司	中熟	2013	鲜食
254	月光无核	巨峰	玫瑰香	杂交	河北省农林科学院昌黎果树研究所	中熟	2009	鲜食
255	岳红无核	无核白鸡心	晚红	杂交	辽宁省果树科学研究所	早熟	2013	鲜食
256	岳霞晚峰	无核白鸡心	红地球	杂交	辽宁省果树科学研究所	中熟	2022	鲜食
257	岳霞香峰	巨峰	巨玫瑰	杂交	辽宁省果树科学研究所	早熟	2022	鲜食
258	岳秀无核	无核白鸡心	红地球	杂交	辽宁省果树科学研究所	中早熟	2021	鲜食
259	早黑宝	早玫瑰	瑰宝	杂交	山西省农业科学院果树研究所	早熟	2001	鲜食
260	早红珍珠	绯红	京早晶	杂交	冀鲁果业发展合作社	极早熟	2003	鲜食
261	早玛瑙	京早晶	玫瑰香	杂交	北京市农林科学院林业果树研究所	早熟	1986	鲜食
262	早玫瑰	莎巴珍珠	玫瑰香	杂交	西北农林科技大学	早熟	1974	鲜食
263	早玫瑰香	莎巴珍珠	玫瑰香	杂交	北京市农林科学院林业果树研究所	早熟	1994	鲜食
264	早莎巴珍珠*	莎巴珍珠	早玫瑰香	芽变	中国农业科学院郑州果树研究所	极早熟	1986	鲜食
265	早熟玫瑰香88号*	未知		杂交＋胚培	山东省葡萄科研所生物中心	早熟	2003	鲜食

续表

编号	自育品种	父本	母本	选育方式	育种单位	成熟期	育种时间	用途
266	早甜	先锋		实生	浙江省农业科学院园艺研究所	早熟	2006	鲜食
267	早甜玫瑰	玫瑰香		实生	金华市金东区昌盛葡萄园艺场	早熟	1963	鲜食
268	早霞玫瑰	秋黑	玫瑰香	杂交	中国农业科学院果树研究所	早熟	2011	鲜食
269	早夏无核	夏黑		芽变	大连市农业科学院果树科学研究院	极早熟	2012	鲜食
270	早夏香	夏黑		芽变	上海奥德农	极早熟	2015	鲜食
271	早香玫瑰	巨玫瑰		芽变	张家港市神园葡萄科技有限公司	早熟	2017	鲜食
272	泽香	龙眼	玫瑰香	杂交	合肥市农业科学研究院 山东省平度市洪山园艺场	中晚熟	1979	鲜食
273	长青玫瑰*	京亚	夕阳红	杂交	沈阳市林业果树科学研究所 沈阳长青葡萄科技有限公司	未知	2010	鲜食
274	长穗无核白*	无核白		芽变	新疆农业科学院	晚熟	1974	鲜食
275	着色香*	罗也尔玫瑰	玫瑰露	杂交	辽宁省盐碱地利用研究所	早中熟	2009	鲜食
276	珍珠王*	未知	未知	未知	山东省乳山市下初镇曹玉波	早熟	2000	鲜食
277	郑佳	玫瑰香	圣诞玫瑰	杂交	中国农业科学院郑州果树研究所	中熟	2005	鲜食
278	郑美	郑州早红	美人指	杂交	中国农业科学院郑州果树研究所	早熟	2014	鲜食
279	郑葡 1 号	早玫瑰	红地球	杂交	中国农业科学院郑州果树研究所	中熟	2015	鲜食
280	郑葡 2 号	早玫瑰	红地球	杂交	中国农业科学院郑州果树研究所	中熟	2015	鲜食
281	郑葡 3 号	布朗无核	京秀	杂交	中国农业科学院郑州果树研究所	未知	2019	鲜食
282	郑葡 4 号	森田尼无核	红地球	杂交	中国农业科学院郑州果树研究所	未知	2019	鲜食
283	郑葡 5 号	布朗无核	京秀	杂交	中国农业科学院郑州果树研究所	未知	2019	鲜食
284	郑葡 6 号	早玫瑰	红地球	杂交	中国农业科学院郑州果树研究所	未知	2019	鲜食
285	郑艳无核	布朗无核	京秀	杂交	中国农业科学院郑州果树研究所	早熟	2018	鲜食
286	郑州早红	莎巴珍珠	玫瑰香	杂交	中国农业科学院郑州果树研究所	极早熟	1962	鲜食
287	郑玉	意大利	葡萄园皇后	杂交	中国农业科学院郑州果树研究所	早熟	1964	鲜食

续表

编号	自育品种	父本	母本	选育方式	育种单位	成熟期	育种时间	用途
288	志昌紫丰	巨玫瑰	藤稔	杂交	山东志昌农业科技发展股份有限公司 青岛志昌种业有限公司 莒县志昌果品专业合作社	中熟	2021	鲜食
289	中葡萄10号	玫瑰香	维多利亚	杂交	中国农业科学院郑州果树研究所	早熟	2018	鲜食
290	中葡萄12号	京亚	巨峰	杂交	中国农业科学院郑州果树研究所	早熟	2018	鲜食
291	中秋*	巨峰玫瑰	未知	杂交	河北农业大学	晚熟	2006	鲜食
292	钟山翠	翠峰		实生	南京农业大学	晚熟	2012	鲜食
293	钟山红	魏可		实生	南京农业大学	晚熟	2011	鲜食
294	仲夏紫	红旗特早玫瑰		实生	焦作市农林科学研究院	极早熟	2008	鲜食
295	竹峰	巨峰		实生	洛阳农林科学院	中熟	2017	鲜食
296	状元红	瑰香怡	巨峰	杂交	辽宁省农业科学院园艺研究所	中熟	2006	鲜食
297	卓越公主*	未知	未知	未知	山东省鲜食葡萄研究所	未知	2017	鲜食
298	卓越皇后*	未知		未知	山东省鲜食葡萄研究所	未知	2017	鲜食
299	卓越玫瑰	玫瑰香		实生	山东省鲜食葡萄研究所	未知	2019	鲜食
300	紫脆无核	牛奶	皇家秋天	杂交	河北省林业技术推广总站	中熟	2010	鲜食
301	紫地球	秋黑		芽变	山东省平度市江北葡萄研究所	晚熟	2009	鲜食
302	紫丰	尼加拉	黑汉	杂交	辽宁省盐碱地利用研究所	晚中熟	1985	鲜食
303	紫红霞	黑婴莫	红宝石无核	杂交+胚培	甘肃省农业科学院林果花卉研究所	早熟	2017	鲜食
304	紫金红霞	香妃	矢富罗莎	杂交	江苏省农业科学院果树研究所	早熟	2022	鲜食
305	紫金秋浓	京秀	魏可	杂交	江苏省农业科学院果树研究所	中熟	2018	鲜食
306	紫金早	京亚		实生	江苏省农业科学院园艺研究所	中熟	未知	鲜食
307	紫星早生	金星无核		诱变	江苏省农业科学院园艺研究所	早熟	2015	鲜食
308	紫龙珠	天缘奇	摩尔多瓦	杂交	河北省农林科学院石家庄果树研究所	晚熟	2022	鲜食

续表

编号	自育品种	父本	母本	选育方式	育种单位	成熟期	育种时间	用途
309	紫提988	红地球		实生	礼泉县鲜食葡萄专业合作社	中熟	2011	鲜食
310	紫甜无核	牛奶	皇家秋天	杂交	河北省林业技术推广总站	晚熟	2010	鲜食
311	紫香无核	无核紫	玫瑰香	杂交	新疆石河子葡萄研究所	中早熟	2004	鲜食
312	紫珍香	紫香水	沈阳玫瑰	杂交	辽宁省农业科学院园艺研究所	早熟	1991	鲜食
313	紫珍珠	莎巴珍珠	玫瑰香	杂交	北京市农林科学院林业果树研究所	早熟	1986	鲜食
314	醉金香	7601(玫瑰香芽变)	巨峰	杂交	辽宁省农业科学院园艺研究所	中熟	1998	鲜食
315	醉美1号	夏黑		实生	安徽省滁州市农业农村技术推广中心	极早熟	2017	鲜食
316	醉人香	卡氏玫瑰	巨峰	杂交	甘肃省农业科学院果树研究所	中熟	2000	鲜食
317	13-25*	阳光玫瑰	黑吧拉多	杂交	金华金藤葡萄有限公司	未知	2010后	鲜食
318	6-12(莒葡1号)	绯红		芽变	山东省志昌葡萄研究所	极早熟	2006	鲜食
319	628葡萄	山东早红		芽变	山东省济南市历城区党家庄镇陡沟河周建中	极早熟	1999	鲜食
320	92-31	京亚	藤稔	杂交	江苏省张家港市苏港果苗有限公司	早熟	2004	鲜食
321	MCS2	赤霞珠	蜜莓思	杂交	山东农业大学	未知	2021	酿酒
322	酌荚红	东北山山葡萄	甜水	杂交	山东省酿酒葡萄科学研究所	中晚熟	1985	酿酒
323	北冰红	86-24-53	左优红	杂交	中国农业科学院特产研究所	中熟	2008	酿酒
324	北醇	山葡萄	玫瑰香	杂交	中国农业科学院特产研究所	晚熟	1965	酿酒
325	北国红	山葡萄	左山二	杂交	中国农业科学院特产研究所	中熟	2016	酿酒
326	北国蓝	双庆	左山一	杂交	中国农业科学院特产研究所	中熟	2015	酿酒
327	北红	山葡萄	玫瑰香	杂交	中国科学院植物研究所	晚熟	1965	酿酒
328	北玫	山葡萄	玫瑰香	杂交	中国科学院植物研究所	晚熟	1965	酿酒
329	北全	大可满	北醇	杂交	中国科学院植物研究所	晚熟	1985	酿酒
330	北玺	山葡萄	玫瑰香	杂交	中国科学院植物研究所	晚熟	2013	酿酒
331	北馨	山葡萄	未知	杂交	中国科学院植物研究所	晚熟	2013	酿酒
332	公酿1号	山葡萄	玫瑰香	杂交	吉林省省农业科学院果树研究所	中熟	未知	酿酒

续表

编号	自育品种	父本	母本	选育方式	育种单位	成熟期	育种时间	用途
333	公酿2号	玫瑰香	山葡萄	杂交	吉林省农业科学院果树研究所	中晚熟	未知	酿酒
334	公主白	白香蕉	公酿二号	杂交	吉林省农业科学院果树研究所	中熟	1992	酿酒
335	桂葡2号	B.LaneDuBois	毛葡萄	杂交	广西农业科学院	未知	2012	酿酒
336	桂葡5号	黑后		芽变	广西农业科学院	中熟	2014	酿酒
337	桂葡6号	未知	未知	未知	广西农业科学院	中晚熟	2015	酿酒
338	黑佳酿	佳利酿	赛必尔2号	杂交	中国农业科学院郑州果树研究所	中熟	1978	酿酒
339	黑山	山葡萄1号	黑汉	杂交	中国农业科学院果树研究所	晚熟	1959	酿酒
340	黑仔	白羽	白赛必尔	杂交	河南省国营仪封园艺场	未知	1985	酿酒
341	红汁露*	魏天子	梅鹿辄	杂交	山东省酿酒葡萄科学研究所	中晚熟	1980	酿酒
342	凌丰	粉红玫瑰	毛葡萄	杂交	广西葡萄学院	早熟	2005	酿酒
343	凌丰红	双优	红地球	杂交	沈阳农业大学	晚熟	2021	酿酒
344	凌优	白玉霓	毛葡萄	杂交	广西农业科学院	早熟	2005	酿酒
345	梅醇*	美乐	小维多	杂交	山东省酿酒葡萄科学研究所	中熟	1980	酿酒
346	梅浓*	未知	未知	未知	山东省酿酒葡萄科学研究所	中熟	1985	酿酒
347	梅郁*	味儿多	梅鹿辄	杂交	山东省酿酒葡萄科学研究所	中熟	1979	酿酒
348	媚丽	梅鹿特×(雷司令×玫瑰香)	玫瑰香×(梅鹿特×玫瑰香)	杂交	西北农林科技大学葡萄酒学院	中熟	2011	酿酒
349	齐酿1号	山葡萄	欧洲葡萄	杂交	齐齐哈尔园艺研究所	未知	2014	酿酒
350	泉白	雷司令	魏天子	杂交	山东省酿酒葡萄科学研究所	中熟	1979	酿酒
351	泉醇	法国蓝	白雅	杂交	山东省酿酒葡萄科学研究所	中熟	1991	酿酒
352	泉丰*	二号白大粒	白羽	杂交	山东省酿酒葡萄科学研究所	中熟	1991	酿酒
353	泉晶	法国蓝	白雅	杂交	山东省酿酒葡萄科学研究所	中熟	1991	酿酒
354	泉龙珠	葡萄园皇后	玫瑰香	杂交	山东省酿酒葡萄科学研究所	中熟	1976	酿酒
355	泉莹	白莲子	白羽	杂交	山东省酿酒葡萄科学研究所	中熟	1991	酿酒
356	泉玉	雷司令	玫瑰香	杂交	山东省酿酒葡萄科学研究所	中熟	1985	酿酒

编号	自育品种	父本	母本	选育方式	育种单位	成熟期	育种时间	用途
357	山玫瑰*	山葡萄	玫瑰香	杂交	中国农业科学院果树研究所	晚熟	1959	酿酒
358	双丰	双庆	通化1号	杂交	中国农业科学院特产研究所	早熟	1995	酿酒
359	双红	双庆	通化3号	杂交	中国农业科学院特产研究所	早熟	1998	酿酒
360	双锦山葡萄	野生山葡萄		未知	辽宁省盐碱地利用研究所	早熟	1985	酿酒
361	双庆*	未知	未知	未知	中国农业科学院特产研究所 吉林省吉林市长白山葡萄酒公司	早熟	1975	酿酒
362	双优	未知	未知	未知	吉林农业大学 中国农业科学院特产研究所	早熟	1988	酿酒
363	宿晓红	未知	未知	未知	江苏省宿迁市市林果站	早熟	1954	酿酒
364	特优1号	白玉霓	毛葡萄	杂交	新疆农业科学院	早熟	2006	酿酒
365	湘洌1号	普通刺葡萄		实生	湖南农业大学	晚熟	2020	酿酒
366	湘洌2号*	普通刺葡萄		实生	湖南农业大学	中熟	2020	酿酒
367	湘洌3号*	普通刺葡萄		实生	湖南农业大学	晚熟	2020	酿酒
368	湘洌4号*	普通刺葡萄		实生	湖南农业大学	晚熟	2020	酿酒
369	湘酿1号*	未知		诱变	湖南农业大学	未知	2011	酿酒
370	新北醇	北醇		芽变	中国农业科学院植物研究所	晚熟	2013	酿酒
371	熊岳白*	玫瑰香×山葡萄	龙眼葡萄	杂交	辽宁省熊岳农业高等专科学校	早熟	1987	酿酒
372	雪兰红	北冰红	左优红	杂交	中国农业科学院特产研究所	中熟	2012	酿酒
373	烟73号	玫瑰香	紫北塞	杂交	烟台葡萄酿酒公司	未知	1981	酿酒
374	烟74号	汉堡麝香	紫北塞	杂交	烟台葡萄酿酒公司	未知	1981	酿酒
375	野酿1号*	未知	未知	未知	广西植物组培苗培有限公司	中熟	2019	酿酒
376	野酿2号	野生毛葡萄		实生	广西植物组培苗培有限公司	未知	2012	酿酒
377	野酿3号毛葡萄	野生毛葡萄		实生	广西农业科学院生物技术研究所	晚熟	2019	酿酒

续表

编号	自育品种	父本	母本	选育方式	育种单位	成熟期	育种时间	用途
378	野酿4号毛葡萄	野生毛葡萄芽变		芽变	广西植物组培苗有限公司	晚熟	2019	酿酒
379	云葡1号	无核白鸡心	云南野生毛葡萄	杂交	广西农业科学院生物技术农业研究所	中熟	2015	酿酒
380	紫晶甘露	哈桑	左山二	杂交	云南农业科学院热区农业研究所	中晚熟	2021	酿酒
381	左红一	74-6-83（山葡萄73121×双庆）	79-26-58（左山二×小红玫瑰）	杂交	中国农业科学院特产研究所	早熟	1998	酿酒
382	左山二	未知	未知	未知	中国农业科学院特产研究所	早熟	1991	酿酒
383	左山一	未知	未知	未知	中国农业科学院特产研究所	早熟	1985	酿酒
384	左抗红	74-1-326（73134×双庆）	79-26-18（左山二×小红玫瑰）	杂交	中国农业科学院特产研究所	中熟	2005	酿酒
385	SA15	SO4	左山一	杂交	山东农业大学	中熟	2020	砧木
386	华佳8号	佳利酿	华东葡萄	杂交	上海市农业科学院林木果树研究所	未知	2004	砧木
387	抗砧3号	SO4	河岸580	杂交	中国农业科学院郑州果树研究所	未知	2009	砧木
388	抗砧5号	420A	贝达	杂交	中国农业科学院郑州果树研究所	未知	2009	砧木
389	云葡2号	无核白鸡心	云南野生雌能花毛葡萄	杂交	云南省农业科学院热区生态农业研究所	晚熟	2015	砧木
390	郑葡1号	山葡萄	河岸580	杂交	中国农业科学院郑州果树研究所	未知	2015	砧木
391	志昌抗砧一号	SO4	5BB	杂交	山东志昌智慧农业科技股份有限公司 青岛志昌种业有限公司	未知	2022	砧木
392	北丰	玫瑰香	蒌黄葡萄	杂交	中国科学院植物研究所	晚熟	2006	加工
393	北香	亚历山大	蒌黄葡萄	杂交	中国科学院植物研究所	晚熟	2006	加工
394	北紫	玫瑰香	蒌黄葡萄	杂交	中国科学院植物研究所	晚熟	2006	加工
395	大无核白*	无核白		芽变	新疆农业科学院	晚中熟	1974	加工
396	公主红*	早生高墨	康太	杂交	吉林省农业科学院果树研究所	中熟	2004	加工
397	华葡1号	白马拉加	左山一	杂交	中国农业科学院果树研究所	未知	2011	加工
398	吉香*	白香蕉		芽变	吉林农业科技学院	中熟	1976	加工
399	牡山1号	山葡萄		实生	黑龙江省农业科学院	中熟	2010	加工

续表

编号	自育品种	父本	母本	选育方式	育种单位	成熟期	育种时间	用途
400	水晶无核	康丽诺	葡萄园皇后	杂交	新疆石河子葡萄研究所	早熟	2000	加工
401	云楚无核*	无核白鸡心	红地球	杂交	云南省农业科学院热区生态农业研究所 元谋县果然好农业科技有限公司	未知	2019	加工
402	卓越黑香蜜*	摩尔多瓦	金手指	杂交	山东省鲜食葡萄研究所	未知	2019	加工
403	紫玫康	康拜尔早生	玫瑰香	杂交	江西农业大学	早中熟	1985	加工
404	紫秋	未知	未知	未知	芷江侗族自治县农业局	早熟	2005	加工
405	超康丰	大粒康拜尔		杂交	河北省农林科学院昌黎果树研究所	早熟	1987	鲜食
406	大粒少籽玫瑰香*	玫瑰香		芽变	山东省平度市农业局	未知	1980	鲜食
407	大玫瑰香*	玫瑰香		芽变		未知	1975	鲜食
408	大青*	未知	未知	未知	青铜峡市林业局	中晚熟	2009	鲜食
409	金香一号*	醉金香	葡萄园皇后	芽变	上海嘉定区农委会林业站	早熟	1996	鲜食
410	沈阳玫瑰*	玫瑰香	葡萄园皇后	芽变	沈阳市葡萄芽变调查组	早熟	1980	鲜食
411	通化10号*	山葡萄雌能花优系		未知	吉林通化葡萄酒公司	未知	1991	鲜食
412	甬香玉*	未知	未知	诱变	浙江省慈溪市林业特产技术推广中心浙江万里学院	早熟	2022	鲜食
413	早红*	玫瑰香	葡萄园皇后	杂交	山东省酿酒葡萄研究所	未知	1978	鲜食
414	早黄*	玫瑰香	葡萄园皇后	杂交	山东省酿酒葡萄研究所	未知	1978	鲜食
415	早康拜尔1系*	康拜尔芽变		芽变	沈阳农业大学	未知	1986	鲜食
416	早康拜尔2系*	康拜尔芽变		芽变	沈阳农业大学	未知	1986	鲜食
417	泽玉*	玫瑰香	龙眼	杂交	山东省平度市洪山园艺场	未知	1979	鲜食
418	紫鸡心*	无核白鸡心	玫瑰香	杂交	湖北省襄牧特产研究所	未知	1973	鲜食
419	泽峰*	先锋	黑奥林	杂交	山东省平度葡萄科学研究所	未知	1999	鲜食
420	通化3号*	未知	未知	未知	吉林通化葡萄酒公司	早熟	1991	酿酒
421	通化7号*	未知	未知	未知	吉林通化葡萄酒公司	早熟	1991	酿酒

注：由于部分品种的信息不全，编号为406~421的品种未收集到详细的品种信息，标注粗体的品种未收集到图片，标注*的品种未经审定。

附表 2　2023 年葡萄自育品种及其亲本列表

编号	自育品种名称	父本	母本	选育方式	育种单位	成熟期	时间	用途
1	金早珠	夏黑		实生	金华市农业科学研究院	早熟	2023	鲜食
2	云砧 3 号	云葡 1 号	华佳 8 号	杂交	楚雄彝族自治州农业科学院	早熟	2023	砧木
					云南省绿色食品发展中心			
					云南省农业科学院热区生态农业研究所			
3	岳峰	沈阳玫瑰	巨峰	杂交	辽宁省果树科学研究所	早熟	2023	酿酒
					楚雄彝族自治州农业科学院			
					云南农业大学			
4	云砧 6 号	无核白鸡心	厘米 002	杂交	云南省农业科学院热区生态农业研究所	中熟	2023	砧木
5	云砧 4 号	抗砧 3 号	云葡 2 号	杂交	楚雄彝族自治州农业科学院	早熟	2023	鲜食
					云南农业大学			
6	云酿 3 号	东 30-1	华佳 8 号	杂交	云南省农业科学院热区生态农业研究所	早熟	2023	鲜食
					云南省绿色食品发展中心			
					楚雄彝族自治州农业科学院			
7	云砧 5 号	抗砧 3 号	云葡 2 号	杂交	云南省农业科学院热区生态农业研究所	晚熟	2023	鲜食
8	玲珑星光	无核白	安芸津 23	杂交	烟台市福山区田园农品果品专业合作社	中熟	2023	鲜食
9	健红 1 号	SA15		诱变	山东农业大学	晚熟	2023	鲜食

附表 3　地方品种

编号	名称	编号	名称
1	瑶下屯葡萄	27	罗家溪高山 2 号
2	垮龙坡葡萄	28	白葡萄 2 号
3	红柳河葡萄	29	红色米葡萄
4	伊宁 1 号	30	中方 1 号
5	塔什库勒克 1 号	31	中方 2 号
6	塔什库勒克 2 号	32	会同 1 号
7	塔什库勒克 3 号	33	会同米葡萄
8	伊宁 2 号	34	塘尾葡萄 1 号
9	伊宁 3 号	35	塘尾葡萄 2 号
10	伊宁 4 号	36	玉山水晶葡萄
11	羌纳乡葡萄	37	玫瑰蜜
12	十里 1 号	38	云南水晶
13	十里 2 号	39	红玫瑰
14	十里 3 号	40	茨中教堂
15	关口葡萄 1 号	41	洪江无名刺葡萄
16	壶瓶山 1 号	42	关口葡萄 2 号
17	高山 2 号	43	春光龙眼葡萄
18	假葡萄	44	宣化马奶
19	紫罗玉	45	宣化玫瑰香
20	高山 1 号	46	昌黎马奶
21	湘珍珠	47	昌黎玫瑰香
22	洪江 1 号	48	康百万葡萄 1 号
23	楼背冲米葡萄	49	顺德府葡萄
24	洪江 2 号	50	头道沟黑珍珠
25	洪江 3 号	51	三籽葡萄
26	白葡萄 1 号		

附录（四） 基于葡萄色泽性状的多性状分子设计育种

基于色泽性状的葡萄分子设计育种

葡萄果皮着色与否主要取决于2号染色体上两个相邻的高度连锁的MYBA1和MYBA2基因位点上的等位基因类型。其中，MYBA1 位点有6种不同的等位基因，MYBA2 位点有4种不同的等位基因（图1-a）。MYBA1和MYBA2位点的不同基因型组合构成不同的单倍型（Haplotype）。根据单倍型类型可预测葡萄果实颜色。目前，在葡萄中已经鉴定出9种单倍型（图1-b）和15种不同的单倍型组成类型。基于MYB单倍型控制果皮着色性状的研究结果，南京农业大学房经贵教授团队提出了基于色泽性状的葡萄分子设计育种策略。结合葡萄育种是对多个性状进行综合选育的实情以及糖、酸、果形、香气等品质性状多为数量性状的特点，提出优先考虑非色泽性状指标进行候选亲本的筛选，再利用控制果实色泽性状的MYB基因信息缩小育种亲本范围，筛选出可获得高比例的符合育种目标的后代群体。而且，还可以根据育种目标色泽性状对杂交后代进行早期选择，即可以对叶片进行MYB单倍型鉴定，淘汰不符合目标性状的植株。该育种方法能够明显缩短葡萄育种年限，提高育种效率。

| 阳光玫瑰（绿黄色）单倍型A | 醉金香（黄绿色）单倍型A | 金手指（黄绿色）单倍型A | 红地球（紫红色）单倍型AC-Rs | 美人指（鲜红色）单倍型AC-Rs | 红巴拉多（紫红色）单倍型AC-Rs | 夏黑（紫黑色）单倍型AE2 | 京亚（紫黑色）单倍型AE2 |

图1 常见葡萄品种及其单倍型

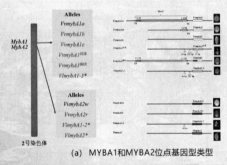

(a) MYBA1和MYBA2位点基因型类型　　　(b) MYB单倍型类型

图2 MYB基因型组成与单倍型类型

表一　不同杂交组合后代果实颜色比例

杂交后代颜色比例	不同单倍型组成类型杂交组合方式
红：绿=3：1	AB×AC-Rs、AB×AC-N、AB×AE1、AB×AE2、AB×AF、AB×AB、AC-Rs×AC-Rs、AC-N×AC-N、AE1×AE1、AE2×AE2、AF×AF
红：绿=1：1	A×AC-Rs、A×AB、A×AF、A×AC-N、A×AE1、A×AE2
全红	A×C-Rs、A×C-N、A×GC-N、AB×GC-N、AB×C-NE2、AB×C-Rs、AB×C-N、AB×AC-RsE1、AC-Rs×GC-N、AC-Rs×GF、AC-Rs×C-NE2、AC-Rs×C-Rs、AC-Rs×C-N、AC-Rs×AC-RsE1、AF×F、AF×C-N、AF×C-Rs、AE1×GC-N、AE1×C-N、AE1×F、C-NE2×C-N
全绿	A×A

注：凡是具有着色功能的基因越多，果皮着色越深。

表二 常见葡萄品种单倍型组成类型

单倍型组成类型	常见葡萄品种
A	阳光玫瑰、意大利、白罗莎里奥、黄蜜、莎巴珍珠、早莎巴珍珠、白鸡心、白奥林、香妃、维多利亚、潘诺尼亚、森田尼无核、无核翠宝、奥古斯特、金手指、醉金香、泽玉、京早晶、翡翠玫瑰、贵妃玫瑰、京玉、葡萄园皇后、郑州早玉、波尔莱特、水晶无、内京香、翠峰、白香蕉、奥林匹亚、金田翡翠、
AB	奥山红宝石、安芸皇后、红罗莎里奥、范讷萨无核
AC-Rs	玫瑰香、魏可、红地球、红旗特早玫瑰、沈阳玫瑰、美人指、金田红、早甜玫瑰香、红香蕉、京秀、红巴拉多、黑巴拉多、矢富萝莎、早玫瑰香、摩尔多瓦、高蓓蕾、秋红宝、早玫瑰、大玫瑰香、爱神玫瑰、京丰、园嫣红、红莲子、达米娜、瑰宝、黑彭斯、里扎马特、纽约玫瑰香、音田、紫峰、京紫晶
AC-N	园瑞黑、奥拉皇后
AE1	红瑞宝、红瑞宝芽变、蜜红、夕阳红、峰后、妮娜女王、醉人香、康可、蜜汁、瑰香怡、龙宝、紫珍香、莎加蜜、卡托巴、安妮斯基、琥珀、高砂、红奥林、红星、吉峰、田野黑、田野红、紫早、香槟、阿基女王
AE2	早夏香、夏黑、京亚、蓓蕾玫瑰A、哈佛德、峰寿
GC-N	金星无核、黑美人、紫地球
GF	黑夏尼
C-NE2	黑后
AE1E2	巨峰、藤稔、先锋、早生高墨、甬优一号、高墨、户太8号、巨玫瑰、辽峰、宇轩一号、峰早、黑奥林、黑奥林芽变、京优、香悦、红伊豆、高妻、申秀、康拜尔早生、黑潮、红富士、黑元帅、伊豆锦、国宝、黑蜜、金峰、信侬乐
C-Rs	早黑宝、紫鸡心
C-N	蛇龙珠、黑佳酿、黑玫瑰
AC-RsE1	沈农香丰、8611（河北）、百瑞早、8611（徐州）、8611（郑州）、沪培2号、沈农硕丰
AF	和田红、克林巴马克、李子香、龙眼、驴奶、马奶、玛瑙、牡丹红、牛心
F	瓶儿

例如：以'阳光玫瑰'(A)做为育种亲本之一，想要杂交后代群体中既有红色品种也有绿色品种，可以选择'红地球'(AC-Rs)作为另外一个杂交亲本；若想要获得的杂交后代中全是红色品种，可以选择'黑美人'(GC-N)作为另外一个杂交亲本。

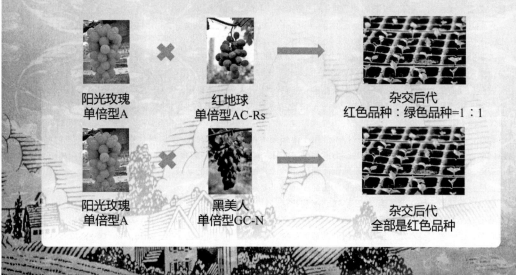

阳光玫瑰 单倍型A × 红地球 单倍型AC-Rs → 杂交后代 红色品种：绿色品种=1：1

阳光玫瑰 单倍型A × 黑美人 单倍型GC-N → 杂交后代 全部是红色品种

参考文献

[1]　材树橘.无核葡萄新品种——'绿宝石'[J].科技致富向导,2010(04):12-21.

[2]　曹尚银,谢深喜,房经贵.中国地方品种图志[M].北京:中国林业出版社.

[3]　岑建德.酒用山葡萄新品种——'左山一'[J].农业技术经济,1985(08):16.

[4]　查紫仙.生长调节剂调控种胚败育型葡萄种子及果实发育的作用分析[D].南京:南京农业大学,2023.

[5]　陈虎,边凤霞.葡萄极早熟新品种'绿翠'的选育[J].中国果树,2013(01):3-4+187.

[6]　陈辉,陈国权,白庆武.优良抗寒鲜食葡萄新品种'玫瑰红'[J].园艺学报,1993(02):205-206.

[7]　陈继峰,刘崇怀,孔庆山,等.优良制汁、酿造调色葡萄品种——'赤汁露'[J].中外葡萄与葡萄酒,1999(03):41-42.

[8]　陈景隆.葡萄新品种——'夕阳红'[J].新农业,1994(02):23.

[9]　陈俊,唐晓萍,马小河,等.中晚熟葡萄品种——'秋红宝'[J].果农之友,2007(12):11.

[10]　陈俊.早熟大粒优质葡萄新品种——'早黑宝'[J].园艺学报,2001(03):277.

[11]　陈美辰.'金田'系列葡萄新品种的比较[D].河北:河北科技师范学院,2014.

[12]　陈镇泉,陈君琛,蔡东征.葡萄新品种——'无核8612'[J].东南园艺,1995(04):52.

[13]　程和禾,吴雅琴,赵艳华,等.奥迪亚无核葡萄胚抢救技术研究[J].河北农业科学,2008(11):30-32.

[14]　程建徽,魏灵珠,陈青英,等.鲜食葡萄新品种——'玉手指'的选育[J].中国果业信息,2013(08):5.

[15]　程建徽,魏灵珠,向江,等.无核葡萄新品种'天工翡翠'的选育[J].果树学报,2019,36(02):250-252.

[16]　程建徽,吴江.鲜食葡萄新品种——'天工翠玉'[J].中国果业信息,2020,37(07):65.

[17]　程建徽,吴江.中熟鲜食葡萄新品种——'天工蜜'[J].中国果业信息,2022,39(02):61.

[18]　程建徽.无核葡萄新品种'天工翡翠'[J].北方果树,2019(02):55.

[19]　崔鹏.鲜食葡萄新品种'鄞红'的遗传分析及其生物学特性研究[D].杭州:浙江大学,2012.

[20]　崔腾飞,王晨,吴伟民,等.近10年来中国葡萄新品种概况及其育种发展趋势分析[J].江西农业学报,2018,30(03):41-48+53.

[21]　单洪友.葡萄园中的奇葩——'红双味'[J].农村实用技术,2002(03):32.

[22]　单振富,赵百丽,赵普昌,等.山葡萄新品种'牡山1号'的选育[J].中国果树,2011(01):3-6,77.

[23]　邓定洪.两个葡萄新品种——特早熟的'大粒六月紫'[J].农家顾问,2000(11):17-18.

[24]　邓定洪.葡萄新品种'早甜葡萄'[J].北京农业,2006(12):33.

[25]　董世云,程晨晨,何维华,等.鲜食葡萄新品种'志昌紫丰'的选育[J].果树学报,2022,39(11):2193-2196.

[26]　董志刚,李晓梅,谭伟,等.晚熟葡萄新品种'晚提宝'优质丰产栽培技术[J].中国果树,2015(06):71-73,86.

[27]　杜淑辉.木瓜属新品种DUS测试指南及已知品种数据库的研究[D].泰安:山东农业大学,2011.

[28]　端木义福,程百岗,王璐.酿造葡萄品种——'宿晓红'[J].中国果树,1981(02):28.

[29]　樊秀彩,郭景南,孙海生,等.葡萄砧木新品种'抗砧5号'的选育[J].果树学报,2011,28(04):735-736,548.

[30]　樊秀彩,刘崇怀,孙海生,等.葡萄品种莎巴珍珠及其衍生品种的演化和遗传多样性分析[J].植物遗传资源学报,2010,11(05):625-628.

[31]　樊秀彩,孙海生,李民,等.葡萄砧木新品种'抗砧3号'[J].园艺学报,2011,38(06):1207-1208.

[32]　范邦文,张浦亭.我校培育的葡萄新品系——白玫康紫玫康,玫野黑的生物学特性及评价[J].江西农业大学学报,1985(04):27-32.

[33]　范春霞,周燕,高述民,等.胚挽救技术应用于无核葡萄育种的研究进展[J].现代农业科技,2009(09):19-20.

[34]　范培格,黎盛臣,王利军,等.葡萄酿酒新品种'北红'和'北玫'的选育[J].中国果树,2010(04):5-8,79.

[35]　范培格,黎盛臣,杨美容,等.极晚熟制汁葡萄品种'北香'[J].园艺学报,2007(01):259.

[36]　范培格,黎盛臣,杨美容,等.晚熟制汁葡萄新品种'北紫'[J].果农之友,2007(03):12.

[37]　范培格,黎盛臣,杨美容,等.优质晚熟制汁葡萄新品种'北丰'[J].园艺学报,2007(02):527.

[38]　范培格,王利军,吴本宏,等.酿酒葡萄新品种'北馨'[J].园艺学报,2015,42(02):395-396.

[39]　范培格,王利军,吴本宏,等.晚熟酿酒葡萄新品种'新北醇'[J].园艺学报,2015,42(06):1205-1206.

[40]　范培格,杨美容,王利军,等.葡萄极早熟和早熟新品种'京蜜''京翠'和'京香玉'的选育[J].中国果树,2009(02):5-8,77-78.

[41]　范培格,杨美容,王利军,等.优质早熟葡萄新品种'京翠'[J].果农之友,2008(12):9.

[42]　范培格,杨美容,张映祝,等.早熟优质无核葡萄新品种'京早晶'[J].园艺学报,2004(03):415.

[43]　方超,唐轩,胡桂兵,等.荔枝DUS测试数量性状分级研究[J].果树学报,2020,37(05):635-644.

［44］ 方海涛.葡萄芽变新品种——'宇选1号'［J］.中国果业信息，2015，32（01）：57.

［45］ 房经贵，刘崇怀.葡萄遗传分子生物学［M］.北京：科学出版社，2014.

［46］ 房经贵，刘崇怀.葡萄遗传育种与基因组学［M］.南京：江苏科学技术出版社，2014.

［47］ 房经贵，徐卫东.中国自育葡萄品种［M］.北京：中国林业出版社，2019.

［48］ 房经贵，章镇，蔡斌华.葡萄无核遗传机理研究进展及育种技术［J］.中国农学通报，1999（03）：34-35，82.

［49］ 房耀兰，何宁，刘素荣，等.'公主白'葡萄新品种选育［J］.葡萄栽培与酿酒，1993（03）：20-21.

［50］ 高清华，叶正文，殷丽青，等.果树胚挽救技术育种研究进展［J］.生物技术通报，2008（S1）：113-116，120.

［51］ 高文胜.葡萄极早熟新品种'红双星'［J］.果农之友，2006（01）：15.

［52］ 顾红，樊秀彩，孙海生，等.葡萄早熟新品种——'庆丰'的选育［J］.果树学报，2015，32（05）：988-990，736.

［53］ 郭修武，郭印山，李轶晖，等.葡萄杂交后代主要经济性状的遗传倾向［J］.果树学报，2004，23（04）：319-323.

［54］ 郭修武，郭印山，李坤，等.葡萄新品种——'沈农脆丰'的选育［J］.果树学报，2015，32（06）：1289-1290，996.

［55］ 郭修武，郭印山，张海娥，等.接种时期及培养基对无核葡萄胚挽救的影响［J］.园艺学报，2007（02）：329-332.

［56］ 郭修武，李成祥，郭印山，等.大粒抗病葡萄新品种'沈农硕丰'［J］.园艺学报，2010，37（11）：1873-1874.

［57］ 郭印山，郭修武，李轶晖，等.葡萄杂交后代果实成熟期的遗传倾向［J］.果树学报，2003（02）：152-154.

［58］ 郭印山，李轶辉，郭修武，等.优质抗病葡萄新品种'沈农香丰'［J］.园艺学报，2010，37（12）：2031-2032.

［59］ 郭紫娟，韩斌，刘长江，等.早熟玫瑰香味葡萄新品种'黄金蜜'［J］.园艺学报，2022，49（11）：2521-2522.

［60］ 郭紫娟，赵胜建.脆肉型葡萄新品种——'脆光'［J］.中国果业信息，2022，39（01）：66.

［61］ 郭紫娟，赵胜建.大粒优质葡萄新品种——'峰光'［J］.中国果业信息，2021，38（12）：67.

［62］ 郭紫娟，赵胜建.葡萄早熟优质新品种——'春光'［J］.中国果业信息，2021，38（10）：65.

［63］ 郭紫娟，赵胜建.早熟玫瑰香型葡萄新品种——'蜜光'［J］.中国果业信息，2021，38（06）：60.

［64］ 郭紫娟.葡萄新品种'无核早红'［J］.落叶果树，1998（02）：32.

［65］ 韩佳宇，林玲，余欢，等.葡萄新品种'郑艳无核'在广西南宁的引种表现及一年两收栽培技术［J］.中国南方果树，2022，51（03）：186-190，195.

［66］ 韩鹏，韩玉波，潘月庆，等.'玉波黄地球'葡萄的选育及种植关键技术［J］.中国果菜，2019，39（11）：76-79.

［67］ 韩鹏，韩玉波.'短枝玉玫瑰'葡萄品种的选育［J］.中国果菜，2019，39（04）：50-52.

［68］ 韩瑞，徐卫东，张聪，等.葡萄新品种'园红玫'的特征特性及栽培技术要点［J］.农技服务，2020，37（12）：68-69.

［69］ 韩玉波，高文胜.优良晚熟葡萄新品种'紫地球'［J］.农业知识，2010（02）：27.

［70］ 韩玉波，韩鹏，高文胜，等.中晚熟鲜食大粒葡萄新品种'玉波一号'和'玉波二号'的选育［J］.中国果树，2017（05）：73-75，101.

［71］ 郝燕，李红旭，杨瑞，等.葡萄新品种——'醉人香'的选育［J］.果树学报，2011，28（05）：938-939，740.

［72］ 郝燕，杨瑞，王玉安，等.葡萄新品种'美红'的选育［J］.果树学报，2016，33（06）：766-769.

［73］ 郝燕，杨瑞，王玉安，等.无核葡萄新品种'紫丰'的选育［J］.果树学报，2019，36（04）：533-536.

［74］ 郝燕.葡萄新品种'紫丰'［J］.北方果树，2019（04）：40.

［75］ 贺佳玉，李云，姜金仲，等.植物胚败育机理及其离体培养挽救技术之研究进展［J］.中国农学通报，2008（01）：141-146.

［76］ 贺普超，张廷龙.葡萄配子体发育与闭花受精的研究［J］.园艺学报，1994（03）：227-230.

［77］ 贺普超.葡萄学［M］.北京：中国农业科学出版社，1999.

［78］ 胡春根.果树遗传育种学［M］.北京：科学普及出版社，2000.

［79］ 皇浦淳.'双优'两性花山葡萄新品种选育［D］.吉林：吉林农业大学，2003.

［80］ 黄凤珠，彭宏祥，朱建华，等.酿酒葡萄品种——'凌优'［J］.果农之友，2006（09）：12.

［81］ 黄凤珠.酿酒葡萄新品种——'桂葡2号'［J］.中国果业信息，2014，31（09）：60.

［82］ 见闻."户太10号"葡萄品种［J］.北京农业，2011（31）：22-23.

［83］ 江平.葡萄极早熟新品种——醉美1号［J］.中国果业信息，2020，37（08）：66.

［84］ 姜建福，刘崇怀.葡萄品种汇编［M］.北京：中国农业出版社，2010.

［85］ 姜建福，樊秀彩，张颖，等.早熟鲜食葡萄新品种'贵园'［J］.园艺学报，2014，41（11）：2353-2354.

［86］ 蒋爱丽，程杰山，李世诚，等.葡萄新品种——'申华'的选育［J］.果树学报，2011，28（05）：936-937，740.

［87］ 蒋爱丽，李世诚，金佩芳，等.胚培无核葡萄新品种——'沪培1号'的选育［J］.果树学报，2007（03）：402-403+256.

［88］ 蒋爱丽，李世诚，杨天仪，等.无核葡萄新品种——'沪培2号'的选育［J］.果树学报，2008（04）：618-619，446.

［89］ 蒋爱丽，李世诚，杨天仪，等.鲜食葡萄新品种——'申宝'的选育［J］.果树学报，2009，26（06）：922-923，758.

［90］ 蒋爱丽，奚晓军，程杰山，等.早熟葡萄新品种——'申爱'的选育［J］.果树学报，2014，31（02）：335-336，164.

［91］ 蒋爱丽，奚晓军，田益华，等.无核葡萄新品种——'沪培3号'的选育［J］.果树学报，2015，32（06）：1291-

1293, 996.

[92] 蒋爱丽.鲜食葡萄新品种——'申宝'的选育［J］.中国果业信息，2010，27（02）：51-52.

[93] 蒋爱丽.优质大粒四倍体葡萄新品种'申丰'［J］.中国果树，2008（01）：76+78.

[94] 金桂华，董海，宣景宏，等.葡萄鲜食中熟新品种'巨紫香'的选育［J］.中国果树，2012（06）：6-7，80.

[95] 金佩芳，李世诚，蒋爱丽，等.早熟大粒葡萄新品种'申秀'的选育研究［J］.葡萄栽培与酿酒，1996（04）：12-15.

[96] 孔庆山.中国葡萄志［M］.北京：中国农业科学技术出版社,2004.

[97] 郎彬彬，朱博，谢敏，等.野生毛花猕猴桃种质资源主要数量性状变异分析及评价指标探讨［J］.果树学报，2016，33（01）：8-15.

[98] 冷翔鹏，刘崇怀，房经贵，等.'巨峰'葡萄系谱的SSR与RAPD分析［J］.西北植物学报，2011，31（08）：1560-1566.

[99] 黎盛臣，文丽珠，张凤琴，等.抗寒抗病葡萄新品种——'北醇'［J］.植物学通报，1983（02）：30-32.

[100] 李贝贝，姜建福，张颖，等.葡萄品种DNA指纹数据库的构建及遗传多样性分析［J］.植物遗传资源学报，2018，19（02）：338-350.

[101] 李灿.葡萄新品种'竹峰'［J］.北方果树，2019（04）：38.

[102] 李恩彪，陈殿元，王淑贤，等.葡萄新品种'碧香无核'［J］.园艺学报，2008（04）：619.

[103] 李恩彪，宁盛，李新江，等.葡萄新品种'绿玫瑰'［J］.园艺学报，2014，41（04）：797-798.

[104] 李光.葡萄新品种'蜀葡1号'通过审定［J］.农村百事通，2011（18）：13.

[105] 李怀福.巨峰系葡萄品种演化及分类的研究［J］.园艺学报，2003（02）：131-134.

[106] 李慧杰，任金华，洪静.葡萄新品种——'红乳'［J］.农村科学实验，2014（05）：24.

[107] 李记明，贺普超.葡萄种间杂交香味成分的遗传研究［J］.园艺学报，2002，29（1）：9-12.

[108] 李京璟，梁丽松，王贵禧，等.平榛种质资源坚果主要数量性状评价与分级研究［J］.塔里木大学学报，2016，28（03）：96-102.

[109] 李坤，郭修武，谢洪刚，等.葡萄自交与杂交后代果皮色素含量的遗传［J］.果树学报，2004（05）：406-408.

[110] 李莎莎，王跃进.葡萄无核基因及无核育种研究进展［J］.园艺学报，2019，46（09）：1711-1726.

[111] 李世诚，金佩芳，蒋爱丽，等.与四倍体杂交的无核葡萄胚珠培养获得三倍体植株［J］.上海农业学报，1998（04）：13-17.

[112] 李世诚，金佩芳，李宏义，等.一个新的制汁葡萄品种——'紫玫康'［J］.上海农业学报，1989（03）：9-14.

[113] 李文栋.葡萄极早熟鲜食新品种——'爱博欣一号'［J］.中国果业信息，2013，30（04）：67.

[114] 李秀杰，韩真，李晨，等.葡萄新品种'红玫香'的选育及栽培技术要点［J］.落叶果树，2016，48（05）：35-36.

[115] 李秀杰，李勃.早熟鲜食葡萄新品种——锦红［J］.中国果业信息，2022，39（04）：54-55.

[116] 李秀珍，李学强，郭大龙，等.早熟葡萄品种'峰早'［J］.园艺学报，2014，41（08）：1741-1742.

[117] 李翊远，唐淑梅，刘亚平.葡萄新品种——'早玛瑙''紫珍珠''翠玉'和'艳红'［J］.华北农学报，1987（03）：90-98.

[118] 李意坚，徐卫东，刘云风，等.葡萄新品种——'藤玉'的选育［J］.中国野生植物资源，2015，34（06）：73-75.

[119] 梁青，陈学森，刘文，等.胚抢救在果树育种上的研究及应用［J］.园艺学报，2006（02）：445-452.

[120] 梁山.鲜食葡萄新品种'黑香蕉'及其栽培技术［J］.新农村，2011（08）：24-25.

[121] 林洪，郭印山，郭修武.鲜食葡萄新品种——'红蜜香'［J］.中国果业信息，2022，39（05）：62-63.

[122] 林洪，郭印山，郭修武.早熟葡萄新品种——'红艳香'［J］.中国果业信息，2022，39（11）：66.

[123] 林洪.优质抗寒葡萄新品种'凌丰红'［J］.北方果树，2022（01）：41.

[124] 林玲，张瑛，谢太理，等.葡萄新品种'桂葡4号'选育及其栽培技术［J］.南方农业学报，2016，47（05）：617-621.

[125] 林兴桂，尹立荣，沈育杰，等.山葡萄种内杂交后代的性状遗传［J］.园艺学报，1993，20（3）：231-236.

[126] 林艳芝，杨立柱.葡萄新品种'碧玉香'的选育［J］.北方果树，2010（02）：55.

[127] 刘崇怀，樊秀彩，姜建福，等.鲜食葡萄新品种'郑葡1号'的选育［J］.果树学报，2016，33（08）：1027-1029.

[128] 刘崇怀，樊秀彩，李民，等.早熟无核葡萄新品种'郑艳无核'［J］.园艺学报，2015，42（03）：595-596.

[129] 刘崇怀，樊秀彩，张亚冰，等.鲜食葡萄新品种'红美'的选育［J］.果树学报，2016，33（11）：1456-1459.

[130] 刘崇怀.无核葡萄品种的无核性来源分析［J］.植物遗传资源学报，2003，4（01）：58-62.

[131] 刘崇怀，马小河，武岗.中国葡萄品种［M］.北京：中国农业出版社，2014.

[132] 刘海双.DNA条形码与SRAP标记在软枣猕猴桃种质资源鉴别中的应用［D］.中国农业科学院，2018.

[133] 刘洪宝，徐善芳，谭欣刚.鲜食酿造兼用种——'丰香'的选育报告［J］.宁夏科技，2002（01）：41.

[134] 刘令江，蔡凤臣.极早熟葡萄新品种——'早红珍珠'［J］.河北果树，2004（04）：45.

[135] 刘三军，蒯传化，于巧丽，等.葡萄极早熟新品种——'夏至红'的选育［J］.果树学报，2011，28（02）：367-368，188.

[136] 刘三军，章鹏，宋银花，等.葡萄晚熟新品种'水晶红'的选育［J］.果树学报，2016，33（10）：1328-1330.

［137］ 刘三军, 章鹏, 宋银花, 等. 葡萄新品种——'中葡萄15号'（'神州红'）［J］. 河北林业科技, 2014（Z1）: 211-213.

［138］ 刘政海, 董志刚, 李晓梅, 等. 酿酒葡萄'黑比诺'与'马瑟兰'杂交后代果实性状遗传倾向分析［J］. 中国果树, 2020（06）: 29-35.

［139］ 鲁任翔. 鲜食葡萄新品种'学苑红'［J］. 北方果树, 2020（06）: 29.

［140］ 路文鹏, 王军, 宋润刚, 等. 抗寒酿酒葡萄新品种'左红一'选育研究［J］. 中外葡萄与葡萄酒, 2000（01）: 13-14.

［141］ 罗素兰, 贺普超. 葡萄种间杂交一代果穗果粒性状的遗传［J］. 中外葡萄与葡萄酒, 1999, 34（4）: 6-21.

［142］ 骆强伟, 孙锋, 蔡军社, 等. 葡萄新品种'新郁'［J］. 园艺学报, 2007（03）: 797.

［143］ 马春花, 沙毓沧, 邵建辉, 等. 葡萄新品种'云葡2号'［J］. 北方园艺, 2017（01）: 167-168.

［144］ 马春花, 邵建辉, 沙毓沧, 等. 葡萄新品种'云葡1号'的选育［J］. 北方园艺, 2017（24）: 225-228+230.

［145］ 马海峰. 葡萄极早熟鲜食新品种——'早霞玫瑰'［J］. 中国果业信息, 2013, 30（04）: 65.

［146］ 马海峰. 葡萄新品种'瑞峰'［J］. 北方果树, 2019（04）: 22.

［147］ 马丽, 孙凌俊. 鲜食葡萄品种——岳秀无核［J］. 中国果业信息, 2022, 39（02）: 60-61.

［148］ 马小河, 唐晓萍, 陈俊, 等. 优质中熟葡萄新品种'秋黑宝'［J］. 园艺学报, 2010, 37（11）: 1875-1876.

［149］ 毛如霆, 赵名花, 王凤寅, 等. 早熟无核葡萄新品种'朝霞无核'的选育［J］. 果树学报, 2016, 33（05）: 637-640.

［150］ 孟聚星, 姜建福, 张国海, 等. 我国育成的葡萄新品种系谱分析［J］. 果树学报, 2017, 34（04）: 393-409.

［151］ 孟宪儒, 陈亦君, 张文, 等. 鲜食葡萄品种'学优红'的选育［J］. 果树学报, 2018, 35（11）: 1430-1432.

［152］ 莫泉. 特早熟葡萄新品种'巨星'［J］. 中国农村科技, 1995（03）: 28.

［153］ 牛茹萱, 张剑侠, 王跃进, 等. 抗病抗寒无核葡萄胚挽救研究［J］. 果树学报, 2012, 29（05）: 825-829, 965.

［154］ 牛早柱, 赵艳卓, 陈展, 等. 晚熟无核葡萄新品种'紫龙珠'［J］. 园艺学报, 2022, 49（S2）: 37-38.

［155］ 潘兴, 中熟优质大粒无核葡萄新品种"郑果大无核"［Z］. 河南: 中国农业科学院郑州果树研究所, 2005-01-01.

［156］ 潘兴, 刘崇怀, 郭景南, 等. 葡萄极早熟新品种——'超宝'［J］. 果农之友, 2005（12）: 8.

［157］ 潘永祥, 何泉莹, 田海燕, 等. '红十月'葡萄品种选育［J］. 宁夏农林科技, 2010（04）: 10-11.

［158］ 庞一波. 晚熟葡萄新品种"新雅"在台州市的引种表现及配套省力化栽培技术［J］. 上海农业科技, 2022（03）: 65-67.

［159］ 裴丹, 刘众杰, 葛孟清, 等. 葡萄重要性状基因定位及其应用［J］. 南京农业大学学报, 2022, 45（02）: 205-213.

［160］ 葡萄新品种——宝光［J］. 现代农村科技, 2020（06）: 129.

［161］ 葡萄新品种——嫦娥指［N］. 河北科技报, 2021-08-26（007）.

［162］ 容新民, 孙桂香, 张尚嘉. 无核葡萄新品种'紫香无核'的选育［J］. 中外葡萄与葡萄酒, 2004（04）: 41-42.

［163］ 师校欣, 杜国强, 杨丽丽, 等. 晚熟无核葡萄新品种'红峰无核'［J］. 园艺学报, 2022, 49（S2）: 39-40.

［164］ 施金全, 王道平, 江映锦. 刺葡萄新品种'惠良'的选育及配套栽培技术［J］. 中国南方果树, 2017, 46（02）: 169-171.

［165］ 时晓芳, 林玲, 张瑛, 等. 葡萄新品种'桂葡5号'［J］. 园艺学报, 2015, 42（12）: 2535-2536.

［166］ 舒楠, 路文鹏, 张庆田, 等. 山葡萄新品种北国红的选育及性状调查［J］. 中外葡萄与葡萄酒, 2017（04）: 51-53, 57.

［167］ 舒楠, 路文鹏. 酿酒山葡萄新品种——紫晶甘露［J］. 中国果业信息, 2021, 38（03）: 61-62.

［168］ 宋润刚, 路文鹏, 郭太君, 等. 葡萄酿酒新品种'左优红'选育研究［J］. 中国果树, 2005（05）: 7-10, 63.

［169］ 宋润刚, 路文鹏, 沈育杰, 等. 葡萄酿酒新品种'北冰红'的选育［J］. 中国果树, 2008（05）: 1-4, 81.

［170］ 宋润刚, 路文鹏, 王军, 等. 山葡萄新品种'双红'选育研究［J］. 特产研究, 1999（01）: 18-21.

［171］ 宋润刚, 路文鹏, 张庆田, 等. 山葡萄酿酒新品种'雪兰红'的选育［J］. 中国果树, 2012（05）: 1-5, 77.

［172］ 苏丹. 果树新品种介绍［J］. 农村科学实验, 2006（10）: 19.

［173］ 苏果. 葡萄新优品种——'百瑞早'［J］. 农家致富, 2016（10）: 26.

［174］ 苏果. 新优葡萄品种——'早夏香'［J］. 农家致富, 2017（06）: 26.

［175］ 孙共明, 谢晓青, 赵跃锋, 等. 葡萄极早熟新品种'仲夏紫'的选育［J］. 中国果树, 2010（03）: 7-9, 77.

［176］ 孙磊, 闫爱玲, 张国军, 等. 玫瑰香味葡萄新品种'瑞都科美'的选育［J］. 果树学报, 2017, 34（12）: 1624-1627.

［177］ 孙磊, 张国军, 闫爱玲, 等. 葡萄新品种——'瑞都早红'的选育［J］. 果树学报, 2016, 33（01）: 120-123.

［178］ 覃孟源. 野生毛葡萄优良单株——'水源1号'［J］. 广西热带农业, 2009（01）: 58.

［179］ 谭伟, 唐晓萍, 董志刚, 等. 酿酒葡萄品种资源果实重要性状的统计分析研究［J］. 中外葡萄与葡萄酒, 2013（06）: 21-24, 27.

［180］ 唐冬梅, 蔡军社, 骆强伟, 等. 用于无核葡萄选育的胚挽救技术研究［J］. 果树学报, 2008（03）: 316-321.

［181］ 唐冬梅. 无核葡萄杂交胚挽救新种质创建与技术完善［D］. 陕西: 西北农林科技大学, 2010.

［182］ 唐美玲, 于良凯, 刘万好, 等. 早熟鲜食葡萄新品种'烟葡1号'的选育［J］. 山东农业科学, 2013, 45（01）:

128-129.

[183] 唐淑梅, 李翊远, 徐海英. 葡萄优良新品种'爱神玫瑰'与'早玫瑰香'[J]. 中国果树, 1992（01）: 5-6.

[184] 唐晓萍, 陈俊, 马小河, 等. 早熟无核葡萄新品种'无核翠宝'[J]. 园艺学报, 2012, 39（11）: 2307-2308.

[185] 唐晓萍, 董志刚, 李晓梅, 等. 早熟四倍体葡萄新品种'玫香宝'的选育 [J]. 果树学报, 2017, 34（01）: 115-118.

[186] 唐晓萍. 晚熟鲜食葡萄新品种'翠香宝'[J]. 北方果树, 2020（05）: 26.

[187] 唐晓萍. 鲜食葡萄新品种'脆红宝'[J]. 北方果树, 2021（05）: 58.

[188] 陶建敏, 章镇, 高志红, 等. 优质晚熟葡萄新品种'钟山红'[J]. 园艺学报, 2012, 39（10）: 2082-2084.

[189] 陶然, 王晨, 房经贵, 等. 我国葡萄育种研究概况 [J]. 江西农业学报, 2012, 24（06）: 24-30, 34.

[190] 田冀. 三个中晚熟葡萄新品种——'巨玫瑰''黑瑰香''蜜红'简介 [J]. 中国南方果树, 2003（05）: 48.

[191] 田莉莉. 抗病无核葡萄胚挽救育种及种质创新 [D]. 陕西: 西北农林科技大学, 2007.

[192] 田琴, 陈虎. '新葡2号'品种特性及丰产栽培技术 [J]. 中外葡萄与葡萄酒, 2002（04）: 42.

[193] 田新民, 周香艳, 弓娜. 流式细胞术在植物学研究中的应用——检测植物核 DNA 含量和倍性水平 [J]. 中国农学通报, 2011, 27（09）: 21-27.

[194] 王爱玲, 王跃进, 唐冬梅, 等. 提高无核葡萄胚挽救中幼胚成苗率的研究 [J]. 中国农业科学, 2010, 43（20）: 4238-4245.

[195] 王安文. 葡萄新品种'早香玫瑰'的选育 [J]. 中国农业文摘-农业工程, 2018, 30（06）: 67-69.

[196] 王宝亮, 刘凤之, 冀晓昊, 等. 早熟鲜食葡萄新品种'华葡早玉'[J]. 园艺学报, 2022, 49（S2）: 33-34.

[197] 王宝亮, 刘凤之. 中熟鲜食葡萄新品种——华葡玫瑰 [J]. 中国果业信息, 2021, 38（03）: 62.

[198] 王宝亮, 王海波, 冀晓昊, 等. 中熟鲜食葡萄新品种'华葡黄玉'[J]. 园艺学报, 2022, 49（S2）: 35-36.

[199] 王宝亮, 王海波. 晚熟鲜食葡萄新品种——华葡翠玉 [J]. 中国果业信息, 2021, 38（03）: 62.

[200] 王德生, 李雪. 鲜食葡萄新品种——'状元红'[J]. 新农业, 2009（02）: 18.

[201] 王德生. 葡萄新品种'紫珍香'[J]. 中国农学通报, 1997（03）: 50.

[202] 王德生. 优质鲜食葡萄新品种'瑰香怡'[J]. 北京农业, 2004（07）: 25.

[203] 王发明. 一个值得推广的优良鲜食葡萄品种——'贵妃玫瑰'[J]. 农村百事通, 2004（07）: 31.

[204] 王海波, 王宝亮, 史祥宾, 等. 抗寒抗病酿酒与砧木兼用葡萄新品种——'华葡1号'标准化生产技术规程 [J]. 中外葡萄与葡萄酒, 2015（04）: 31-35.

[205] 王海波. 早熟鲜食葡萄新品种'华葡紫峰'[J]. 北方果树, 2020（03）: 29.

[206] 王海波. 中熟鲜食葡萄新品种'华葡黑玫'[J]. 北方果树, 2022（01）: 20.

[207] 王晶, 罗国光. '巨峰'葡萄胚和胚乳的发育 [J]. 园艺学报, 1996（02）: 191-193.

[208] 王静波, 罗尧幸, 桂英, 等. 我国葡萄染色体倍性鉴定研究进展 [J]. 果农之友, 2016（S1）: 3-5.

[209] 王军, 宗润刚, 尹立荣, 等. 两性花山葡萄新品种——'双丰'[J]. 园艺学报, 1996（02）: 207.

[210] 王利军, 范培格, 吴本宏, 等. 优质抗寒抗病酿酒葡萄新品种'北玺'[J]. 园艺学报, 2014, 41（12）: 2543-2544.

[211] 王娜, 项殿芳, 李绍星, 等. 葡萄晚熟鲜食新品种'金田 0608'的选育 [J]. 中国果树, 2009（03）: 4-5, 77.

[212] 王娜, 项殿芳, 秦子禹, 等. 晚熟鲜食葡萄新品种'金田美指'[J]. 园艺学报, 2012, 39（04）: 801-802.

[213] 王庆莲, 吴伟民, 赵密珍, 等. GA_3 处理对欧亚种葡萄种子发芽的影响 [J]. 江苏农业科学, 2015, 43（11）: 244-246.

[214] 王世平, 沈玉良, 张才喜, 等. 葡萄新品种'红亚历山大'[J]. 果农之友, 2008（07）: 10, 2.

[215] 王晓明, 孙磊, 徐海英. 葡萄新品种——'瑞都晚红'[J]. 中国果业信息, 2022, 39（11）: 61.

[216] 王勇, 李玉玲, 苏来曼·艾则孜等. '红宝石无核'×'SP6164'杂交群体果实性状遗传倾向 [J]. 新疆农业科学, 2019, 56（09）: 1609-1618.

[217] 王玉安, 郝燕. 无核葡萄新品种——'碧玉'[J]. 中国果业信息, 2022, 39（04）: 57.

[218] 王玉军, 张谦. 优良葡萄品种'红香蕉'特征特性及栽培技术要点 [J]. 现代农村科技, 2016（06）: 35.

[219] 王跃进, 江淑平, 刘小宁. 假单性结实无核葡萄胚败育机理研究 [J]. 西北植物学报, 2007, 27（10）: 1987-1993.

[220] 韦静波, 杨亚蒙, 李灿, 等. 葡萄新品种浪漫红颜在洛阳平原地区的引种表现与栽培技术 [J]. 果农之友, 2021（03）: 5-6.

[221] 魏浩华. 杏果实主要数量性状分析 [D]. 陕西: 西北农林科技大学, 2015.

[222] 魏灵珠, 程建徽, 向江, 等. 早熟无核葡萄新品种'天工墨玉'的选育 [J]. 果树学报, 2018, 35（07）: 898-900.

[223] 魏新科, 樊秀彩, 王晨, 等. 基于 SSR 标记的 MCID 法鉴定中国自主选育的葡萄品种 [J]. 中外葡萄与葡萄酒, 2019（05）: 12-20.

[224] 吴伟民, 王庆莲, 王西成, 等. 早熟无核葡萄新品种'紫金早生'的选育 [J]. 果树学报, 2017, 34（01）: 119-121.

[225] 吴伟民, 王壮伟, 钱亚明, 等. 鲜食中熟葡萄新品种紫金秋浓的选育 [J]. 果树学报, 2022, 39（12）: 2439-2441.

[226] 吴艳迪, 孙锋, 王勇, 等. E42-6×里扎马特葡萄杂交 F_2 代的 SSR 分子鉴定及果实形状遗传倾向 [J]. 果树学报, 2021, 38（04）: 461-470.

［227］ 吴月燕，陈天池，王立如，等.鲜食葡萄新品种'甬早红'［J］.园艺学报，2022，49（S2）：41-42.

［228］ 武鹏，赵明，何海旺，等.野生毛葡萄新品种野酿4号的特征特性及栽培要点［J］.种子，2021，40（02）：146-149.

［229］ 项殿芳，李绍星，刘俊，等.晚熟无核葡萄新品种'金田皇家无核'［J］.园艺学报，2008（09）：1398.

［230］ 项殿芳，李绍星，张孟宏，等.鲜食葡萄新品种'金田玫瑰'［J］.园艺学报，2008（06）：926.

［231］ 项殿芳，王娜，李绍星，等.葡萄极早熟鲜食品种'金田蜜'［J］.果农之友，2009（11）：11.

［232］ 邢英伟.'早夏无核'葡萄的选育［J］.果农之友，2013（02）：6，15.

［233］ 熊兴耀，王仁才，孙武积，等.葡萄新品种'紫秋'［J］.园艺学报，2006（05）：1165，1174.

［234］ 徐桂珍，陈景隆，傅波，等.早熟鲜食葡萄新品种——'康太'［J］.北方果树，1993（01）：11-13.

［235］ 徐桂珍，陈景隆，张立明，等.葡萄新品种'香悦'［J］.中国果树，2003（06）：27-28+172.

［236］ 徐海英，刘军，柳华智，等.优质大粒葡萄新品种'峰后'［J］.园艺学报，2000（02）：153-157.

［237］ 徐海英，刘军.极早熟与早熟葡萄新品种——爱神玫瑰、早玫瑰［J］.北京农业科学，1994（05）：42.

［238］ 徐海英，闫爱玲，张国军.葡萄二倍体与四倍体品种间杂交胚挽救取样时期的确定［J］.中国农业科学，2005，38（3）：629-633.

［239］ 徐海英，张国军，闫爱玲.葡萄无核新品种'瑞锋无核'的选育［J］.中国果树，2005（02）：3-5，62.

［240］ 徐海英，张国军，闫爱玲.早熟葡萄新品种'瑞都脆霞'［J］.园艺学报，2008（11）：1709，1717.

［241］ 徐海英，张国军，闫爱玲，等.无核葡萄新品种'瑞都无核怡'［J］.园艺学报，2011，38（03）：593-594.

［242］ 徐海英，张国军，闫爱玲，等.优质早熟葡萄新品种'香妃'［J］.园艺学报，2001（04）：375.

［243］ 徐鹏程，崔力文，孙欣，等.多种葡萄品种胚与果实发育研究［J］.西南农业学报，2016，29（06）：1430-1436.

［244］ 徐卫东，刘玉凤，耿浩，等.葡萄新品种——'小辣椒'的选育［J］.果树学报，2015，32（01）：163-165，2.

［245］ 颜国荣，王威，白玉亭，等.西瓜已知品种DUS性状数据库构建与应用［J］.新疆农业科学，2014，51（08）：1548-1555.

［246］ 杨立柱，林艳芝.葡萄酿酒新品种'着色香'的选育［J］.中国果树，2010（04）：8-10，79.

［247］ 杨立柱.葡萄新品种'丛林玫瑰'［J］.北方果树，2022（01）：14.

［248］ 杨美容，范培格，张映祝，等.早熟优质葡萄新品种'京秀'［J］.园艺学报，2003（01）：117.

［249］ 杨美容.早熟优质葡萄新品种——'京秀''京优'［J］.中国农村科技，1997（06）：18.

［250］ 杨治元.玫瑰香系葡萄品种系谱分析［J］.中国果树，2006（02）：20-22.

［251］ 伊华林，邓秀新，付春华.胚抢救技术在果树上的应用［J］.果树学报，2001（04）：224-228.

［252］ 尹立荣，王军.山葡萄的花型遗传［J］.园艺学报，1997，24（1）：25-28.

［253］ 袁永强，孙向军.鲜食葡萄新品种——'礼泉超红'［J］.西北园艺（果树），2017（02）：37-38.

［254］ 袁永强，袁碧恒，徐志达，等.葡萄新品种'紫提988'［J］.园艺学报，2011，38（09）：1817-1818.

［255］ 张东起，姜官恒，林云弟，等.葡萄新品种'夏紫'的选育［J］.北方果树，2013（06）：56.

［256］ 张东起，林云弟，韩霞，等.无核葡萄新品种'绿宝石'的选育及栽培技术要点［J］.山东农业科学，2011（05）：110-111.

［257］ 张国海，郭香凤，李秀珍，等.极早熟葡萄新品种'洛浦早生'［J］.园艺学报，2005（03）：558-570.

［258］ 张国军，徐海英.早熟红色玫瑰香味葡萄新品种——'瑞都红玉［J］.中国果业信息，2017，34（01）：64.

［259］ 张国军，闫爱玲，孙磊，等.红色玫瑰香味葡萄新品种——'瑞都红玫'的选育［J］.果树学报，2015，32（05）：991-993，736.

［260］ 张国军，闫爱玲，徐海英.葡萄早熟新品种'瑞都香玉'的选育［J］.园艺学报，2009（02）：8-10，77.

［261］ 张国军.鲜食葡萄果实糖酸组分遗传及葡萄糖苷酶基因的表达研究［D］.北京：中国农业大学，2013.

［262］ 张建阁.葡萄新品种——'秦龙大穗'［J］.山西果树，1996（01）：51-52.

［263］ 张剑侠，王勇，王跃进，等.利用分子标记对无核抗病葡萄杂交后代的辅助选择［J］.东北农业大学学报，2010，41（06）：55-63.

［264］ 张剑侠，王跃进，石亮，等.葡萄种子育苗方法的比较［J］.中外葡萄与葡萄酒，2009（07）：33-37.

［265］ 张剑侠，王跃进.中早熟葡萄新品种——秦秀［J］.中国果业信息，2019，36（08）：59.

［266］ 张金花，谭世廷.葡萄极早熟新品种'红旗特早玫瑰'［J］.中国果树，2001（05）：53.

［267］ 张克坤，樊秀彩，王晨，等.葡萄新品种登记与新品种权的申请流程［J］.中外葡萄与葡萄酒，2018（03）：72-75.

［268］ 张立明，徐桂珍，陈景隆，等.大粒优质中熟葡萄新品种——'醉金香'［J］.北方果树，1998（05）：15.

［269］ 张培安，刘众杰，张克坤，等.国际葡萄品种目录数据库的使用与分析［J］.植物遗传资源学报，2018，19（01）：10-20.

［270］ 张庆田，杨颖琼，杨欢，等.山葡萄酿酒新品种'北国蓝'的选育［J］.中国果树，2016（01）：65-68，101.

［271］ 张淑芳.葡萄新品种'内醇丰'［J］.中国果树，1996（03）：52.

［272］ 张天柱.葡萄新品种'富通紫里红'［J］.北方果树，2021（02）：5.

［273］ 张文樾，王振国，郑德龙，等．‘吉香’葡萄选育报告［J］．葡萄栽培与酿酒，1990（01）：8-10.

［274］ 张印乃.优质葡萄新品种——‘户太8号’［J］.农村百事通，1996（07）：27.

［275］ 张英，李亚星，郑丽锦，等.优质大粒无核葡萄新品种——‘紫脆无核’［J］.河北林业科技，2011（03）：107-108.

［276］ 张英，郑丽锦，朱玉菲，等.葡萄晚熟无核新品种‘紫甜无核’性状及栽培技术［J］.河北果树，2011（04）：22-23.

［277］ 张瑛，时晓芳，林玲，等.葡萄新品种‘桂葡3号’的选育［J］.果树学报，2015，32（06）：1286-1288，996.

［278］ 张振文，王华，房玉林，等.优质抗病酿酒葡萄新品种‘媚丽’［J］.园艺学报，2013，40（08）：1611-1612.

［279］ 章鹏，李灿，刘三军.鲜食葡萄新品种——中葡萄10号［J］.中国果业信息，2020，37（01）：53-54.

［280］ 章鹏，刘三军.鲜食葡萄新品种——中葡萄12号［J］.中国果业信息，2020，37（06）：57-58.

［281］ 赵常青，蔡之博，吕冬梅.葡萄早熟新品种‘光辉’的选育［J］.中国果树，2011（04）：6-8，77.

［282］ 赵常青，王秀兰，李家昌.葡萄新品种‘京玉’［J］.北方果树，1998（06）：38.

［283］ 赵崇新，张春耕.葡萄新品种——‘超康美’［J］.河北农业科技，1994（02）：27.

［284］ 赵海娟，刘威生，刘宁，等.普通杏（Armeniaca vulgaris）种质资源果实主要数量性状变异及概率分级［J］.果树学报，2013，30（01）：37-42.

［285］ 赵继阔.特抗葡萄新品种——‘紫罗兰’［J］.新农业，2006（10）：28-29.

［286］ 赵明，武鹏，龙芳，等.野生毛葡萄新品种野酿3号的选育及栽培技术要点［J］.中国南方果树，2020，49（04）：167-168，171.

［287］ 赵胜建，早熟、大粒、优质鲜食葡萄新品种‘春光’、‘蜜光’的选育及应用［Z］.河北：河北省农林科学院昌黎果树研究所，2016-01-09.

［288］ 赵胜建.三倍体葡萄新品种‘红标无核’［J］.中国果树，2004（02）：60.

［289］ 赵淑云，赵胜健，郭紫娟.早熟大粒葡萄新品种——‘凤凰51号’［J］.河北果树，1991（04）：29.

［290］ 赵铁良.鲜食葡萄新品种‘辽峰’［J］.中国果业信息，2009，26（04）：49.

［291］ 赵文东，马丽，孙凌俊，等.葡萄新品种——‘岳红无核’的选育［J］.果树学报，2014，31（06）：1170-1171，1000.

［292］ 赵新节，高中杰，韩宁，等.中早熟葡萄新品种‘红翠’［J］.园艺学报，2014，41（07）：1505-1506.

［293］ 郑婷.南方地区无核葡萄胚挽救影响因子研究［D］.浙江：浙江师范大学，2015.

［294］ 郑新疆，吴婷，王建春，等.无核白葡萄大粒芽变新品种‘新葡7号’的选育［J］.中国果树，2013（02）：7-8，77.

［295］ 周建忠，张广友.极早熟葡萄新品种——‘六月紫’［J］.山东农业科学，1992（04）：39.

［296］ 周振荣，周秀琴.优良早熟鲜食葡萄芽变新品种——‘早莎巴珍珠’的选育［J］.葡萄栽培与酿酒，1986（01）：15-18.

［297］ 朱敏，高爱平，邓穗生，等.杧果种质资源果实主要数量性状评价指标探讨［J］.植物遗传资源学报，2010，11（04）：418-423.

［298］ 邹瑜，林贵美，牟海飞，等.两性花野生毛葡萄新品种——‘野酿2号’的选育［J］.中国南方果树，2013，42（05）：107-108.

［299］ 左倩倩，郑婷，纪薇，等.中国地方葡萄品种分布及收集利用现状［J］.中外葡萄与葡萄酒，2019（05）：76-80.

［300］ 诸葛雅贤，徐卫东，李绍星，等.中国葡萄育种单位及其育种情况的分析［J］.落叶果树，2023，55（01）：31-35.

［301］ Azuma A, Udo Y, Sato A, et al. Haplotype composition at the color locus is a major genetic determinant of skin color variation in Vitis labruscana grapes［J］. Theoretical and Applied Genetics, 2012, 122: 1427-1438.

［302］ Barritt B, Einset J. The inheritance of three major fruit colors in grapes［J］. Journal of the American Societyfor Horticultural Science, 1969, 94（2）: 87-89.

［303］ Blake M. Some results of crosses of early ripening varieties of peaches［J］. Proceedings of the American Society for Horticultural Science, 1939, 37: 232-241.

［304］ Bouquet A, Danglot Y. Inheritance of seedlessness in grapevine（Vitis vinifera L.）［J］. Vitis, 1996, 35: 35-42.

［305］ Cabezas J, Cervera M, Ruiz-Garcia L, et al. A genetic analysis of seed and berry weight in grapevine［J］. Genome, 2006, 49: 1572-1585.

［306］ Costantini L, Battilana J, Lamaj F, et al. Berry and phenology-related traits in grapevine（Vitis vinifera L.）: from quantitative trait loci to underlying genes［J］. BMC Plant Biology, 2008, 8: 38.

［307］ Dalbó M A, Ye G N, Weeden N F, et al. A gene controlling sex in grapevines placed on a molecular marker-based genetic map［J］. Genome, 2000, 43（2）: 333-340.

［308］ Doligez A, Bouquet A, Danglot Y, et al. Genetic mapping of grapevine（Vitis vinifera L）. applied to the detection of QTLs for seedlessness and berry weight［J］. Theoretical and Applied Genetics, 2002, 105: 780-795.

［309］ Duchene E C, Scheider C H, Huet S. Estimating the seed content of Vitis vinifera cv. Gewürztraminer berries by two parameters related with the fecundation process [J] . Vitis, 1999,38 (2) : 61-66.

[310] Emershad R L, Ramming D W. In-ovulo embryo culture of Vitis Vinifera L. C. V. 'Thompson seedless' [J] . American journal of botany, 1984, 71: 873-877.

[311] Emershad R L, Ramming D W. Somatic embryogenesis and plant development from immature zygotic embryos of seedless grapes (*Vitis vinifera* L.) [J] . Plant cell reports, 1994, 14 (1): 6-12.

[312] Fang J, Jogaiah S, Guan L, et al. Coloring biology in grape skin: a prospective strategy for molecular farming [J] . Physiologia plantarum, 2018, 164: 429-441.

[313] Fournier-Level A, Le CL, Gomez C, et al. Quantitative genetic bases of anthocyanin variation in grape (Vitis vinifera L. ssp. sativa) berry: a quantitative trait locus to quantitative trait nucleotide integrated study [J] . Genetics, 2009, 183: 1127-1139.

[314] Horiuchi S, Kurooka H, Furuta T. Studies on the embryo dormancy in grape [J] . Journal of the Japanese Society for Horticultural Science, 1991.

[315] Ji W, Li Z, Zhou Q, et al. Breeding new seedless grape by means of in vitro embryo rescue [J] . Genetics and Molecular Research, 2013, 12 (1): 859-869.

[316] Jiu S, Guan L, Leng X, et al. The role of VvMYBA2r and VvMYBA2w alleles of the MYBA2 locus in the regulation of anthocyanin biosynthesis for molecular breeding of grape (*Vitis* spp.) skin coloration [J] . Plant Biotechnol Journal, 2021, 19: 1216-1239.

[317] Liang Z C, Wu B H, Fan P G, et al. Anthocyanin composition and content in grape berry skin in Vitis germplasm [J] . Food Chemistry, 2008, 111: 837-844.

[318] Loomis N H, Weinberger J H. Inheritance studies of seedless in grape [J] . J. Am. Soc. Hortic Sci, 1979,104 (2): 181-184.

[319] Badenes M L, Byrne D H. Fruit Breeding [M] . USA: Springer,2012.

[320] Notsuka K, Tsuru T, Shirausshi M. Seedless-seedless grape hybridization via in-ovule embryo culture [J] . J. Jpn. Soc. for Hortic Sci, 2001,70 (1): 7-15.

[321] Roytchev V. Inheritance of grape seedlessness in seeded and seedless hybrid combinations of grape cultivars with complex genealogy [J] . Am. J. Enol. Vitic, 1998,49: 302-305.

[322] Sato A H, Yamane M Y, Yoshinage K. Inheritance of seedlessness in grape [J] . J. Jpn. Soc. Hortic Sci, 1994,63 (1): 1-7.

[323] Spiegel R P, Barom J, Sahar N. Inheritance of seedlessness in seeded × seedless progeny of *Vitis vinifera* L. [J] . Vitis, 1990,29: 79-83.

[324] Striem M J, Ben H. Developing molecular genetic markers for grape breeing using Polymerase chain reaction procedurres [J] . Vitis, 1994, 33: 53-54.

[325] Striem M J, Hayyin G, Spiegel R. Indentifying molecular genetic markers associated with seedlessness in grape [J] . J. Am. Soc. Hortic Sci, 1996, 121 (5): 758-763.

[326] Striem M, Ben-Hayyim G, Spiegel-Roy P. Identifying molecular genetic markers associated with seedlessness in grape [J] . Journal of the American Society for Horticultural Science, 1996, 121: 758-763.

[327] Tian L, Wang Y, Niu L, et al. Breeding of disease-resistant seedless grapes using Chinese wild Vitis spp. : In vitro embryo rescue and plant development [J] . Scientia horticulturae, 2008, 117 (2): 136-141.

[328] Tukey H B. Artificial cylture of sweet cherry embryos [J] . Journal of Heredity, 1933, 24 (1): 7-12.

[329] Yamane H. Studies on the breeding in grapes with reference to large berry and Seedlessness [J] . kyota Kyoto University, 1997.

[330] Zyprian E, Ochßner I, Schwander F, et al. Quantitative trait loci affecting pathogen resistance and ripening of grapevines [J] . Molecular Genetics and Genomics: MGG, 2016, 291 (4): 1573-1594.